普通高等教育
软件工程“十二五”规划教材

12th Five-Year Plan Textbooks
of Software Engineering

工业和信息化普通高等教育
“十二五”规划教材

UML系统分析与设计教程（第2版）

冀振燕 ◎ 编著

人民邮电出版社
北京

图书在版编目（CIP）数据

UML系统分析与设计教程 / 冀振燕编著. -- 2版. -- 北京 : 人民邮电出版社, 2014.8(2022.5重印)
普通高等教育软件工程“十二五”规划教材
ISBN 978-7-115-34990-3

Ⅰ. ①U… Ⅱ. ①冀… Ⅲ. ①面向对象语言－程序设计－高等学校－教材 Ⅳ. ①TP312

中国版本图书馆CIP数据核字(2014)第061422号

内 容 提 要

本书介绍了UML语言的基础知识以及UML在面向对象的软件系统分析与设计中的应用，并通过实例讲解了面向对象分析与设计过程，以及如何用UML语言为系统建模。

本书通过丰富的实例启发读者如何将所学到的面向对象技术应用于软件系统的分析、设计与开发中。

本书可作为高等院校计算机相关专业UML建模、面向对象分析与设计等课程的教材，也可作为软件设计与开发人员的参考用书。

◆ 编　　著　冀振燕
责任编辑　张立科
执行编辑　刘　博
责任印制　彭志环　焦志炜

◆ 人民邮电出版社出版发行　　北京市丰台区成寿寺路11号
邮编　100164　　电子邮件　315@ptpress.com.cn
网址　https://www.ptpress.com.cn
涿州市京南印刷厂印刷

◆ 开本：787×1092　1/16
印张：17.25　　2014年8月第2版
字数：454千字　　2022年5月河北第17次印刷

定价：39.00元

读者服务热线：(010)81055256　印装质量热线：(010)81055316
反盗版热线：(010)81055315

前 言

在 20 世纪 90 年代初，不同的面向对象方法具有不同的建模符号体系，这些不同的符号体系极大地妨碍了软件的设计人员、开发人员和用户之间的交流。因此，有必要在分析、比较不同的建模语言以及总结面向对象技术应用实践的基础上，建立一个标准的、统一的建模语言，UML 就是这样的建模语言。UML 1.1 于 1997 年 11 月 17 日被对象管理组织（OMG）采纳成为基于面向对象技术的标准建模语言。UML 2.0 对 UML1.x 进行了很多重大修改，并于 2005 年被 OMG 采纳。

统一建模语言 UML 不仅统一了 Grady Booch、James Rumbaugh 和 Ivar Jacobson 所提出的面向对象方法中的符号表示，而且在此基础上进一步发展，并最终统一为被相关专业人员所接受的标准建模语言。

UML 是可视化（Visualizing）、规范定义（Specifying）、构造（Constructing）和文档化（Documenting）的建模语言。可视化意味着系统的 UML 模型是图形化的，可视化模型的建立为软件的设计人员、开发人员、用户和领域专家之间的交流提供了便利；规范定义意味着用 UML 建立的模型是准确的、无歧义的、完整的；构造意味着可以将 UML 模型映射到代码进行实现；文档化意味着 UML 可以为系统的体系结构以及系统的所有细节建立文档。

UML 目前已成为面向对象软件系统分析与设计的必要工具，是软件设计人员、开发人员的必备知识。

本书由 17 章组成。第 1 章介绍了 UML 的历史、内容、特点、功能、组成和工具，还对 Rational 的统一过程——RUP 进行了较详细的介绍。第 2 章介绍了常用的面向对象分析与设计方法，包括 OOA/OOD 方法、OMT 方法、Booch 方法、OOSE 方法和 Fusion 方法。第 3 章讲解了 UML 的 4 种关系，即依赖关系、类属关系、关联关系和实现关系的语义、符号表示、衍型和应用。第 4 章讲解了 UML 各种符号的语义、符号表示以及其应用，还讲解了 UML 的扩充机制。第 5 章介绍了视与图的关系，从而指导读者选择 UML 图对系统 5 个视图的静态方面和动态方面进行建模。第 6～11 章详细描述了 UML2.x 中的用例图、类图、对象图、包图、顺序图、通信图、活动图、状态机图、组件图和部署图，并详细介绍了它们的语义、功能和应用。第 12 章讲解了从 UML 类模型到对象数据库、对象关系数据库或关系数据库的逻辑模型的映射。第 13 章以“图书管理系统”的面向对象分析与设计过程为例，讲解了如何用 UML 为系统建模。第 14 章以“银行系统”的面向对象分析与设计过程为例，讲解了如何用 UML 为系统建模。第 15 章以“便携式心电记录仪”的面向对象分析与设计过程为例，讲解了如何用 UML 为嵌入式系统建模。第 16 章讲解了如何用 UML 为 Web 应用程序建模。第 17 章对 Rational Rose 中 UML 模型与 C++、VisualC++/VisualBasic、Java 语言之间的前向工程和逆向工程进行了详解。

本书的最大特点是结合丰富的实例介绍 UML 基础知识，使得本书对理论的讲解生动具体、直观易懂。在读者完成基础知识的学习后，可以通过对书中综合实例的进一步学习，将所学到的面向对象技术应用于软件系统的分析、设计与开发中。

本书作者曾在瑞典的 Mid Sweden University 做过 8 年的基于 UML 的面向对象技术教学工作，目前在北京交通大学做软件工程相关教学工作，本书就是根据作者多年教学的丰富经验精心编写而成的。本书兼顾了理论知识与实际应用，是一本内容全面的面向对象技术与 UML 建模著作。本书在内容结构上的安排符合学生学习新知识的习惯。

本书可作为大专院校 OOAD 或 UML 建模课程的教材，还可作为软件设计人员、开发人员的参考用书。

作者

2013 年 8 月

目 录

第1章 绪论

1.1 统一建模语言 UML

面向对象分析与设计（Object-Oriented Analysis and Design，OOA&D 或 OOAD）方法的发展曾在 20 世纪 80 年代末至 20 世纪 90 年代中出现过一个高潮，UML 就是这个高潮的产物。UML 不仅统一了 Grady Booch、James Rumbaugh 和 Ivar Jacobson 所提出的面向对象方法中的符号表示，而且在此基础上进一步发展，并最终被统一为广大开发者所接受的标准建模语言。

1.1.1 UML 的背景

公认的面向对象建模语言出现于 20 世纪 70 年代中期。从 1989 年到 1994 年，面向对象建模语言的数量从不到 10 种增加到了 50 多种，这些不同的面向对象建模语言具有不同的建模符号体系，且各有优劣，使用户很难找到一个完全满足自己要求的模型语言。另外，由于采用不同的建模语言，极大地妨碍了软件设计人员、开发人员和用户之间的交流。因此，有必要在分析、比较不同的建模语言以及总结面向对象技术应用实践的基础上，博采众长，建立一个标准的、统一的建模语言。

20 世纪 90 年代，3 个最流行的面向对象方法是 OMT 方法（由 James Rumbaugh 提出）、Booch 方法（由 Grady Booch 提出）和 OOSE 方法（由 Ivar Jacobson 提出），且每个方法都有自己的价值和重点。OMT 方法的强项是分析，弱项是设计；Booch 方法的强项是设计，弱项是分析；OOSE 方法擅长行为分析，而在其他方面表现较弱。

在 20 世纪 90 年代中期，Grady Booch、Ivar Jacobson、James Rumbaugh 开始借鉴彼此的方法，其中 Grady Booch 采用了 James Rumbaugh 和 Ivar Jacobson 所提出的许多很好的分析技术，而 James Rumbaugh 的 OMT-2 也采用了 Booch 所提出的很好的设计方法。但是，不同符号体系的使用仍然给软件市场带来了混乱。因为，同一个符号对于不同的人可能意义不同，而同一个事物对于不同的人也可能用不同的符号表示，因此引起了很多混乱，人们用“方法大战”形象地描述了这种混乱局面。

统一建模语言 UML 的诞生结束了符号方面的“方法大战”。UML 统一了 Booch 方法、OMT 方法、OOSE 方法的符号体系，并采纳了其他面向对象方法关于符号方面的许多好的概念。

1.1.2 UML 的发展

UML 的建立开始于 1994 年 10 月，那时 James Rumbaugh 加入了 Grady Booch 所在的 Rational 公司，他们的 UML 项目主要统一了 Booch 方法和 OMT 方法，并于 1995 年 10 月发布了 Unified

Method 0.8（这是 UML 当时的名字）。与此同时，OOSE 的创始人 Ivar Jacobson 不久也加入了 Rational 公司，他们开始在 UML 项目中加入 OOSE 方法，并于 1996 年 6 月将 UM 改名为 UML（Unified Modeling Language），并发布了 UML 0.9。1996 年 10 月，该公司又发布了 UML0.91。到 1996 年，一些软件业的相关机构将 UML 作为其商业策略已日趋明显。UML 的开发者逐渐得到了来自用户的正面回应，并倡议成立了 UML 协会，以完善、加强和促进 UML 的规范工作。在定义 UML 1.0 时，DEC、HP、I-Logix、IntelliCorp、IBM、ICON 计算（ICON Computing）、MCI Systemhouse、Microsoft、Oracle、Rational、Texas 仪器（Texas Instrumnets）、Unisys 等公司都参与了该项工作。此时，UML 在美国获得了工业界和科技界的广泛支持，已有 700 多个公司表示支持采用 UML 作为建模语言。1996 年年底，UML 已稳占面向对象技术市场 85%的份额，成为可视化建模语言事实上的工业标准。

其中，UML 1.0 是当时定义完整、富于表达、功能强大的建模语言，它于 1997 年 1 月被提交给 OMG（Object Management Group，对象管理组织），申请成为标准建模语言。

1997 年 1 月至 1997 年 7 月，Andersen 咨询、Ericsson、ObjectTime、Platinum 技术、P-Tech、Reich 技术、SoftTeam、Sterling 软件和 Taskon 均加入了 UML 组。1997 年 7 月，UML 的修正版 UML 1.1 被提交给 OMG。1997 年 11 月 17 日，OMG 采纳了 UML 1.1 作为基于面向对象技术的标准建模语言。1998 年 6 月，OMG RTF（Revision Task Force）发布了 UML 1.2。随后 OMG RTF 又相继发布了 UML1.3、UML1.4 和 UML1.5，这 3 个新的版本弥补并修改了 UML1.1 中的许多短处和缺陷。2005 年，UML 2.0 被 OMG 采纳，UML2.0 对 UML1.x 进行了很多重大修改。UML 的发展历程如图 1.1 所示。

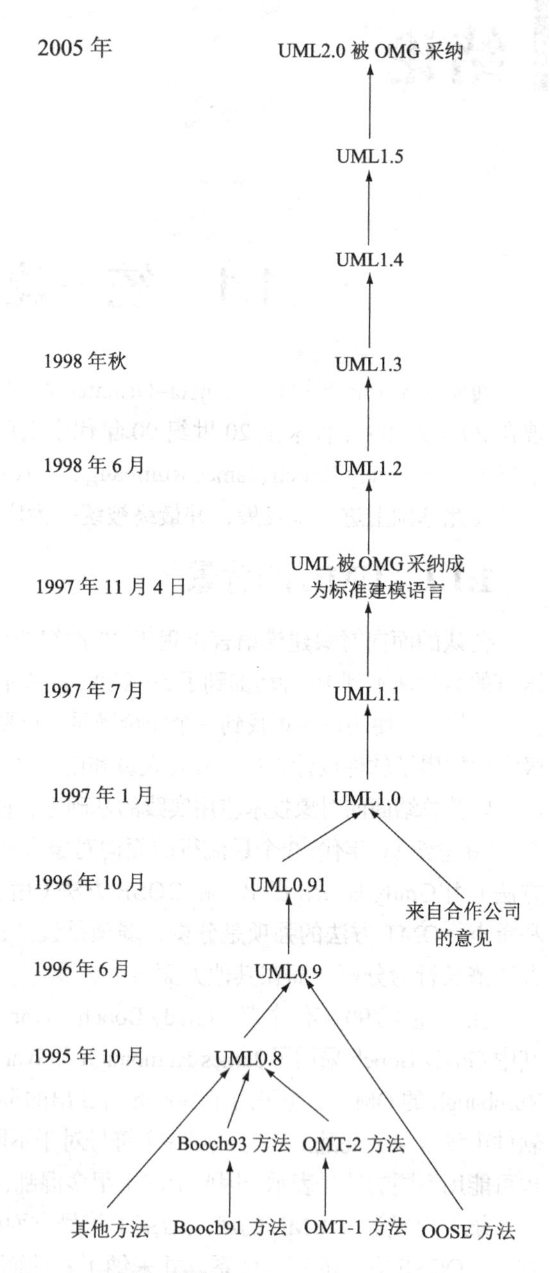

图 1.1　UML 的发展历程

统一建模语言 UML 是一种定义良好、富于表达、功能强大且普遍适用的建模语言。它融入了软件工程领域的新思想、新方法和新技术，不但支持面向对象的分析与设计，还支持从需求分析开始的软件开发的全过程。

统一建模语言 UML 代表了面向对象软件开发技术的发展方向，具有巨大的市场前景和重大的经济价值。

1.1.3 UML 的内容

作为一种建模语言，UML 的定义包括 UML 语义和 UML 表示法两个部分。

1. UML 语义

UML 语义描述了基于 UML 的精确元模型定义。元模型为 UML 的所有元素在语法和语义上提供了简单、一致、通用的定义性说明，使开发者能在语义上取得一致，消除了因人而异的表达方法所造成的影响。此外，UML 还支持对元模型的扩展定义。

2. UML 表示法

UML 表示法定义了 UML 符号的表示方法，为开发者或开发工具使用这些图形符号和文本语法为系统建模提供了标准。这些图形符号和文字所表达的是应用级的模型，在语义上它是 UML 元模型的实例。

1.1.4 UML 的主要特点

UML 的主要特点归纳如下。

（1）UML 统一了 Booch 方法、OMT 方法、OOSE 方法和其他面向对象方法的基本概念和符号。同时，UML 还汇集了面向对象领域中很多人的思想，如图 1.2 所示。这些思想并不是 UML 的开发者们发明的，而是开发者们依据最优秀的面向对象方法和丰富的计算机科学实践经验综合提炼而成的。

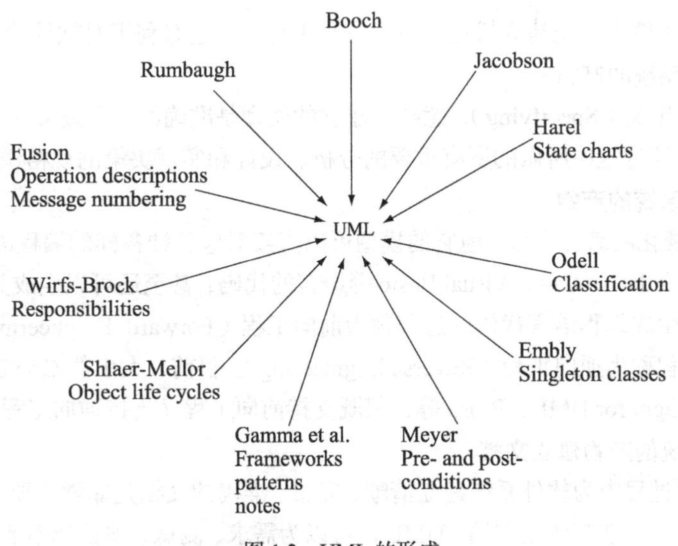

图 1.2　UML 的形成

（2）目前可以认为，UML 是一种先进、实用的标准建模语言，但其中某些概念尚待实践来验证，UML 的发展尚存一个进化过程。

（3）UML 是一种建模语言，而不是一种方法。这是因为 UML 中没有过程的概念，而过程正是方法的一个重要组成部分。UML 本身独立于过程，这意味着用户在使用 UML 进行建模时，可以选用任何适合的过程。过程的选用与软件开发过程中的若干不同因素有关，如所开发软件的种类（如实时系统、信息系统和桌面产品）、开发组织的规模（如单人开发、小组开发和团队开发）等，用户可根据不同的需要选用不同的过程。UML 只是一种语言，是独立于过程的，最好将它应用于用例驱动的、以体系结构为中心的、迭代的、递增的过程。

1.1.5 UML 的功能

UML 是一种建模语言，该语言具有如下功能。

1. 为软件系统的产物（Artifacts）建立可视化模型

对于大多数程序员来说，在脑海中设想一个软件与用代码来实现这个软件是没有距离的，怎么想，就怎么用代码来实现它。事实上，有些东西最好直接转化为代码，因为文本是写表达式和算法的最直接的方式。过去，即使在这种情况下，程序员仍就要做一些简单的建模工作，例如在白板或纸上画一些简单的模型，但这种做法会产生下列问题。

（1）不利于交流。如果某个公司或项目组使用自己的语言来描述模型，则这个模型很难为其他公司或项目组外的人员所理解。

（2）如果不建立模型，软件系统中的有些东西很难用文本编程语言来表达清楚。

（3）如果程序员在修改代码时，没有将他脑海中的模型记录下来，这个信息就可能会永远丢失，不便于软件维护。

而统一建模语言 UML 所具有的如下优点很好地解决了这些问题。

（1）UML 符号具有定义良好的语义，不会引起歧义。UML 是一个标准的、被广泛采用的建模语言，因此，用 UML 建模有利于交流。

（2）UML 是可视化的建模语言，它为系统提供了图形化的可视模型，使系统的结构变得直观，易于理解。

（3）用 UML 为软件系统建立模型，不但有利于交流，还有利于对软件的维护。

2. 规约软件系统的产物

规约，即规范定义（Specifying），意味着建立的模型是准确的、无歧义的、完整的。UML 定义了在开发软件系统过程中所做的所有重要的分析、设计和实现决策的规格说明。

3. 构造软件系统的产物

UML 不是可视化的编程语言，但它的模型可以直接对应各种各样的编程语言，也就是说，可以从 UML 模型生成 Java、C++、Visual Basic 等语言的代码，甚至还可以生成关系数据库中的表。

从 UML 模型生成编程语言代码的过程称为前向工程（Forward Engineering），从代码实现生成 UML 模型的过程称为逆向工程（Reverse Engineering）。目前，大多数 CASE 工具，如 Rational Rose、Visual Paradigm for UML、Prosa 等，都既支持前向工程又支持逆向工程。

4. 为软件系统的产物建立文档

在软件的开发过程中为软件系统建立清晰、完整、准确的文档是非常重要的。UML 可以为系统的体系结构及其所有细节建立文档。UML 还可以为需求、测试、项目规划活动和软件发布管理活动进行建模。

软件系统的产物包括如下元素（但不限于这些元素）。

- 需求。
- 体系结构。
- 设计。
- 源代码。
- 项目计划。
- 测试。

- 原型。
- 发布。

1.1.6 UML 的组成

UML 词汇表包括 3 种构造模块，即元素、关系和图。元素是模型中重要的抽象，关系将这些元素连接起来，而图则将元素的集合进行分组。

1. 元素

UML 中的元素，可分为结构元素、行为元素、分组元素和注释元素 4 种。

- 结构元素。

结构元素是 UML 模型中的名词，也是模型中主要的静态部分，代表了模型中概念的或物理的元素。在 UML 中，有 7 种最常见的结构元素，即类（Class）、接口（Interface）、协作（Collaboration）、用例（Use Case）、活动类（Active Class）、组件（Component）和节点（Node）。

- 行为元素。

行为元素是 UML 模型中的动态部分，是模型中的动词，代表了跨越时间和空间的行为。在 UML 中，有两种主要的行为元素，即交互作用（Interaction）和状态机（State Machine）。

交互作用是一种行为，由特定上下文中为完成特定目的而在对象间交换的消息集组成。交互作用包括许多其他元素，如消息、动作序列（由消息激活的行为）、连接（对象间的连接）等。

状态机也是一种行为，这种行为规定了对象在其生命周期内为响应事件而经历的状态序列，以及对事件的响应。状态机也包括许多其他元素，如状态、跃迁、事件和活动等。

- 分组元素。

分组元素是 UML 模型中用来组织元素的元素。UML 中的主要分组元素是包（Package）。

- 注释元素。

注释元素是 UML 模型中的解释性部分，可以用于描述、例解、注解（Note）UML 模型中的任何元素。UML 中的主要注释元素是注解。

2. 关系

在 UML 模型中，主要有 4 种关系。

- 依赖关系（Dependency）。
- 关联关系（Association）。
- 类属关系（Generalization）。
- 实现关系（Realization）。

3. 图

UML1.x 定义了 9 种图，UML2.0 又补充了 4 种图，总共定义了 13 种图。这 13 种图可以分为两类，即结构建模图（Structural Modeling Diagrams）和行为建模图（Behavioral Modeling Diagrams）。结构建模图描述了系统的静态结构，它包括 6 种图：类图、对象图、组件图、组合结构图、包图和部署图。行为建模图（Behavioral Modeling Diagrams）描述了系统的行为，它包括 7 种图：用例图、活动图、状态机图、顺序图、通信图、定时图和交互概览图。其中顺序图、通信图、定时图和交互概览图又称为交互作用图，这些图侧重描述对象间的交互作用。

（1）结构建模图。

结构建模图定义了模型的静态结构，一般用来为构成模型的类、对象、接口、物理组件以及元素之间的关系进行建模。

• 类图（Class Diagram）。

类图描述系统中各个类的静态结构，它不仅定义了系统中的类，表示了类之间的联系（如关联、依赖、聚合等），还描述了类的内部结构（类的属性和操作）。类图描述的是一种静态关系，在系统的整个生命周期都是有效的。

• 对象图（Object Diagram）。

对象图是类图的实例，使用与类图类似的标识。它们的不同点在于对象图只是显示类的多个对象实例，而不是实际的类。一个对象图是类图的一个实例。对象图只在系统整个生命周期的某一时间段存在。

• 组件图（Component Diagram）。

组件图描述代码组件的物理结构及各组件之间的依赖关系。一个组件可能是源代码组件、二进制组件或可执行组件。组件图包含逻辑类或实现类的有关信息，有助于程序员分析和理解组件之间的相互影响程度。

• 组合结构图（Composite Structure Diagram）。

组合结构图描述了分类器（例如，类、组件或用例）的内部结构，它包括分类器与系统其他部分的交互作用点。

• 包图（Package Diagram）。

包图描述了包与包之间的关系。

• 部署图（Deployment Diagram）。

部署图定义系统中软硬件的物理体系结构。部署图不但描述了实际的计算机和设备（用节点表示）以及它们之间的连接关系，还描述了连接的类型以及组件之间的依赖性。在节点内部，可放置可执行组件和对象以显示节点与可执行软件单元的对应关系。

（2）行为建模图。

行为建模图描述了系统的动态结构、系统对象间的交互关系以及对象的瞬时状态。

• 用例图（Use Case Diagram）。

用例图从用户角度描述系统功能，并指出各功能的操作者。

• 活动图（Activity Diagram）。

活动图描述了为满足用例要求所要进行的各类活动以及活动间的约束关系，活动图有利于识别并行活动。

• 状态机图（State Machine Diagram）。

状态机图描述了类的对象所有可能的状态，以及事件发生时状态的跃迁条件。状态机图通常是对类图的补充。在实际应用中，开发人员并不需要为所有的类画状态机图，而只需为那些有多个状态且其行为受外界环境影响并发生改变的类画状态机图。

• 顺序图（Sequence Diagram）。

顺序图描述了对象之间的动态合作关系，它强调对象之间消息发送的时间顺序，同时显示对象之间的交互。

• 通信图（Communication Diagram）。

通信图描述了类的实例、实例间的相互关系以及实例间的消息流。通信图跟顺序图相似，描述了对象间的动态协作关系。除显示信息交换外，通信图还描述对象以及对象之间的关系。

• 定时图（Timing Diagram）。

定时图用于描述一个或多个对象在给定时间段的行为。

• 交互概览图（Interaction Overview Diagram）。

交互概览图是活动图和顺序图的混合，它概括描述了系统或商业过程中的控制流。

1.2　RUP

一个项目的成功需要 3 个方面的支持，即符号（Notation）、过程（Process）和工具（Tool）。前面，已经介绍了符号——统一建模语言 UML，现在介绍过程——Rational 统一过程（Rational Unified Process，RUP）。

1.2.1　RUP 的发展

RUP 经过了多年发展才逐渐变得成熟，它结合了很多个公司和人的集体经验。

图 1.3 描述了 RUP 的发展历史。从时间上回顾，RUP 是 Rational Objectory 过程的直接继承者。RUP 吸收了数据工程、商业建模、项目管理和配置管理等许多领域的工程实践经验。其中，RUP 2000 还吸收了由 ObjectTime 公司的创立者所开发的实时面向对象方法中的元素。RUP 与 Rational 软件工具包是紧密集成在一起的。

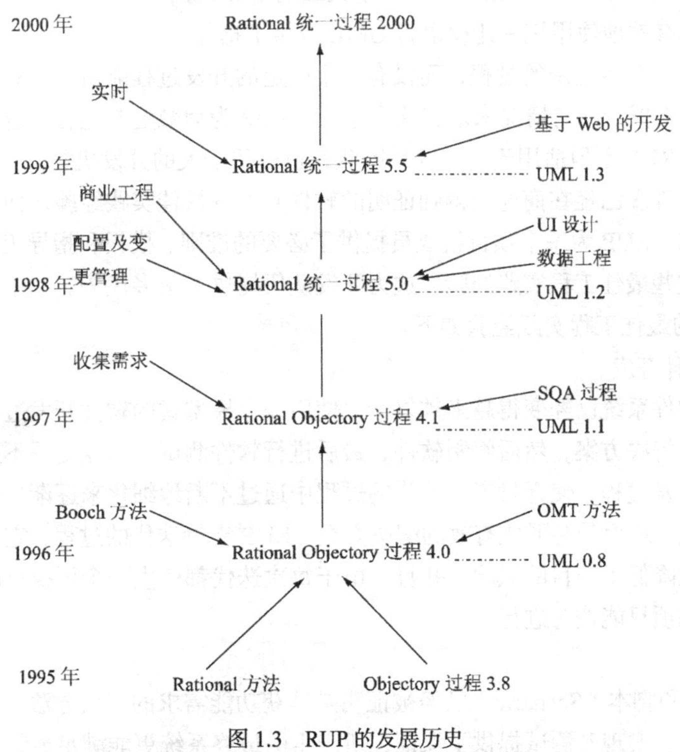

图 1.3　RUP 的发展历史

Objectory 过程是 Ivar Jacobson 于 1987 年根据他在 Ericsson 公司的经验在瑞典创建的，这个过程随后成为 Ivar Jacobson 的公司——Objectory AB 的产品。该过程以用例概念和面向对象的方法为中心，很快得到了软件工业的认可并被世界各地的许多公司采用。1992 年，Objectory 过程的简化版本作为课本被出版。1995 年，Rational 软件公司与 Objectory AB 公司合并，之后，Rational

方法与 Objectory 过程（版本 3.8）相集成，产生了 Rational Objectory 过程（版本 4.0）。

Rational Objectory 过程从 Objectory 过程中继承了过程结构和用例的中心概念，从 Rational 方法得到了迭代开发和体系结构的模式。后来，该版本还吸收了来自 Requisite 公司的需求管理部分和来自 SQA 公司的详细的测试过程。并且，该过程第一个使用了统一建模语言——UML 0.8。

Rational 软件公司被 IBM 收购后，RUP 被纳入 IBM 的 RMC（Rational Method Composer）产品中。

1.2.2 什么是 RUP

RUP 是一个软件工程化过程。它提供了在开发过程中分派任务和责任的方法，它的目标是在可预见的日程和预算前提下，确保满足最终用户需求的高质量软件的产生。

RUP 是由 Rational 软件公司开发和维护的过程产品，它的开发队伍同其顾客、合伙人、Rational 公司的其他产品组及顾问组织紧密合作，以确保开发过程中不断地对产品进行更新、改善与发展，总结新的经验，使产品融合最好的工程实践。RUP 的特点如下所述。

- RUP 提高了团队生产力。使用 RUP，无论项目组成员是进行需求分析、设计、测试、项目管理，还是配置管理，所有的成员都可享有共同的语言、过程和开发软件的视图。
- RUP 可进行活动创建并维护模型。RUP 强调开发和维护模型（模型为开发过程中的软件系统提供了语义丰富的描述），而不是侧重于产生大量的书面文档。
- RUP 为如何有效地使用统一建模语言 UML 提供了指导。
- RUP 是一个可裁剪定制的过程，而没有一个固定的开发过程能适合所有的软件开发。使用 RUP，开发者可以根据不同的情况来定制这个过程，RUP 为裁减定制适合特定需要的开发过程提供了支持。因此，RUP 不但适用于小的开发团队，也适用于大的开发机构。
- RUP 吸收了许多已经在商业上得到证明的软件开发的最佳实践经验，使其能够适用于范围广泛的项目和组织。RUP 为每个项目组成员提供了必要的准则、模板和指导工具，使整个开发团队可以充分利用这些最佳工程实践经验，这为开发队伍提供了很多优势。

RUP 所吸收的最佳工程实践经验如下。

1. 迭代式软件开发

目前，由于软件系统已经变得越来越复杂，使用瀑布模型式的软件开发过程（即先定义整个问题，再设计整个解决方案，然后编制软件，最后进行软件测试）已经变得不可能。现在需要一种迭代式的软件开发过程，使开发者在迭代的过程中通过不断地细化来逐渐加深对问题的理解，不断完善解决方案，从而最终形成有效的解决方案。RUP 支持迭代的过程，它通过将风险分散于每一次迭代，大大降低了项目的风险。并且，由于每次迭代都产生一个可执行的版本，频繁的状态检查也可以确保项目能按时进行。

2. 需求管理

用例（Case）和脚本（Scenario）已经被证明是捕获功能需求的有效方法，它们的使用为由其所驱动的软件设计、实现和测试提供了保证，所产生的最终系统更能满足最终用户的需要。

3. 使用基于组件的体系结构

组件是实现明确功能的模块或子系统，是促进更有效地软件重用的弹性结构。它设计灵活、可修改、直观且便于理解。RUP 支持基于组件的软件开发。

4. 可视化的软件建模

可视化的软件建模过程说明了如何对软件进行可视化建模以捕获系统的体系结构、组件的结构和行为。这样的建模过程可以隐藏细节，并能使用图形化的构建模块来书写代码。可视化的建模可以帮助开发人员理解软件的不同方面，了解系统的各部分是如何协作的，确保模型与代码一致，设计与实现一致，并促进沟通。工业化的 UML 是成功地进行可视化建模的基础。

5. 验证软件质量

系统性能和可靠性通常是软件能否被接受的重要因素。开发人员可根据系统的可靠性需求、功能需求和性能需求来检查系统的质量，RUP 可以帮助开发人员计划、设计、实现、执行和评估这些测试类型。质量评估应该是内建于过程，包含在所有的活动中，并由所有有关人员参与，使用客观的标准的活动，而不是由单独的小组进行的单独活动。

6. 控制软件的变化

在软件开发过程中，需求的变化通常是不可避免的。RUP 描述了如何控制、跟踪和监控需求变更，以确保软件能够成功地迭代开发。RUP 还指导开发人员通过隔离来自其他工作空间的修改，以及控制整个软件产物（如模型、代码、文档等）的修改，来为每个开发者建立安全的工作区。另外，通过进行自动化集成和建立管理，RUP 使团队成员能够协调一致地工作。

1.2.3　过程概览

RUP 可以用二维结构（或两个轴）来描述，如图 1.4 所示。

- 时间。软件开发的生命周期被划分为阶段和迭代。
- 过程组件。

为了软件项目的开发成功，两个轴都要被考虑。

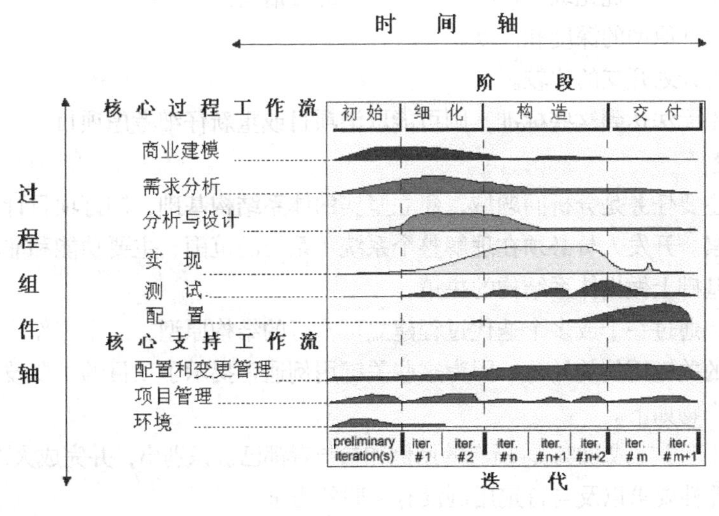

图 1.4　RUP

1.2.4　时间轴

软件生命周期可以被分解为许多阶段，每个阶段都致力于产生软件产品的新版本。RUP 将软件生命周期划分为 4 个连续的阶段：初始阶段（Inception）、细化阶段（Elaboration）、构造阶段（Construction）、交付阶段（Transition）。

每个阶段都有特定的目标，下面对这 4 个阶段进行具体地描述。

1. 初始阶段

初始阶段的主要任务是建立软件系统的商业模型，需要考虑项目的效益，并进行初步的需求分析。这一阶段开发人员需要与系统的用户或领域专家进行讨论。

在初始阶段，开发人员要为系统建立商业案例并确定项目的边界。为完成这个任务，开发人员必须识别出所有与系统交互的外部实体，并在较高层次上定义交互的特性，这包括识别出所有用例并对几个重要的用例进行描述。商业案例包括验收标准、风险评估、所需资源的估计以及体现项目开发重要里程碑的阶段计划。

初始阶段的产物如下。

- 蓝图文档，它是关于项目的核心需求、关键特性、主要约束的总体蓝图。
- 初始的用例模型（完成 10%～20%）。
- 初始的项目术语表。
- 初始的商业案例，包括商业环境、验收标准和财政预测。
- 初始的风险评估。
- 项目计划，体现了软件系统开发的阶段和迭代。
- 商业模型。
- 一个或多个原型。

可以用如下标准来评价初始阶段是否成功。

- 风险承担者是否赞成项目的范围定义、成本估计以及进度估计。
- 是否以主要用例证实对需求的理解。
- 成本与进度预测、优先级、风险和开发过程的可信度。
- 所开发的软件原型的深度和广度。
- 实际开支与计划开支的比较。

初始阶段如果无法达到这些标准，则可能取消项目或重新仔细考虑项目。

2. 细化阶段

细化阶段的主要任务是分析问题域，建立坚实的体系结构基础，制订项目计划，并消除项目中风险最高的因素。开发人员必须在理解整个系统（系统的范围、主要功能和非功能性需求，如性能需求等）的基础上做出体系结构的决策。

在细化阶段，通过一个或多个迭代过程建立可执行的结构原型，这个工作应该至少完成对初始阶段中识别出的关键用例的处理，因为这些关键用例通常揭示了项目的主要技术风险。

细化阶段的产物如下。

- 用例模型（至少完成 80%），所有的用例和参与者都已被识别出，并完成大部分的用例描述。
- 补充非功能性要求以及与特定用例没有关联的需求。
- 软件体系结构的描述。
- 可执行的软件原型。
- 修订过的风险清单和商业案例。
- 整个项目的开发计划（包括粗略的项目计划），这个开发计划应体现每个迭代过程和每次迭代的评价标准。
- 更新的开发案例。
- 初步的用户手册（这一项是可选的）。

对细化阶段的评价是通过回答下述问题来完成的。

- 软件的蓝图是否稳定？
- 体系结构是否稳定？
- 可执行的演示版是否表明风险要素已被可靠地解决了？
- 构建阶段的计划是否足够详细和精确？是否有可靠的基础？
- 如果在当前的体系结构上下文中，执行计划并开发出整个系统，是否所有的风险承担人都承认系统满足了当前的需求？
- 实际费用与计划费用相比是否可以被接受？

细化阶段如果无法达到这些标准，则可能取消项目或重新考虑项目。

3. 构造阶段

在构造阶段，所有剩余的组件和应用程序功能被开发并集成到产品中，所有的功能都被彻底地测试。从某种意义上说，构造阶段是一个实现过程，这个过程的重点在于管理资源和控制运作以优化成本、进度和质量。

许多项目规模很大，通常需要进行并行构造。并行构造大大加速了可发布版本的完成，但却增加了资源管理和工作流同步的复杂性。稳健的体系结构和易于理解的计划是高度关联的，也就是说，评价软件体系结构质量的关键因素之一是构造的容易性，这就是在细化阶段强调平衡体系结构和计划的原因。

构造阶段的产物是可以交付给最终用户的产品，它至少包括如下内容。

- 集成于适当平台上的软件产品。
- 用户手册。
- 当前版本的描述。

构造阶段的结束是项目开发的第 3 个重要的里程碑,这个阶段所产生的版本通常被称为 Beta 版。

评价构造阶段需要回答以下问题。

- 软件是否足够稳定和成熟，是否可以发布给用户？
- 是否所有的风险承担人都准备好了向用户交付软件产品？
- 实际费用与计划费用的对比是否仍可被接受？

在构造阶段如果项目无法达到这些要求，则必须推迟交付。

4. 交付阶段

在交付阶段，要将软件产品交付给最终用户。

该阶段侧重于向用户提交产品的活动。通常，这个阶段由几次迭代组成，包括 Beta 版的发布以及修补版和增强版的发布。在这个阶段，开发人员需要消耗相当大的工作量来撰写面向用户的文档、培训用户、在初始产品使用时为用户提供技术支持以及处理用户的反馈等。此时，用户的反馈应该主要限定在产品调整、配置、安装和使用问题上。

评价交付阶段需要回答如下两个问题。

- 用户是否满意？
- 实际费用与计划费用的对比是否仍可以被接受？

1.2.5　迭代

RUP 也是一个迭代递增的开发过程。使用迭代递增式的开发方法，意味着开发人员不是在项目结束时一次性地提交软件，而是分块逐次开发和提交。每次迭代选择一些功能点，开发并实现这些功能点，然后再选择别的功能点，如此循环迭代。实际上，涉及实际建模工作微过程存在于上述每次迭代中。迭代式开发是项目成功的重要保证。

RUP 的每个阶段都可以进一步分解成为多次迭代。迭代是一次完整的开发循环，通过迭代产生可执行的产品版本（内部或外部的），这个可执行产品是最终产品的一个子集，并通过一次次迭代递增式地成长为最终的系统。

与传统的瀑布式过程相比，迭代式开发过程具有如下优点。

- 较早开始降低风险。
- 更容易控制需求变更。
- 可重用性更高。
- 开发队伍可以在开发中学习。
- 更好的产品总体质量。

1.2.6 工作流

沿图 1.4 所示的过程组件轴，过程可以被划分为核心过程工作流（Core Process Workflows）和核心支持工作流（Core Supporting Workflows）。工作流是由活动构成的活动序列。

核心过程工作流可以被分为 6 个工作流。

（1）商业建模（Business Modeling）。

建立商业模型的活动是为了确定系统功能和用户需要。

（2）需求分析（Requirements）。

需求分析是用功能性需求和非功能性需求来描述系统。

（3）分析与设计（Analysis & Design）。

分析与设计描述了如何在实现阶段实现系统。分析的目的是捕捉系统的功能需求，分析并提取所开发系统的问题域中的类，以及描述它们的协作概貌；设计的目的是通过考虑实现环境，将分析阶段的模型扩展和转化为可行的技术实现方案。

（4）实现（Implementation）。

实现的具体工作就是用编程语言来实现系统，同时对已建立的模型作相应的修正。

（5）测试（Test）。

测试主要就是使用前几个阶段所构造的模型来指导和协助测试工作。

（6）配置（Deployment）。

配置主要是通过模型来描述所开发系统的软硬件配置情况。

核心支持工作流可以被分为 3 个工作流。

（1）项目管理（Project Management）。

（2）配置和变更管理（Configuration and Change Management）。

（3）环境（Environment）。

由图 1.4 可知，过程组件轴的每个活动都应用于时间轴的各个阶段，例如，构造阶段由多次迭代组成，每一次迭代都包含商业建模、需求分析、分析与设计、实现、测试和配置活动。构造阶段的最后一次迭代还包括配置，每次迭代所得的产品应满足项目需求的相应子集，其产品或被提交给用户，或纯粹是内部提交。此外，每次迭代都包含了软件生命周期的所有阶段，且都要增加一些新的功能，解决一些新的问题。

组件轴中的各个活动在各阶段应用的程度由开发的阶段决定。例如，在初始阶段，商业建模的工作要比需求分析的工作多；在细化阶段，分析与设计的工作要比实现的工作多；系统的实现主要发生在构造阶段；系统的配置工作主要发生在交付阶段。从图 1.4 中还可以看出，测试活动在细化阶段、构造阶段和交付阶段都有发生，这意味着系统测试并不是在所有的编程工作都结束才进行的。

在系统开发的不同阶段，使用 UML 为系统建模，可以通过建立不同的模型，从不同的视角或以不同的详略程度对系统进行描述。

1.2.7　微过程的划分

由图 1.4 可以看出，通常系统的每次迭代都含有一个微过程，其过程则由上述 9 个工作流组成，下面对这 9 个工作流做进一步介绍（其中，将工作流中的“分析与设计”分成“分析”与“设计”两部分分别进行介绍）。

1. 商业建模

系统最初的需求规格说明应当由代表系统最终用户的人员提供，内容包括系统基本功能需求和对计算机系统的要求。

大多数商业工程化的一个主要问题是软件工程人员和商业工程人员之间不能准确、有效地交流，这使得商业工程的输出没有被适当地用作软件开发的输入，反之亦然。RUP 为这两个群体提供共同的语言和过程，以及说明在商业模型和软件模型之间如何创建并保持直接的可跟踪性，从而在很大程度上解决了这个问题。

在商业建模中，使用商业用例来为商业过程建立文档，确保了所有风险承担者对于需要被满足的商业过程达成共识。分析商业用例以理解业务应该如何支持商业过程，这些是由商业对象模型来描述的。

在实践中，许多项目可能不需要进行商业建模。

2. 需求分析

需求分析的目标是描述系统应做什么，并使得开发人员和用户就该描述达成共识。需求分析的任务是找出系统的所有需求并加以描述，同时建立模型。需求分析应由系统用户、领域专家和开发人员合作完成，此阶段不需要涉及设计细节和技术方案。

在需求分析过程中，开发人员要抽取出用户的需求，并识别系统中的参与者（代表了与系统交互作用的用户或另一个系统）和用例（代表了系统的行为）。其中，用例是用于描述所开发系统的功能需求的。用例分析包括阅读和分析需求说明，这需要与系统的潜在用户和领域专家进行讨论后完成。

除了使用用例图描述系统需求外，还可以使用文字（或活动图）对每个用例做进一步详细描述。用例的描述说明了系统如何与参与者进行交互以及系统做了什么，非功能性的需求在补充说明中进行描述。

由于用例的需求说明直接影响到后续设计阶段对类的操作的定义，因此，用例的需求说明应当尽量全面、准确。

需要注意的是，大多数用例可以在系统需求分析阶段确定，但随着系统的进展，可能会发现更多的用例，甚至会发现前面定义的用例中存在不够确切或错误的地方，这需要对用例进行修改。因此，在整个系统开发过程中，开发人员应时刻关注用例。

用例起到了贯穿系统整个开发周期的主线作用。同一个用例模型要被用在需求捕捉、分析、设计和测试阶段。

3. 分析

分析阶段的主要工作是对问题域进行分析，以确定系统问题域中的类。有两种途径可以帮助开发人员确定系统中的类。

（1）通过阅读规格说明、用例分析以及寻找系统问题域中的“概念”来进行特定的问题域分析。

（2）通过与用户和领域专家的讨论，识别出所有关键类及类之间的相互关系。

在这一阶段，可以用类图来描述系统问题域中的类以及类之间的关系。要强调的是，这一阶段对类的描述是初步的，也就是说，类的操作和属性的定义不一定与最终实现时的定义一致。这是因为此阶段还没有涉及系统功能的具体实现，有些操作只能在设计阶段细化时才能确定，所以不可能准确、完整地定义它们。

为了描述问题域中类的动态行为，可以使用 UML 的任何一种动态图（如顺序图、活动图、通信图、状态机图等）。本阶段的各动态图都只是初步的，其作用主要是为了协助使用者对问题域中的进行类及其相互关系进行分析，并为下一阶段的具体设计打下基础。

UML 建模是很灵活的过程，使用者不必面面俱到地画出每一个图，只有在必要时，即当图有助于分析、设计、指导编码、加深理解或促进交流时，才需要画出，这样的图对建模才有意义，否则会浪费精力。

4. 设计

设计阶段的任务是通过综合考虑所有的技术限制，扩充并细化分析阶段所产生的模型。设计的目的是确定一种易转化成代码的设计方案。此阶段是对分析工作的细化，即进一步细化分析阶段定义的类（包括类的操作和属性），并且增加新类以处理诸如数据库、用户接口、通信、设备等技术领域的问题。

设计阶段可分为两个部分。

（1）结构设计。

结构设计是高层设计，其任务是定义包（或子系统），以及包间的依赖性和主要通信机制。系统结构应尽可能简单、清晰，尽可能地减少各部分之间的依赖，尤其是减少双向的依赖关系。一个设计良好的系统结构是系统可扩充和可变更的基础。

（2）详细设计。

详细设计细化了包的内容，使开发人员得到类的清晰描述。同时，此阶段使用 UML 中的动态模型，描述特定情况下这些类实例的行为。

详细设计的目的是通过创建新的类图、状态机图和动态图，来扩展并细化分析阶段所产生的类。这些图在分析阶段也曾用过，不过在详细设计阶段，将从技术层次上使用这些图对系统进行更详尽的描述。

在分析阶段定义的类的操作，在设计阶段可能被分解成几个操作或者改变其名称。因为分析是构造每个类的框架，而设计是对系统的详细说明，所以设计模型中必须定义类操作的参数和返回值。

在设计阶段，可细化分析阶段的状态机图，以便更详细地显示状态跃迁的细节。使用状态机图可以揭示单个对象在整个生命周期中的变化细节，对了解和实现关键类有较大的帮助。

此外，在设计阶段还可以使用其他的图，从不同侧面对分析阶段建立的模型进行细化。

5. 实现

实现阶段的目的如下。

- 定义代码的组织结构。

- 以组件的形式实现类和对象。
- 对开发出的组件进行单元测试。
- 把开发人员或开发小组开发的软件组件集成为可执行的系统。

系统是通过实现组件来完成的。RUP 描述了如何重用已有的组件或根据定义良好的责任实现新组件，使系统易于维护并提高系统的可重用性。

实现阶段是对类进行编程的过程，使用者可以选择某种面向对象的编程语言（如 Java）作为系统实现的软件环境。在实现阶段，可以选取下列图及说明来辅助编程。

- 类图及类的规格说明。

类图显示了类的静态结构和类之间的关系。类的规格说明详细描述了类的必要属性和操作。

- 状态机图。

状态机图描述了类对象的可能状态、所需处理的跃迁以及触发这些跃迁的操作。

- 动态图（包括顺序图、通信图、活动图等）。

动态图说明了所描述的类的某个方法如何实现，以及其他对象如何使用该类的对象。

- 用例图和规格说明。

用例图和规格说明描述了系统的需求和结果。

编码期间可能会发现设计模型的缺陷，这时就需要修改设计模型。修改设计模型时一定要注意保持设计模型与程序代码的一致性，以便将来易于维护。

6. 测试

测试的目的如下。

- 验证对象间的交互作用。
- 验证软件组件的正确集成。
- 验证所有需求都得到了正确的实现。
- 识别并确保软件缺陷在发布之前被修复。

由于 RUP 是应用迭代的方法，这就意味着测试会贯穿整个项目的开发过程，这样就能尽早地发现缺陷，从根本上降低修复缺陷的成本。测试是从 4 个方面来进行的，即可靠性、功能性、应用程序性能和系统性能。RUP 描述了如何完成测试生命周期的 5 个阶段，它包括计划、设计、实现、执行和审核。

测试包括以下 4 种类型。

（1）单元测试。

在单元测试中使用类图和类的规格说明，对单独的类或一组类进行测试。

（2）集成测试。

在集成测试中，使用组件图和通信图，对各组件的协作情况进行测试。

（3）系统测试。

在系统测试中，使用用例图，以检验所开发的系统是否满足用例图所描述的需求。

（4）验收测试。

验收测试是由用户执行的，用来测试系统的功能和性能是否满足用户的要求。

7. 配置

配置的目标是成功地完成可发布的软件版本，并将软件分发给最终用户。它包括下列活动。

- 产生可以对外发布的软件版本。
- 软件打包。

- 分发软件。
- 安装软件。
- 为用户提供技术支持和帮助。

许多情况下，配置还包括如下活动。

- 计划并实施 Beta 测试。
- 移植已有的软件或数据。
- 正式验收。

尽管配置工作主要集中在交付阶段，但在早期阶段需要进行很多活动，以为构造阶段后期的软件发布做准备。

部署图描述了系统的物理结构，它说明了系统设备之间的关系，以及节点跟可执行软件单元的对应关系。

8. 项目管理

软件项目管理是一门艺术，它既需要平衡互相冲突的目标、管理风险，又需要克服各种限制，最终成功地发布满足投资用户和使用者需要的软件。

9. 配置和变更管理

这个工作流描述了如何控制工作于同一个项目的多个成员所产生的大量产物。控制有助于避免混乱，并确保不会由下述问题引起产物的冲突。

- 更新的同步。当项目组的多个成员独立地工作于同一产物时，最后一个修改者会破坏前者的工作。
- 有限的通知。当多个开发者共享的产物中的问题被解决时，一些开发者可能未得到关于变化的通知。
- 多个版本。很多大型项目以演化的方式进行开发，即一个版本被顾客使用，另一个版本在进行测试，而第三个版本仍处于开发阶段。如果其中任何一个版本出现问题，其修改都需要在所有版本中进行。如果变更没有得到很好地控制和监控，就会产生混乱并导致代价昂贵的修改和重复劳动。

该工作流还提供了关于版本管理、版本跟踪的准则。它描述了如何管理并行开发、多地点分布式开发，以及如何实现构建过程自动化。另外，该工作流还描述了如何跟踪产物在什么时候、为什么和被谁修改了等内容。

该工作流还包括变更需求的管理，即怎样报告缺陷和在生命周期中管理缺陷，以及如何使用缺陷数据来跟踪发展和趋势。

10. 环境

环境工作流的目的是为软件开发组织提供软件开发环境（过程和工具），软件开发队伍需要软件环境的支持。

环境工作流还包括了一个工具箱，这个工具箱提供了定制过程所必须的准则、模板和工具。

1.3 工　具

UML 不是可视化的编程语言，但它的模型可以与各种各样的编程语言直接对应。也就是说，可以从 UML 的模型生成 Java、C++、Visual Basic 等编程语言的代码，甚至可以生成关系数据库中的表。

从 UML 模型生成编程语言代码的过程被称为前向工程（Forward Engineering），从代码实现生成 UML 模型的过程被称为逆向工程（Reverse Engineering）。目前，市场上有大量商业的或开源的 UML 计算机辅助软件工程工具，如 Rational Software Modeler、Visual Paradigm for UML、Prosa UML、Visio、Together、Visual UML、Object Domain UML、Magic Draw UML 等。其中大部分 CASE 工具都给软件开发者提供了一整套的可视化建模工具，包括系统建模、模型集成、软件系统测试、软件文档的生成、从模型生成代码的前向工程、从代码生成模型的逆向工程、软件开发的项目管理、团队开发管理等，为关于客户/服务器、分布式、实时系统环境等真正的商业需求提供了稳健、有效的解决方案。其中，Rational Software Modeler 的前身是 Rational Rose 软件，而 Rational Rose 是美国 Rational 公司在软件工程专家 Grady Booch、Ivar Jacobson、James Rumbaugh 等人的领导下研制开发的面向对象 CASE 产品，是当初最流行的可视化建模工具之一。几年前，Rational 公司被 IBM 公司收购，该公司的 Rational Rose 软件也演化为 IBM 公司的 Rational Software Modeler 软件。Software Modeler 为软件系统的开发提供了强有力的支持，为运用面向对象的思想和技术、控制系统的复杂性、提高软件的开发效率创造了必要条件。

未来的软件开发范式将具有以下 3 个特点。

- 软件开发的自动化程度将越来越高。
- 所开发的软件中隐藏的差错将越来越少。
- 在新型软件工程环境的支持下，将有能力开发出自适应的软件系统。

UML 及其集成化支持环境的出现，将为走向这个新范式铺平道路。

小　结

UML 是定义良好、易于表达、功能强大的语言，不仅支持面向对象的分析与设计，而且支持从需求分析开始的软件开发的全过程。

本章首先介绍了 UML 的历史、内容、特点、功能、组成，然后介绍了 RUP 的历史背景、特点、二维结构和微过程的 10 个工作流，最后简单介绍了支持 UML 的计算机辅助软件工程工具。

习　题

1.1　面向对象分析与设计方法为什么需要一个标准的、统一的建模语言？

1.2　UML 的定义是什么？UML 有什么功能？

1.3　RUP 吸收的最佳工程实践有哪些？

1.4　RUP 的 4 个阶段主要任务是什么？产出是什么？如何评价各阶段任务是否成功？

1.5　RUP 可划分为哪几个工作流？各工作流的主要任务是什么？

第2章 面向对象分析与设计方法

公认的面向对象方法出现于20世纪70年代中期，从1989年到1994年，其数量从不到10种增加到了50多种。这些方法的提出者都努力推崇自己的产品，并在实践中不断完善，但是，使用面向对象方法的用户并不了解这些方法的优缺点及相互之间的差异，因而很难根据应用特点选择合适的方法，于是爆发了一场"方法大战"。20世纪90年代，一批新的面向对象的方法出现了，其中最引人注目的是Booch方法、OOSE方法和OMT方法等。

Grandy Booch是面向对象方法最早的倡导者之一，他提出了面向对象软件工程的概念，并于1991年将原来面向Ada的工作扩展到整个面向对象设计领域。Booch方法比较适合于系统的设计和构造。Rumbaugh等人提出的面向对象的建模技术OMT方法采用了面向对象的概念，并引入各种独立于语言的表示符，这种方法用对象模型、动态模型和功能模型来共同完成对整个系统的建模。OMT-2方法则特别适用于分析和描述以数据为中心的信息系统。Jacobson于1994年提出了OOSE方法，其最大特点是用例（Use-Case）的使用，并在用例的描述中引入了外部参与者的概念。用例的概念对于精确描述系统需求非常重要，在OOSE方法中，用例贯穿于整个开发过程，它比较适合支持商业工程和需求分析。此外，还有Coad/Yourdon方法，即著名的OOA/OOD方法，它是最早的面向对象分析和设计方法之一，该方法简单易学，适合于面向对象技术的初学者使用，但由于该方法在处理能力方面的局限，目前已很少使用。

本章将对几种较为重要的面向对象分析与设计方法进行详细介绍。

2.1 OOA/OOD方法

OOA/OOD（Object-Oriented Analysis/Object-Oriented Design，面向对象分析/面向对象设计）方法是由Coad和Yourdon于1991年提出来的。

与传统的分析与设计方法相比，OOA/OOD方法具有如下优势。

- 可以处理更有挑战性的问题域。
- 改善了分析人员与问题领域专家的交流。
- 通过分析、设计和编程，增加内部的一致性。
- 显式地表示类和对象间的共性。
- 可以建立有弹性的规范。
- OOA（面向对象分析）、OOD（面向对象设计）和OOP（面向对象编程）的结果可重用。
- 为分析、设计和编程提供一致的基本表示。

Coad 和 Yourdon 认为 OOA/OOD 方法的主要结果是通过降低问题域的复杂性产生的，该方法以管理复杂性的许多通用原则为基础，且只有面向对象方法提供了这些原则。

OOA 部分由以下 5 个重要的步骤组成。

（1）识别问题域中的类和对象（Class & Objects）。

（2）确定结构（Structures）。

（3）确定主题（Subjects）。

（4）定义属性（Attributes）。

（5）定义服务（Services）。

上述这些步骤是没有时间顺序的。根据这些主要步骤，在分析阶段建立的 OOA 模型由 5 层组成。

（1）主题层（A Subject Layer）。主题层将系统分为模块，从而降低模型的复杂性。

（2）类和对象层（A Class & Object Layer）。类和对象层描述了系统中的类和对象。

（3）结构层（A Structure Layer）。结构层描述了类之间的继承关系和"整体 – 部分"的结构。

（4）属性层（An Attribute Layer）。属性层描述了属性以及类和对象之间的实例连接。

（5）服务层（A Service Layer）。服务层描述了方法以及类和对象之间的消息连接。

另外，类的动态行为可以用对象状态图（Object State Diagrams）来捕捉。应用到服务的算法可以用服务图（Service Charts）来描述，服务图是一种流图。服务图中的服务和对象状态图中的状态的连接可以用服务/状态表（Service/State Table）进行建立。

OOD 部分为上述 5 层添加了如下 4 个不同的组件。

（1）人机交互组件（Human Interaction Component）。

（2）问题域组件（Problem Domain Component）。

（3）任务管理组件（Task Management Component）。

（4）数据管理组件（Data Management Component）。

这些组件的设计也没有时间顺序。

OOD 阶段扩充了 OOA 阶段创建的 5 层，将 OOA 阶段产生的结果在 OOD 阶段放入组件中，如图 2.1 所示。

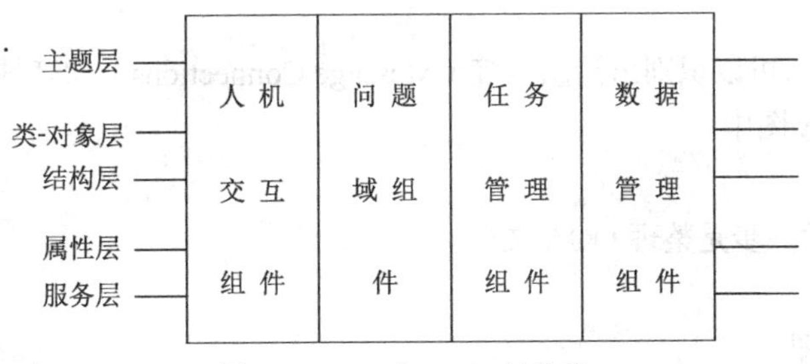

图 2.1　OOA 与 OOD 的连接

下面分别对 OOA/OOD 方法的 OOA 阶段和 OOD 阶段进行详细的介绍。

2.1.1　OOA

使用 OOA/OOD 方法时，在同样或类似问题域中回顾以前的 OOA 结果是很重要的，因为重用是面向对象方法的一个重要优势。

对于一个大系统，最好先将问题域细化为几个主题（Subject），然后再进行分析过程。

OOA 的过程如下。

1. 识别问题域中的类和对象

在这个步骤中，分析人员通过对问题域深入地分析和理解，识别出组成系统核心的、相关的、稳定的类和对象。

识别类和对象的第 1 步是研究问题域，可以通过审视下列选项来发现可能的类和对象。

- 结构。
- 其他系统。
- 设备。
- 被记住的事情或事件。
- 所扮演的角色。
- 操作的程序。
- 地点（物理位置）。
- 有组织的单元。

找出可能的类和对象后，对这些候选的类和对象进行筛选，再将筛选后的类和对象添加到 OOA 图中。

2. 确定结构

结构可以分为两种，即“一般－特殊”结构（Gen-Spec Structures）和“整体－部分”结构（Whole-Part Structures）。

在找出“一般－特殊”结构和“整体－部分”结构后，就可以识别出多重结构，因为多重结构是“一般－特殊”结构和“整体－部分”结构的各种组合。识别出多重结构后，将结构添加到 OOA 图中。

3. 确定主题

在这个步骤中，将模型分解为更易管理和理解的主题域，可降低所产生模型的复杂性。

4. 定义属性

在识别出属性后，就可以识别出对象间的实例连接（Instance Connections）。首先对识别出的属性和实例连接进行检查，然后规定其属性，最后将属性和实例连接添加到 OOA 图中。

5. 定义服务

在识别出服务后，可以识别出消息连接（Message Connections），然后规定服务，并将服务和消息连接添加到 OOA 图中。

6. 准备文档

OOA 部分的最后一步是整理 OOA 文档。

主要文档包括。

- 完整的 OOA 图。
- 类和对象的规格定义。

2.1.2 OOD

OOD 的过程如下。

1. 设计问题域组件

设计问题域组件的步骤如下。

- 寻找可以被重用的、以前的设计和类。

- 添加根类，并将特定于问题域的类分组。
- 抽象出公共服务，建立并添加父类。
- 改变问题域模型以改善性能。
- 审查添加到 OOA 模型中的细节。

2. 设计人机交互组件

设计人机交互组件需要使用原型开发。在完成原型开发后，通过原型来检查人机交互组件是否满足下述标准。

- 人机交互作用的一致性。
- 操作步骤的最少化。
- 及时地给予用户有意义的反馈。
- 提供撤销功能。
- 不要依赖用户的记忆力去记住某些东西。
- 掌握软件所花费的学习时间尽量少。
- 对用户来说，软件的乐趣和吸引力也是很重要的。

如果详细的人机交互组件满足了需要，就开始设计人机交互类，如窗口、域、图形等。如果可能，应该使用标准的图形用户界面。

3. 设计任务管理组件

首先，需要确定系统是否需要任务。如果不需要，就不必设计任务，因为任务会增加系统的复杂性。

任务可以分为以下 4 种。

（1）由事件触发的事件驱动任务（Event-Driven Tasks）。

（2）由特定的时间间隔触发的时钟驱动任务（Clock-Driven Tasks）。

（3）优先级任务（Priority Tasks）。

（4）关键任务（Critical Tasks）。

如果系统需要 3 个或更多的任务，建议添加一个专门的协调任务（Coordination Task）。

首先对所有的任务进行审查，以确保所使用的任务数量最小，且可被理解。然后，通过规定任务是什么、如何协调任务以及任务如何通信来定义每个任务。

4. 设计数据管理组件

首先，要确定数据管理的途径，即采用平面文件（Flat File）、关系型数据库管理系统（Relational Database Management System）还是面向对象数据库管理系统（Object-Oriented Database Management System）。

其次，根据所选途径，应用一系列标准进行评价并选择可能的数据管理工具。最后，根据所选的途径和工具设计数据管理组件，包括设计数据格式和相应的方法。

2.2　OMT 方法

对象模型技术（Object Modeling Technique，OMT）是由 Rumbaugh 等提出的，是一种现今非常流行的面向对象开发技术，其目的是构造一系列模型，并用这些模型不断地对系统设计进行细化，直到找到最后适合实现的模型。

使用 OMT 方法的面向对象开发过程可分为 5 步，如图 2.2 所示。

（1）分析。分析问题域并进行建模。

（2）系统设计。设计系统的整体体系结构。

（3）对象设计。为了有效地实现系统，对对象结构进行细化，并为对象添加细节。

（4）编码。用目标编程语言实现对象和类。

（5）测试。验证系统是否正确。

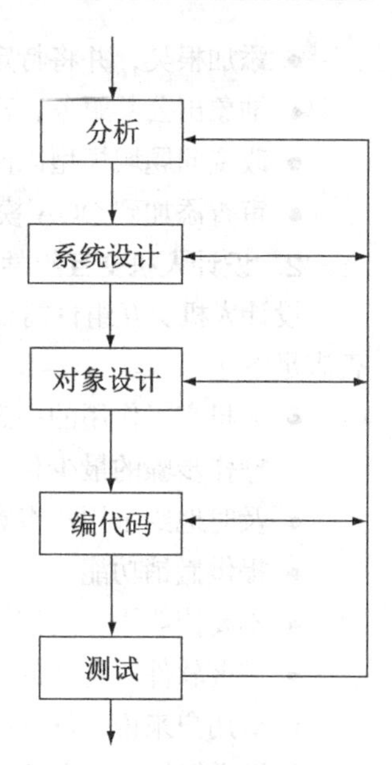

图 2.2　OMT 方法的开发过程

使用 OMT 方法描述系统有 3 个不同的视图，即对象视图（Object View）、动态视图（Dynamic View）和功能视图（Functional View）。对象视图描述发生事情的对象，功能视描述发生了什么，动态视图描述什么时候发生的。

下面分别对 OMT 开发过程的各步骤进行详细介绍。

2.2.1　分析

分析过程可以分为下述 5 个步骤。

1. 编写问题陈述（Problem Statement）

构造分析模型是从为问题域编写问题陈述开始的。

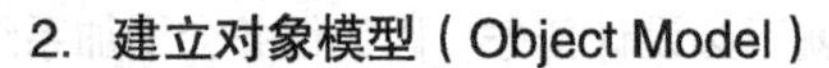

2. 建立对象模型（Object Model）

建立对象模型的步骤如下。

（1）识别出类和对象。通常，开发人员通过考虑问题陈述中的名词来发现候选类和对象，这些候选类和对象为物理实体和概念。

（2）丢弃不必要和不正确的类。为了保留正确的类，可以遵循下述指导准则。

- 丢弃多余的类。
- 丢弃不相关的类。
- 丢弃不明确的类。
- 不要将属性抽象为类。
- 不要将方法抽象为类。
- 不要将实现构造抽象为类。
- 不要将对象扮演的角色抽象为类。

（3）准备数据词典。将抽象出的类放在数据词典中，并在数据词典中对每个类进行描述。

（4）识别出类之间的关联关系。在抽象出类和对象后，就可以找出类之间的必要的关联关系。关联关系的发现通常是通过考虑问题陈述中的动词或动词词组来进行的，这些动词描述了下列事物。

- 物理位置。
- 通信。
- 有向动作。
- 所有权。
- 某些条件的满足。

（5）丢弃不必要的和不正确的关联。为了保留正确的关联关系，需要遵循下述指导准则。

- 丢弃被淘汰的类之间的关联关系。

- 丢弃关于实现的关联关系。
- 不要为动作建模。
- 如果可能，将三元关联（Ternary Associations）分解为二元关联（Binary Associations）。
- 不要为导出关联（Derived Associations）建模。

接下来，根据下述准则对识别出的关联关系进行细化。

- 为每个关联找一个合适的名字。
- 如果必要，为关联添加对象的角色名。
- 尽可能使用受限关联（Qualified Associations）。
- 规定关联的阶元（Multiplicity）。
- 找出遗漏的关联。

（6）抽象出类和对象的属性。

（7）丢弃不必要或不正确的属性。

（8）使用继承关系来建立类之间的层次关系。

（9）遍历访问路径，找出不足。

3. 建立动态模型（Dynamic Model）

动态模型主要描述了随着时间的变化而变化的对象及对象间的关系，动态模型对于具有重要动态行为的系统（例如，交互式系统和实时系统）尤其重要。动态模型描述了系统的可能控制流，而对象模型描述了可能的信息流。

建立动态模型的步骤如下。

（1）识别出用例和典型的交互作用脚本。

（2）识别出对象间的事件，为每个脚本建立事件跟踪图。

（3）为系统建立事件流图。

（4）为具有重要的动态行为的类建立状态图。

（5）检查多个状态图共享事件的一致性和完整性。

4. 建立功能模型（Functional Model）

功能模型完全由数据流图和约束组成，而数据流图由过程、数据流、参与者和数据存储组成。其中，一个过程将输入数据值转变为输出数据值。

建立功能模型的步骤如下。

（1）识别出输入值和输出值。

（2）根据需要使用数据流图描述功能依赖关系。

（3）描述每个功能的作用。

（4）识别约束。

（5）规定优化标准。

5. 细化对象模型、动态模型和功能模型，并建立文档

当分析完成后，要验证分析模型是否满足系统最初的需求，这个活动需要该问题领域的专家参与，以检验产生的分析模型。

2.2.2　系统设计

在系统设计阶段，主要确定系统的高层次结构。

在系统设计阶段，需要做出如下决策。

1. 将系统划分为子系统

系统设计的第 1 步是将系统划分为子系统。

对于每个子系统，都必须建立该子系统与其他子系统之间的定义良好的接口，接口的建立使得不同子系统的设计可以独立进行。如果必要，还可以不断地将子系统进一步分解为更小的子系统，直到将子系统分解为模块。

2. 识别并发

首先要识别出系统固有的并发，可以通过分析状态图来完成这个任务。

为了定义并发任务，需要检查系统中不同的、可能的控制线程，并将这几个控制线程合并为一个。

3. 将子系统和任务分配给处理器

将子系统分配给处理器是从估计所需要的硬件资源开始的，同时设计者还必须决策哪个子系统由硬件实现，哪个子系统由软件实现。

在完成这些决策后，要将任务分配给不同的处理器，其原因如下。

- 任务被不同的物理位置所需要。
- 改善系统速度。
- 将系统负载分配给不同的处理器。

将任务分配给处理器后，不同物理单元间的物理连接就建立起来了，包括如下内容。

- 连接拓扑结构。
- 重复的同等单元的拓扑结构。
- 连接通道和通信协议。

4. 选择实现数据存储的策略

在设计的这个阶段，必须完成关于数据库的决策，即决定是使用文件还是数据库管理系统存储数据。

5. 识别出全局资源，并确定控制访问全局资源的机制

必须明确定义对全局资源（如物理单元、逻辑名和共享数据等）的使用和访问。

6. 选择实现软件控制的方法

用软件实现控制又分为外部控制和内部控制两种。

外部控制（External Control）是系统中对象间的外部可见的事件流。处理外部控制有 3 种方式。

（1）过程驱动系统（Procedure-driven Systems）。

（2）事件驱动系统（Event-driven Systems）。

（3）并发系统（Concurrent Systems）。

内部控制（Internal Control）是进程内的控制流，可以被看作是程序语言中的过程调用（所提到的这个系统并不是唯一的选择，还可以采用基于规则的系统或其他非过程的系统）。

7. 考虑边界条件

描述各种边界条件也是很重要的，包括如下内容。

- 系统的初始化。
- 系统的结束。
- 系统的失败。

8．建立折中的优先级

系统的所有目标并不是都可以达到，所以要分析系统的所有目标，然后进行折中，为不同的目标设置不同的优先级。

2.2.3　对象设计

在对象设计（Object Design）阶段，要对类、关联、属性和操作进行充分、详细的规定。

对象设计的步骤如下。

1．对象模型可以从其他模型获取操作

对于获得对象模型的操作，必须结合 3 个模型，为功能模型中的每个过程和动态模型中的每个事件定义操作。

2．设计算法实现操作

步骤如下。

（1）选择使实现操作的代价最小的算法。

（2）选择适合该算法的数据结构。

（3）如果必要，定义新的内部类和操作。

（4）将没有明确与某个类相关的操作分配给正确的类。

3．优化访问数据的路径

为了使实现更有效率，可以使用如下优化。

- 添加冗余的关联，以达到更有效率地访问对象并改善系统的响应时间。
- 重新安排算法中操作的执行顺序。
- 存储导出的值，以避免重新计算复杂的表达式。

4．控制的实现

使用系统设计阶段选择的策略实现状态图。

5．调整类结构，并增加继承

- 重新安排并调整类和操作以提高继承性。
- 从一组类中抽取共同的行为。
- 对于关系不符合继承关系的语义，即不符合“是一种”语义，可以使用代表（Delegation）来共享实现，这是一种实现的继承关系。

6．设计关联的实现

首先要分析怎样使用关联，然后确定关联的实现策略。

7．确定对象属性的准确表达

8．用模块封装类和关联

2.2.4　实现

实现（Implementation）是将设计模型转变为代码的过程。由于较困难的决策都已在设计阶段完成，所以将设计模型转变为代码的实现是直接的、简单的。

2.2.5　测试

测试（Testing）用来验证系统是否被正确实现。在分析和设计阶段也部分涉及实现和测试活动，也就是说，分析、设计、实现和测试在增量式的开发中是交错进行的活动。

测试可能会在不同的层次上进行，例如，可以有单元测试、集成测试和系统测试。

2.2.6 模型

OMT 方法通过 3 个模型——对象模型、动态模型和功能模型来可视化地定义一个系统。

1. 对象模型（Object Model）

对象模型描述了系统的静态结构，还描述了系统中的类以及类间的关系、类的属性和操作。因为系统是基于对象的，所以对象模型是 3 个模型中最重要的一个。对象模型为系统提供了直观的描述，这对于与用户交流或为系统体系结构建立文档都是很重要的。

2. 动态模型（Dynamic Model）

动态模型描述了系统的主要行为，它主要描述了问题域中发生了什么、什么时候发生的以及有什么结果。动态建模中最重要的两个概念是事件和状态，事件代表了外部的激励，状态代表了对象的值。表达动态模型的形式语义基于有限状态机的变种——状态图，状态图描述了系统的状态、状态间的转换、状态的顺序以及引起状态变化的事件。

3. 功能模型（Functional Model）

功能模型描述了如何实现系统功能。功能模型由数据流图和约束组成，功能模型描述了系统做什么，但没有描述什么时候发生和怎样做，也不含有顺序信息或控制结构。

3 个模型间的关系是非常重要的，因为每一个模型都加深了设计者对问题域的理解。通常，设计者首先从建立对象模型开始，然后考虑动态模型，最后考虑功能模型，其过程是迭代的。

上述每个模型都描述了系统的一个方面，但也含有对其他模型的引用。对象模型描述了动态模型和功能模型操作其上的数据结构，且对象模型中的操作对应于动态模型中的事件和功能模型中的功能；动态模型描述了对象的控制结构；功能模型描述了被对象模型的操作和动态模型的活动所调用的功能，且功能操作是基于对象模型规定的数据值的，功能模型也说明了对于对象值的约束。

2.3 Booch 方法

Booch 方法是最早被承认的面向对象设计方法之一。Grandy Booch 于 1986 年发表的一篇论文中描述了该方法，随着描述该方法的书籍出版后，Booch 方法也被广泛采用。

Grandy Booch 在他的书中对于面向对象方法的概念以及复杂系统的复杂性和属性进行了广泛的讨论，他认为建立模型对于复杂系统的构造是非常重要的。Booch 提出了面向对象开发的 4 个模型，即用于描述逻辑结构的逻辑模型（Logical Model），用于描述物理结构的物理模型（Physical Model），用于描述静态语义的静态模型（Static Model）和用于描述动态语义的动态模型（Dynamic Model），如图 2.3 所示。

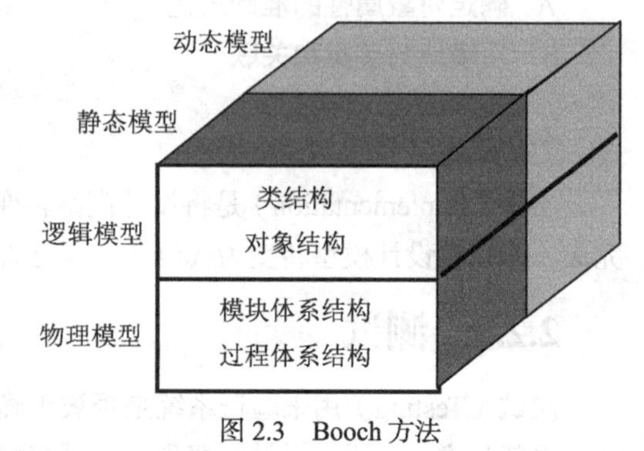

图 2.3 Booch 方法

Booch 方法区分了系统的逻辑结构和物理结构，不但描述了静态语义，还描述了动态语义。

Booch 方法的开发过程是一个迭代的、渐进式的系统开发过程。Booch 方法的面向对象开发过程可以分为宏过程（Macro Process）和微过程（Micro Process）。

宏过程用于控制微过程，宏过程代表了整个开发队伍几个月或几个星期所进行的活动，它包括下述5个步骤。

（1）概念化（Conceptualization）。在这个活动中，建立核心需求。

（2）分析（Analysis）。在这个活动中，为所期望的行为建立模型。

（3）设计（Design）。在这个活动中，建立体系结构。

（4）进化（Evolution）。在这个活动中，形成实现。

（5）维护（Maintenance）。在这个活动中，管理软件的交付使用。

微过程基本上代表了开发者的日常活动，由4个重要的、不含时间顺序的步骤组成。

（1）在给定的抽象层次上识别出类和对象。

（2）识别出这些类和对象的语义。

（3）识别出类间和对象间的关系。

（4）实现类和对象。

下面对宏过程和微过程进行详细描述。

2.3.1　宏过程

宏过程充当微过程的控制框架，它代表了整个开发队伍几个月或几个星期所进行的活动。宏过程包含如下5个活动。

1. 概念化（Conceptualization）

概念化的目的是试图建立系统的核心需求。概念化是个非常有创造性的过程，所以没有严格的开发规则。原型是概念化的主要产品。

2. 分析（Analysis）

分析的目的是通过识别出构成问题域词汇表的类和对象来为系统建立模型，它强调系统的行为。

分析包括域分析（Domain Analysis）和脚本规划（Scenario Planning）。在域分析活动中，要识别出问题域中的类和对象。脚本规划是分析过程中的主要步骤，在脚本规划中，要确定主要的功能要点，为脚本建立文档。通常，脚本代表了可以被测试的行为。

3. 设计（Design）

设计的目的是建立系统的体系结构。设计可以被分为体系结构规划、战术设计和版本规划。

体系结构规划的目的是在生命周期的早期创建一个特定于域的应用程序框架，这个框架可以被不断地细化，它包括设计整个系统的层次和划分。在战术设计过程中，需要决策公共策略。而版本规划主要是为了组织体系结构的发展，产生一个正式的开发计划。

4. 进化（Evolution）

进化由微过程的应用和变化管理组成。

微过程的应用是从对下一个版本的需求分析开始的，然后设计系统体系结构，实现类和对象。进化的主要产品是一系列的软件可执行版本，这些版本是对体系结构第一个版本的不断细化而产生的。进化还产生了用来探索替代设计或进一步研究系统功能未知部分的行为模型。

在开发过程中，系统的需求可能会发生变化，所以要进行变化管理。而迭代的、递增式的开发过程有利于进行变化管理。

5. 维护（Maintenance）

维护阶段的目的是管理软件的交付使用，这个阶段是进化阶段的继续。在这个阶段，需要进行系统的本地化以及消除错误等工作。

2.3.2 微过程

很大程度上，微过程是由宏过程所产生或所定义的一系列脚本和体系结构产品驱动生产的。微过程基本上代表了系统开发者个人或小组的日常活动。

微过程由 4 个重要的、无时间顺序的活动组成，它故意模糊了传统的分析与设计方法中的阶段，过程是由时机来控制的。

1. 在给定的抽象层次上识别出类和对象

这一步要对问题域和系统需求进行分析以识别出类和对象，这依赖于适当的需求分析。可以通过面向对象分析、行为分析、用例分析等分析方法来识别类和对象。

这个步骤产生了候选类和对象的数据词典，以及描述对象行为的文档。

2. 识别出这些类和对象的语义

这一步的目的是为从前一阶段中识别出的每个抽象设立状态和行为。在这个阶段要执行 3 个动作，即编制故事板（Storyboarding）、孤立类设计（Isolated Class Design）和模式抽取（Pattern Scavenging）。

3. 识别出类间和对象间的关系

识别出类间和对象间关系的目的是确定每个抽象的边界，并识别出协作的类和对象。这一阶段由 3 个步骤组成，即识别关联、识别协作和关联的细化。

识别关联主要是一个分析和早期设计活动，其产品是类图。识别协作主要是一个设计和分类活动。其中，对象图和模块图为协作建立了文档；类图被细化以确定类间的具体关系，如继承关系、聚合关系、实例化关系和使用关系等。对关联的细化在分析阶段和设计阶段都进行，细化的结果是产生一个更详细的语义和关系的描述。

4. 实现类和对象

在分析阶段，实现类和对象的目的是细化已存在的抽象，并在下一个抽象层次上找出新的类和对象。在设计阶段，其目的是用代码实现抽象，以支持宏过程中可执行版本的不断细化。

在这一步要考虑怎样实现类和对象，怎样定义属性和提供服务，这涉及到选择结构和算法。这个过程可能会导致对前面步骤所完成工作的修改，使设计者返工。微过程的前 3 个阶段考虑了抽象的外部视，最后这个阶段则集中于抽象的内部视。

通过上述步骤，设计者可以得到如下产物。

- 类图（Class Diagram）。类图描述了系统中的类以及类间的关系。
- 对象图（Object Diagram）。对象图描述了系统中存在的对象以及对象间的关系。
- 状态跃迁图（State Transition Diagram）。状态跃迁图描述了对象的状态，引起跃迁的事件和跃迁所产生的动作。
- 交互作用图（Interaction Diagram）。交互作用图描述了在与对象图相同的上下文中如何执行脚本。交互作用图描述系统的动态方面，对象图描述系统的静态方面。
- 模块图（Module Diagram）。模块图将类和对象封装在模块中，这些模块显示了 Ada 语言对 Booch 方法的发展的影响。
- 进程图（Process Diagram）。进程图描述了如何分配进程给处理器。处理器和设备是系统的执行平台。

状态跃迁图和交互作用图描述了系统的逻辑动态视，模块图和进程图描述了系统的物理静态视。

Booch 方法认为系统的分析与设计过程是通过对系统不同但一致的逻辑视和物理视求精的过程，因此是一个渐进的和迭代的过程。Booch 方法对面向对象系统的设计提供了详细的指导，但对分析阶段的描述则相对较简单。

2.4 OOSE 方法

OOSE 方法是由 Jacobson 于 1994 年提出的，它组合了 3 种已经被使用了很长时间的技术。首先，OOSE 方法从面向对象编程（Object-Oriented Programming）技术中主要吸收了一些概念，如封装、继承、类和实例间的关系等概念。其次，OOSE 方法采用了概念建模法（Conceptual Modeling）为所分析的系统建立各种不同的模型，它还应用面向对象概念和为动态行为建模的可能性来扩充这些模型。另外，这些模型可以帮助理解系统并提供一个定义良好的系统体系结构。最后，OOSE 方法采用了块设计方法（Block Design），块设计起源于通信领域的硬件设计。块设计是为构成系统的许多模块建模，这些模块具有自己的功能，彼此连接，具有定义良好的接口。现在，块设计方法已经被应用于软件设计，块设计提高了软件的可更改性和可维护性。

OOSE 方法是所谓的用例驱动方法（Use Case Driven Approach），在这个方法中，用例模型可以充当导出其他所有模型的中心模型。通过确定系统外部的事物如何与系统实现交互，用例模型描述了系统的完整功能。另外，用例模型是分析阶段、构造阶段和测试阶段的基础。分析阶段的目的是根据系统的功能需求来理解系统，找出对象，描述对象的交互作用。构造阶段包括系统设计，并用源代码实现系统。测试阶段则根据规范验证系统的正确性。

OOSE 方法的一个很大的贡献是引入了用例的概念。用例是系统与系统用户（参与者）之间为了特定目的（或功能）而产生的特定相互作用，其中，系统的用户可以是人、机器或另一个软件系统。

OOSE 过程可以分为如下 3 个阶段。

1. 分析阶段（Analysis）

分析阶段产生分析模型和子系统描述集。其中，分析模型是对需求阶段产生的域对象模型的细化，它含有行为信息以及控制对象。

2. 构造阶段（Construction）

构造阶段细化分析阶段产生的模型，例如，细化对象间的通信，考虑目标语言提供的便利性等。这个阶段产生以下 3 个模型。

（1）模块模型。模块模型表示了系统的功能模块。

（2）模块接口。模块接口规定了块所执行的公共操作。

（3）模块规范。模块规范是可选的，它是模块行为的描述，并是以有限状态机形式描述的。

构造阶段的最后步骤是用目标语言实现模块。

3. 测试阶段（Testing）

测试阶段根据规范验证系统的正确性。

下面对上述 3 个阶段分别进行详细介绍。

2.4.1 分析阶段

在分析阶段产生两种模型，即需求模型（Requirements Model）和分析模型（Analysis Model）。

需求模型从用户的角度描述了系统的所有功能需求，以及系统被最终用户使用的方式。需求模型为系统确定了边界，定义了功能。需求模型由下述 3 个部分组成。

1. 用例模型

用例模型描述了参与者（Actors）和用例（Use Cases）。其中，参与者定义了用户与系统交换信息的过程中所扮演的角色，用例则描述了系统的功能。

2. 问题域对象模型（Problem Domain Object Model）

问题域对象模型描述了系统的逻辑视图。

3. 接口描述（Interface Descriptions）

用户参与制定详细的接口描述是非常重要的，这个描述包括对用户界面的描述和对与其他系统的接口的描述。

分析模型通过为 3 种类型的对象建模来构成系统。这 3 种类型的对象是接口对象（Interface Objects）、实体对象（Entity Objects）和控制对象（Control Objects）。其中，需求模型中的用例模型所描述的行为在分析模型中的对象间展开。分析模型为设计提供了基础。

OOSE 方法没有描述建立需求模型和分析模型的步骤。

2.4.2 构造阶段

构造阶段可以分为两步，即设计（Design）和实现（Implementation）。

1. 设计

设计由 3 个阶段组成。首先，要确定系统实现环境。要研究实现环境对设计的重要性，对实现环境的研究和确定将产生战略性的决策。其次，建立设计模型。在设计模型中，分析对象被转变为适合于实现环境的设计对象。最后，描述每个用例中对象间的交互作用，产生对象接口。

在这个阶段，设计模型细化分析模型，使模型适合于实现环境。此外，这个阶段还要定义对象的接口和操作的语义，决策采用何种数据库管理系统和编程语言，并为对象类型引入块（Blocks），以隐藏实际的实现。设计模型由交互作用图（Interaction Diagram）和状态跃迁图（State Transition Graphs）组成。

（1）交互作用图。为每个具体的用例建立交互作用图。交互作用图从对象通信的角度来描述用例，它描述了对象间的交互作用，即对象间消息的传递。

（2）状态跃迁图。状态跃迁图从接收激励和激励引起变化的角度来描述对象的行为。

2. 实现

在这一阶段，用编程语言实现每个对象。通常，使用者不必等到整个设计模型都完成后再进行系统实现，可以在设计模型部分完成的情况下就开始实现系统。

2.4.3 测试阶段

测试用来验证开发完成的软件系统是否满足要求。测试有自己的生命周期，一般是从测试计划开始，以测试报告结束。测试的步骤如下。

1. 测试计划

制定测试计划是为了使测试活动的规划变得容易，并为测试提供参考。

2. 测试规范

测试规范确定要进行哪种测试以及测试例子。

3. 测试报告

根据测试规范进行测试，如果测试通过就不用再进行更多的测试；如果测试失败，则对失败原因进行分析。

在测试阶段，先进行单元测试，再进行系统测试。

2.5 Fusion 方法

Fusion 方法认为自己是“第二代”面向对象开发方法，它对许多已有的面向对象分析与设计方法进行了综合和扩充，提供了从需求定义到编程语言实现的直接而详细的指导。

Fusion 方法分别受到了以下方法或技术影响。

（1）OMT 方法。Fusion 方法中的对象模型（Object Model）与 OMT 方法中的对象模型非常相似，且 Fusion 方法中的操作模型（Operation Model）也类似于 OMT 方法中的功能模型（Functional Model）。

（2）形式方法（Formal Methods）。在 Fusion 方法中，形式方法中的前置条件和后置条件被用来形式地描述系统的行为。

（3）Booch 方法。Booch 方法中对象图的可视性信息影响了 Fusion 方法中的可视图。

（4）CRC。扩充了通信信息的 CRC 影响了 Fusion 方法中的对象交互作用图。

可以看出，Fusion 方法是许多面向对象方法的混合体。Fusion 方法是以构造各种适当的模型为基础的，并由分析阶段、设计阶段和实现阶段 3 个阶段组成（Fusion 方法假设客户会提供初始的需求文档，所以 Fusion 方法没有需求分析阶段）。

1. 分析阶段

在分析阶段，产生的模型描述了对象的类、类间的关系、系统执行的操作以及这些操作的时序。

2. 设计阶段

设计阶段产生的模型描述了系统如何由交互作用的对象、类间的引用、继承关系、类的属性和类的操作来实现系统的操作。

3. 实现阶段

实现阶段描述了如何用编程语言来实现设计模型。

在 Fusion 方法的每一个阶段，都提供了指导开发者的详细步骤，这些步骤包括了如何确保设计的一致性和完整性。另外，该方法每一步的输出可以充当下一步的输入。与每一步相关，Fusion 方法还提供了检查模型的一致性和完整性的准则。

下面对上述 3 个阶段分别进行详细介绍。

2.5.1 分析阶段

分析阶段会产生描述系统体系结构的模型。分析阶段的过程如下。

1. 建立对象模型（Object Model）

对象模型定义了系统信息的静态结构，描述了问题域中的概念及概念间的关系。

2. 确定系统的接口

在此阶段，系统对象模型（System Object Model）被建立。系统对象模型是对对象模型的细化，它排除了属于环境的类和关系。

3. 建立接口模型

接口模型定义了系统的输入、输出通信，这个是就事件和事件所引起的状态变化来说的。系统的接口模型就是系统可以收到的消息的集和系统输出的事件的集。

系统行为的不同方面可以用两个模型来描述。

（1）生命周期模型（Life-Cycle Models）。生命周期模型描述了系统操作和事件的时间顺序，此模型描述了系统在整个生命周期可能发生的交互作用，生命周期表达式定义了通信的模板。

（2）操作模型（Operation Models）。操作模型根据操作所引起的状态变化和操作所发送的输出事件，以对每个系统操作的结果进行描述。操作模型使用前置条件和后置条件。

4. 检查分析模型

该模型用于检查各个分析模型的完整性和一致性。首先，根据需求检查模型的完整性；其次是简单的一致性检查，检查各个模型重叠的部分是否一致；最后是语义一致性的检查，检查模型的语义是否一致。

2.5.2 设计阶段

在设计阶段，要将在分析阶段产生的抽象的定义转化为软件结构。

设计阶段所进行的过程如下。

1. 建立对象交互作用图（Object Interaction Graphs）

对象交互作用图说明了怎样将功能分配给系统的对象。要为每个系统操作创建一个对象交互作用图，因为对象交互作用图定义了为实现特定的操作在对象间发生的消息传递的序列。

构建对象交互作用图需要 4 步：第 1 步是确定相关的对象；第 2 步是确定对象的角色；第 3 步是确定对象间的消息传递；第 4 步是记录对象怎样实现交互作用，还要检查对象交互作用图与分析模型的一致性。

2. 建立可视图（Visibility Graphs）

可视图说明了系统中类的引用结构。

为了识别出所有的可视引用（Visibility References），首先需检查所有的对象交互作用图。然后在识别出可视引用后，为每个类建立可视图。最后还要对可视图进行检查，以确定对于系统对象模型中的每个关系是否都在可视图中有一个对相应类的可视引用。

3. 建立类的描述（Class Descriptions）

每个类都要有一个类的描述。类的描述是由内部状态和外部接口构成的，它描述了方法、数据属性和对象值属性。建立类的描述，要从系统对象模型、对象交互作用图和可视图中抽取类的信息，包括从对象交互作用图抽取方法和方法参数；从系统对象模型和数据词典抽取数据属性；从类的可视图中抽取对象属性（值为对象的属性）；从继承图中抽取继承信息；最后还要检查所获得的信息的完整性。

4. 建立继承图（Inheritance Graphs）

继承图描述了类间的“一般”与“特殊”关系。

构造继承图有 3 个步骤：第 1 步检查对象模型找出“一般”对象与“特殊”对象；第 2 步从对象交互作用图和类描述中找出公共方法；第 3 步检查可视图验证公共可视性。

5. 更新类的描述

应用继承信息更新类的描述，最后检查更新后的类描述的完整性以及继承图的一致性。

2.5.3 实现阶段

在这个阶段，应根据设计模型进行实现。实现阶段的过程如下。

1. 编码（Coding）

编码意味着用编程语言来实现设计阶段所建立的模型，它与 3 个因素有关，即系统生命周期、类描述和数据词典。

为系统生命周期编码可以分为两种情况，即没有交错的生命周期和有交错的生命周期。对于没有交错的生命周期，可以将生命周期的规则表达式转变为状态机，然后实现状态机；对于有交错的生命周期，首先要实现没有交错的子表达式，然后将子表达式转变为状态机，最后连接状态机。

为类描述编码首先是从定义类的表示和接口开始的，然后再进行属性声明、方法声明和继承。通过观察对象交互作用图和数据词典实现方法体，同时要注意错误处理和迭代。

对数据词典编码是通过实现在数据词典中找出的、被方法使用的功能、谓词和类型来完成的。

2. 性能

在整个开发过程中都需要考虑系统的性能，这一点是很重要的，如要优化经常使用的代码等。

3. 检查

检查软件中存在的不足，并对软件进行测试。

Fusion 方法的最大缺点是它的复杂性。

小　结

面向对象方法种类繁多，且各有优势。本章对 5 种较为重要的面向对象分析与设计方法，包括 OOA/OOD 方法、OMT 方法、Booch 方法、OOSE 方法和 Fusion 方法，逐一进行了详细介绍。

习　题

2.1　OOA/OOD 方法与传统分析方法相比有哪些优势？

2.2　OMT 方法通过哪 3 个模型来可视化地定义一个系统？

2.3　Booch 方法的宏过程和微过程分别由哪几个步骤组成？

2.4　OOSE 方法的过程可以划分为哪几个阶段？各阶段的主要任务是什么？

2.5　Fusion 方法的过程可以划分为哪几个阶段？各阶段的主要任务是什么？

第3章 UML的关系

在为系统建立抽象的过程中，会发现类很少独立存在，大多数类都以某种方式彼此协作。因此，在为系统建模的时候，不仅需要从问题域的词汇表中抽象出类和对象，还需要描述这些类和对象间的关系。

关系是事物间的连接。在面向对象建模中，有4个很重要的关系，即依赖（Dependency）关系、类属（Generalization）关系、关联（Association）关系和实现（Realization）关系。依赖关系描述了类之间的使用关系；类属关系描述了类之间"一般"与"特殊"的关系；关联关系描述了对象间的结构关系；实现关系描述了定义协议的元素和遵循协议的元素之间的关系，如实现关系描述了接口与实现接口的类或组件之间的关系、用例和协作之间的关系等。

3.1 依赖关系

如果一个模型元素的变化会影响另一个模型元素（这种影响不必是可逆的），那么就说这两个模型元素之间存在依赖关系（Dependency Relationship）。例如，有两个元素X、Y，如果修改元素X的定义会引起对元素Y的定义的修改，则称元素Y依赖于元素X。

在类图中，依赖可以由许多原因引起。例如，一个类向另一个类发送消息（即一个类的操作需调用另一个类的操作），或者一个类是另一个类的数据成员，又或者一个类是另一个类的某个操作参数，那么就可以说这两个类之间存在着依赖关系。依赖关系是使用关系。

依赖关系的UML符号表示是带箭头的虚线，箭头指向被依赖的模型元素，如图3.1所示。

从语义上讲，所有的关系（包括类属关系、关联关系和实现关系）都是各种各样的依赖关系，但因为这3种关系都具有很重要的语义，所以在UML中被分离出来成为独立的关系。

图3.1　依赖关系的UML符号

在类的上下文中，依赖关系经常被用来表示一个类使用另一个类作操作签名中的参数。如图3.2所示，类Account中的方法Account()使用了类Customer和类Date的对象作参数，因此在类Account和类Customer之间、类Account和类Date之间就存在着依赖关系。这也是一种使用关系，当被使用的类Customer和类Date发生变化时，类Account的相应操作也会受到影响，这是由于被使用的类可能呈现出了一个不同的接口或行为。

UML定义了许多可以应用于依赖关系的衍型，下面列出了17个这样的衍型。在定义依赖关系的衍型时，要用到两个概念，即源（Source）和目标（Target）。源是指依赖关系中的起始模型元素，而目标是指依赖关系箭头所指的模型元素。

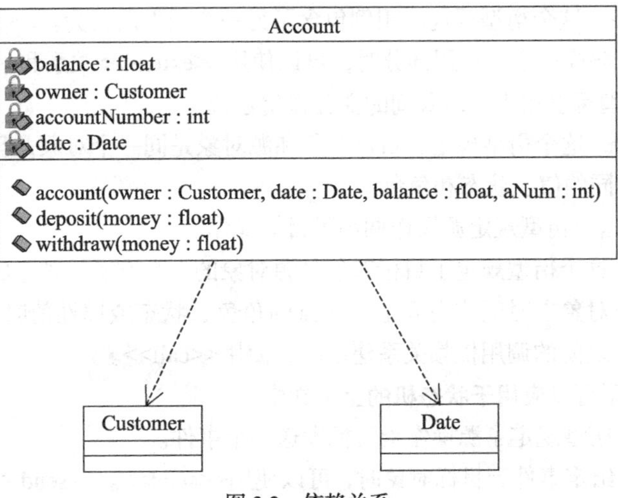

图 3.2　依赖关系

1．下面的 8 个衍型可以用于类图中类和对象之间的依赖关系

（1）<<bind>>。这个衍型规定了源元素如何用给定的实际参数实例化目标模板。

（2）<<derive>>。这个衍型规定了源元素可以从目标元素导出。当为两个属性或两个关联（其中一个是具体的，另一个是概念性的）之间的关系建立模型时，可以用<<derive>>依赖关系来表示两者间的关系。例如，类 Circle 有属性 radius（半径）和属性 diameter（直径），属性 diameter 可以从半径 radius 推断出来，因此不必在类中另外表示，而可以从 radius 推断出 diameter。

（3）<<friend>>。这个衍型规定了源元素对于目标元素有特殊的可见性。当为 C++的友类之间的关系建立模型时，可以用<<friend>>。

（4）<<instanceOf>>。这个衍型规定了源对象是目标分类器的实例。当为同一个图中的类和对象间的关系或类和该类的元类（Metaclass）间的关系建模时，可以用<<instanceOf>>。

（5）<<instantiate>>。这个衍型规定源元素创建了目标元素的实例。当规定某个元素创建了另一个元素的对象时，可以用<<instantiate>>。

（6）<<powertype>>。这个衍型规定了目标元素是源元素的强类型。

（7）<<refine>>。这个衍型规定了源元素是比目标元素更细化的抽象。例如，在分析阶段遇到一个类 Bank，那么在设计阶段时，将该类细化成更具体的类 Bank。

（8）<<use>>。这个衍型规定了源元素的语义是依赖目标元素公共部分的语义的。当希望明确标识依赖关系为使用关系，而不是由其他衍型所提供的依赖关系时，可以使用<<use>>。

2．下面 2 个衍型可以用于包间的依赖关系

（1）<<access>>。这个衍型规定了源包有权引用目标包中的元素。

（2）<<import>>。这个衍型规定了一种访问，这种访问规定目标包的公共元素如何进入源包的命名空间，就好像在源包中声明了这部分元素一样。

如果在两个同级包中没有<<access>>和<<import>>依赖关系，那么一个包的元素则不能引用另一个包中的元素。例如，假设目标包 T 中含有类 C，如果规定从 S 到 T 存在访问（<<access>>）依赖关系，那么 S 的元素可以使用完全限定名 T::C 来引用 C；如果规定从 S 到 T 存在一个引入（<<import>>）依赖关系，那么 S 的元素可以使用 C 的简单名来引用 C。

3．下面 2 个衍型可以用于用例之间的依赖关系

（1）<<extend>>。这个衍型规定目标用例扩充了源用例的行为。

（2）<<include>>。这个衍型规定源用例包含了另一个用例的行为。

当希望将用例分解成多个可重用部分时，可以使用<<extend>>关系和<<include>>关系。

4. 下面 3 个衍型可以用于为对象间的交互作用建模

（1）<<become>>。这个衍型规定了目标对象和源对象是同一个对象，但目标对象出现在更晚的时间点，可能有不同的值、状态和角色。

（2）<<call>>。这个衍型规定源操作调用了目标操作。

（3）<<copy>>。这个衍型规定了目标对象是源对象的一个准确、独立的拷贝。

当需要表示一个对象在时间或空间上不同点的角色、状态或属性值时，使用<<become>>和<<copy>>；当为操作之间的调用依赖关系建模时，使用<<call>>。

5. 下面这个衍型可以应用于状态机的上下文中

<<send>>。这个衍型规定了源操作给目标发送一个事件。

当模拟操作发送给定事件到目标对象时，可以使用<<send>>。<<send>>依赖关系将独立的状态机连接在一起。

6. 另外还有一个有用的衍型

<<trace>>。这个衍型规定目标元素是源元素的祖先。

当模拟不同模型中元素间的关系时，可以使用<<trace>>。例如，如果某个用例模型中的一个用例（用例规定了一个功能需求）是相应的设计模型中的一个包（包实现了该用例）的祖先，那么在这个用例和这个包之间就存在衍型为<<trace>>的依赖关系。

3.2 类属关系

在解决复杂性问题时，通常需要将具有共同特性的元素抽象成类别，并通过增加其内涵而对其做进一步分类。例如，学生可以分为大学生、中学生和小学生，火车可以分为客运列车和货运列车。在面向对象方法中，将前者称为一般元素、基类元素或父元素，将后者称为特殊元素或子元素。类属关系（Generalization Relationship）描述了一般事物与其特殊种类之间的关系，即父元素与子元素之间的关系。子元素继承了父元素所具有的结构和行为，但通常子元素还要添加新的结构和行为，或者修改父元素的行为。

在 UML 中，对类属关系有如下 3 个要求。

（1）特殊元素应与一般元素完全一致，一般元素所具有的关联、属性和操作，特殊元素也都隐式地具有。

（2）特殊元素还应包含额外信息。

（3）可以应用一般元素的实例的地方，也应该可以应用特殊元素的实例。

类之间的类属关系表示了子类继承一个或多个父类的结构和行为。类属关系描述了类之间“是一种”（Is-a-kind-of）的关系，它用来连接一般类和特殊类，用来描述父类与子类或父与子的关系。在类属关系中，子类继承父类的特性，尤其是属性和操作。此外，与父类的操作具有同样签名的子类的操作会覆盖父类的该操作，这被称为多态。

在 UML 中，类属关系用带空心箭头的实线表示，箭头指向父元素，如图 3.3 所示。

图 3.3　类属关系的 UML 符号

如图 3.4 所示，类 Staff（教职员工）和类 Student（学生）是类 Person（人）的子类，类 Dean（系主任）和类 Teacher（教师）是类 Staff 的子类，所以具有空心箭头的实线从类 Staff、类 Student 指向类 Person，且从类 Dean、类 Teacher 也有空心箭头实线指向类 Staff。类 Staff 和类 Student 继承了类 Person 的属性和方法，并添加了自己的特殊属性和方法。类 Dean 和类 Teacher 也继承了类 Staff 的属性和方法，并添加了自己的特殊属性和方法。

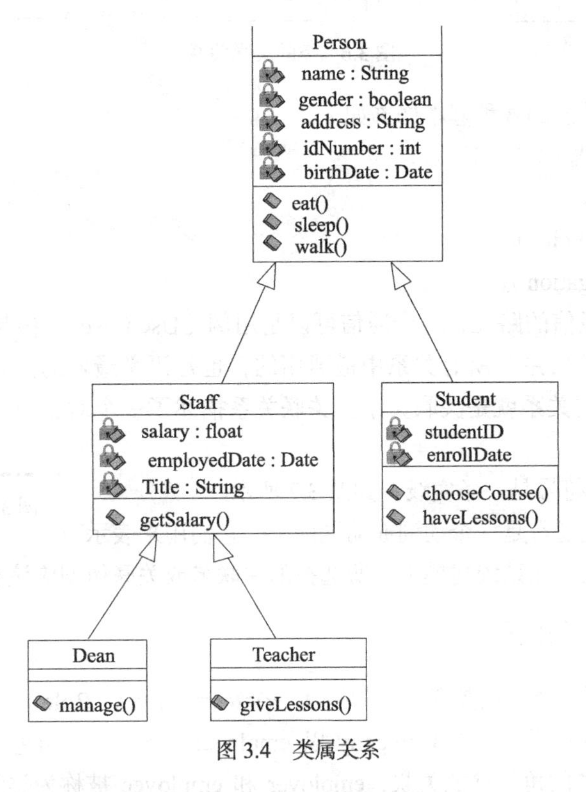

图 3.4　类属关系

一个类可以有零个到多个父类。其中，没有父类但有一个或多个子类的类被称为根类或基类，如图 3.4 中的类 Person 就是一个根类或基类。没有子类的类被称为叶类，如图 3.4 中的类 Student、类 Dean 和类 Teacher 就是叶类。如果在继承关系中，每个类只有一个父类，则是单继承，图 3.4 所示为单继承关系，每个子类只有一个父类。如果一个类有多于一个的父类存在，则被称为多继承，图 3.5 所示为多继承关系，类 AlarmClock 既是类 Clock 的子类又是类 Alarm 的子类。

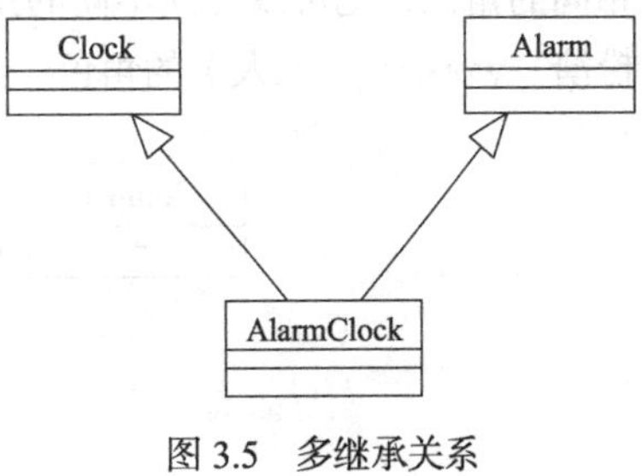

图 3.5　多继承关系

在 UML 中，类属关系通常用来表示类之间或接口之间的继承关系，但也可以在其他元素（如包）之间使用类属关系。

3.3　关联关系

关联关系（Association Relationship）表示两个类之间存在的某种语义上的联系，它是一种结构关系，规定了一种事物的对象可以与另一种事物的对象相连。例如，雇员为公司工作，一个公司有很多部门，就可以认为雇员和公司、公司和部门之间存在某种语义上的联系，在类图模型中

（见图 3.6），就可以在类 Employee（雇员）和类 Company（公司）、类 Company（公司）和类 Department（部门）之间建立关联关系。当需要表示类之间的结构关系时，就使用关联关系。

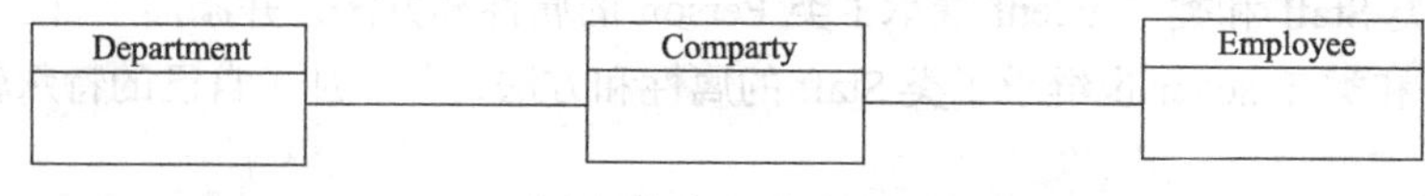

图 3.6　类的关联关系

可以应用于关联关系的 4 种基本修饰如下。

（1）名字（Name）。

（2）角色（Role）。

（3）阶元（Multiplicity）。

（4）聚合（Aggregation）。

关联关系提供了通信的路径，这个通信可以是用例（Use Case）、参与者（Actors）、类以及接口之间的通信。关联关系是所有关系中最通用的，也是语义最弱的。如果两个对象被独立地进行考虑，它们之间的关系就是关联关系。关联关系描述了一个对象与另一个对象相连接的结构化关系。

关联关系的 UML 符号是一条实线，如图 3.7 所示。

图 3.7　关联关系的 UML 符号

关联名或关联衍型通常是一个动词或动词词组，它们用来表示关联关系的类型或目的。在系统建模中，所选择的关联名或关联衍型应该有助于理解该模型。

3.3.1　角色与阶元

作为参加关联关系的类，在关联关系中扮演一个特定的角色（Role），关联双方的类都以某种角色参与关联。如图 3.8 所示，类 Company 以 employer（雇主）的角色参加关联，而类 Person 则以 employee（雇员）的角色参加关联，employer 和 employee 被称为类的角色名。如果在关联上没有标出角色名，则隐式地表示该类的名称作为其角色名。同样的类在其他的关联中可以扮演相同的角色，也可以扮演不同的角色。例如，类 Job 既可以扮演“boss”（老板）的角色，也可以扮演“worker”（工人）的角色，在 boss 和 worker 之间也存在着关联关系。

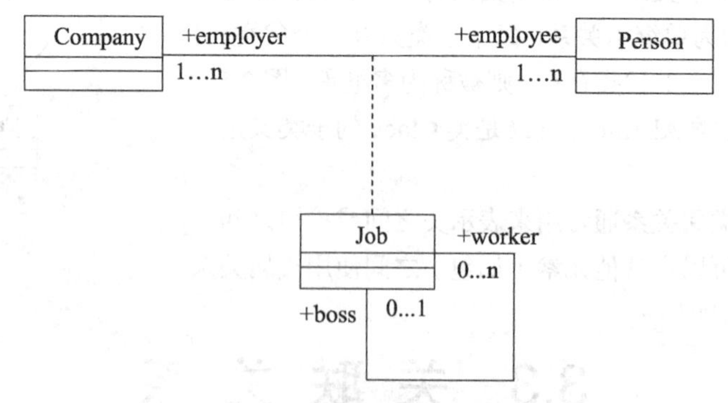

图 3.8　关联关系与关联类

阶元（Multiplicity）表示有多少个对象参与关联。在图 3.8 中，类 Company 和类 Person 之间存在“多对多”的关联，表示每个雇主（Company）至少雇佣 1 个雇员（Person），而每个雇员也至少为 1 个雇主工作。阶元表示参与关联的对象数目的上下界限制，如“0…n”代表 0 ~ n，表示

0 个或任意多个；“1...n”代表 1 ~ n，表示 1 个或任意多个。阶元可以用单个数字表示，如“1”表示一个，“2”表示两个。阶元也可以用连续的或者不连续的数字范围表示，如，“0…2，4…6，8…*”表示除了 3、7 的任何数量的对象。

- 关联类（Association Classes）。

两个类之间的关联也可能有自己的特性。例如，图 3.8 中作为雇主的类 Company 和作为雇员的类 Person 之间存在雇主/雇员关系，这个关联关系的特性可以用类 Job 来表示。但是用类 Company 与类 Job、类 Job 与类 Person 之间的关联来表示当前这种情形是不合适的，因为这样不能将类 Job 的实例与类 Company 和类 Person 的特定实例对联系起来。

因此，类 Job 就是一个关联类。在 UML 中，关联类是一个既具有关联属性又具有类属性的建模元素。关联类可以被看作是一个具有类特性的关联，或是具有关联特性的类。关联类的 UML 表示是用虚线连接到关联关系上的类符号，如图 3.8 所示。

一个关联类只能连到一个关联上，因为关联类本身也是一个关联。如果几个不同的关联类具有同样的属性，可以先定义一个类 D，然后将需要这些属性的每个关联类从类 D 继承这些属性，或者用类 D 作为一个属性的类型。

又如图 3.9 所示，类 AccountGroup 和类 Account 之间存在“多对多”的关联，即表示每个类 AccountGroup 的实例可以没有或者拥有多个 Account 实例，且每个 Account 实例可以不属于 AccountGroup 实例或者属于多个 AccountGroup 实例。在类 Account 和类 Password 之间存在“一对一”的关联，即每个 Account 只能有一个 Password，每个 Password 也只能属于一个 Account。

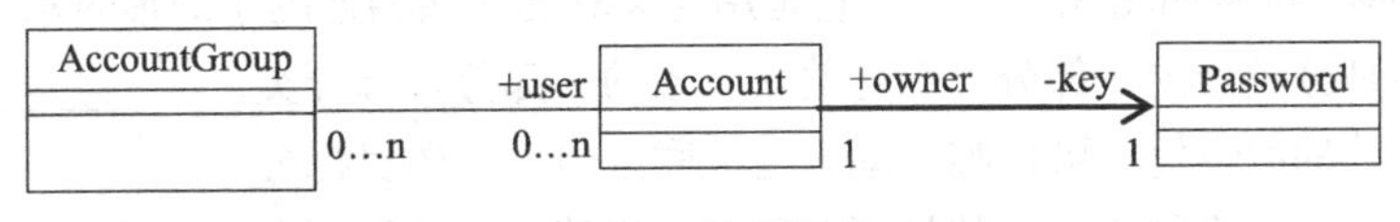

图 3.9　关联关系

3.3.2　导航

关联关系是可导航（Navigation）的，这意味着给定一端的一个对象，可以简单、直接地到达另一端的对象，因为源对象通常含有对目标对象的引用。

关联关系可以有方向，以表示该关联被单方向使用，也可以在关联关系上加上箭头表示导航方向。只在一个方向上可以导航的关联，被称作单向关联（Uni-directional Association）；在两个方向上都可以导航的关联，被称作双向关联（Bi-directional Association）。单向关联关系的 UML 符号是一条带箭头的实线，箭头方向表示了导航方向；双向关联关系的 UML 符号是一条没有箭头的实线。

如图 3.9 所示，类 AccountGroup 和类 Account 之间的关联关系是不带箭头的实线，所以是双向关联，即沿着关联关系的导航是双向的。在此关联关系中，给出 AccountGroup，就能找出组内的所有 Account；给出 Account，也能发现它所属的所有 AccountGroup。

但是，系统有时候需要限制导航的方向为单向。例如，在图 3.9 中，类 Account 和类 Password 之间的关联就是单向关联，即给定一个 Account，可以发现相应的 Password；但给定一个 Password，并不希望发现相应的用户，所以用单向关联来表示它们之间的关系，用箭头表示导航的方向。

3.3.3 可见性

如果两个类之间存在关联关系，一个类的对象就可以看见并导航到另一个类的对象，除非有所限制，如限制导航为单向导航。

某些情况下，需要限制关联外部的对象对于该关联的可见性（Visibility）。如图 3.9 所示，类 AccountGroup 和类 Account 之间存在一个关联关系，类 Account 和类 Password 之间存在另一个关联关系。在此关联中，给出一个 Account 对象，可以找到相应的 Password 对象，但是，由于 Password 是 Account 私有的，它不应该被外部对象访问，所以，给出一个 AccountGroup 对象，将其导航到 Account 对象，使得外部对象看不到 Account 对象的 Password 对象。

在 UML 中，通过对角色名附加可见性符号，可以为关联端规定 3 种可见性，即公共可见性（Public Visibility）、私有可见性（Private Visibility）和保护可见性（Protected Visibility）。如果不标注可见性，则角色的缺省可见性就是公共的。公共可见性表示对象可以被关联外的对象访问；私有可见性说明对象不能被关联外的任何对象访问；保护可见性说明对象只能被关联另一端的对象及其子对象所访问，而不能被该关联外的其他任何对象所访问。

3.3.4 限定符

限定符（Qualifier）是属性或属性列表，这些属性的值用来划分与某个对象通过关联关系连接的对象集，限定符是这个关联的属性。

限定符的 UML 符号如图 3.10 所示，它是用与关联的一端相连的小矩形表示，矩形中是属性。限定符的矩形不是分类器的一部分，而是关联关系的一部分。源分类器的实例和限定符的属性值，可以唯一地选定关联中另一端的目标分类器实例集的一部分，换句话说，就是源对象和限定符的属性值可以唯一地确定一个目标对象（如果目标阶元是 1）或目标对象集（如果目标阶元大于 1）。

目标端的阶元（Multiplicity）代表了源实例和限定符值所选定的目标实例集的可能的势（Cardinality）。图 3.10 中的 account 是关联的属性，给定一个 Bank 对象，并赋给属性 account 一个对象值，就可以导航到零个或一个 Person 对象。

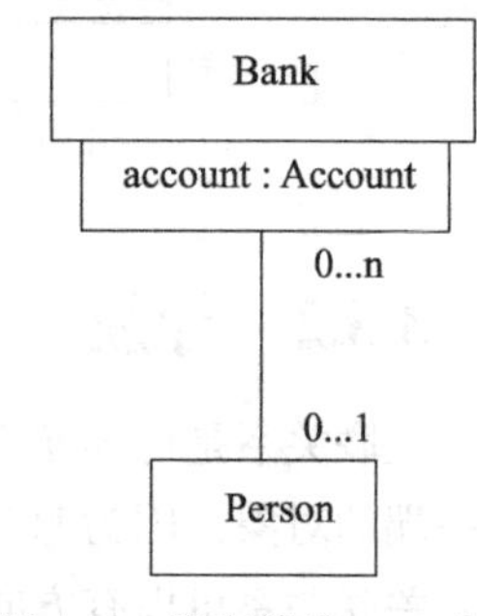

图 3.10　限定符的 UML 符号

3.3.5 接口说明符

接口说明符（Interface Specifier）是用来规定类或组件服务的操作集的说明符。每个类可以实现多个接口，但是，在与目标类关联的上下文中，源类可能只选择展示部分接口。如图 3.11 所示，类 Staff 可以实现多个接口，即 IDean、IProfessor、ILecturer、Isecretary 等接口，在系主任 dean 与教师 teacher 之间有一对多的关联关系，其中系主任角色的 Staff 只呈现了 IDean 的接口给老师，老师角色的 Staff 只呈现了 ILecturer 的接口给系主任。可以用语法表示如下。

```
rolename : iname
```

图 3.11　接口说明符

该语法显式地说明了角色的类型，其中 iname 是接口名。

3.3.6　聚合关系

聚合关系（Aggregation Relationship）是一种特殊的关联关系。聚合表示类之间的关系是整体与部分的关系，它代表了“has-a”（拥有）关系，即作为整体的对象拥有作为部分的对象。在 UML 中，聚合关系用带空心菱形头的实线表示，如图 3.12 所示。

图 3.12　聚合关系的 UML 符号

如图 3.13 所示，主板（Mainboard）、CPU、内存（Memory）等是计算机（Computer）的组成部分，因此，在类 Computer 和类 Mainboard、类 CPU、类 Memory 之间的关系都是聚合关系。

在需求分析中，对于“包含”、“组成”、“分为……部分”等描述经常被设计为聚合关系。

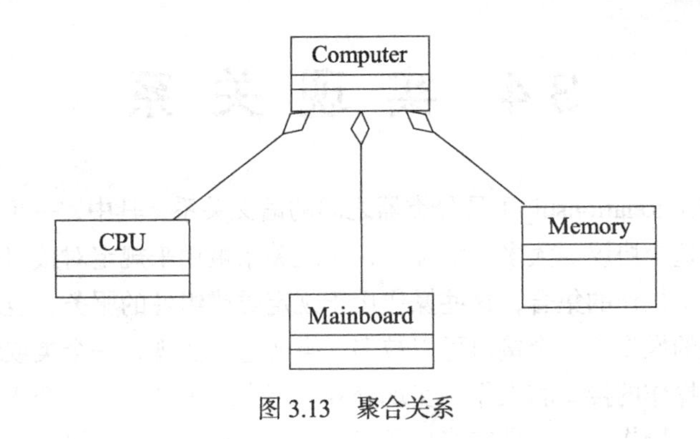

图 3.13　聚合关系

3.3.7　组合关系

简单的聚合（Aggregation）关系完全是概念上的，它只是区分了整体与组成部分，而没有改变整体与其组成部分之间的关联导航的含义，也没有将整体与部分的生命周期联系起来。

组合是聚合的变种，它加入了一些重要的语义。在组合关系（Composition Relationship）中，整体与部分之间具有很强的所有关系和一致的生命周期。没有固定阶元（Multiplicity）的部分可以在组合创建后再创建，且一旦被创建，该部分就会和组合一起生存并一起被破坏，也可以在组合被破坏前对这样的部分进行删除。

也就是说，在一个组合关系中，一个对象每次只是作为一个组合的一部分。例如，在一个窗口系统中，一个对象 Frame 只属于一个对象 Window。这与简单的聚合关系相反，在简单的聚合关系中，一个“部分”可以被几个“整体”共享。例如，一面墙（对象，Wall）可以是多个房间（对象，Room）的一部分。

另外，在组合关系中，“整体”负责“部分”的创建和破坏。例如，在一个 Company（公司）系统中创建一个 Department（部门），Department 必须依附于 Company，当对象 Company 被破坏时，对象 Company 会反过来破坏对象 Department。

组合关系是一种特殊的聚合关系，也是一种特殊的关联关系，用带有实心菱形头的实线表示，如图 3.14 所示。

图 3.14　组合关系的 UML 符号

如图 3.15 所示，1 个对象 Window 由 2 个 ScrollbarSlide 对象、1 个 Title 对象和 1 个 TextArea 对象组成，当对象 Window 被破坏时，ScrollbarSlide 对象、Title 对象和 TextArea 对象也都同时被破坏。

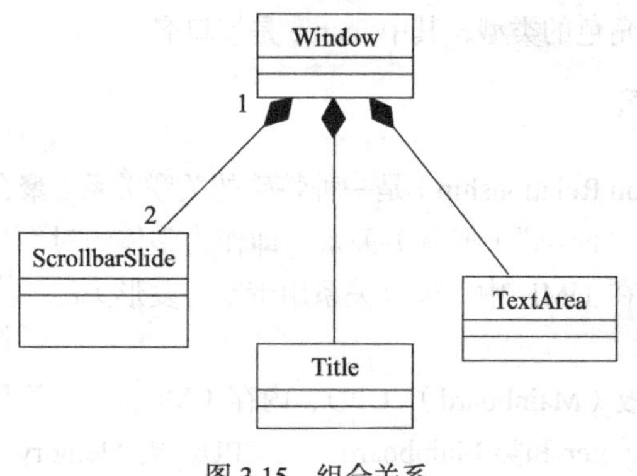

图 3.15　组合关系

3.4 实现关系

实现关系（Realize Relationship）是分类器之间的语义关系，其中，一个分类器规定协议，另一个分类器保证实现这个协议。大多数情况下，实现关系被用来规定对接口和实现接口的类或组件之间的关系。接口是操作的集合，这些操作用于规定类或组件的服务，也就是说，接口定义了类或组件所必须实现的操作。一个接口可以被多个类或组件实现，一个类或组件也可以实现多个接口。接口的使用将操作的接口和操作的实现分开。当类或组件实现一个接口时，即意味着类或组件实现了接口的所有操作，完全遵守接口所建立的与客户之间的协议，并响应客户使用接口中的操作所发出的消息。

可以在两种情况下使用实现关系，即在接口上下文中和在协作的上下文中。接口与实现该接口的类或组件之间存在实现关系，用例以及实现该用例的协作之间也存在实现关系。

实现关系的 UML 符号用带有空心箭头的虚线表示，如图 3.16 所示。

图 3.16　实现关系的 UML 符号

例如，图 3.17 中的类 TV 和类 Radio 实现了接口 ElectricalEquipment 中所规定的所有操作。

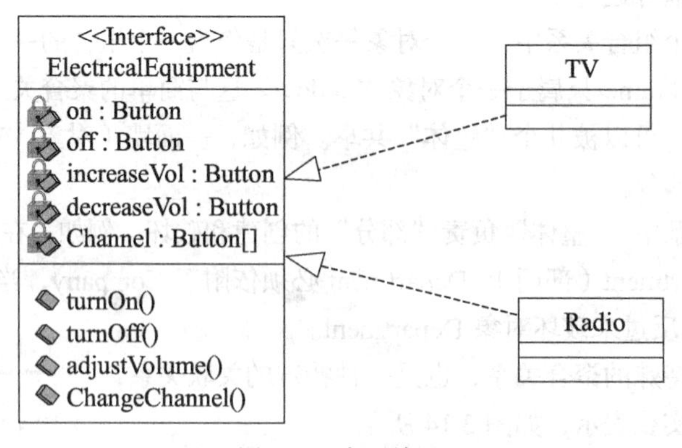

图 3.17　实现关系

小　　结

在面向对象建模中，4 个很重要的关系为依赖关系、类属关系、关联关系和实现关系。依赖关系描述了类之间的使用关系；类属关系描述了类之间“一般”与“特殊”的关系；关联关系描述了对象间的结构关系；实现关系描述了定义协议的元素和遵循协议的元素之间的关系，例如实现关系描述了接口与实现接口的类或组件之间的关系、用例和协作之间的关系等。

本章描述了这 4 种关系的语义、符号表示、衍型和应用，其中在关联关系部分，还介绍了如何使用关联关系的角色、阶元、导航、可见性、限定符、接口说明符，此外还介绍了聚合关系和组合关系的语义、符号表示和应用，并对聚合关系和组合关系进行了比较。

习　　题

3.1　如果类 A 中调用了类 B 的一个方法，那么类 A 和类 B 之间是什么关系？

3.2　举例说明类属关系。

3.3　举例说明关联关系。

3.4　分别举例说明聚合关系和组合关系，并指出它们的不同之处。

3.5　面向对象语言中接口和实现接口的类之间是什么关系？

第4章 UML的符号

UML 的最大贡献就是它提供了一个标准的、统一的建模符号体系，由此结束了由不同符号体系的应用所带来的混乱。UML 符号体系是可视化的，它可为系统建立图形化的可视模型，使系统的结构变得直观，易于理解，因此，用 UML 建模更有利于交流。

UML 符号具有定义良好的语义，不会引起歧义。下面就对建模元素的 UML 符号逐一地进行介绍。

4.1 注　　释

注释（Note）是用来对元素或元素集合进行注解或定义约束时所用的图形符号。注释没有语义影响，也就是说，注释的内容不改变注释所依附的模型的含义，所以注释被用来规定需求、观察、评论、解释以及约束等内容。

注释的内容可以是文字或图形，或是两者的结合。

注释的 UML 符号是右上角带有折角的矩形，如图 4.1 所示，它出现在特定的图上，可以用虚线连接到模型元素上。

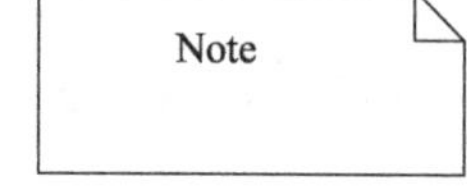

图 4.1　注释的 UML 符号

4.2 参　与　者

参与者（Actor）代表与系统交互的人、硬件设备或另一个系统。尽管在模型中可以使用参与者，但参与者并不是软件系统的组成部分，参与者只存在于系统的外部。一个参与者可进行的内容如下。

- 只向系统输入信息。
- 只从系统接收信息。
- 既可以给系统输入信息，也可以接收系统的输出信息。

参与者的 UML 符号是如图 4.2 所示的“小人”，并可在该符号下标出参与者名。

参与者和参与者之间也可以存在类属关系。如图 4.3 所示，参与者 Student 和参与者 Person 之间存在着类属关系，参与者 Teacher 和参与者 Person 之间也存在着类属关系。

参与者是指实体在系统中所扮演的角色。例如，图 4.4 中有 7 个参与者，即管理人员（Administrator）、医生（Doctor）、护士（Nurse）、营养师（Dietitian）、病人数据库（PatientDB）、器械数据库（FacilitiesDB）和厨房（Kitchen）。虽然在一家医院中会有很多医生、护士和多个营养师，但就系统而言，他们起着同一种作用，扮演着相同的角色，所以用一个参与者表示。

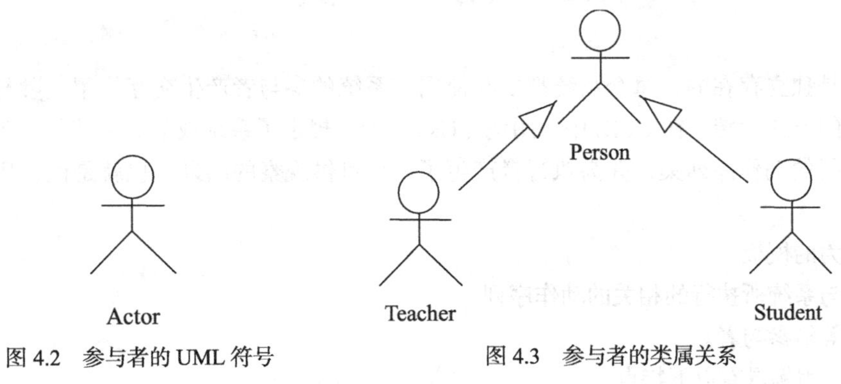

图 4.2　参与者的 UML 符号　　　　图 4.3　参与者的类属关系

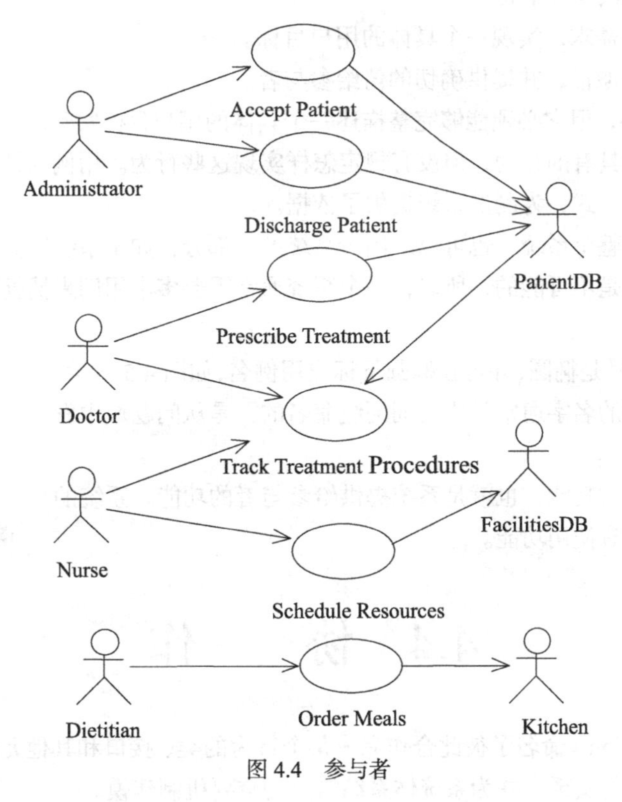

图 4.4　参与者

一个实体也可以扮演多种角色（参与者），例如，一个医生既可以是营养师，也可以临时充当护士。在确定实体的参与者身份时，应考虑其所扮演的角色，而不是实体的头衔或名称，这一点很重要。

需要注意的是，尽管参与者在用例图中是用类似人的图形来表示，但参与者并不一定就是人。例如，图 4.4 中的参与者管理人员（Administrator）、医生（Doctor）、护士（Nurse）和营养师（Dietitian）是人，但参与者病人数据库（PatientDB）和器械数据库（FacilitiesDB）却并不是人，而是系统外部的数据库系统；参与者厨房（Kitchen）也不是人，而是厨房设备。

参与者与用例之间可以用关联关系进行连接，参与者与用例间的关联表示参与者和用例的相互通信。

4.3 用　　例

没有系统是独立存在的，每个系统都要与使用该系统的参与者产生交互作用，参与者希望系统按可预知的方式运转。在 UML 中，用例（Use Case）规定了系统或部分系统的行为，它描述了系统所执行的动作序列集，并为执行者产生了一个可供观察的结果。也就是说，用例包含内容如下。

- 系统行为的模板。
- 参与者与系统所执行的相关的动作序列。
- 交付值等给参与者。

概括地说，用例具有以下特点。

- 用例捕获用户需求，实现一个具体的用户目标。
- 用例由参与者激活，并提供确切的值给参与者。
- 用例可大可小，但它必须能够完整描述一个具体的用户目标实现。

用例描述了系统具有的行为，但没有规定怎样实现这些行为。用例为开发者、最终用户和领域专家提供了交流的方式，为测试系统提供了依据。

用例可以应用于整个系统，也可以应用于系统的一部分，如子系统等。通常，用一个用例来覆盖系统的所有需求是不可能的，所以，一个系统通常需要多个用例来捕捉需求，这些用例一起定义了系统的功能。

用例的 UML 符号是椭圆，并可在椭圆下标出用例名，如图 4.5 所示。

在实践中，用例的名字通常是用动词词组命名的，是从问题域中发现的一些行为。

用例表示了系统的功能，也就是系统提供给参与者的功能。系统的用例构成了系统的所有使用功能。

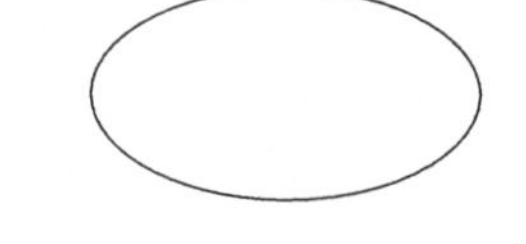

Use Case

图 4.5　用例的 UML 符号

4.4 协　　作

协作（Collaboration）命名了彼此合作完成某个行为的类、接口和其他元素的群体。协作可以用来定义用例和操作的实现，并为系统体系结构上的重要机制建模。

协作包含两个方面。

（1）结构部分。结构部分定义了合作执行协作的类、接口和其他元素。

（2）行为部分。行为部分定义了这些元素如何产生交互作用的动态方面。

协作的结构部分用类图来描述，行为部分用交互作用图来描述。因此，要深入观察协作，就需要使用类图和交互作用图，它们揭示了协作的结构和行为方面的详细信息。

协作的行为部分必须与结构部分一致，也就是说，在协作的交互作用中发现的对象必须是结构部分中所发现的类的实例，且交互作用中的消息必须与结构部分中可见的操作有关。一个协作可以与多个交互作用相关，每个交互作用描述了协作行为的不同方面，但这些交互作用应该是一致的、不矛盾的。

与包或子系统不同，协作不能拥有它的结构元素。协作只是引用或使用那些类、接口、组件、节点以及在别处声明的其他结构元素，这也是协作被称为系统体系结构的概念性块（Conceptual Chunk）而不是物理块（Physical Chunk）的原因。因此，同一个元素可能出现在多个协作中。

协作的 UML 符号是虚线椭圆，如图 4.6 所示。每个协作都有一个名字用于与其他协作相区分。在实践中，协作的名字通常用系统词汇表的短名词和名词短语进行表示，且协作名的第一个字母需大写，如 Transaction 和 Payment for bills 等。

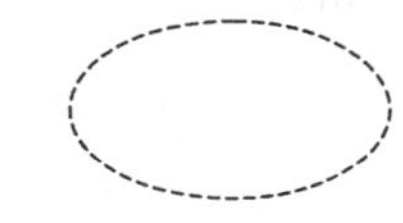

Collaboration

图 4.6　协作的 UML 符号

4.5　类

类（Class）是面向对象系统中最基本的组成元素。类是一种最重要的分类器（Classifier），其中，分类器是描述系统结构和行为特性的机制，它包括类、接口、数据类型、信号、组件、节点、用例和子系统。

类是分享相同属性、操作、关系和语义的对象的集合。类也是现实世界中的事物的抽象，当这些事物存在于真实世界中时，它们是类的实例，并被称为对象。类还可以实现一个或多个接口。

类描述了一类对象的属性（Attribute）和行为（Behavior）。在识别类时，开发人员要与领域专家合作，对问题域进行仔细、深入地分析，抽象出问题域中的概念，并定义其含义及相互关系，从而抽象出系统中的类，最后用领域中的术语为类命名。

识别类之后，就可以定义类之间的各种关系了。对于具有重要动态行为的类，可以用活动图（Activity diagram）或状态机图（State Machine diagram）来描述其行为。

类的 UML 符号如图 4.7 所示，是划分成 3 个格子的长方形（下面两个格子有时可省略）。其中，顶部的格子放类名；中间格子放类的属性、属性的类型和值（即在 UML 符号中给出的属性的初始值）；下面的格子放操作、操作的参数表和返回类型。

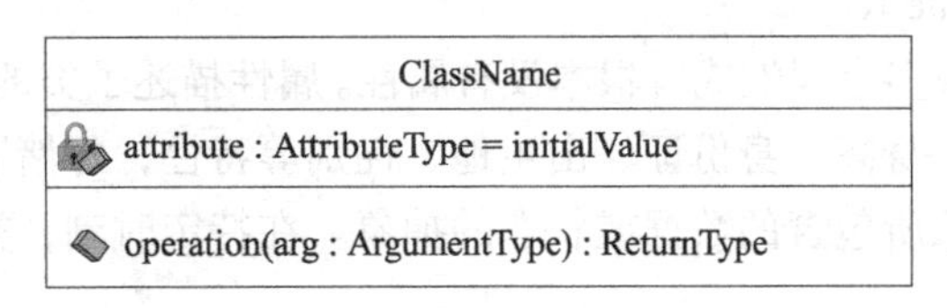

图 4.7　类的 UML 符号

每个类都有一个名字，用以与其他的类相区别。在实践中，类名通常用问题域中的短名词或名词词组来表示。通常，类名中的每个组成词的第一个字母大写，如 Student、HelloWorld、MobileAgent 等。类的命名应尽量用问题域中的术语，类命名应尽量做到明确、无歧义，以利于开发人员与用户之间的相互理解和交流。

在给出类的 UML 符号时，可以根据需要选择隐藏属性格或操作格，或将两者都隐藏，而只将类用一个矩形表示。大多数情况下，尽管不隐藏属性格、操作格，也可不必显示所有的属性和操作（因为有太多的属性和操作），而只显示与特定的视相关的属性和操作的子集。如果属性格和操作格是空，这并不一定意味着没有属性和操作。另外，也可以用（“...”）来表示省略的属性和操作。例如，图 4.9 所示的类与图 4.8 所示的类是同一个类，但图 4.9 中左边的类符号的操作格为空，这并不表示没有操作，只是操作没有显示；右边的类符号则隐藏了属性格。

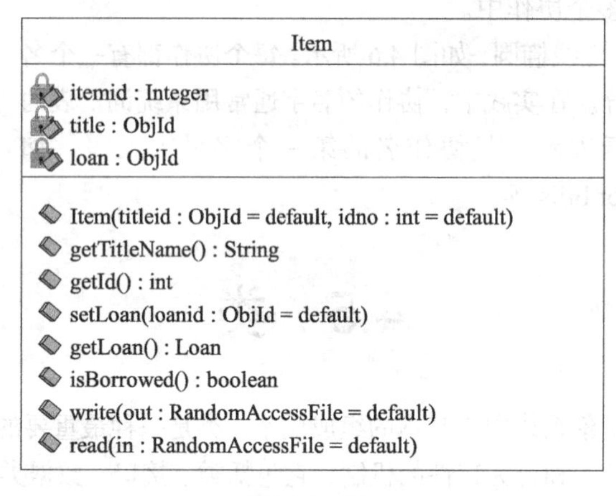

图 4.8　类

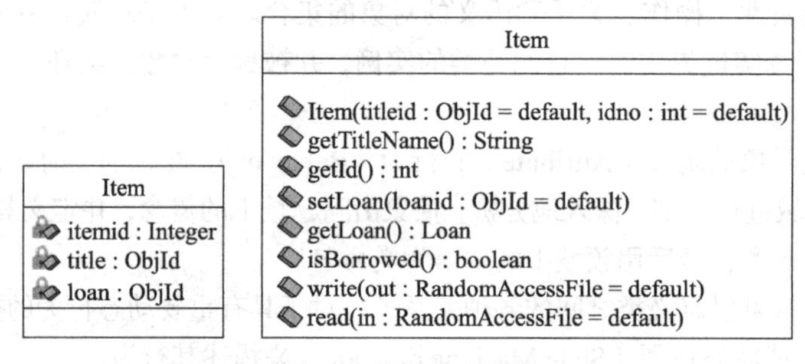

图 4.9　类的省略形式

为了更好地组织属性和操作列表，也可以将属性和操作分组，并用衍型来描述每一组的类别。下面具体地介绍类的属性和操作。

- 类的属性（Attribute）。

一个类可以有一个或多个属性或者根本没有属性。属性描述了类的所有对象所共有的特性。例如，每个人都有名字、身高、身份证、出生地、性别等特性，每堵墙都有高度、宽度和厚度等特性。属性是类的对象所包含的数据或状态的抽象。在特定时刻，类对象的每个属性都有特定值。

属性的选取应考虑下列因素。

（1）原则上，类的属性应能描述并区分每个特定的对象。

（2）只有与系统有关的特征才被包含在类的属性中。

（3）系统建模的目的也会影响属性的选取。

根据图的详细程度，每个属性可以包括属性的可见性、属性名称、类型、缺省值和约束。UML 规定类属性的语法如下。

[可见性] 属性名 [：类型] [= 初始值] [{属性字符串}]

其中，放在“[ ]”中的部分是可选的。

不同的属性具有不同的可见性，常用的可见性有 public、private 和 protected 3 种，在 UML 中分别表示为“+”、“-”和“#”。

在实践中，属性名通常是描述类特性的短名词或名词短语，且属性名的每个组成词的第一个字母需大写，但属性名的头字母需小写，如 name、personalNumber、idNumber 等。

类型表示属性的种类，它可以是基本数据类型，例如，整数型、实数型、布尔型等，也可以是用户自定义的类型。约束特性则是用户对属性性质的约束的说明，例如，“{只读}”说明该属性是只读的。

例如，图 4.8 所示的类的属性 itemId 的类型为 Integer（整数类型），初始值为“0”，可见性是 private，该属性没有约束。

- 类的操作（Operation）。

一个类可以有任何数量的操作或根本没有操作。操作是类的所有对象所共有的行为的抽象，它用于修改、检索类的属性或执行某些动作。操作通常也被称为功能或方法，它们主要被约束在类的内部，只能作用于该类的对象。此外，操作名、返回类型和参数表组成操作的接口。

UML 规定操作的语法为如下。

```
[可见性] 操作名[（参数表）][ ：返回类型]  [ {属性字符串}]
```

其中，放在“[ ]”中的部分是可选的。

在实践中，操作名通常是描述类行为的短动词或动词词组，且组成操作名的每个词的第一个字母需大写，但操作名的头字母需小写，如 move、add、minus、setValue、setColor、deleteElement 等。

例如，图 4.8 所示的类的操作 getLoan()的返回类型为 Loan，可见性为 public，没有参数，也没有属性字符串。

4.5.1 边界类

边界类（Boundary Class）用于处理系统环境与系统内部之间的通信，它为用户或另一个系统（即参与者）提供了接口。边界类组成了系统中依赖于环境的部分，并类用于为系统的接口建模，它还定义了系统与系统外实体（人或另一个系统）之间的接口。边界类是系统与外界交换信息的媒介，它可以将系统与系统环境中的变化隔离开来。

边界类的 UML 符号有 3 种形式，如图 4.10 所示，第 1 种是图标（Icon）形式，第 2 种是修饰（Decoration）形式，第 3 种是标签（Label）形式。边界类是具有衍型<<boundary>>的类。

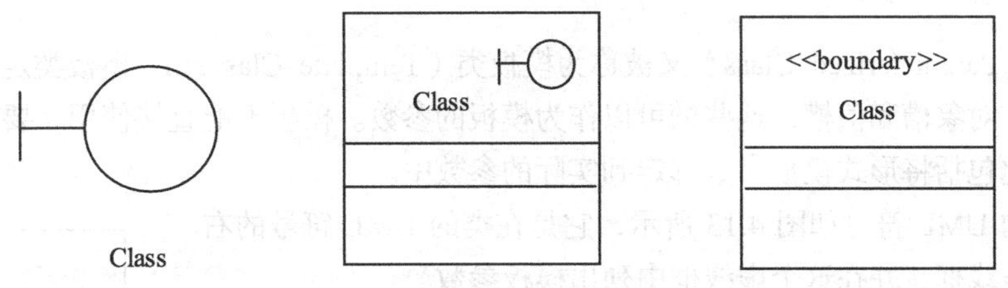

图 4.10 边界类的 UML 符号

4.5.2 实体类

实体类（Entity Class）是模拟必须被存储的信息和其关联行为的类。实体对象（Entity Objects）是实体类的实例，被用来保存或更新关于某个实体（例如，某个事件、某个人或某个现实中的对象）的信息，它们通常具有持久性（Persistent）。实体类通常独立于其环境，也就是说，实体类对于系统如何与系统环境通信是不敏感的。很多时候，实体类是独立于应用程序的，即它们可以被用于多个应用程序。

实体类的 UML 符号有 3 种形式，如图 4.11 所示，第 1 种是图标（Icon）形式，第 2 种是修饰（Decoration）形式，第 3 种是标签（Label）形式。实体类是具有衍型<<entity>>的类。

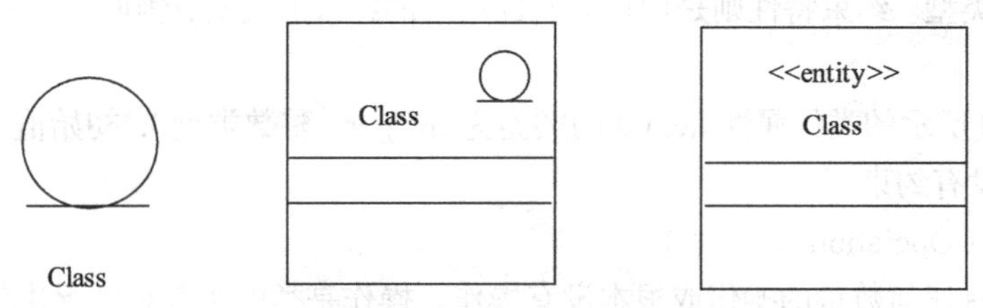

图 4.11　实体类的 UML 符号

4.5.3　控制类

控制类（Control Class）是用来为特定的一个或多个用例的控制行为建模的类。控制对象（Control Objects）是控制类的实例，它经常控制其他的对象，因此控制对象的行为是协调类型的，用于协调实现用例规定行为所需要的事件。控制类封装了特定于用例的行为，控制类通常是依赖于应用程序的类。

控制类的 UML 符号有 3 种形式，如图 4.12 所示，第 1 种是图标（Icon）形式，第 2 种是修饰（Decoration）形式，第 3 种是标签（Label）形式。控制类是具有衍型<<control>>的类。

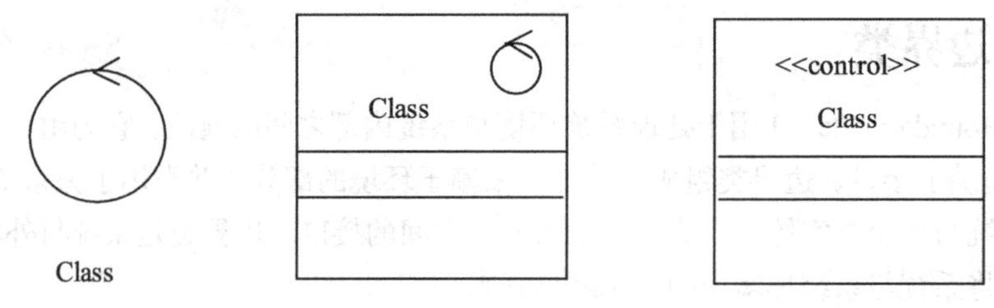

图 4.12　控制类的 UML 符号

4.5.4　参数类

参数类（Parameterized Class）又被称为模板类（Template Classes），模板类定义了类族。模板包含类槽、对象槽和值槽，这些槽可以作为模板的参数。模板不能直接使用，要首先实例化模板类，实例化包括将形式模板参数绑定到实际的参数中。

参数类的 UML 符号如图 4.13 所示，它是在类的 UML 符号的右上角加一个虚线框，并在这个虚线框中列出模板参数。

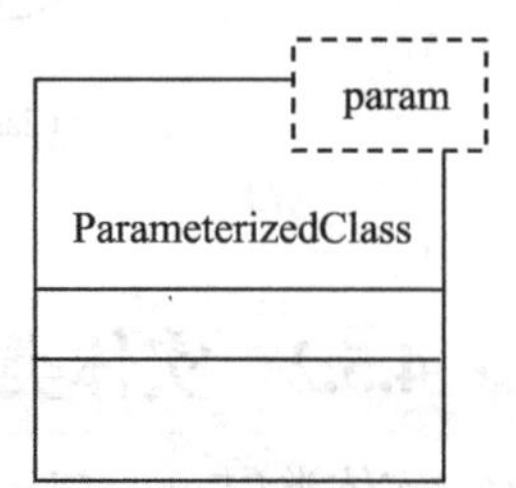

图 4.13　参数类的 UML 符号

模拟模板类的实例化有两种方式。

（1）隐式地实例化，即通过类名声明提供绑定的类进行实例化，如图 4.14 所示。

（2）显式地实例化，即通过使用衍型为<<bind>>的依赖关系进行实例化。这种依赖关系规定了源类使用实际的参数实例化目标模板，如图 4.14 所示。

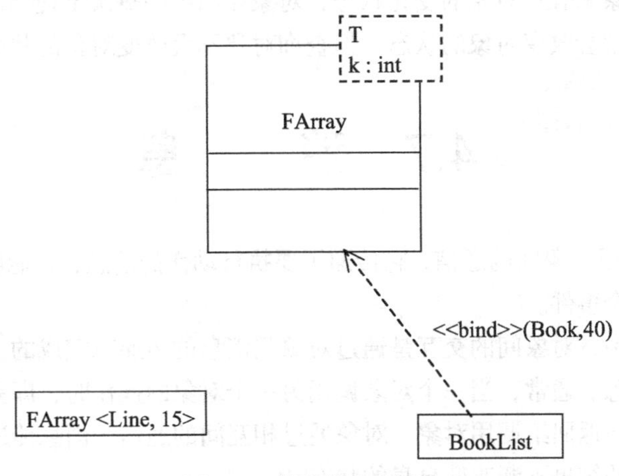

图 4.14　模板类的实例化

4.6 对　　象

对象（Object）代表了类的一个特定实例。对象具有身份（Identity）和属性值（Attribute Values）两个特征。

实例和对象基本上是同义词，它们常常可以互换使用。实例是抽象的具体表示，操作可以作用于实例，实例可以有状态地存储操作结果。实例被用来模拟现实世界中存在的、具体的或原型的东西。

对象就是类的实例，所有的对象都是实例，但并不是所有的实例都是对象。例如，一个关联的实例不是一个对象，它只是一个实例、一个连接。对象具有状态、行为和身份，同种对象的结构和行为定义在它们的类中。

UML 中最常用的实例是类的实例，也就是对象。当使用对象时，通常将它放在对象图、交互作用图或活动图中，有时侯，也可以将对象放在类图中以表示对象及其抽象——类之间的关系。

对于出现在同一个通信图或活动图中的多个对象图标，同名的对象图标代表同一个对象，不同名的图标则代表不同的对象。而且，不同图中的对象图标代表不同的对象，即使对象图标的名字一样。

为了与上下文中的其他对象相区别，每个对象都应该有一个名字。对象可以用 3 种方式命名，即对象名、对象名和类名、只用类名。对象的 UML 符号类似于类图标，只是名字底下加下划线，如图 4.15 所示。

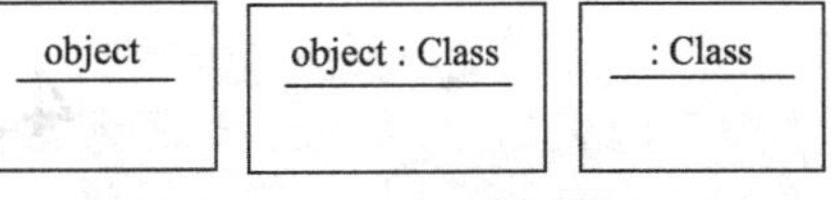

图 4.15　对象的 UML 符号

在实践中，实例名通常用从问题域词汇表中抽取出来的名词或名词短语来表示，且实例名要将每个单词的第一个字母需大写，但对象名的头字母需小写，如 name、myFrame 等。

● 对象的状态。

对象的状态包括对象的所有属性以及每个属性的当前值。对象的状态是动态的，当出现可视化对象的状态时，所规定的状态值是对象在时间和空间中某一点的值。在同一个交互作用图中，可以用多次出现的对象来表示对象的变化状态，对象在图中的每次出现都代表不同的状态。

对状态的操作通常会改变对象的状态，但查询对象不会改变对象的状态。

4.7 消　息

消息（Message）是对象间的通信，它传递了要执行动作的信息，并能触发事件。接收到一个消息通常被认为是一个事件。

在面向对象技术中，对象间的交互是通过对象间消息的传递来完成的。在 UML 的动态模型中均用到消息这个概念。通常，当一个对象调用另一个对象的操作时，即完成了一次消息传递。当操作执行后，控制便返回给调用对象。对象通过相互间的通信（消息传递）进行合作，并在其生命周期中根据通信的结果不断改变自身的状态。

消息的 UML 符号是带空心箭头的实线，如图 4.16 所示。

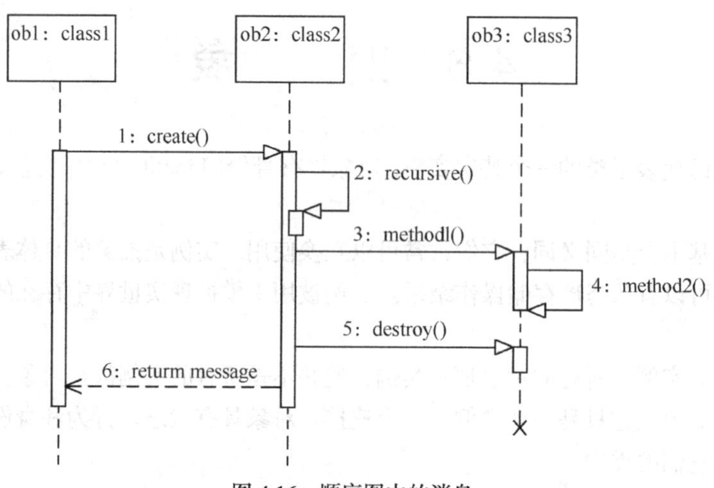

图 4.16　顺序图中的消息

为了描述从对象到对象自身的消息，箭头开始并结束于同一个对象。可以为消息标注消息的名字（操作或信号）、消息的参数值，也可以为消息标注序列号以表示消息在整个交互作用过程中的时间顺序。在顺序图中，消息的序列号通常被省去，因为箭头实线的物理位置已经表明了相对的时间顺序；在通信图中，消息的序列号是必要的。但是，无论在顺序图中还是在通信图中，序列号对于识别并发的控制线程都是有用的。

4.8 接　口

接口（Interface）是用来定义类或组件服务的操作的集合。与类不同的是，接口没有定义任何结构，也没有定义任何实现。

接口可以有名字，以与其他的接口相区分。在实践中，接口名通常是从问题域的词汇表中抽取出的短名词或名词词组。接口的 UML 符号有 3 种表示方法，如图 4.17 所示。第 1 种是图标（Icon）

形式，第 2 种是修饰（Decoration）形式，第 3 种是标签（Label）形式。对于后两种表示方法，还可以将属性、操作之一或两部分都隐藏起来。

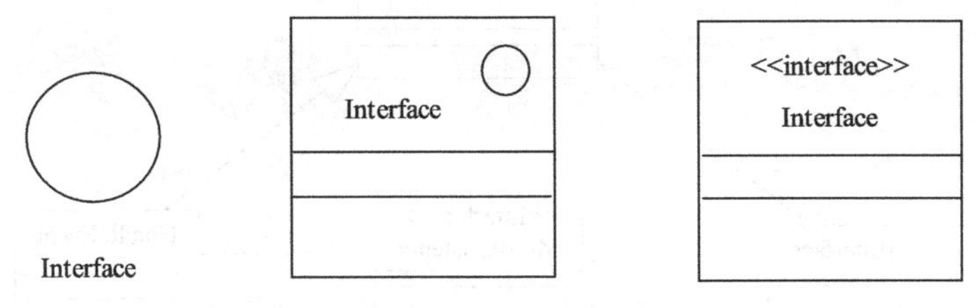

图 4.17　接口的 UML 符号

像类一样，接口可以参与类属关系、关联关系和依赖关系，另外，接口还可以参与实现关系。实现接口的类或组件必须实现接口中定义的所有操作。如图 4.18 和图 4.19 所示，可以用两种方式来表示类 DrawControls 和接口 ItemListener 之间的实现关系。

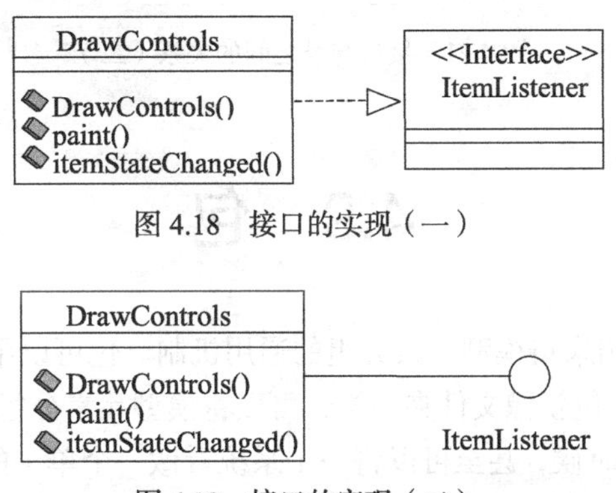

图 4.18　接口的实现（一）

图 4.19　接口的实现（二）

图 4.20 和图 4.21 中的类 HandleEvent 实现了 3 个接口，即接口 KeyListener、接口 MouseListener 和接口 ActionListener，而类 UserInterface 则使用了这 3 个接口，因此，类 UserInterface 与这 3 个接口之间存在依赖关系。

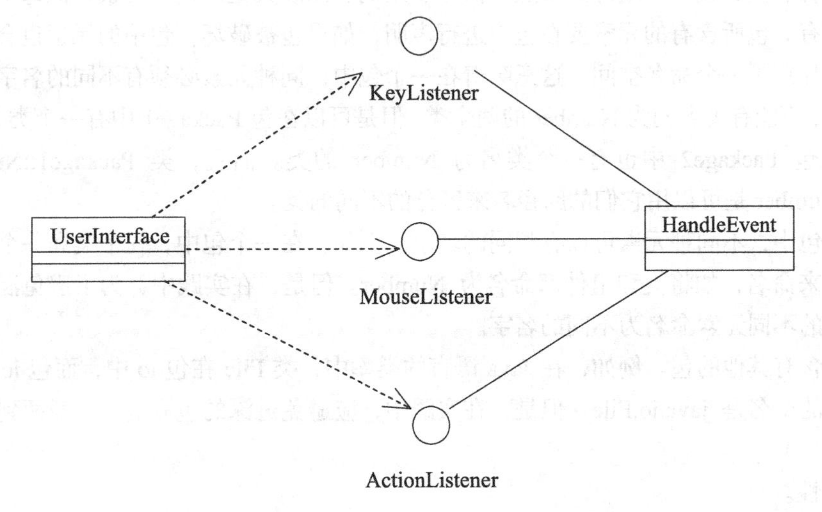

图 4.20　接口与类之间的关系（一）

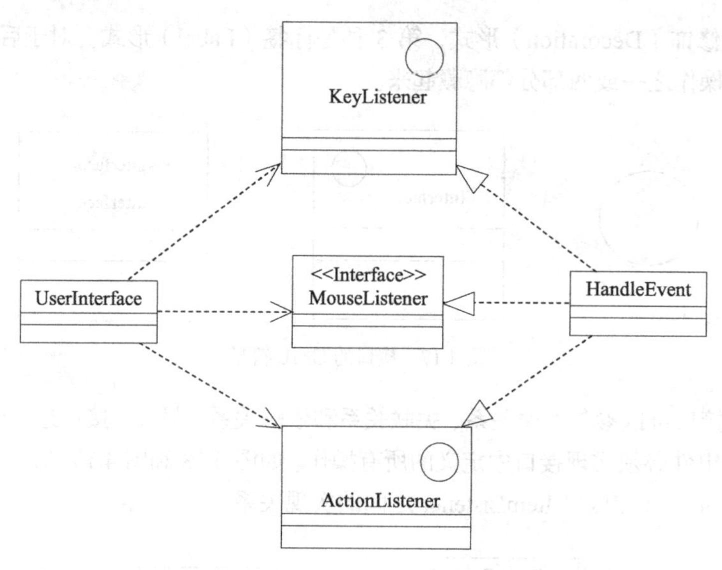

图 4.21　接口与类之间的关系（二）

4.9 包

包（Package）是一个用来将模型元素分组的通用机制。包可以用在任何一个 UML 图中，但一般多用于用例图和类图。包就像文件夹一样，可以将模型元素分组隐藏，从而简化 UML 图，使得 UML 图更易理解。有时候，甚至可以将一个系统看做一个单一的、高级的包。

包的 UML 符号如图 4.22 所示。

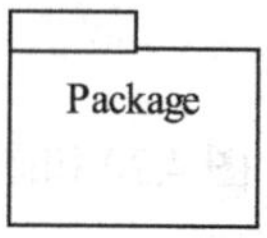

包可以有包名，以与其他包相区分。在实践中，包的名字通常是从问题域的词汇表中抽取出的短名词或名词词组。

Package

图 4.22　包的 UML 符号

包可以含有类、接口、组件、节点、协作、用例、图或其他的包等元素，但每个元素只能被一个包所拥有。包所含有的元素要在包中进行声明，如果包被破坏，包中的元素也会被破坏。

一个包界定了一个命名空间，这意味着在一个包中，同种元素必须有不同的名字。例如，在同一个包中，不能有类名同为 Number 的两个类，但是可以在包 Package1 中有一个类名为 Number 的类，并在包 Package2 中也有一个类名为 Number 的类。而且，类 Package1::Number 和类 Package2::Number 是可以用它们的路径名来区分的不同的类。

在一个包中，不同种元素可以有相同的名字。例如，在一个包中，一个类和一个组件可以用相同的名字来命名，如将类和组件都命名为 Number。但是，在实践中，为了避免混乱，最好将同一个包中的不同元素命名为不同的名字。

包可以含有其他的包。例如，在 Java 语言的类库中，类 File 在包 io 中，而包 io 又在包 java 中，所以类的全名是 java.io.File。但是，在实践中，应避免过深的包嵌套，一般两到三层的嵌套比较适宜。

● 可见性。

如同类属性和操作的可见性是可控制的一样，包中元素的可见性也是可控制的。包中的元素在缺省情况下是公共的（public），也就是说，对于引入含有该元素的包中的任何元素都是可见的。其中，受保护（protected）元素对于子包中的元素是可见的，私有（private）元素只对于声明该元素的包中的元素是可见的。如图 4.23 所示，包中的类 class1 和类 class2 的可见性是 public，类 class3 的可见性是 protected，类 class4 的可见性是 private。

● 引入与输出（Importing and Exporting）。

引入可以使一个包中的元素单向地访问另一个包中的元素。在 UML 中，引入关系用点缀着衍型<<import>>的依赖关系来表示，如图 4.24 所示。

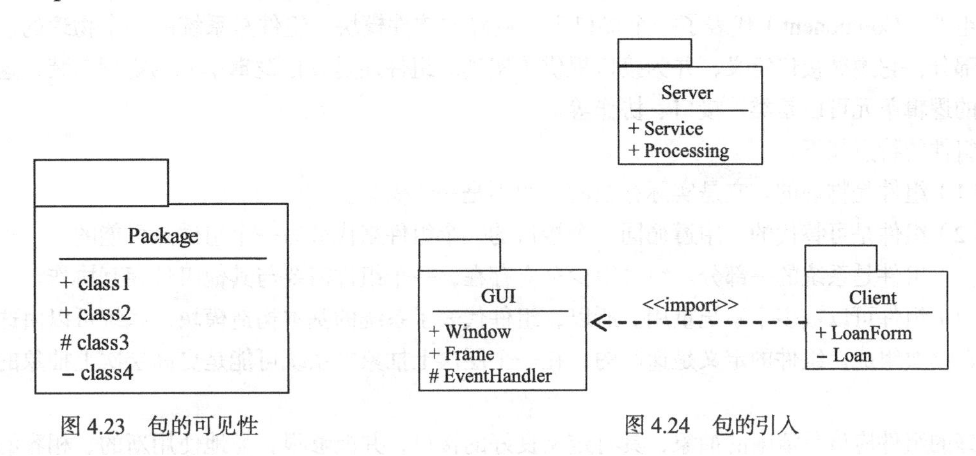

图 4.23　包的可见性　　　　图 4.24　包的引入

包中的公共元素被称作包的输出。如图 4.24 所示，包 GUI 输出两个类，即类 Window 和类 Frame，而类 EventHandler 是包中被保护部分，不能被包输出。包 Client 引入包 GUI，所以包 GUI 的输出部分，即类 Window 和类 Frame 对包 Client 中的元素是可见的，而包 GUI 中的元素 EventHandler 是不可见的，因为它是被保护的。此外，图 4.24 中包 Server 并没有引入包 GUI，所以包 Server 中的元素不能访问包 GUI 中的元素。

如果一个元素在包中是可见的，则对于该包中所嵌套的所有子包都是可见的，也就是说，子包可以看见父包所能看见的所有元素。

● 类属关系（Generalization）。

包间的类属关系与类间的类属关系非常类似。如图 4.25 所示，包 GUI 中有两个公共类 Window 和 Dialog、一个保护类 EventHandler，特殊包 BankGUI 继承了一般包 GUI 的公共类和保护类，因此包 BankGUI 包括了类 GUI::Window 和类 GUI::EventHandler。另外，如同类继承一样，子包也可以添加新的元素或覆盖父包中的元素。例如，包 BankGUI 添加了新类 Menu，并用自己的类 Dialog 覆盖了包 GUI 中的类 Dialog。

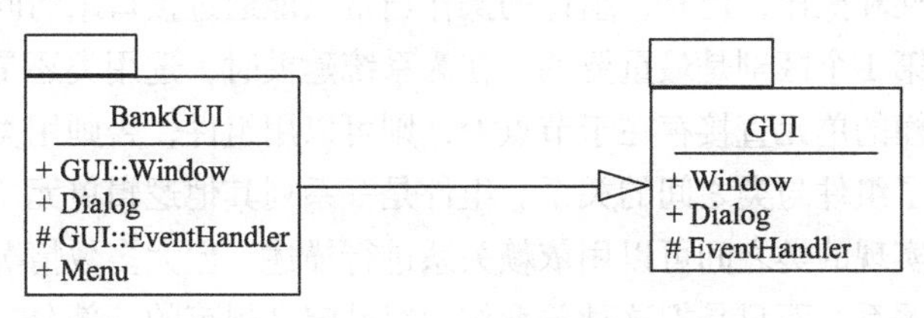

图 4.25　包的类属关系

● 组件包（Component Package）。

组件包代表了逻辑上相关的组件簇或系统的重要部分。组件包的作用类似于类图中逻辑包的作用。组件包用来划分系统的物理模型。

通常，组件包的名字是文件系统目录的名字。组件包可以和其他组件包、组件或接口建立依赖关系。组件包的 UML 符号与类图中逻辑包的符号相同。

4.10 组　件

组件（Component）代表了一个接口定义良好的软件模块。组件是系统的一个物理的、可替代的部分，它遵循接口定义，并为接口提供了实现。组件还是其他逻辑单元的物理封装，这些被封装的逻辑单元可以是类、接口、协作等。

组件的特点如下。

（1）组件是物理的。它是实际存在的，而不是一个概念。

（2）组件是可替代的。用遵循同一个接口的一个组件来代替另一个组件是可能的。

（3）组件是系统的一部分。组件很少独立存在，一个组件需要与其他组件相互协作。

（4）组件可以被多个系统重用。所以，组件代表了系统的基本构造模块，系统可以由这些基本构造模块组成。组件的定义是递归的，在一个层次上抽象的系统可能是更高层次上抽象的一个组件。

好的组件应该是清晰的抽象，具有定义良好的接口，并能够很容易地使用新的、相容的组件来代替旧组件。

在软件中，许多操作系统和编程语言都直接支持组件的概念。例如，Java Bean 就是组件的例子，在 UML 中可以直接用组件来表示。

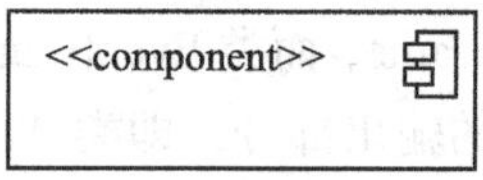

组件可以用如图 4.26 所示的 UML 符号来表示。

<<component>>

图 4.26　组件的 UML 符号

可以用标记值来点缀组件。

4.10.1 组件与类

组件与类有许多共同之处，它们都有名字，都可以实现一系列接口，都可以嵌套，都可以有实例，都可以参加交互作用；组件或类之间都可以存在依赖关系、类属关系和关联关系。

但是，组件与类是不同的，它们有如下本质区别。

（1）类代表了逻辑的抽象，而组件是物理的、可以存在于现实世界中的。也就是说，组件可以在节点上存在，而类不能。

（2）组件代表了其他逻辑单元的物理封装，与类的抽象存在于不同的层次上。

（3）类本身有属性和操作，但是，组件的操作通常只能通过接口来访问。

在上述区别中，第 1 个区别是最重要的。在为系统建模时，选用类还是组件可以通过该区别进行判断。如果要建模的单元直接存在于节点上，则可以用组件，否则用类。

第 2 个区别表明了组件与类之间的关系。组件是一系列其他逻辑单元（如类、协作等）的物理实现。组件与它所实现的类之间可以用依赖关系进行描述，但大多数情况下，不必在图形化的模型中明确表示这种关系，而只是把这种关系作为组件定义规范的一部分。

第 3 个区别指出了接口如何在组件与类之间实现桥梁作用。组件与类都可以实现接口，但组件的服务只能通过接口来访问。

4.10.2　组件和接口

接口是操作的集合，定义了类或组件的服务。组件与接口之间的关系是很重要的，接口通常被用作粘合剂将组件连接在一起。可以用两种方式来表示组件与接口之间的关系。一种方式是采用省略的、图标的方式，即接口用圆来表示，如图 4.27 所示；另一种方式是采用扩展的方式，如图 4.28 所示。

图 4.27　组件与接口的关系（一）

被一个组件实现的接口被称为该组件的输出接口（Export Interface），也就是说，组件将该接口作为服务窗口向其他组件开放。一个组件可以有多个输出接口，如图 4.29 所示。被一个组件使用的接口被称作该组件的引入接口（Import Interface）。组件必须遵循由引入接口定义的服务协议。另外，组件既可以具有引入接口也可以有输出接口。例如，图 4.28 中的接口 ItemListener，它既是组件 ItemEventHandler 的输出接口，又是组件 UI 的引入接口。

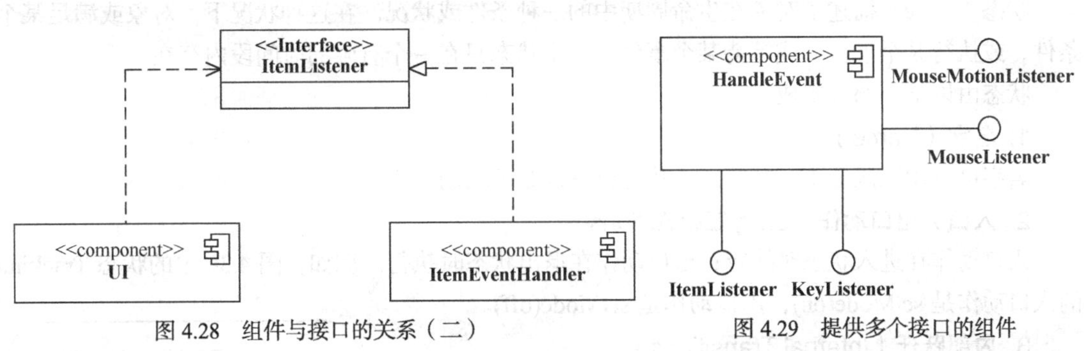

图 4.28　组件与接口的关系（二）　　图 4.29　提供多个接口的组件

被一个组件输出的接口可以被另一个组件引入，事实上，正是由于两个组件之间的接口断开了组件之间的直接依赖关系。另外，具体什么组件实现接口不会影响使用接口的组件。

4.10.3　组件的二进制可替代性

基于组件的系统是通过组装二进制的、可替换的组件建立起来的，可以通过使用新组件替换旧组件来发展系统，而不需要重新编译整个系统。二进制可替代性的关键在于接口，当定义接口时，组件必须遵循或提供该接口。为了扩充系统，可以使组件通过其他接口来提供新的服务；反过来，其他的组件也可以发现并使用这些服务。这些语义解释了 UML 定义组件的意图，组件是系统中物理的、可替代的部分，它遵循或实现接口。

4.10.4　衍型

UML 的所有扩充机制都可以用于组件。通常，可以用标记值来扩充组件的属性（例如，规定组件的版本信息），用衍型规定组件的新种类。

UML 定义了 5 个可以应用于组件的标准衍型。

（1）可执行的（executable）。

该衍型定义了可以在节点上执行的组件。

（2）库（library）。

该衍型定义了静态或动态的对象库。

（3）表（table）。

该衍型定义了代表数据库表的组件。

（4）文件（file）。

该衍型定义了代表含有源代码或数据的文件的组件。

（5）文档（document）。

该衍型定义了表示文档的组件。

所以，组件可以用于为可执行文件、库文件、数据库表、文件、文档、API 和源代码建模。

4.11 状　态

状态机（State Machine）描述了对象在生命周期中响应事件所经历的状态的序列，以及对象对这些事件的响应。状态机由状态、跃迁、事件、活动、动作等组成。

状态（State）描述了对象在生命周期中的一种条件或状况。在这种状况下，对象或满足某个条件，或执行某个动作，或等待某个事件。一个状态只在一个有限的时间段内存在。

状态由以下 6 部分组成。

1. 名字（Name）

名字可以用来区分不同的状态。状态也可以是匿名的。

2. 入口／出口动作（Entry/Exit Actions）

入口动作在进入状态时执行；出口动作在退出状态时执行。例如，图 4.30 中的状态 Tracking 的入口动作是 setMode(on)，出口动作是 setMode(off)。

3. 内部跃迁（Internal Transitions）

内部跃迁是没有引起状态变化的跃迁。内部跃迁与自跃迁不同，在自跃迁中，跃迁首先离开某一个状态，经过自跃迁后再重新进入同一个状态；而内部跃迁却根本没有离开状态。自跃迁在离开状态时会执行状态出口动作，在跃迁时会执行自跃迁动作，在重新进入状态时又执行状态入口动作；而内部跃迁由于没有离开状态，不需要执行出口和入口动作，只需要执行内部跃迁动作。例如，在图 4.30 中，状态 Tracking 中的 newTarget 就是一个内部跃迁。

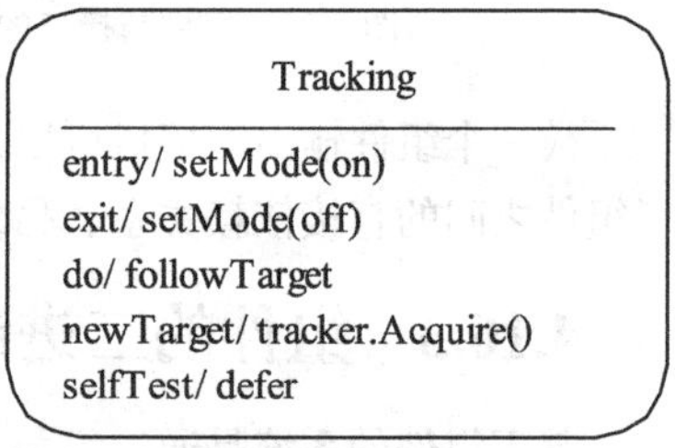

Tracking
entry/ setMode(on)
exit/ setMode(off)
do/ followTarget
newTarget/ tracker.Acquire()
selfTest/ defer

图 4.30　状态

4. 子状态（Substate）

子状态是被嵌套的状态。子状态包括不相交子状态（Disjoint Substates）和并发子状态（Concurrent Substates）。

- 不相交子状态（Disjoint Substates）。

不相交子状态也被称为顺序子状态（Sequential Substates）。如图 4.31 所示，组合状态 Purchasing 中的子状态就是不相交子状态。

不含有子结构的状态被称为简单状态（Simple State），含有子结构的状态被称为组合状态（Composite State）。

- 历史状态（History States）。

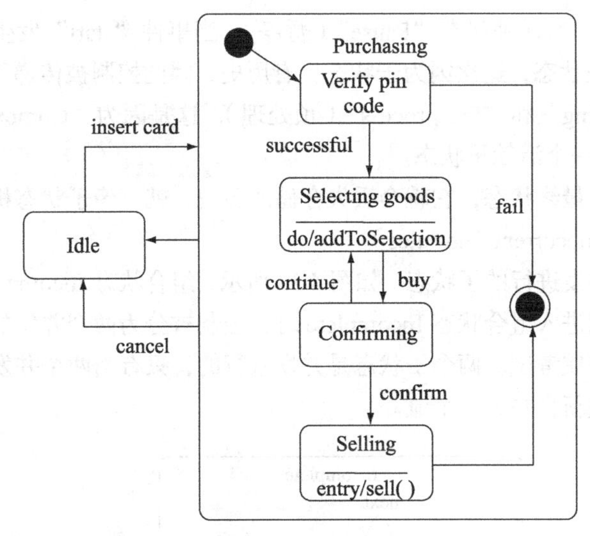

图 4.31　顺序子状态

如果没有特别规定，每当跃迁进入一个组合状态时，被嵌套的子状态机一般都从初始子状态开始运行。但在某些情况下，当离开一个组合状态，又重新进入该组合状态时，并不希望从该组合状态的初始子状态开始运行，而希望直接进入上次离开该组合状态时的最后一个活动子状态，因此，要描述这种情况就需要用到历史状态，因为用顺序子状态描述这种情况是非常复杂的。

历史状态使得含有顺序子状态的组合状态能记住离开该组合状态前的最后一个活动子状态。历史状态的 UML 符号用带圈的“H”表示，如图 4.32 所示。

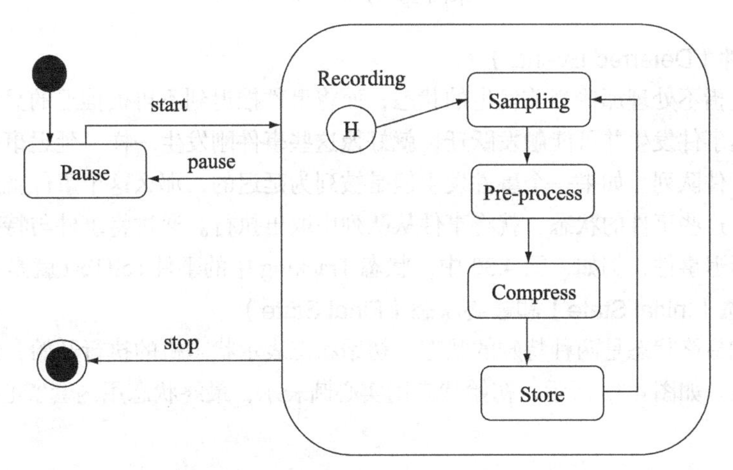

图 4.32　历史状态

如果希望跃迁激活上次离开组合状态时的最后一个活动子状态，则将组合状态外的这个跃迁直接跃迁到历史状态中。当第一次进入组合状态时，组合状态没有历史，因此从历史状态到顺序子状态有一个跃迁，这个跃迁的目标（即那个顺序子状态）规定了跃迁第一次进入时的子状态机的初始状态。例如，在组合状态“Recording”（记录）中，从历史状态到顺序子状态“Sampling”（采样）有一个跃迁，顺序子状态“Sampling”就是跃迁（由事件“start”触发）第一次进入组合状态“Recording”时子状态机的初始状态。假设在状态“Recording”的子状态“Compress”（压缩）中，事件“pause”（暂停）发生，控制就离开子状态“Compress”和状态“Recording”（如果必要，执行出口动作），跃迁到状态“Pause”（暂停），当事件“start”发生时，跃迁进入组合状态“Recording”的历史状态，这次因为子状态机有历史，因此控制被传递回子状态“Compress”，绕过了子状态“Sampling”和“Pre-process”（预处理），这是因为“Compress”是离开组合状态“Recording”前的最后一个活动子状态。

如果子状态机进入最终状态，它就会丢失存储的历史，就好像子状态机未被进入一样。

- 并发子状态（Concurrent Substates）。

并发子状态是指并发进行的子状态。如图 4.33 所示，组合状态 Incomplete 可以被分解为两个并发的子状态。当控制进入组合状态 Incomplete 时，控制被分为两个并发的流，一个流用来完成实验，另一个流用来完成考试。两个子状态是并发进行的，只有当两个并发子状态都到达最终状态时，两个控制流才重新合并为一个流。

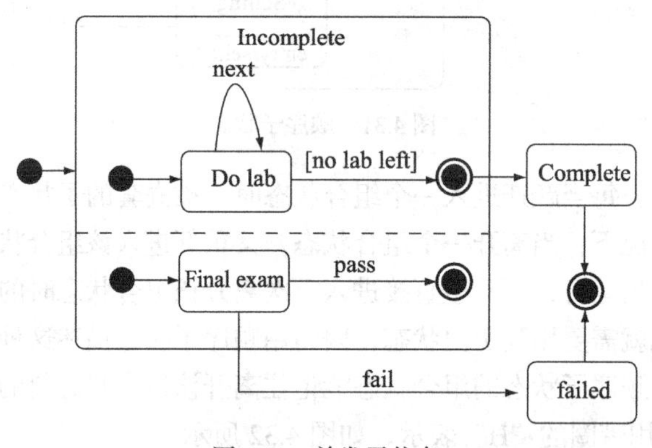

图 4.33　并发子状态

5. 延迟事件（Deferred Events）

延迟事件是指不处理那些当前发生的状态，而将事件推迟到不再被推迟的另外一个状态中才处理，此时延迟事件发生并可能触发跃迁，就好像这些事件刚发生一样。延迟事件的实现需要存在一个内部的事件队列。如果一个事件发生但是被列为延迟的，那么这个事件就进入排队，一旦对象进入不延迟这些事件的状态，就将事件从队列中取出执行。通过将事件与特殊动作 defer 列在一起来表示延迟事件，例如，图 4.30 中，状态 Tracking 中的事件 selfTest 就是一个延迟事件。

6. 初始状态（Initial State）和最终状态（Final State）

初始状态和最终状态是两种特殊的状态。初始状态表示状态机的执行开始，最终状态表示状态机的执行结束。如图 4.33 所示，初始状态用实心圆表示，最终状态用内套实心圆的圆圈表示。

4.12 跃　　迁

跃迁（Transitions）是两个状态间的一种关系，它表示对象在第 1 个状态时执行某些动作，当规定的事件发生或满足规定的条件时，对象进入第 2 个状态。跃迁表示了从活动（或动作）到活动（或动作）的控制流的传递。跃迁的 UML 符号为有箭头的实线，如图 4.34 所示。

跃迁由源状态（Source State）和目标状态（Target State）两部分组成。

源状态是被跃迁影响的状态。如果对象处在源状态，当对象收到跃迁的触发事件或护卫条件被满足时，就会激发产生一个离开的跃迁。目标状态是在完成跃迁后被激活的状态。

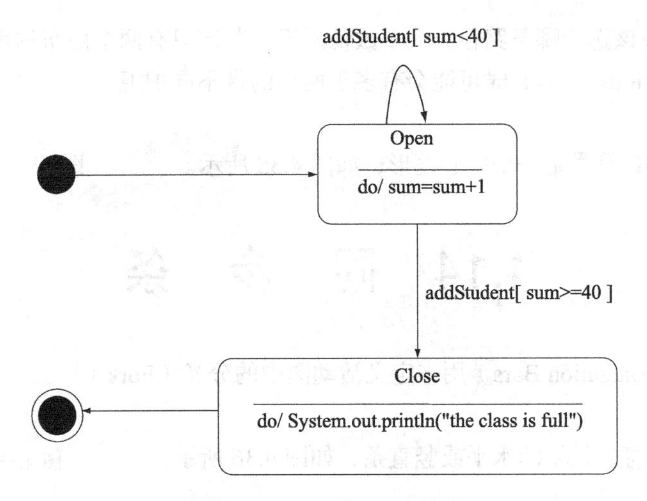

图 4.34　跃迁的 UML 符号

如图 4.34 所示，对于从状态 Open 到状态 Close 的跃迁，状态 Open 是源状态，状态 Close 是目标状态。

1. 触发事件（Event Trigger）

在状态机的上下文中，触发事件是指触发状态跃迁的激励的发生。触发事件可以是信号、调用、时间的消逝或状态的变化等。如图 4.34 所示，addStudent 就是触发事件。

跃迁也可以是非触发的，非触发的跃迁（A Triggerless Transition）也被称为完成跃迁（Completion Transition）。当源状态完成活动时，跃迁被隐式地触发，也就是说，完成跃迁是由动作的完成自动触发的，而不是由事件触发的。

源状态和目标状态相同的跃迁是自跃迁（Self-transition）。例如，图 4.34 中，当学生人数 sum 小于 40 时，事件 addStudent 引起的跃迁就是自跃迁。

跃迁可以有多个源状态或多个目标状态。

2. 护卫条件（Guard Condition）

护卫条件是一个布尔表达式，其中，布尔表达式由“[ ]”括着，放在触发事件后面。当触发事件发生后，计算护卫表达式的值，如果值为真，跃迁可以被触发；如果值为假，跃迁就不能被触发；如果没有其他的跃迁可以被这个触发事件触发，则事件被忽略。例如，图 4.34 中的 sum<40 就是一个护卫条件。

3. 动作（Action）

动作是一个可执行的原子计算。动作可以包括方法的调用、另一个对象的创建或破坏或给对象发送一个信号等。例如，图 4.34 中的“sum=sum+1”就是一个动作。

动作是原子的，这意味着动作在完成前不会被事件打断。这与活动（Activity）不同，活动可能被其他事件打断。

4.13 判　　定

判定（Decision）代表了活动图或状态机图上的一个特殊位置，在这个位置上工作流将根据护卫条件进行分支。起始于判定的跃迁含有一个护卫条件（Guard Condition），这个护卫条件用于确定在该判定节点应该选择哪条路径。大多数情况下，判定只有两个由布尔表达式决定的输出跃迁（Outgoing Transitions），但有时可能会有多于两个的带不同护卫条件的输出跃迁。

判定节点的 UML 符号是一个空心菱形，如图 4.35 所示。

图 4.35　判定节点的 UML 符号

4.14　同　步　条

同步条（Synchronization Bars）用来定义活动图中的分叉（Fork）和联结（Join）。

同步条的 UML 符号是粗的水平或竖直条，如图 4.36 所示。

图 4.36　同步条的 UML 符号

4.15　活　　动

活动（Activity）是在状态机中进行的一个非原子的执行，它由一系列的动作组成。动作是一个可执行的原子计算，它会导致系统的状态变化或返回一个值。例如，调用另一个操作、发送信号、创建或破坏对象，以及一些纯计算（如求表达式的值等）都是动作。可以把动作看做特殊的活动，即动作是不能再进一步分解的活动。

活动的 UML 符号如图 4.37 所示。

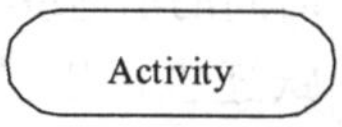

图 4.37　活动的 UML 符号

4.16　节　　点

节点（Node）是系统运行时存在的物理单元，它代表了具有内存以及处理能力的计算资源。节点是为系统物理方面建模的重要模型元素。通常，节点用于为运行系统的硬件拓扑结构建模。节点代表了运行组件的处理器或设备。

节点与组件之间重要的不同之处如下。

（1）组件参加系统的运行；节点是运行组件的硬件。

（2）组件代表了其他逻辑组件的物理封装；节点代表了组件的物理分布。

节点与运行其上的组件之间的关系可以用依赖关系来表示。大多数时候，这种依赖关系不需要在图形化的模型中显式地表示，而是在节点的规范定义中进行规定。

节点的 UML 符号如图 4.38 所示。

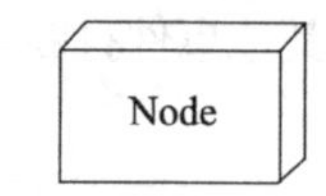

图 4.38　节点的 UML 符号

节点也可以具有属性和操作。如图 4.39 所示，规定节点具有属性 processorSpeed（处理器速度）和 memory（内存），还可以具体给出处理器的进程和进程调度类型来进一步定义处理器。另外，可以用包来将节点分组，如图 4.40 所示。

节点之间可以存在依赖关系、类属关系和关联关系（包括聚合关系）。其中，节点间最常用的一种关系是关联关系，关联关系可以表示节点间的物理连接，例如，以太网连接、串行线或共享总线，如图 4.41 所示。关联甚至可以用来表示间接连接，例如，远距离处理器之间的卫星连接。可以对节点间的关联关系应用角色、阶元和约束。

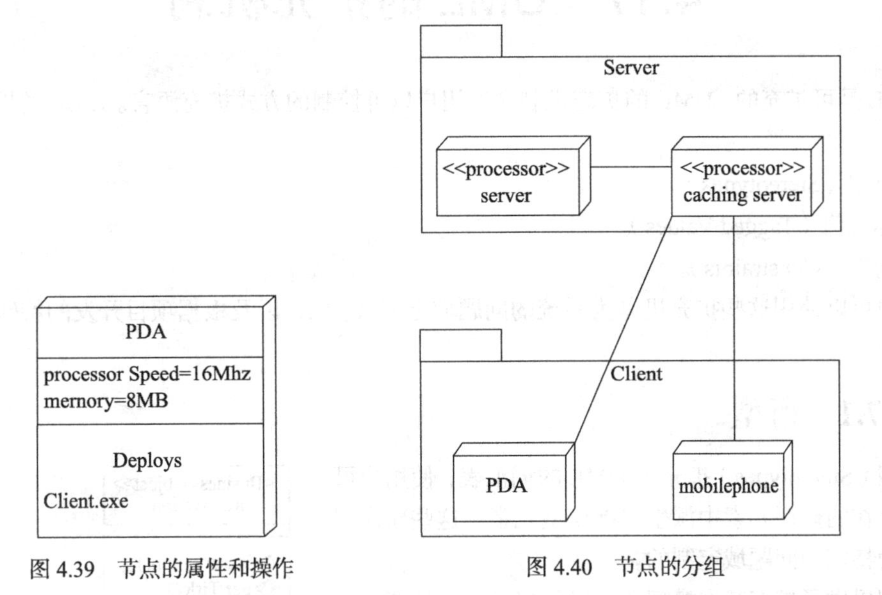

图 4.39　节点的属性和操作　　　　图 4.40　节点的分组

节点可以用于模拟处理器、设备、模拟组件的分布。节点可以分为两种，即处理器（Processor）和设备（Device）。其中，处理器是可以执行程序的硬件组件，设备是没有计算能力的硬件组件，每个设备必须有一个名字，设备的 UML 符号如图 4.41 所示。

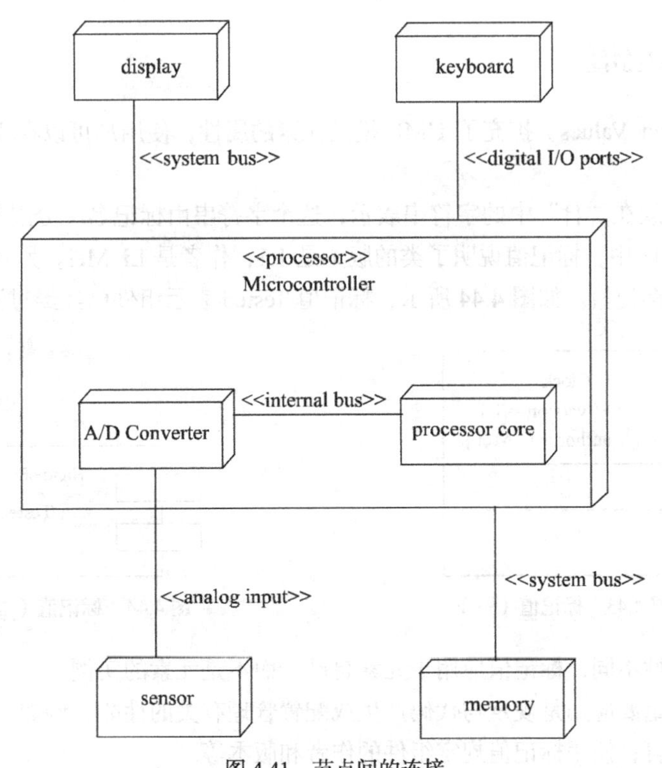

图 4.41　节点间的连接

4.17 UML 的扩充机制

UML 是可扩充的，UML 的扩充机制允许用户以可控制的方式扩充语言。UML 的扩充机制包括 3 种。

- 衍型（Stereotypes）。
- 标记值（Tagged Values）。
- 约束（Constraints）。

用户可以使用这些扩充机制为系统的问题域定制 UML，以及根据项目开发的特殊需要定制 UML。

4.17.1 衍型

衍型（Stereotypes）扩充了 UML 的词汇表，使用户可以从已存在的模型元素中派生出新模型元素，这些新模型元素是为特定的问题域定制的。

衍型提供了扩充基本模型元素以创建新元素的能力。衍型的概念使得 UML 虽然有最小的符号集，但是可以随时扩充以满足需要。衍型名字被放在“<<”和“>>”之间，且被放在模型元素的名字上面，如图 4.42 所示。

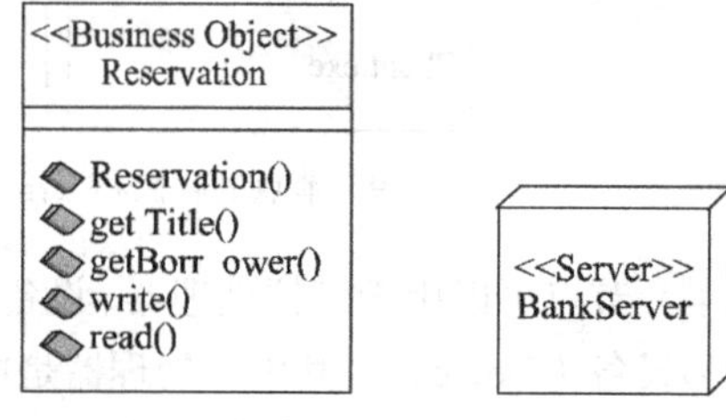

图 4.42　衍型

4.17.2 标记值

标记值（Tagged Values）扩充了 UML 模型元素的属性，使用户可以在模型元素的规格说明中添加新的信息。

标记值可以用放在“{}”中的字符串表示，这个字符串由标记名、分隔符“=”以及标记值组成。例如，图 4.43 中，标记值说明了类的版本是 1.1，作者是 Li Mei。另外，如果标记的含义明确，可以只规定标记值。如图 4.44 所示，标记值 Tested 表示组件已经经过测试。

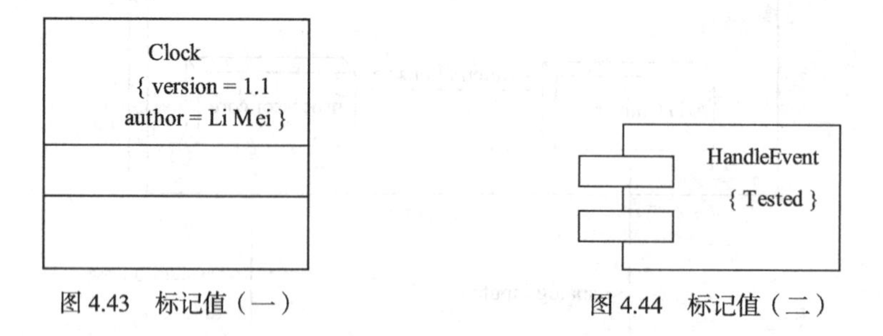

图 4.43　标记值（一）　　图 4.44　标记值（二）

标记值与类属性不同，标记值应用于元素自己，而不是元素的实例。

标记值的一个重要应用是规定与代码产生或配置管理有关的性能。例如，使用标记值规定实现某个类的编程语言；使用标记值规定组件的作者和版本等。

4.17.3　约束

约束（Constraints）扩充了 UML 模型元素的语义，使用户可以添加新规则或修改已存在的规则。

在 UML 中，可以用约束（Constraint）表示规则。约束是放在“{}”中的一个表达式，表示一个永真的逻辑陈述。

例如，在图 4.45 中，约束表示了关联“Chair-of”是关联“Member-of”的子集。图 4.46 中，Person 的雇主和 Person 老板 Boss 的雇主是相同的，都是 Company。图 4.47 中的约束表示账户 Account 或者是私人 Person 的或者是公司 Company 的，但不能既是私人的又是公司的。

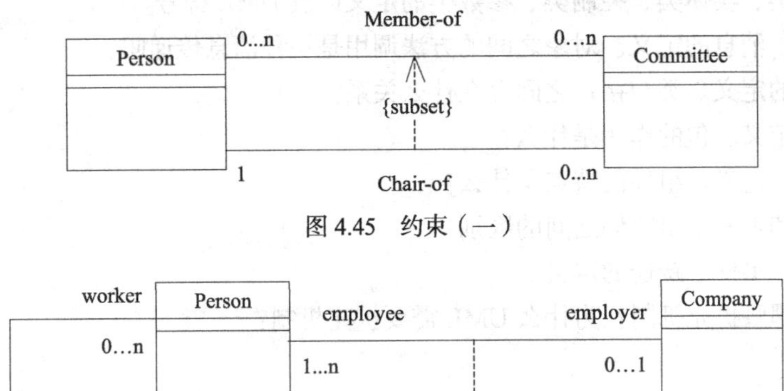

图 4.45　约束（一）

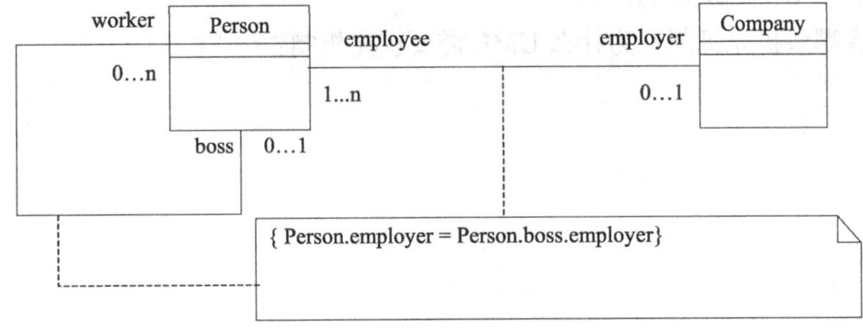

图 4.46　约束（二）

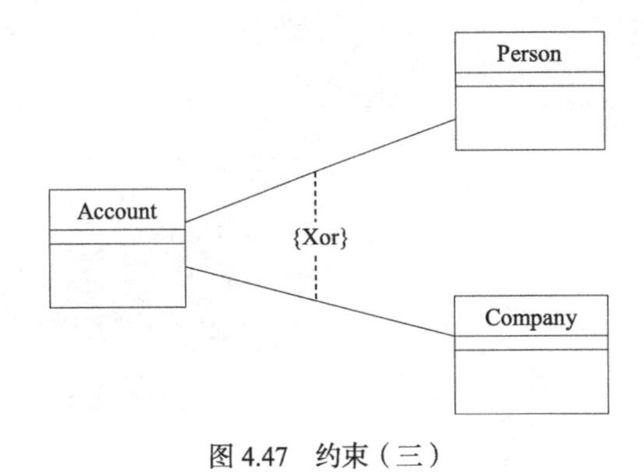

图 4.47　约束（三）

小　结

UML 提供了一个标准的、统一的建模符号体系。UML 符号体系是可视的，应用 UML 可为系统建立图形化的可视模型，使系统的结构变得直观且易于理解。因此，用 UML 建模有利于交流。

本章对各种 UML 符号的语义、符号、应用逐一进行了介绍，最后还介绍了 UML 符号体系的 3 种扩充机制，即衍型、标记值、约束。

习　题

4.1　参与者的定义是什么？用例的定义是什么？

4.2　“参与者就是和系统交互的用户”这句话对吗？为什么？

4.3　给出边界类、实体类、控制类、参数类的定义以及 UML 符号。

4.4　给出对象、消息的定义。对象之间的方法调用是一种消息传递吗？

4.5　给出接口的定义。类与接口之间存在什么关系？

4.6　给出包的定义。包的作用是什么？

4.7　给出组件的定义。组件的特点是什么？

4.8　比较组件和类并指出它们之间的区别。

4.9　给出状态、事件、跃迁的定义。

4.10　UML 有哪些扩充机制？为什么 UML 需要扩充机制？

第 5 章 视与图

在建造高楼大厦时，建筑工程师往往需要多个视角的建筑蓝图，以便对建筑物的结构有清晰的了解。软件系统的开发也同样如此，对于一个软件系统，尤其是一个复杂的软件系统，软件开发人员需要从多个方面对它进行描述，因此就有了视的概念，不同的视描述了系统的不同方面。软件系统的体系结构可以用 5 个视来描述，即用例视、设计视、互动视、实现视和部署视，而 UML 的各种图则为系统的不同的视建模提供了工具。

5.1 视

如图 5.1 所示，软件系统的体系结构可以用 5 个视来描述，每个视都侧重描述系统的一个方面。

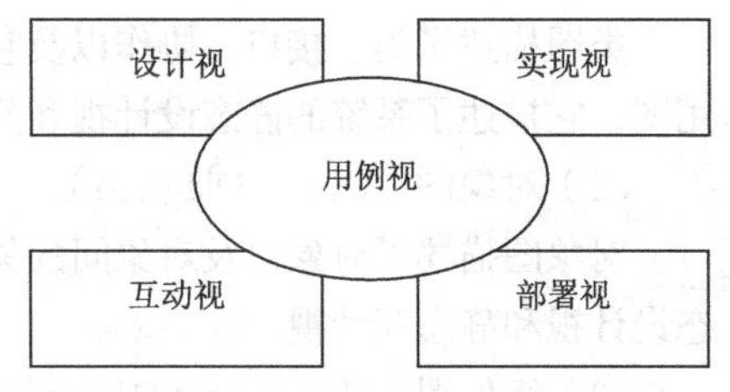

图 5.1　软件系统体系结构的 5 个视

1. 用例视（Use Case View）

系统的用例视通过用例描述了最终用户、分析人员和测试人员可以看到的系统行为。视的静态方面由用例图捕捉；动态方面由互动图、状态机图和活动图捕捉。

2. 设计视（Design View）

系统的设计视包括类、接口和协作，这些类、接口和协作组成了系统的问题域词汇表和解决方案，以支持系统的功能需求，即系统应该提供给最终用户的服务。设计视的静态方面由类图和对象图捕捉；动态方面由互动图、状态机图和活动图捕捉。

3. 互动视（Interaction View）

系统的互动视描述了系统不同部分之间的控制流，包括可能的并发和同步机制。它体现了系统的性能、可扩展性和总处理能力。互动视的静态方面由类图和对象图捕捉；动态方面由互动图、状态机图和活动图捕捉。

4. 实现视（Implementation View）

系统的实现视包括了用于组装和发布物理软件系统所需的各种产物，主要描述了软件系统版本的配置管理。实现视的静态方面由组件图捕捉；动态方面由互动图、状态机图和活动图捕捉。

5. 部署视（Deployment View）

部署视包括了构成用于运行软件系统的系统硬件拓扑的节点，它主要描述了物理系统组成部分的分布、交付和安装。部署视的静态方面由部署图捕捉；动态方面由互动图、状态机图和活动图捕捉。

这 5 个视是彼此相关、交互作用的，运用这 5 个视，可对软件系统进行全方位的描述。但并不是所有的软件系统建模都需要这 5 个视，譬如运行在单机上的软件系统就不需要部署视。当然，也可以根据需要添加视，譬如，为安全性很关键的软件系统建模时，可以添加安全视来描述系统的安全性解决方案。

5.2 UML 的图

UML 是用来对软件系统的产物进行可视化、规范定义、构造并为之建立文档的建模语言。模型建立的可视化为设计人员、开发人员、用户和领域专家之间的交流提供了便利；规范定义意味着 UML 建立的模型是准确的、无歧义的、完整的；构造意味着可以将 UML 模型映射到代码实现；UML 还可以为系统的体系结构以及系统的所有细节建立文档。

UML 为软件系统建模提供了强大的支持，并提供了很大的自由度。开发人员在迭代的递增式开发过程中，可以根据所开发系统的特点，在每次迭代的微过程（分析、设计、实现、测试和配置）中，灵活地选用 UML 所提供的各种图。

UML1.x 定义了 9 种图为软件系统建模，而新版的 UML2.0 则定义了 13 种图，这些图从不同应用层次和不同角度为软件系统从系统分析、设计直到实现等阶段提供了有力支持。而且，这些图为系统在不同的阶段建立不同的模型，建模的目的也各不相同。

UML 的 13 种图如下（其中顺序图和通信图放在一起介绍）。

（1）类图（Class Diagram）。

类图描述了类、接口、协作以及它们之间的关系。类图是在面向对象系统建模中最重要的常用图，它描述了系统的静态设计视和静态互动视。

（2）对象图（Object Diagram）。

对象图描述了对象以及对象间的关系。如同类图一样，对象图从实例的角度描述了系统的静态设计视和静态互动视。

（3）组件图（Component Diagram）。

组件图描述了组成软件系统的组件间的相互关系、交互作用和组件的公共接口。组件图描述了系统的静态实现视。一般来说，软件组件就是一个实际文件，它可以是源代码文件、二进制代码文件、可执行文件、脚本、表等，并可以用来说明编译、链接或执行时组件之间的依赖关系。

组件图与类图有关，因为一个组件可以映射到一个或多个类、接口或协作。

（4）组合结构图（Composite Structure Diagram）。

组合结构图是 UML2.0 中新增的图，UML1.x 中没有组合结构图。

组合结构图描述了分类器（如类、组件或用例）的内部结构，包括分类器与系统其他部分的交互作用点。

（5）用例图（Use Case Diagram）。

用例图描述了用例、参与者以及它们之间的关系。用例图描述了系统的静态用例视。在分析系统行为并为之建模时，用例图的使用尤其重要。

（6）顺序图（Sequence Diagram）。

（7）通信图（Communication Diagram）。

在 UML 中，顺序图和通信图可以统称为互动图。互动图描述了对象间的交互作用，它由对象及对象间的关系组成，并包括在对象间传递的消息。互动图描述了系统的动态视。

顺序图是强调消息的时间顺序的互动图；通信图是描述类的实例、实例间的相互关系以及实例间的消息流的互动图。通信图强调了发送和接收消息的对象的结构组织。顺序图和通信图是同构的，可以彼此转换。UML2.0 中的通信图在 UML1.x 中被称作协作图（Collaboration Diagram）。

（8）状态机图（State Machine Diagram）。

UML2.0 中的状态机图在 UML1.x 中被称作状态图（State Chart Diagram）。

状态机图描述了一个状态机，它由状态、跃迁、事件和活动组成。状态机图描述了系统的动态视。在为接口、类或协作的行为建模时，状态机图尤其重要。此外，状态机图强调了对象的按事件排序的行为，在对实时系统或响应系统建模时尤其有用。

（9）活动图（Activity Diagram）。

活动图一般用来为商业过程、单一用例或场景捕捉的逻辑或者商业规则的详细逻辑进行建模。活动图描述了系统的动态视。活动图在为系统功能建模时尤其有用，它强调了对象间的控制流。

（10）部署图（Deployment Diagram）。

部署图描述了节点和位于节点上的软件组件的部署。部署图描述了体系结构的静态部署视，它与组件图有关，因为一个节点通常可以容纳一个或多个组件。

部署图可以描述节点的拓扑结构、通信路径、节点上运行的软件组件、软件组件包含的逻辑单元（如对象、类等）。部署图常用来为分布式系统建模。

（11）包图（Package Diagram）。

包图描述了包及包间的关系。包用来对建模元素进行分组和对 UML 图进行简化，以使得 UML 图更易于理解。

（12）定时图（Timing Diagram）。

定时图是 UML2.0 中添加的图，UML1.x 中没有定时图。

定时图描述了分类器实例的状态随时间的变化，通常用于描述对象的状态随时间响应外部事件的变化，还用于描述一个或多个对象在给定时间段的行为。定时图一般用于设计嵌入式软件，偶尔也会用于设计商业性软件。

（13）交互概览图（Interaction Overview Diagram）。

交互概览图是 UML2.0 中添加的图，UML1.x 中没有交互概览图。

交互概览图是活动图和顺序图的混合，它概括描述了系统或商业过程中的控制流。

上述用于描述系统动态行为的 4 个图，即状态机图、顺序图、通信图和活动图，均可用于为系统的动态行为建模，但它们的侧重点不同，应用的目的也不同。状态机图描述跨越多个用例的单个对象的行为，不适合描述多个对象间的交互作用，因此，常将状态机图与其他图（如顺序图、通信图和活动图）组合使用。顺序图和通信图适合描述单个用例中几个对象的行为，其中，顺序图突出对象间交互作用的时间顺序，而通信图则能更清楚地表示对象之间静态的连接关系。当行为较为简单时，顺序图和通信图是最好的选择；但当行为比较复杂时，这两个图将失去其清晰度。因此，如果想描述跨越多用例或多线程的复杂行为，可考虑使用活动图。另外，顺序图和通信图仅适合描述对象之间的协作关系，不适合对行为进行精确定义，因此，如果想描述跨越多个用例的单个对象的行为，应当使用状态机图。

组件图和部署图都可以用来描述系统实现时的一些特性，包括源代码的静态结构和运行时刻的实现结构。组件图说明代码本身的结构，部署图说明系统运行时刻的结构。

组合结构图、定时图、交互概览图的用途比较特殊，在一般软件系统的建模过程中很少使用，为了节省篇幅，本书就不作介绍了。

小　结

本章简单介绍了软件系统体系结构的 5 个视，即用例视、设计视、互动视、实现视和部署视，以及为系统建模的 13 种图，包括类图、对象图、组件图、组合结构图、用例图、顺序图、通信图、状态机图、活动图、部署图、包图、定时图和交互概览图，并概括地说明了各种图的功能和应用，描述了视与图的关系，从而指导读者应该如何使用图为系统的 5 个视的静态方面和动态方面建模。

习　题

5.1　UML2.0 中定义了哪些图？

5.2　软件系统的体系结构为什么需要多个视来描述？可以用哪几个视来描述？

5.3　“4+1”视图中 5 个视的静态方面和动态方面分别用什么图来描述？

第6章 用例图

6.1 用 例 图

长期以来，无论是面向对象开发，还是传统的软件开发，都是根据典型的应用场景来了解需求，这些应用情景是非正式的，虽然经常使用，却难以为之建立正式文档。用例模型由 Ivar Jacobson 在开发 AXE 系统中首先使用，并被添加到由他所倡导的 OOSE 方法和 Objectory 方法中。用例方法引起了面向对象领域的极大关注，自 1994 年 Ivar Jacobson 的著作出版后，面向对象领域已广泛接纳了用例这一概念，并认为它是第二代面向对象技术的标志。用例模型描述的是系统外部的参与者所理解的系统功能。

用例模型用于需求分析阶段，它的建立是系统开发者和最终用户反复讨论的结果，也是开发者和用户对需求规格定义达成的共识。首先，用例描述了待开发系统的功能需求；其次，它将系统看作黑盒，从外部参与者的角度来理解系统；最后，它还驱动了需求分析之后各阶段的开发工作，用例不仅在开发过程中保证了系统所有功能的实现，还被用于验证和检测所开发的系统是否满足系统需求，从而影响到开发工作的各个阶段和 UML 的各个模型。在 UML 中，一个用例模型由若干个用例图进行描述，用例图的主要元素是用例和参与者。

用例图（Use Case Diagram）是 UML 中用来对系统的动态方面进行建模的 7 种图之一（另外 6 种图是活动图、状态机图、顺序图、通信图、定时图和交互概览图）。用例图描述了用例、参与者以及它们之间的关系。

用例图主要包括下述 3 种建模元素。

（1）用例（Use Case）。

（2）参与者（Actor）。

（3）依赖关系、类属关系和关联关系。

另外，像其他图一样，用例图中还可以有下述可选元素。

- 注释和约束。
- 包。包用来将用例分组。
- 系统边界框。系统边界框用来标识系统的范围。系统边界框用矩形实线框表示。

如图 6.1 所示，不带箭头的线段将参与者和用例连接起来，表示两者之间交换信息。其中，参与者触发用例，并与用例进行信息交换。单个参与者可以和多个用例连接，反过来，一个用例也可与多个参与者连接。对同一个用例而言，不同的参与者有着不同的活动，可以从用例获取值，也可以将信息输入到用例中。

参与者和用例之间存在的关联关系通常被称为通信关联，因为它代表着参与者和用例之间的通信。这个关联可以是双向导航（从参与者到用例，并从用例到参与者），也可以是单向导航（从参与者到用例，或从用例到参与者）。导航的方向表明了是参与者发起了和用例的通信，还是用例发起了和参与者的通信。

用例捕捉了系统的行为，但没有规定怎样实现这些行为，这一点是很重要的，因为系统分析（定义行为）应该尽可能地不受实现细节（规定怎样执行行为）的影响。但最终用例需要被实现，在 UML 中用来实现用例的元素是协作（Collaboration），协作是实现用例行为的类和其他元素的总称。

如图 6.2 所示，可以用协作“Deal with bill”（处理账单）来实现用例“Pay for bill”（付账单）。通常，每个给定的用例都会由一个相应的协作来实现，所以大多数情况下不必显式地为这种关系建模。

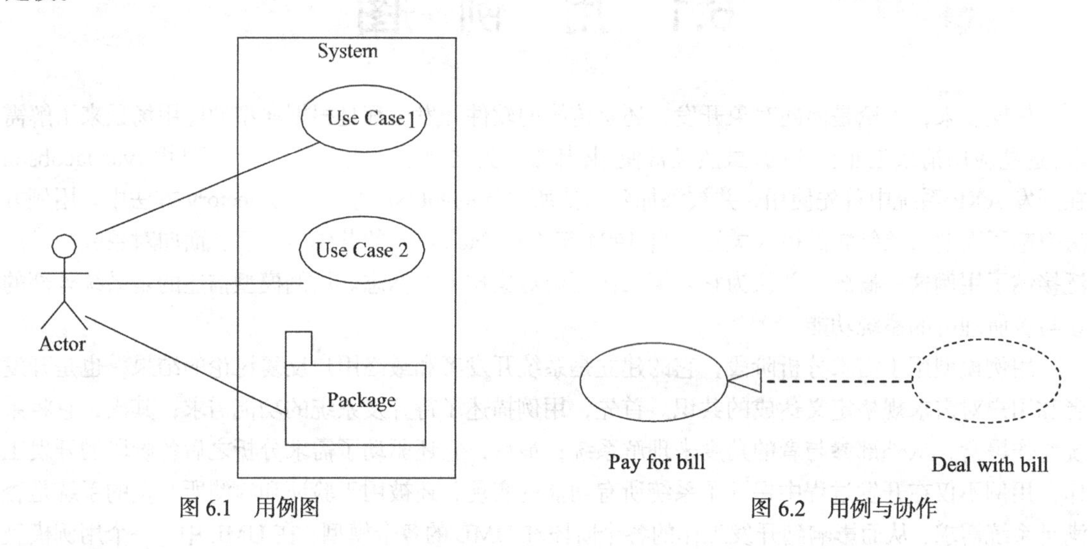

图 6.1　用例图　　　图 6.2　用例与协作

6.2 参　与　者

参与者（Actor）代表了与系统接口的事物或人，它是具有某一种特定功能的角色。因此，参与者是虚拟的概念，它可以是人，也可以是外部系统或设备。同一个人可能对应着多个参与者，因为一个人可能扮演了多个角色。参与者不是系统的一部分，它们处于系统的外部。

为了识别用例，首先需要识别出系统的参与者。如何识别出参与者呢？可以通过回答下列问题来帮助开发人员发现系统的参与者。

- 谁是系统的主要用户？
- 谁从系统获得信息？
- 谁向系统提供信息？
- 谁从系统删除信息？
- 谁支持、维护系统？
- 谁管理系统？
- 系统需要与其他哪些系统交互（包含其他计算机系统和其他应用程序）？

- 系统需要操纵哪些硬件？
- 在预设的时间内，有事情自动发生吗？
- 系统从哪里获得信息？
- 谁对系统的特定需求感兴趣？
- 几个人在扮演同样的角色吗？
- 一个人扮演几个不同的角色吗？
- 系统使用外部资源吗？
- 系统要用在什么地方？

通过回答上述问题，就可以较清晰地识别出系统的各个参与者。在识别参与者时，要注意以下两点。

（1）参与者代表角色。

当建立用例模型时，参与者是用来模拟角色的，而不是用来模拟物理的、现实世界的人、组织或系统本身。

例如，图 6.3 所示为一个教学系统用例图。

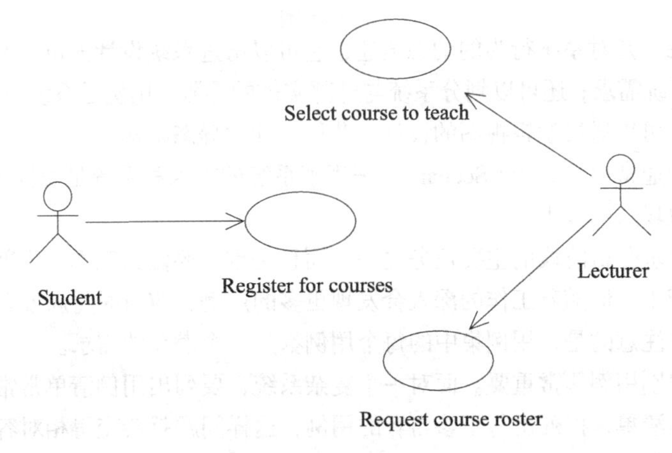

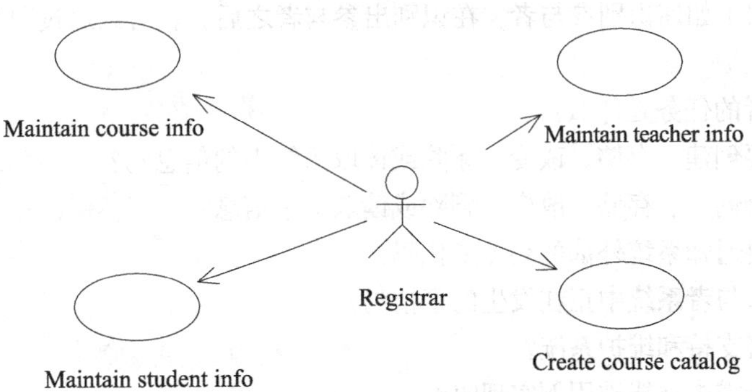

图 6.3　教学系统用例图

图 6.3 所示的用例图中涉及的参与者有 Student（学生）、Lecturer（授课教师）、Registrar（注册人员）。其中，注册人员可能由人担当，也可能由系统充当。这是因为注册人员所做的主要工作如下。

- 验证学生提交的信息。
- 对学生进行注册。

- 为学生提供关于选修课程的意见。

显然，前两项任务可以自动进行，第三项任务可以使用智能专家系统来自动进行。也就是说，扮演角色“Registrar”的既可以是人，也可以是系统，甚至还可以是专门从事注册活动的某个组织。当然，一个人、组织或系统也可以扮演多个角色，例如，学校的注册人员也可以选修课程并成为学生。

（2）角色不是对职位进行建模。

理解角色不是对职位进行建模，这是很重要的。例如，在图 6.3 所示的教学系统中，教授、副教授、讲师、助教都可以授课，但不应该在用例模型中描述这些，而应该考虑在这个用例模型中，这些不同类型的人扮演了什么角色。在这个例子中，这些不同类型的人都扮演了一个授课教师（Lecturer）的角色。这样就简化了用例图，使设计者不必考虑职位的层次结构，因此，当“教授”和“副教授”两个职位合并为“导师”时，也就无须修改用例图。

6.3 用　　例

用例（Use Case）是对系统行为的动态描述，它可以增进系统设计人员、开发人员与用户的沟通，正确地理解系统需求；还可以划分系统与外部实体的界限。用例是系统设计的起点，是类、对象、操作的来源，可以通过逻辑视图的设计，获得软件的静态结构。

软件开发过程中通常使用场景（Scenario）来理解系统的需求和系统是怎样工作的，用例就是正式化、形式化获取场景的技术。

用例的获取是需求分析阶段的主要任务之一，而且是首先要做的工作。大部分用例可以在项目的需求分析阶段产生，但随着工作的深入会发现更多的用例，应及时将新发现的用例添加到已有的用例集中。需要注意的是，用例集中的每个用例都是一个潜在的需求。

识别参与者对识别用例非常重要。面对一个复杂系统，要列出用例清单常常是十分困难的。这时可先列出参与者清单，再列出每个参与者的用例，这样问题就会变得相对容易。

前面已经介绍了如何识别参与者，在识别出参与者之后，就可以通过回答下述问题来帮助识别用例。

- 每个参与者的任务是什么？
- 有参与者要创建、存储、改变、删除或读取系统中的信息吗？
- 什么用例会创建、存储、改变、删除或读取这个信息？
- 参与者需要通知系统外部的突然变化吗？
- 需要通知参与者系统中正在发生的事情吗？
- 什么用例将支持和维护系统？
- 所有的功能需求都能被用例实现吗？

还有一些针对整个系统的问题。

- 系统需要何种输入输出信息？输入信息从何处来？输出信息到何处？
- 当前运行系统（也许只是一些手工操作，而不是计算机系统）的主要问题？

最后两个问题并不意味着没有参与者也可以有用例，只是可以在获取用例时还不知道参与者是什么。一个用例至少要与一个参与者关联。

另外，不同的设计者所设计的用例的粒度也不同。例如，对于一个 10 人年（工作量的单位，意思是 10 个人干 1 年）的项目，有的人可能需要使用 20 个用例，另外一些人可能需要使用 100 多个用例。而实际上，对一个 10 人年的项目来说，20 个用例似乎太少，100 多个用例又似乎太多，所以在建立模型时，要注意选取适中的用例粒度，以避免用例数目过多或过少。确定用例的过程是对获取的用例进行提炼和归纳的过程。

为了构造一个好的用例，应该遵循的原则是：一个应该从头至尾地描述一个完整的功能，且要与参与者交互。例如，在图 6.3 所示的教学系统中，学生首先必须选择课程，然后必须被注册到所选择的课程中，最后学生还必须为课程付费，这 3 个过程应该用 3 个用例还是 1 个来描述呢？由于这 3 个过程是 1 个完整行为的 3 个部分，独立存在是没有意义的，所以最好用一个用例——注册课程（Register for courses）来描述。

另外，如何绑定彼此密切相关但不同的功能呢？例如，注册人员可以添加课程、取消课程，还可以修改课程，这应该用 3 个用例还是 1 个用例来描述呢？最好使用 1 个用例——课程维护（Maintain Course Info），因为这 3 个过程都是由 1 个参与者（注册人员）进行的，并且只涉及了系统中的同一个实体（课程）。

该教学系统必须满足如下需求。

- 学生（Student）需要使用系统注册课程。
- 授课教师（Lecturer）需要使用系统选择所要教的课程，并通过系统获得关于该课程的学生花名册。
- 注册人员（Registrar）负责学期课程目录的产生，维护系统所需的关于课程、学生和教师的信息。

基于以上需求，可以建立如下用例。

- 课程登记（Register for Courses）。
- 选择所教的课程（Select Course to Teach）。
- 获取学生花名册（Request course roster）。
- 维护课程信息（Maintain course info）。
- 维护教师信息（Maintain teacher info）。
- 维护学生信息（Maintian student info）。
- 创建课程目录（Create course catalog）。

系统用例图如图 6.3 所示。

6.3.1 用例描述及模板

用例描述了系统做什么，但没有规定怎么做，即用例图没有显示不同的场景，只是显示了参与者与用例间的关系，因此需要为用例图配上结构化叙述的文本。UML 有一些图可以代替文本叙述来表示不同的场景，如常用的交互图和活动图，这些图的主要缺点是不如文本简洁，但对概括用例是有用的。

对于每个用例，都可以用事件流来定义用例的行为。用例的事件流描述了完成用例规定行为所需要的事件。

在描述事件流时，应该包括下列内容。

- 用例什么时候开始，怎样开始。
- 用例什么时候结束，怎样结束。
- 用例和参与者之间有什么样的交互作用。

- 用例需要什么数据。
- 用例的标准事件顺序是什么。
- 替代或例外事件流如何描述。

事件流文档的建立通常是在迭代过程的细化阶段进行的。开始只是对执行用例标准流所需事件的简略描述（例如，用例提供什么功能），随着分析的深入，添加更多的细节，最后将例外流的描述添加进来。

在描述用例的事件流时，既可以用非正式的结构化文本，也可以用正式的结构化文本，还可以用伪代码。

在描述用例事件流时，每个软件项目都应使用一个标准模板。下面给出一个目前应用最广泛的模板。

X. 用例 XX（用例名）的事件流

X.1 前置条件（Pre-Conditions）

X.2 后置条件（Post-Conditions）

X.3 扩充点（Extension Points）

X.4 事件流

X.4.1 基流（Basic Flow）

X.4.2 分支流（Subflows）（可选）

X.4.3 替代流（Alternative Flows）

其中“X”代表从“1”开始的用例序号，然后依次给出该用例的前置条件（Pre-Conditions）、后置条件（Post-Conditions）、扩充点（Extension Points）和事件流，其中事件流又包括基流（Basic Flow）、分支流（Subflows）和替代流（Alternative Flows）。其中，分支流是可选的，是根据需要建立的。

按照上述模板，用例“Register for courses”（注册课程）的用例描述如下。

1 用例 Register for courses（注册课程）的描述

1.1 前置条件

在用例 Register for courses（注册课程）开始之前，用例“Maintain Course Info”（维护课程信息）的分支流“创建选修课程”必须完成。

1.2 后置条件

如果这个用例成功，学生的选修计划表则被创建、删除或打印。否则，系统的状态没有变化。

1.3 扩充点

无。

1.4 事件流

1.4.1 基流

当学生输入密码并登录到课程管理系统时，用例 Register for courses 开始。如果系统验证密码是正确的（E-1），则提示学生选择当前学期还是以后的学期，学生输入所希望的学期（E-2），然后系统提示学生选择所想要的动作：ADD（添加）、DELETE（删除）、REVIEW（查看）、PRINT（打印）、QUIT（退出）。

如果所选的活动是 ADD，执行分支流 S-1：添加所选课程。

如果所选的活动是 DELETE，执行分支流 S-2：删除所选课程。

如果所选的活动是 REVIEW，执行分支流 S-3：查看所选课程。

如果所选的活动是 PRINT，执行分支流 S-4：打印所选课程。

如果所选的活动是 QUIT，用例结束并退出。

1.4.2　分支流

S-1：添加所选课程

系统提示含有课程名和课程代号的域，学生输入希望选修的课程名和课程代码（E-3），系统显示信息表示该课程可以选修（E-4），并建立该课程与该学生的连接（E-5）。用例重新开始。

S-2：删除所选课程

系统显示含有课程名和课程代号的域，学生输入希望取消的课程名字和课程代码，系统删除该课程与该学生的连接（E-6）。用例重新开始。

S-3：查看所选课程

系统检索（E-7）并显示出学生所选的所有课程的信息，包括课程名、课程代码、上课时间、上课地点、授课教师、课程助教、学生数量。当学生表示查看完毕，用例重新开始。

S-4：打印所选课程

系统打印出学生所选的课程信息（E-8）。用例重新开始。

1.4.3　替代流（Alternative Flows）

E-1　如果输入的密码无效，用户可以重新输入密码或终止用例。

E-2　如果输入的学期无效，用户可以重新输入学期或终止用例。

E-3　如果输入的课程名或代码无效，用户可以重新输入有效的课程名和代码的组合或终止用例。

E-4　如果所要求的课程不可以选修，学生会得到信息提示该课程目前无法选修。用例重新开始。

E-5　如果学生与课程间的连接不能建立，信息会被存储，系统会晚些时候再次建立连接。用例继续。

E-6　如果学生与课程间的连接不能删除，系统会存储信息，并晚些时候删除该连接。用例继续。

E-7　如果系统不能检索课程选修信息，那么用例重新开始。

E-8　如果系统不能打印课程选修信息，学生会得到信息表示该选项目前无法使用。用例重新开始。

6.3.2　用例与脚本

当细化对系统需求的理解时，需要用交互作用图来描述这些流，因为用一个顺序图来描述用例的所有信息是不可能的。例如，在一个商场系统中，会有“付账”这个用例，这个用例可以有不同的变种，可以用现金付账，也可以用信用卡付账，甚至还可以用转账的方式付账（例如，当单位购买大量的货物时），每一种情况都可以用不同的顺序图来描述。

实际上，一个用例描述了一个序列集，而序列集中的每一个序列描述了一个流，这个流代表了用例的一个变种，每一个这样的序列就被称为一个脚本或场景（Scenario）。脚本是系统行为的一个特定动作序列。脚本与用例的关系就像实例与类的关系，即脚本是用例的一个实例。

一个复杂系统通常用多个用例来捕捉系统的行为，而每个用例可以用多个顺序图来详细描述。

6.3.3　用例间的关系

在用例之间存在着类属（Generalization）关系、包含（Include）关系和扩充（Extend）关系，应用这些关系是为了抽取出公共行为和变种。

1. 类属关系

用例间的类属关系如同类间的类属关系。也就是说，子用例继承父用例的行为和含义，它也可以添加新行为或覆盖父用例的行为。例如，图 6.4 中，用例“Validate user”（验证用户）负责验证用户的身份，该用例有两个子用例“Validate password”（验证密码）和“Scan IDCard”（扫描 ID 卡）。“验证密码”和“扫描 ID 卡”都是一种“验证用户”的方式，但是它们也添加了自己的行

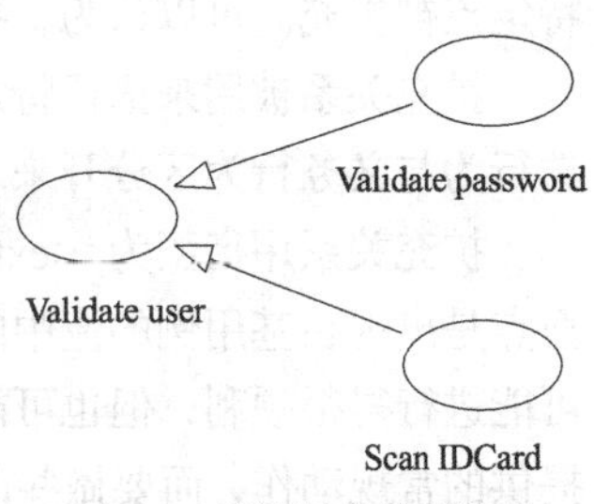

图 6.4　用例间的类属关系

为，即“验证密码”是验证用户的密码，“扫描 ID 卡”是检测用户的 ID 卡。

用例间类属关系的表示方式与类间类属关系的表示方式相同，都是用带空心箭头的实线表示，箭头方向由子用例指向父用例。

2. 包含关系

多个用例可能具有一些相同的功能，通常将这些共享的功能放在一个单独的用例中，在这个新用例和其他需要使用其功能的用例之间创建包含（Include）关系。

用例间的包含关系表示在基用例的指定位置，基用例显式地包含另一个用例的行为。被包含的用例是不能独立存在的，只是作为包含它的更大用例的一部分。

使用 Include 关系可以避免重复描述同样的事件流，因为公共的行为被放入一个专门的用例中，这个专门的用例是被基用例包含的。

在 UML 中，Include 关系可以用衍型为<<include>>的依赖关系表示。例如，图 6.5 中，用例“Log in”（登录）是用例“Create new account”（创建新账户）、用例“Modify account information”（修改账户信息）和用例“Delete existing account”（删除账户）的公共部分，将登录时验证用户身份的行为抽取出来放在独立的用例“Log in”（登录）中，使这个用例被“Create new account”、“Modify account information”和“Delete existing account”3 个用例所包含，从而避免了这个用例在 3 个用例中的重复描述。

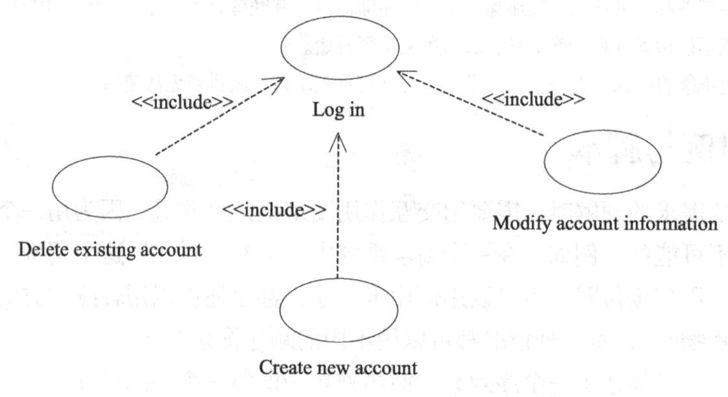

图 6.5　用例间的包含关系

3. 扩充关系

扩充关系用来说明可选的、只在特定条件下运行的行为。根据参与者的选择，具有扩充关系的用例可以运行几个不同的流。

用例间的扩充关系表示基用例在指定的扩充点隐式地包含另一个用例的行为。基用例可以独立存在，但在特定条件下，它的行为会被另一个用例的行为所扩充。基用例只在被称为扩充点的特定点被扩充。可以认为，扩充用例用行为推进基用例。

扩充关系被用来描述特定的用例部分，该用例部分被用户视为可选的系统行为，这样就将可选行为与义务行为区分开来。扩充关系还可以被用来为只在特定条件下执行的独立子流建模。

扩充关系用衍型为<<extend>>的依赖关系表示，并在基用例中列出基用例的扩充点，这些扩充点是出现在基用例的流中的标记。例如，图 6.6 中，基用例是“Take exam”（参加考试），考试可能进行得很顺利，但也可能不及格。如果不及格，学生就需要进行补考，就不能执行给定用例提供的常规动作，而要做些改动，可以在“Take exam”用例中做改动，但这会把该用例与许多特殊的判断和逻辑混杂在一起，使正常的流程晦涩难懂。图 6.6 中将常规的动作放在“Take exam”

用例中，而将特定条件下的动作放置于用例“Make up exam”（补考）中，这便是扩充关系的实质，其中，考试失败（fail）是扩充点。

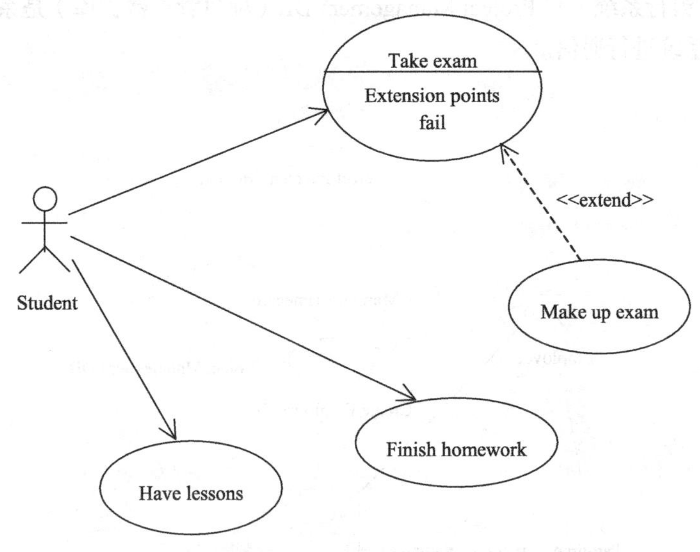

图 6.6　用例间的扩充关系

一个用例可能有多个扩充点，每个扩充点也可能会出现多次。在正常的情况下，执行基用例时不会执行扩充用例中的行为，但如果特定条件发生例如图 6.6 中的考试不及格（fail），则在扩充点执行扩充用例“Make up exam”的行为，然后流继续。

包含关系（抽取公共行为）和扩充关系（识别变种）对于创建简单、易于理解的系统用例集是非常重要的。

6.4　用例图的应用

用例图可以用来为系统的静态用例视建模。静态用例视体现系统的行为，即系统提供的外部可见的服务。用例图可以被用来完成以下功能。

（1）为系统的上下文建模。

在 UML 中，用例图可以用来为系统的上下文建模。为系统的上下文建模，涉及为整个系统建立边界，这个上下文定义了系统存在的环境。在建立用例图时，首先要确定围绕系统的所有参与者，确定参与者是很重要的，因为这样就确定了与系统交互作用的一类事物。

为系统上下文建模时，需完成如下内容。

- 确定围绕系统的参与者。详细方法见本章 6.2 节。
- 将彼此类似的参与者组织在类属关系中。
- 为了增强理解，可以为每个参与者提供原型。
- 规定每个参与者到系统用例的通信路径。

如图 6.7 所示，用例图描述了一个公司管理系统的上下文，这个图强调了系统周围的参与者。图中的参与者 Employee（雇员）有两种，即 Part-time Employee（兼职雇员）和 Full-time Employee（全职雇员），所以在 Employee 和 Part-time Employee、Employee 和 Full-time Employee 之间存在类属关系。参与者 Employee、Part-time Employee、Full-time Employee、Administrator（管理员）均是由人来扮演的，而参与者 System Clock（系统时钟）和 Printer（打印机）是硬件系统，参与者 Bank System（银行系统）和 Project Management DB（项目管理数据库）是系统外的软件系统，这些参与者都与系统进行通信。

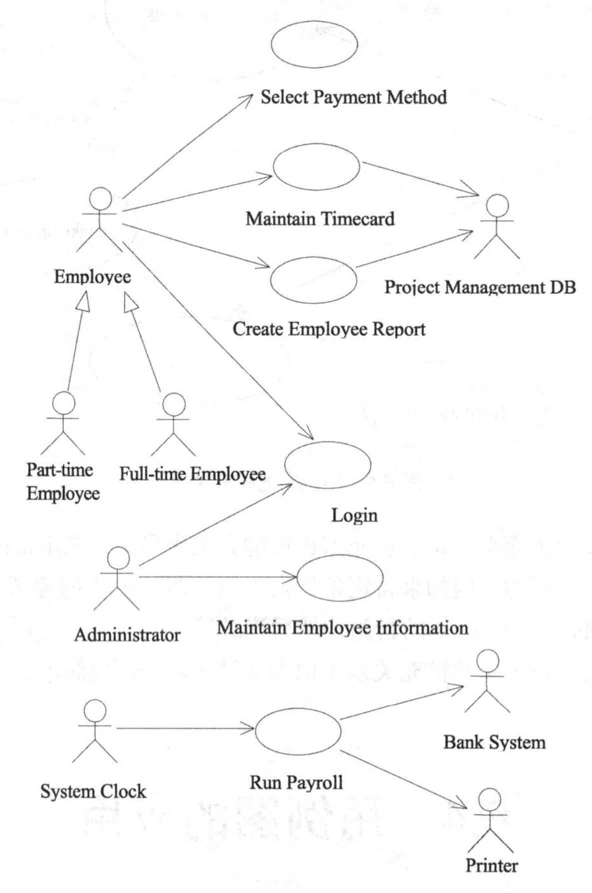

图 6.7　公司管理系统用例图

同样的技术也可以用于为子系统的上下文建模。

（2）为系统的需求建模。

需求定义了用户期望系统做什么。需求的表达可以有很多方式，如从非结构化的文本到形式语言的表达式。系统的全部或大部分功能需求可以表达为用例，UML 的用例图对于管理这些需求是很重要的。为系统的需求建模只涉及到规定系统应该做什么，而不需要知道系统应该怎样实现这些行为，即用例图用来定义系统的行为，而不是系统行为的实现。

在为系统的需求建模时，需完成如下内容。

- 确定环绕系统的参与者，从而建立系统的上下文。
- 考虑每个参与者所期望的或要求系统提供的行为。
- 抽取常见的行为作为用例。
- 确定被其他用例使用的用例或用来扩充其他用例的用例。
- 在用例图中描述抽取出来的用例、参与者以及它们之间的关系。
- 用描述非功能性需求的注释点缀用例图。

同样的技术也可以用于为子系统的需求建模。

对于图 6.7 所示的公司管理系统，该用例图可视化地描述了公司管理系统的功能需求，为最终用户、领域专家和开发人员之间的交流提供了途径。该系统的重要行为包括雇员可以选择得到报酬的方式（用例“Select Payment Method”），可以对雇员进行考勤（用例“Maintain Timecard”），雇员可以创建工作报告（用例“Create Employee Report”），考勤记录和工作报告要保存在数据库中（用例“Maintain Timecard”和“Create Employee Report”与参与者“Project Management DB”通信，将数据保存在数据库中），管理员可以创建、修改、删除系统中雇员的信息（用例“Maintain Employee Information”），每月的固定时间要通过银行系统给雇员发薪水（参与者“System Clock”与用例“Run Payroll”通信，说明发薪水的时间到了，触发用例的行为，用例“Run Payroll”与参与者“Bank System”通信，将薪水发给雇员），并通过打印机打印出工资单（用例“Run Payroll”与参与者“Printer”通信，调用打印机打印出工资单）。

小　结

用例模型用于需求分析阶段，它描述了待开发系统的功能需求，并驱动了需求分析之后各阶段的开发工作。用例图（Use Case Diagram）是 UML 中用来对系统的动态方面进行建模的 7 种图之一。用例图描述了用例、参与者以及它们之间的关系。

本章介绍了用例图的语义和功能，描述了如何识别参与者、用例，如何使用事件流描述用例；还介绍了用例和脚本的关系，举例说明了用例间的类属关系、包含关系和扩充关系的语义、功能和应用；最后举例说明了如何使用用例图为系统的上下文以及系统的需求建模。

习　题

6.1　用例图的功能是什么？

6.2　如何识别出参与者？如何识别出用例？

6.3　用例间存在哪几种关系？

6.4　分析下述课程管理系统的问题描述。

每学期期末，教师需要选择下学期要教授的课程。教师首先查询课程详细信息，选择要教授的课程，并可查看该课程的学生注册情况。

学生则要注册要选修的课程。学生首先查询课程管理系统，得到一份该学期可以选修的课程目录，课程目录包含课程的详细信息，如授课教师、学分、选课要求等信息，以帮助学生做决定。学生每学期（一学年两个学期）最多可注册 6 门课。当学生选修的课程注册完毕后，系统生成一份课程表以供学生核实、打印。一门课最多可以有 80 个学生选修，满 80 个学生后该课程的注册自动关闭；如果一门课的注册学生不到 5 个，则取消该课程。课程注册有截止日期，在截止日期前，学生可以修改所选课程，增加或取消课程；截止日期以后，注册关闭，学生只能对所选课程进行查询，不能再进行增加、删除、修改操作。

系统管理员可以对教师信息、学生信息、课程信息进行维护，即进行增加、删除、修改、查询操作。

完成下列任务。

A　识别出参与者和用例，并画出用例图。

B　挑选 3 个用例，按照用例描述模板写出用例描述。

6.5　按照本章给出的用例描述模板，写出图 6.7 中用例“Maintain Employee Information”的用例描述。

第 7 章 类图、对象图和包图

7.1 类图

在处理复杂问题时，通常使用分类的方法来有效地降低问题的复杂性。在面向对象建模技术中，也可以采用同样的方法将客观世界的实体映射为对象，并归纳成类。其中，类、对象以及它们之间的关系是面向对象技术中最基本的元素。对于软件系统，其类模型和对象模型揭示了系统的结构。在 UML 中，类模型和对象模型分别用类图（Class Diagram）和对象图表示。包图则用来简化复杂的 UML 图，使图变得简单并易于理解。

7.1.1 类图的定义

类图是面向对象建模中最常用的图，类图描述了类、接口、协作以及它们之间的关系。类图是定义其他图的基础，在类图的基础上，状态机图、通信图等进一步描述了系统其他方面的特性。

类图用来为系统的静态设计视建模，同时类图也是组件图（Component Diagram）和部署图（Deployment Diagram）的基础。

如图 7.1 所示，类图的组成部分如下。

- 类。
- 接口。
- 协作。
- 依赖关系、类属关系、实现关系或关联关系。

像其他图一样，类图也可以含有注释和约束。此外，类图中还可以含有包或子系统，包或子系统对模型元素分组，将模型分成比较大的模块。

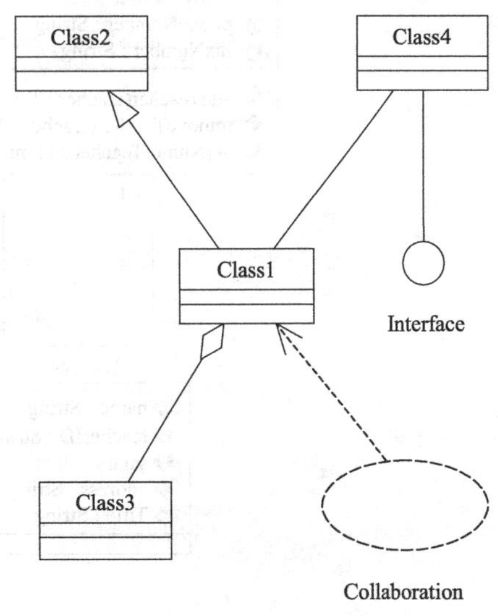

图 7.1 类图（一）

图 7.1 中，类 Class1 与类 Class2 之间存在着类属关系，所以类 Class1 是类 Class2 的子类；类 Class1 与类 Class4 之间存在着关联关系；类 Class3 与类 Class1 之间存在着聚合关系，所以类 Class3 是类 Class1 的一部分；类 Class4 实现了接口 Interface；协作 Collaboration 又依赖于类 Class1。

图 7.2 所示的类图中，类 University（大学）和类 Student（学生）之间的关系是聚合关系，类 University 和类 Department（系）之间是组合关系，Student 和 Department 都是 University 的组

成部分。其中，Department 和 University 具有相同的生命周期，如果 University 不存在，则 Department 也会不存在。University 至少有一个 Student，至少一个 Department，每个 Department 都属于一个 University，每个 Student 可以是一个或多个 University 的学生。在类 Student 和类 Course（课程）之间存在关联关系，每个 Student 可以选修任何数量的 Course，每门 Course 也可以被任何数量的 Student 选修，当然没有 Student 的 Course 会被取消。在 Teacher（教师）和 Course 之间也存在关联关系，每门 Course 可以有一名或多名 Teacher 教课，每名 Teacher 会教零或多门 Course。在 Teacher 和 Department 之间存在 2 个聚合关系，在这 2 个聚合关系中，Teacher 扮演不同的角色，即 dean（系主任）和 Teacher（教师）。dean 和 Teacher 都是 Department 的一部分，每个 Department 只有一个 dean，可以有一名或多名 Teacher；每个 dean 都属于一个 Department，每名 Teacher 可以属于一个或多个 Department。

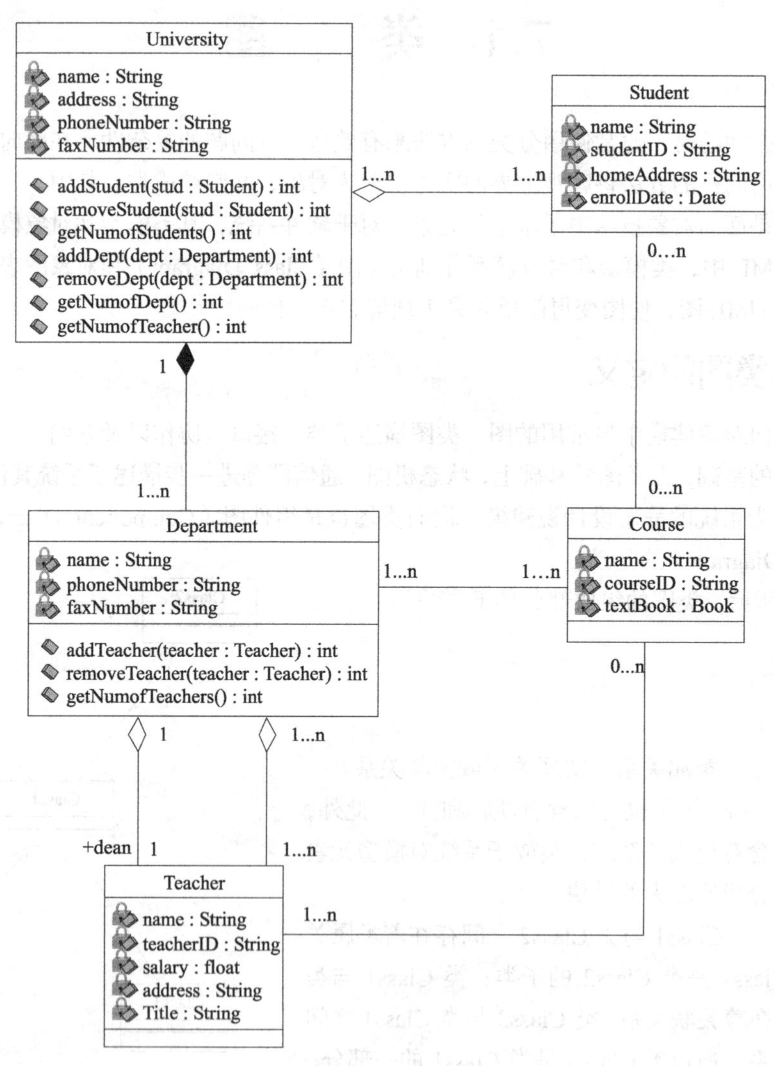

图 7.2 类图（二）

7.1.2 类图的划分

需要注意的是，虽然在软件开发的不同阶段都使用类图，但这些类图描述的是不同层次的抽象。在需求分析阶段，类图描述了问题域中的概念；在设计阶段，类图描述了类与类之间的接口；而在实现阶段，类图描述了软件系统中类的实现。按照 Steve Cook 和 John Dianiels 的观点，类图分为 3 个层次，即概念层、说明层、实现层。需要说明的是，这个观点同样也适合于其他模型，只是在类图中显得更为突出。

1. 概念层

概念层（Conceptual）类图描述了问题域中的概念。类可以从问题域的概念中得出，但两者并没有直接的映射关系。事实上，一个概念模型应独立于实现它的软件和程序设计语言。

2. 说明层

说明层（Specification）类图描述了软件的接口部分，而没有描述软件的实现部分。面向对象开发方法非常重视区分接口与实现，但在实际应用中却常常忽略这一差异。这主要是因为大多数面向对象程序语言中类的概念将接口与实现合在了一起，且大多数方法由于受到语言的影响，也仿效了这一做法。现在这种情况正在发生变化，可以用一个类型描述一个接口，而且这个接口可能因为实现环境、运行特性或者用户的不同而具有多种实现。例如，Java 语言就将接口定义为接口类型。

3. 实现层

只有在实现层（Implementation）才真正有类的概念，并且揭示了软件的实现部分。实现层的类图可能是大多数人最常用的类图，但很多时候，说明层的类图更利于开发者之间的相互交流和理解。

理解上述层次对于画类图和读懂类图都是至关重要的。但是，由于各层次之间没有清晰的界限，所以大多数建模者画图时未能对其加以区分。对建模者来说，画图时，要从一个清晰的层次观念出发；而读图时，则要弄清图是根据哪种层次观念来绘制的。要正确地理解类图，首先应正确地理解上述 3 种层次。虽然将类图分成 3 个层次的观点并不是 UML 的组成部分，但是它们对于建模或者评价模型都非常有用。尽管迄今为止人们似乎更强调实现层的类图，但实际上这 3 个层次都可应用于 UML，而且另外 2 个层次的类图更有用。

7.1.3 类图的应用

类图描述了系统的静态设计视，该视主要体现系统的功能需求，即系统应该提供给用户的服务。在为系统的静态设计视建模时，类图可以用来完成如下内容。

1. 为系统的词汇表建模

模拟系统的词汇表涉及确定哪些抽象是系统的一部分，哪些抽象不在系统的边界内。可以用类图定义这些抽象和它们的责任（Responsibility）。

2. 为简单的协作建模

类图可以用来为构成系统设计视的部分元素和关系建模，因此，每个类图可以一次聚焦于一个协作。

为协作建模时，应完成的内容如下。

- 确定要被模拟的部分系统功能和行为，这些功能和行为是由类、接口等元素交互作用产生的。
- 确定参与这个协作的类、接口和其他的协作，并确定这些元素间的关系。
- 根据协作的脚本，找出遗漏的模型部分和简单的语义错误。
- 确定对象的属性和操作。

图 7.3 所示的类图聚焦于图 6.9 中公司管理系统通过外部银行系统发薪水的行为。其中，图 7.3 中的控制类 PayrollController 用来管理和协调发薪水的行为；接口 IbankSystem 是外部银行系统的接口，亦是用来封装公司管理系统与外部银行系统的接口；类 BankSystem 实现该接口；类 Paycheck 表示雇员应得的薪水支票；类 BankInformation 封装了关于银行的信息。在接口 IbankSystem 和类 BankSystem 的方法签名中都用到了类 Paycheck 和类 BankInformation 作参数类型，所以，接口 IbankSystem 和类 BankSystem 依赖类 Paycheck 和类 BankInformation。类 PayrollController 与接口 IbankSystem 之间是单向导航的关联关系，它通过接口 IbankSystem 使用外部银行系统的服务，来给雇员发薪水。

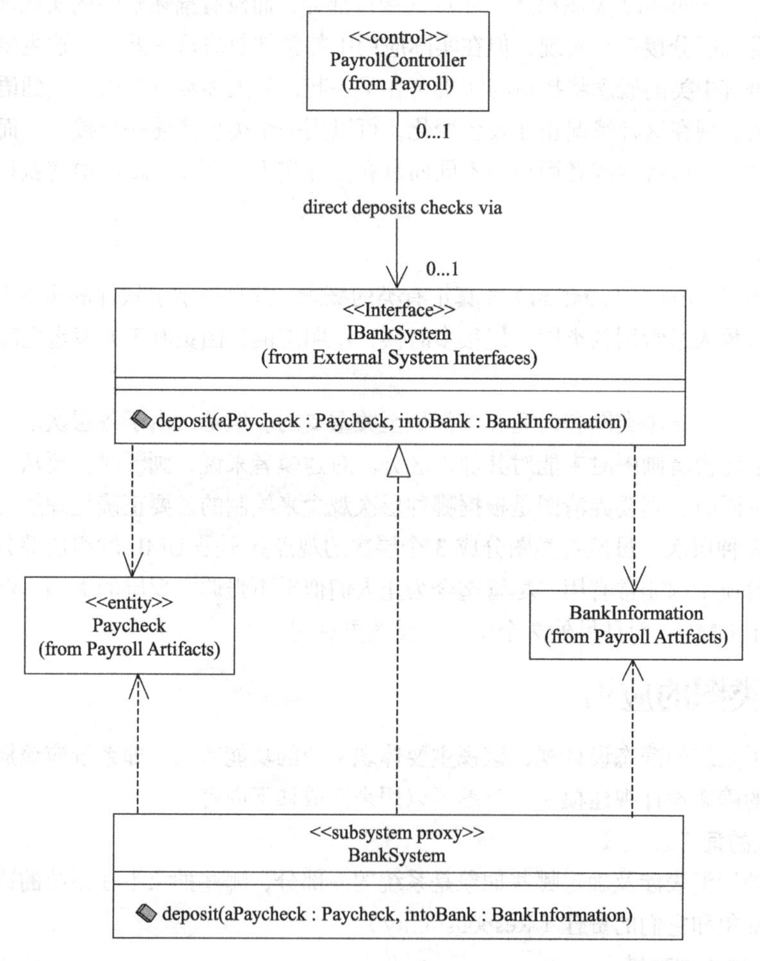

图 7.3　模拟协作

在整个公司管理系统中涉及很多类，但图 7.3 中的类图主要描述了与“通过外部银行系统发薪水”这个行为直接相关的类，其他的类及其之间的关系可以通过其他类图描述。

3. 为逻辑的数据库模式建模

数据库模式可以看作是数据库概念设计的蓝图。在许多问题领域，都需要在关系数据库或面向对象数据库中存储持久性信息。可以用类图来为数据库模式建模。

为数据库模式建模时，应完成如下内容。

- 确定模型中的一些类，并根据这些类的状态的存在超过了程序的生命周期来确定。

- 创建一个类图，在这个类图中含有上述类，并将这些类标记为持久类。
- 扩充这些类的结构信息，如属性、类的阶元等。
- 如果必要，创建中间抽象以简化数据库的逻辑结构。
- 考虑类的行为，扩充用于数据访问和维护数据完整性的操作。
- 如果可能，用工具将逻辑设计转变为物理设计。

图 7.4 中的类图是一个图书馆系统的类图。该类图描述了数据库的逻辑结构。该类图中含有类 Item（可借阅物，即书或杂志）、Title（书名或杂志名）、Loan（借阅记录）、Reservation（预订记录）、BorrowerInformation（借阅人信息），这些类的实例都需要长期保存在数据库中，所以这些类的衍型为<<persistent>>。图中给出了类的属性和行为，其中类 Title 和类 BorrowerInformation 的行为在图中被隐藏。图中没有标出的阶元缺省值为“1”，例如，每个 Item 都有一个 Title，每个 Title 在图书馆中可能不存在或存在任意多个 Item；每个 Item 可以没有或只有一个 Loan，每个 Loan

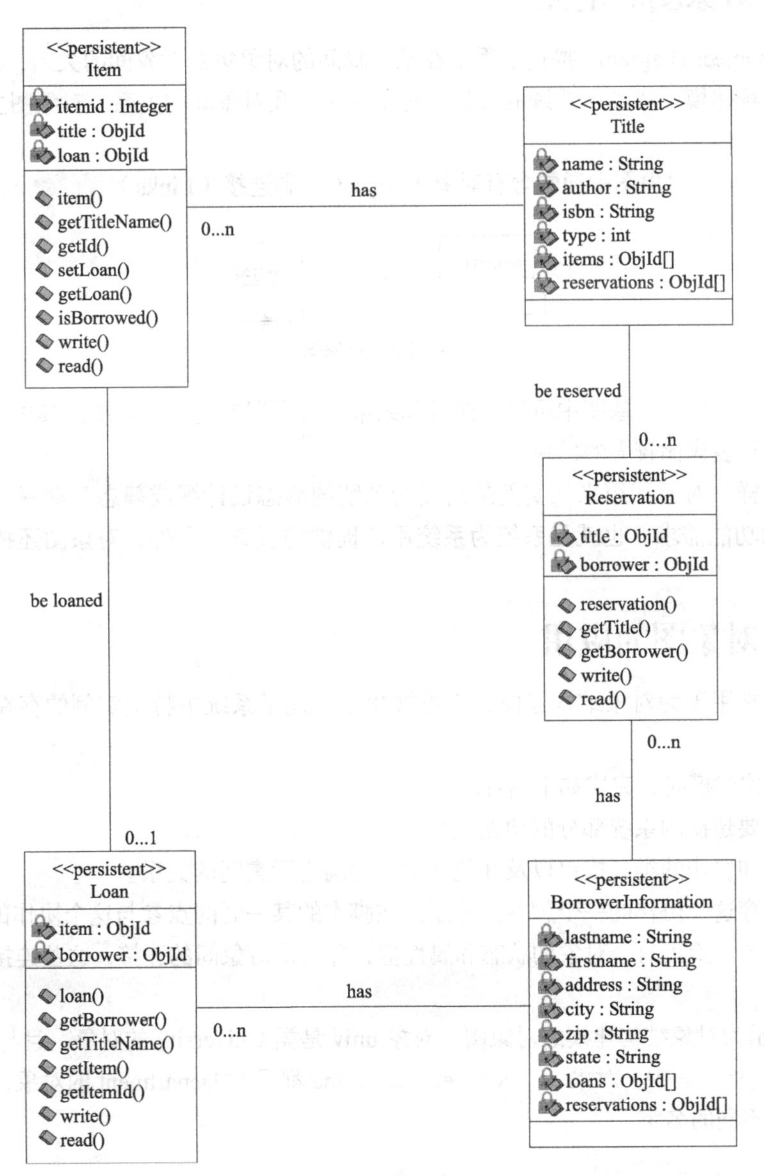

图 7.4　数据库的逻辑结构

只能借阅一个 Item；每个 Loan 只与一个 BorrowerInformation 有关，每个 BorrowerInformation 可以没有或有多个 Loan；每个 BorrowerInfomation 可以没有或有任意多个 Reservation，每个 Reservation 只与一个 BorrowerInformation 有关；每个 Reservation 只能预订一个 Title，每个 Title 可以被零个或任意多个 Reservation 预订。

7.2 对　象　图

对象图（Object Diagram）可以看做是类图的一个实例。对象是类的实例，对象之间的连接（Link）是类之间关联关系的实例。对象图常用于描述复杂类图的一个实例。

7.2.1 对象图的定义

对象图（Object Diagram）描述了系统在某一瞬间的对象集及对象间的关系，它为处在时域空间某一点的系统建模，描绘了系统的对象、对象的状态及对象间的关系。对象图主要用来为对象结构建模。

如图 7.5 所示，对象图中通常含有对象（Objects）和连接（Links）。

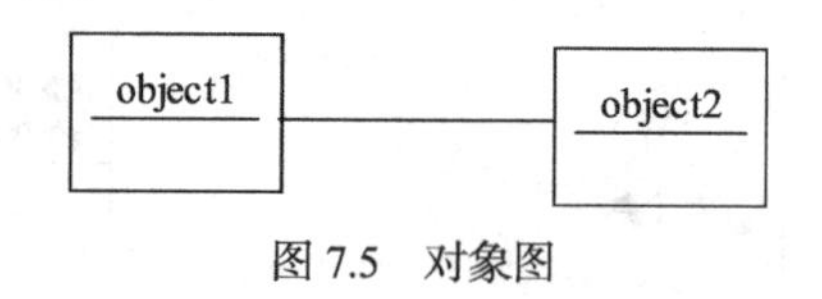

图 7.5　对象图

像其他的图一样，对象图中可以有注解和约束，也可以有包或子系统。其中，包或子系统用来将模型元素封装成比较大的模块。

像类图一样，对象图用来从实例的角度为系统的静态设计视或静态互动视建模。这个视主要体现系统的功能需求，也就是系统为系统用户提供的服务。另外，对象图还描述了静态的数据结构。

7.2.2 对象图的应用

对象图通常用于为对象结构建模，它可视化地描述了系统中特定实例的存在以及实例间的关系。

为对象结构建模时，完成如下内容。

- 确定想要建模的系统部分的功能或行为。
- 识别参加协作的类、接口以及其他元素，并确定元素间的关系。
- 考虑贯穿这个协作的一个脚本，并画出在脚本的某一时间点参与这个协作的对象。
- 如果必要，给出每个对象的状态和属性值，并给出对象间的连接，这些连接是关联关系的实例。

图 7.6 所示为对象结构建模的对象图。对象 univ 是类 University 的对象，且与对象 cs、ce1、ee、ce2、me 连接。其中，对象 cs、ce1、ee、ce2、me 都是类 Department 的对象，它们具有不同的属性值，即不同的名字。

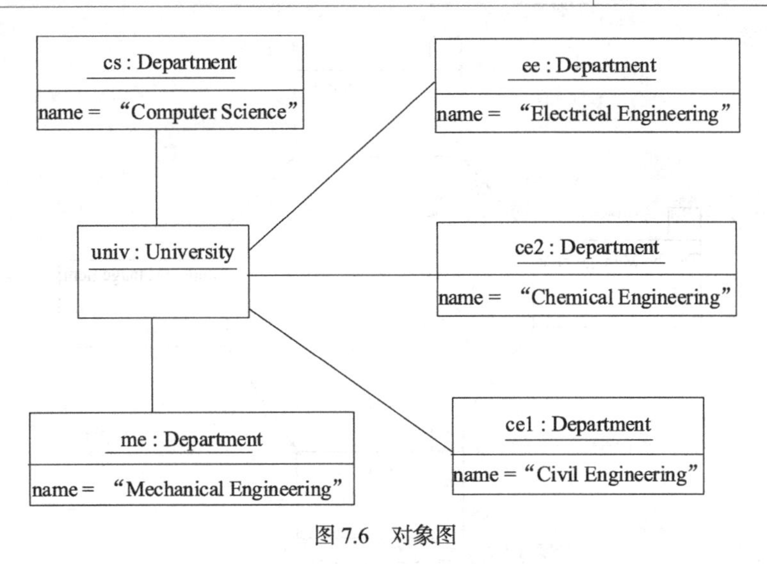

图 7.6　对象图

7.3　包　　图

包用来对模型元素进行分组，使 UML 图更简单、更容易理解。包可用在任何 UML 图中，尤其是较多地用于用例图和类图中。

7.3.1　包图的定义

包图（Package Diagram）描述了包及包间的关系。包用来对建模元素进行分组，简化 UML 图从而使得 UML 图更易于理解。

7.3.2　包图的应用

尽管包图可对任何类型的 UML 分类器进行分组，但一般更多用于对类或用例进行分类。

1. 类包图

在用包对类进行分组时，有 3 个经验法则可以遵循。

（1）将具有继承关系的类分到一个包里。

（2）将具有组合关系的类分到一个包里。

（3）将协作较多的类分到一个包里。类之间的协作多可以从顺序图或通信图中看出。

包图中每个包都可以用一个类图来描述，或用另一个包图来描述（如果系统很复杂）。图 7.7 所示为一个类包图，其中包 UserInterface 可以进一步用图 7.8 所示的类图来描述。

2. 用例包图

在用包对用例进行分组时，可以遵循 1 个经验法则，即将有包含关系（衍型《Include》）或扩充关系（衍型《Extend》）的用例放在一个包里。

在考虑是否应该用包对图中的建模元素进行分组时，可以遵循的经验法则是：一个图应该有 5 到 9 个建模单元（如类或用例）。因为，当图中的建模单元超过 9 个时，图就会变得难以理解。包应该是内聚的，即包中的元素应该是相关的。可以用一个测试来确定包是否是内聚的，即是否可以用一个简短的、描述性的名字来命名包？如果不行，那很可能是将一些不相关的元素放在了包里。

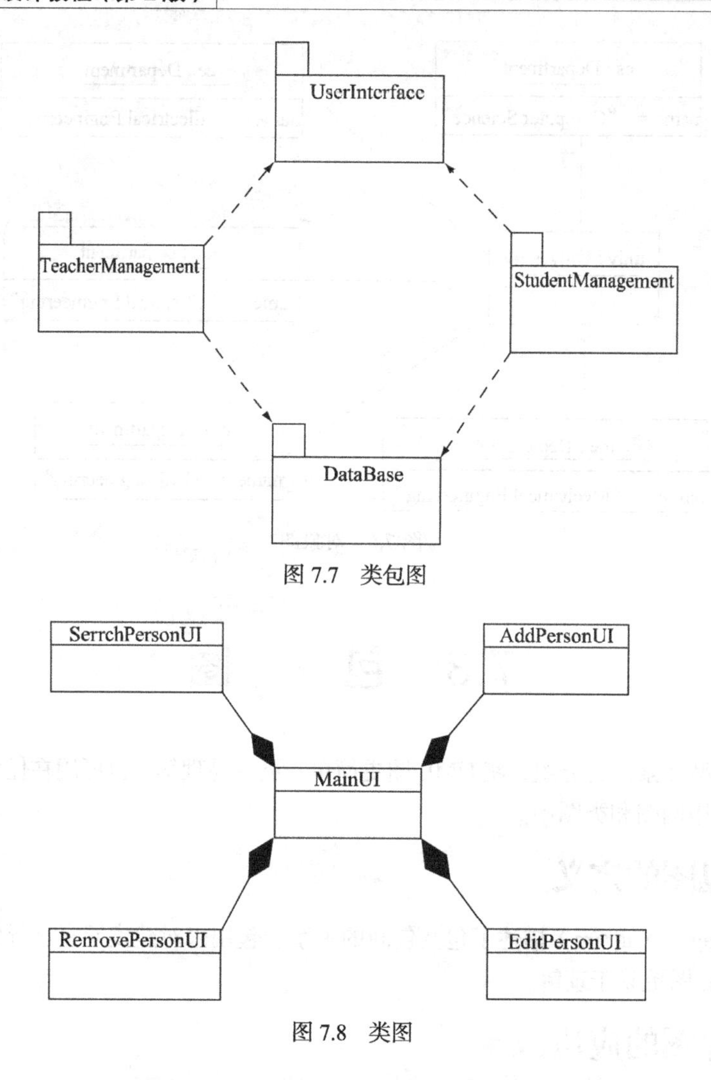

图 7.7　类包图

图 7.8　类图

小　　结

对于软件系统，其类模型（类图）和对象模型（对象图）揭示了系统的结构。类图是面向对象系统建模最常用的图，描述了类集、接口集、协作以及它们之间的关系。类图是定义其他图的基础，在类图的基础上，状态机图、通信图等进一步描述了系统其他方面的特性。类图可被用来为系统的静态设计视建模，它也是组件图和部署图的基础。对象图模拟类图中含有的类的实例，描述了某一瞬间对象集及对象间的关系。对象图为处在时域空间某一点的系统建模，描绘了系统的对象、对象的状态及对象间的关系。对象图主要用来为对象结构建模。包图可用于对任何类型的 UML 分类器进行分组，通过简化 UML 图使得 UML 图更易于理解。

本章介绍了类图、对象图和包图的语义和功能，还介绍了类图的 3 个层次，即概念层、说明层、实现层。另外，本章举例说明了如何用类图为系统的词汇表、简单的协作、逻辑的数据库模式建模；如何用对象图为对象结构建模；如何用包图对建模单元分组。

习　题

7.1　类图的功能是什么？

7.2　对象图的功能是什么？

7.3　包图的功能是什么？

7.4　对习题6.4中课程管理系统进行分析，识别出类和类之间的关系，画出类图。

7.5　将课程管理系统中图形用户界面类都放在UI包中，业务逻辑类放在Service包中；将数据库访问类放在DB包中，并画出包图。

第 8 章 交互作用图

顺序图和通信图都被称为交互作用图（Interaction Diagram），这两个图用于为系统的动态方面建模。交互作用图描述了对象间的交互作用，由对象、对象间的关系组成，并包含了对象间传递的消息。

顺序图和通信图以不同的方式表达了类似的信息。顺序图描述了消息的时间顺序，适合于描述实时系统和复杂的脚本；通信图描述了对象间的关系。顺序图是强调消息的时间顺序的交互作用图，在图形表示上，顺序图是一个表，对象沿着 *X* 轴排列，消息按照时间递增沿着 *Y* 轴排列，如图 8.1 所示。通信图是强调发送和接收消息的对象的组织结构的交互作用图，如图 8.2 所示。顺序图和通信图在语义上是相当的，可以彼此转换而不丢失信息。

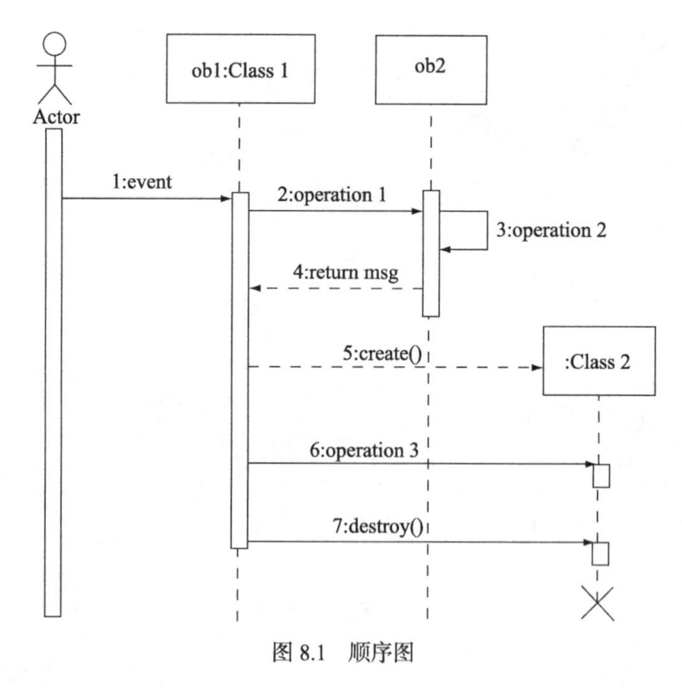

图 8.1　顺序图

交互作用图的主要组成元素如下。

- 对象。
- 连接。
- 消息。

像其他的图一样，交互作用图中也可以有注释和约束。

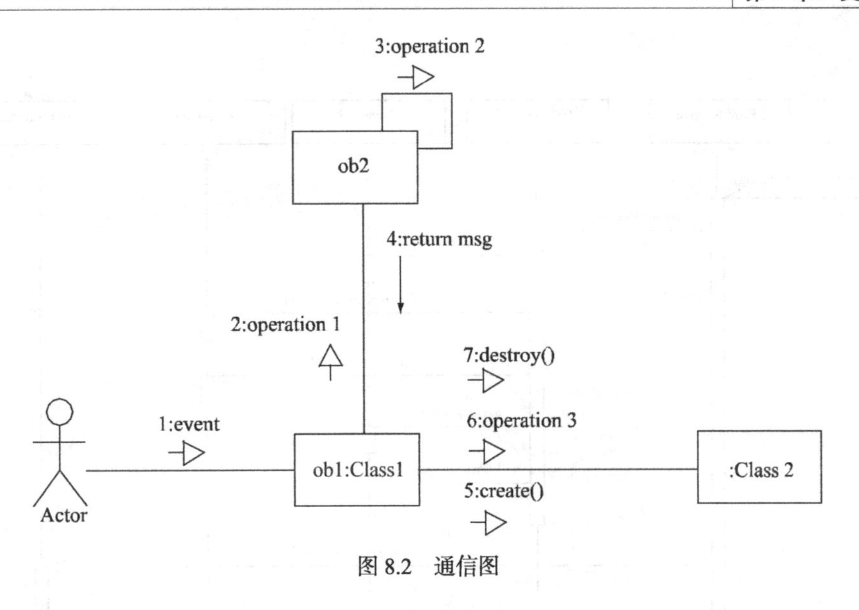

图 8.2　通信图

8.1 顺　序　图

顺序图（Sequence Diagram）存在两个轴，水平轴表示不同的对象；垂直轴表示时间。顺序图中的对象用一个带有垂直虚线的矩形框表示，并标有对象名和类名，如图 8.1 所示。对于对象，可以只标对象名或只标类名，也可以都标出。垂直虚线是对象的生命线，用于表示在某段时间内对象是存在的。对象间的通信通过在对象的生命线间画消息来表示。

顺序图强调了消息的时间顺序。如图 8.1 所示，在画顺序图时，首先将参与交互作用的对象沿着 *X* 轴放在图的顶端，并将启动交互作用的对象放在左边，从属的对象放在右边，然后将这些对象发送和接收的消息按照时间增加的顺序沿着 *Y* 轴由上而下地放置。

顺序图中的消息可以是信号、操作调用、类似于 C++中的 RPC（Remote Procedure Calls，远程过程调用）或 Java 中的 RMI（Remote Method Invocation，远程方法调用）等。当接收对象收到消息时，立即开始执行活动，即对象被激活了，通过对象生命线上的一个细长矩形框来表示激活。

消息用带有标签的箭头表示。当消息的源和目标为对象或类时，标签就是响应消息时所调用方法的签名；不过，如果源或目标中有一方是参与者，那么消息就以描述交流信息的简要文本为标签。在顺序图中，消息的序列号通常被省去，因为箭头实线的物理位置已经表明了相对的时间顺序。

顺序图的左边可以有说明信息，用于说明消息发送的时刻，描述动作的执行情况以及约束信息等。例如，可以用说明信息来定义两个消息间的时间限制。

图 8.3 所示的顺序图，描述了图 6.9 所示的公司管理系统的脚本“打印工资单”。首先，“Print Client”（打印客户端）发送消息 print（Paycheck，String）给“PrintService”（打印服务端）的对象，该对象发送消息给“PaycheckPrinterImage”的对象创建工资单，在创建工资单的打印图像时，需要获得雇员的信息（包括雇员的名字和 ID 号码），还要获得工资单上的工资数才能建立打印图像。然后，“PrintService”对象发送消息 print（theImage）给接口“PrinterInterface”，接口“PrinterInterface”又发送消息 print()给打印机。最后打印出工资单的图像。

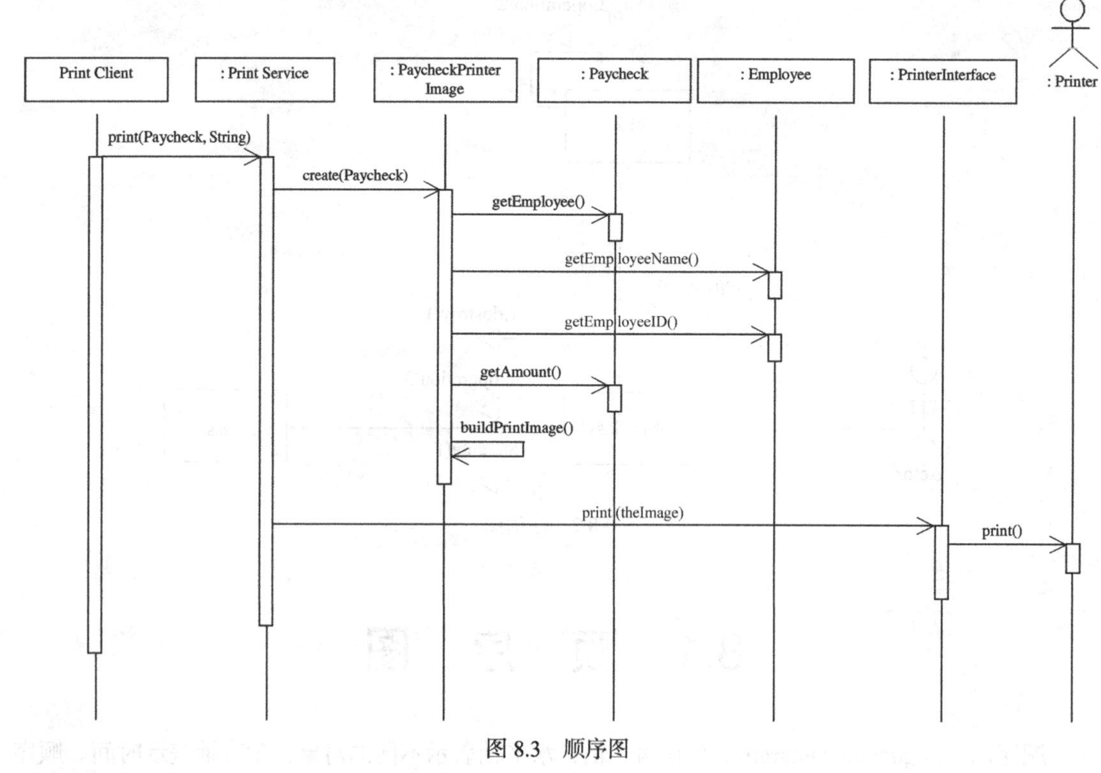

图 8.3　顺序图

顺序图具有以下两个特点，使之与通信图相区别。

（1）有对象生命线。

对象生命线是垂直的虚线，代表了对象存在一段时间。出现在交互作用图中的大部分对象都在整个交互作用期间存在，所以将这些对象在图的顶端排列，并将对象的生命线从图的顶端画到图的底端。对象也可以在交互作用的过程中被创建，即这些对象的生命线从接收创建该对象的消息开始；对象也可以在交互作用的过程中被破坏，若对象的生命线在收到破坏该对象的消息时结束，就在生命线的终端标一个大“×”。

在 C++中，程序员需要自己管理对象内存，因此需要调用对象的解构函数来破坏对象，这个过程一般用消息“destroy”来描述。但在有的编程语言（如 Java）中，对象是由垃圾收集器（Garbage Collector）来管理的，就不需要为对象的破坏建模。有时为了简化模型图，可以省略为对象的破坏建模。

如图 8.1 所示，类 Class2 的对象在收到消息 create()时被创建；在操作执行完，收到消息 destroy()时被破坏。

（2）有控制中心。

控制中心是细长的矩形，它表示对象直接或通过子过程执行一个动作的时间段。矩形的顶端和动作的开始对齐，矩形的底部和动作的完成对齐（可以用返回消息来标记）。

在顺序图比较复杂时，也常常省略返回消息，而以方法的返回值的方式进行标记，例如，图 8.3 中的“getEmployeeID()：EmployeeID”。

顺序图经常需要描述条件执行、并行执行、循环执行等，这种高级控制可以用顺序图中的结构化控制操作符来描述。控制操作符在顺序图中用带有标记的矩形区域来表示，标记文字则表示该控制操作符的类型。

常用的控制有下述类型。

（1）可选执行（Optional Execution）。

标记为“opt”。

当护卫条件（Boolean Expression）为真时，可选执行部分才被执行。护卫条件是一个布尔表达式（Boolean Expression），一般将它放在可选执行部分中的任何一个生命线顶部的方括号中，以表示引用对象的属性，如图8.4所示。

（2）条件执行（Conditional Execution）。

标记为“alt”。

条件执行部分由水平虚线分割为多个子区域，每个子区域都有一个护卫条件，代表一个条件分支。只有当护卫条件为真时，相应的子区域才被执行，且每次最多有一个条件分支被执行。如果没有护卫条件为真，则条件执行部分被越过，没有条件分支被执行，如图8.4所示。

（3）并行执行（Parallel Execution）。

标记为“par”。

并行执行部分也由水平虚线分割为多个子区域，每个子区域代表一个并行分支。并行执行部分的所有并行分支是并发执行的，这些并行分支之间没有交互作用，即这些并行分支是互相独立的。这里的并发执行并不意味着物理上的同时执行，而是意味着分支的执行没有一定的顺序，各个分支的执行顺序是任意的。当然，分支的执行也可重叠。当所有的分支都执行完后，并行执行部分结束，如图8.4所示。

（4）循环执行（Loop/Iterative Execution）。

标记为“loop”。

在每次循环之前，若护卫条件为真，循环执行部分就被重复执行；若为假时，循环执行部分被跳过，不再执行。如图8.4所示。

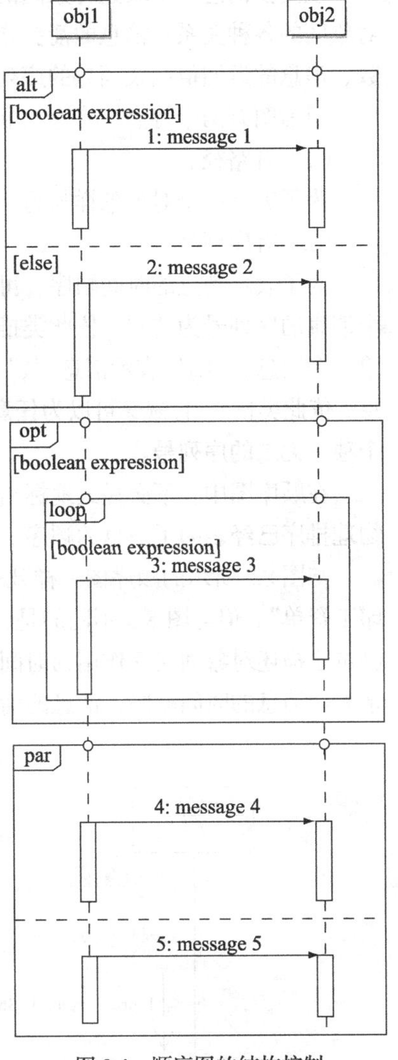

图8.4　顺序图的结构控制

8.2　通　信　图

通信图（Communication Diagram）强调了参与交互作用的对象的组织。如图8.2所示，在形成通信图时，首先将参与交互作用的对象放在图中，然后连接这些对象，并用对象发送和接收的消息来装饰这些连接。通信图没有时间维，所以消息和并发线程的时间顺序必须使用序列号表示。通信图描述了两个方面，第一个方面是对交互作用的对象的静态结构的描述，包括相关的对象的关系、属性和操作；第二个方面是为完成工作在对象间交换的消息的时间顺序的描述。第一个方面被称为协作所提供的“上下文”，第二个方面被称为协作支持的“交互作用”。

虽然顺序图和通信图都用来描述对象间的交互作用，但侧重点却不一样。顺序图着重体现交互的时间顺序，通信图则着重体现交互作用的对象间的静态连接关系。

对象间的连接关系是类图中类之间关系的实例。通过在对象间的连接上标记消息（如简单、异步或同步消息）来表达对象间的消息传递，即描述对象间的交互。在通信图中，连接用于表示对象间的各种关系；消息的箭头指明消息的流动方向；消息字符串说明要发送的消息、消息的参数、消息的返回值以及消息的序列号等信息，如图 8.2 所示。

通信图有两个特点，将它与顺序图区分开来。

（1）有路径。

为了表示一个对象怎样与另一个对象连接，可以在连接的远端添加一个路径衍型。

（2）有序列号。

为了表示消息的时间顺序，可以给消息加一个数字前缀。第 1 个消息的序列号为“1”，第 2 个消息的序列号为“2”，依此类推。为了表示嵌套，可以用杜威小数对消息进行编号（“1”表示第 1 个消息，“1.1”表示消息“1”中嵌套的第 1 个消息，“1.2”表示消息“1”中嵌套的第 2 个消息，依此类推），且嵌套可以为任意深度。在同 1 个连接上，可以有多个消息，但每个消息只有一个独一无二的序列号。

在顺序图中，不必显式地标出对象间的连接和消息的序列号，因为顺序图中消息从上到下的物理排序已经表明了消息的顺序。

与图 8.3 所示的顺序图一样，图 8.5 中的通信图也描述了图 6.7 所示的公司管理系统的脚本“打印工资单”。但与图 8.3 不同的是，图 8.5 侧重于描述交互作用的对象间的连接关系，而图 8.4 则侧重于描述对象间交互作用的时间顺序。图 8.5 所示的通信图中，每个消息都有一个序列号，用来表示消息的时间顺序，消息的箭头方向表示消息传递的方向。

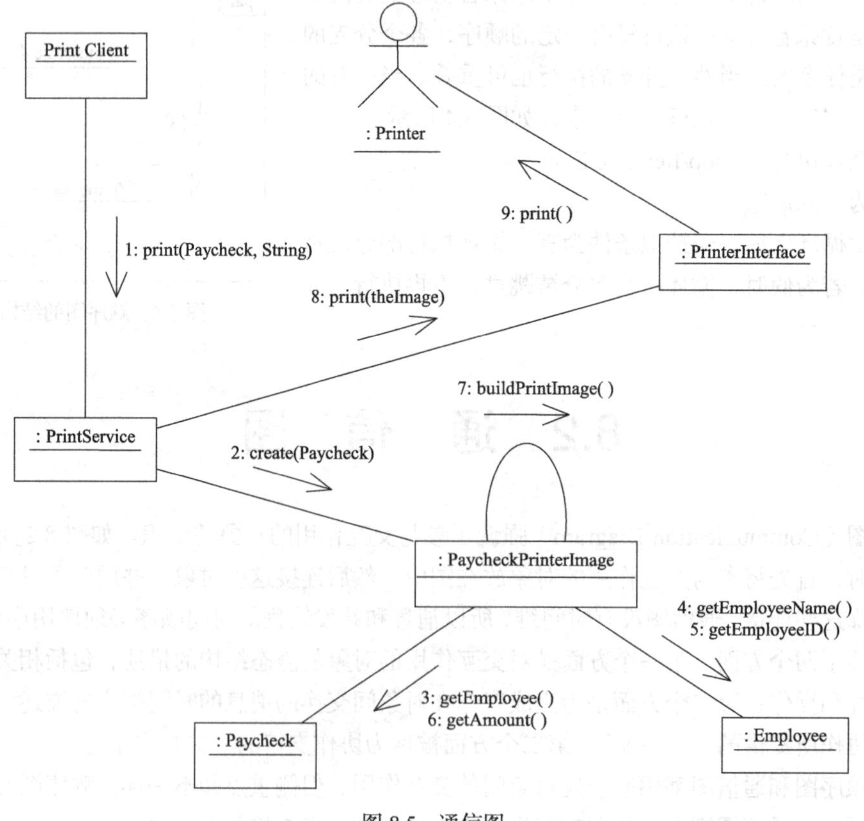

图 8.5　通信图

8.3 语义等价

顺序图和通信图在语义上是等价的，因此顺序图和通信图可以彼此转换而不会丢失信息，但这并不意味着两种图都显式地可视化了同样的信息。例如，通信图描述了对象怎样互相连接，但相应的顺序图则没有显式地描述这个信息；而顺序图可以显式地描述对象生命周期的结束，但相应的通信图则没有描述这个信息。

图 8.2 所示的通信图与图 8.1 所示的顺序图是等价的，图 8.5 所示的通信图和图 8.3 所示的顺序图是等价的，它们可以彼此转换而不丢失信息。

8.4 交互作用图的应用

在用交互作用图为系统的动态方面建模时，上下文可以是整个系统、子系统、操作等，还可以是用例的一个脚本。

使用交互作用图为系统的动态方面建模时，通常有以下两种方式。

（1）按时间顺序为控制流建模。

这种情况下使用顺序图。按时间顺序为控制流建模强调了消息的传递，这对于可视化用例脚本的动态行为是非常有用的。

在按时间顺序为控制流建模时，需完成以下内容。

- 确定交互作用的上下文。上下文可以是系统、子系统、操作、类、用例或协作的一个脚本。
- 确定哪些对象参与了交互作用，并将这些对象从左到右放在顺序图中，其中重要的对象放在图左边。
- 确定每个对象的生命线。对于那些在交互作用过程中被创建或被破坏的对象，要用合适的消息衍型显式地标出对象的产生或破坏。
- 从发起交互作用的消息开始，将消息按发生的时间顺序从上到下逐一地标出。
- 如果需要规定时间或空间约束，可以为消息附加适当的时间或空间约束。
- 如果想更正式地描述一个控制流，可以为流中的每个消息添加前置条件和后置条件。

通常一个顺序图只用来描述一个控制流，一个控制流可以有多个交互作用图，一些交互作用图描述主要过程，其他的图则用来描述备选过程或例外过程。

（2）按组织结构为控制流建模。

这种情况下使用通信图。按组织结构为控制流建模强调了交互作用的实例间的结构关系。

在按组织结构为控制流建模时，需完成如下内容。

- 确定交互作用的上下文。上下文可以是系统、子系统、操作、类、用例或协作的一个脚本。
- 确定哪些对象参与了交互作用，并将这些对象放在通信图中，其中重要的对象放在图的中间。
- 确定每个对象的初始特性。如果在交互作用期间，任何对象的属性值、标记值、状态或角色发生了重要变化，就在图中放置一个该对象的复制对象，该复制对象具有新特性值，然后用衍型为<<become>>或<<copy>>的消息连接复制对象和原对象。

- 确定对象间的连接。

i 先布置关联连接。关联连接是最重要的连接，因为它代表了结构关系。

ii 然后布置其他的连接，并用合适的路径衍型点缀这些连接，以显式地描述这些对象是怎样彼此相关的。

- 从发起交互作用的消息开始，将消息放在正确的连接上，并确定消息的正确序列号。
- 如果需要规定时间或空间约束，可以为消息附加适当的时间或空间约束。
- 如果想更正式地描述这个控制流，可以为流中的每个消息添加前置条件和后置条件。

像顺序图一样，单个通信图只能描述一个控制流，一个控制流可以有多个交互作用图，一些交互作用图描述主要过程，其他的图则用来描述备选过程或例外过程。

小　　结

交互作用图描述了对象间的交互作用，由对象、对象间的关系组成，并包含了对象间传递的消息。交互作用图可分为顺序图和通信图，这两个图被用于为系统的动态方面建模。

顺序图和通信图以不同的方式表达了类似的信息，顺序图强调消息的时间顺序，适合于描述实时系统和复杂的脚本；通信图描述了对象间的关系。顺序图是强调消息的时间顺序的交互作用图；通信图是强调发送和接收消息的对象的组织结构的交互作用图。顺序图和通信图在语义上是等价的，可以彼此转换而不丢失信息。

本章介绍了顺序图和通信图的语义和功能，并对顺序图和通信图进行了比较，还举例说明了如何使用交互作用图按时间顺序或按组织结构为控制流建模。

习　　题

8.1　交互作用图的功能是什么?

8.2　顺序图与通信图有什么区别?

8.3　顺序图和通信图为什么可以相互转换?

8.4　根据 6.4 中的 3 个用例描述分别画出顺序图，并用工具软件（如 Rational Rose）自动生成通信图。

8.5　根据 6.5 中的用例描述画出顺序图。

第 9 章 活动图

9.1 活　动　图

在 UML 中，活动图（Activity Diagram）是为系统的动态方面建模的 7 个图之一。活动图主要是一个流图，描述了从活动到活动的流。活动是在状态机中进行的一个非原子的执行，它由一系列的动作组成。动作由可执行的、不可分的计算组成，这些计算可以引起系统的状态发生变化或者返回一个值，例如，调用一个操作、发送一个信号、创建或破坏一个对象，或者是纯粹的计算（如计算一个表达式的值）等都是动作。

交互作用图强调从对象到对象的控制流，活动图则强调从活动到活动的控制流。活动图可以用来描述对象在控制流的不同点上、从一个状态转移到另一个状态时的对象流。顺序图强调了消息的时间顺序，通信图强调了交互作用的对象的结构关系。交互作用图着眼于传递消息的对象，活动图则着眼于对象活动的控制流的传递。

活动图是根据对象状态的变化来确定动作和动作的结果。在活动图中，一个活动结束后将自动进入下一个活动；而在状态机图中，状态的跃迁可能需要事件的触发。

活动图主要包含下列元素。

- 活动状态。
- 动作状态。
- 跃迁。
- 对象。

活动图是一种特殊的状态机。在该状态机中，大部分的状态都是活动状态，大部分跃迁都是由源状态活动的完成来触发的。由于活动图是一种状态机，状态机的所有特性都适用于活动图，也就是说，活动图可以含有简单状态、组合状态、分支、分叉和联结。

像其他的图一样，活动图中可以有注释和约束。

图 9.1 是一个典型的活动图，图中含有状态、判定、分叉和联结。当一个状态中的活动完成后，控制自动进入下一个状态。

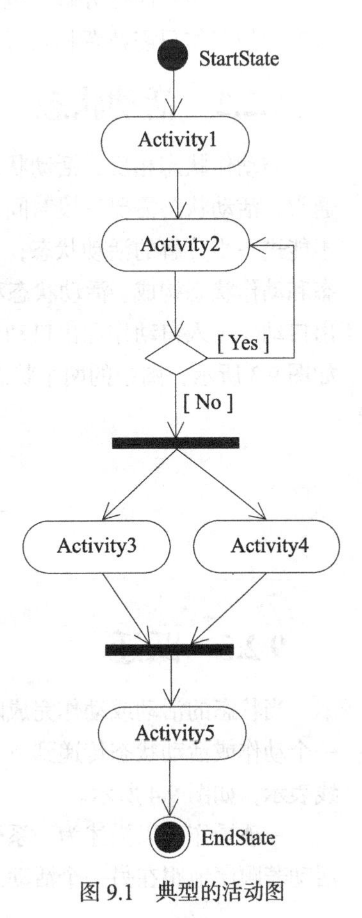

图 9.1　典型的活动图

整个活动图起始于起始状态，终止于结束状态。

9.2 组成元素

9.2.1 动作状态

在用活动图描述的控制流中，或者要计算为属性赋值的表达式，或者调用对象的操作，或者发送信号给对象，或者创建、破坏对象，所有这些可执行的、不可分的计算都被称为动作状态。因为它们是系统的状态，都代表了一个动作的执行。如图 9.2 所示，图中的几个状态都是动作状态。

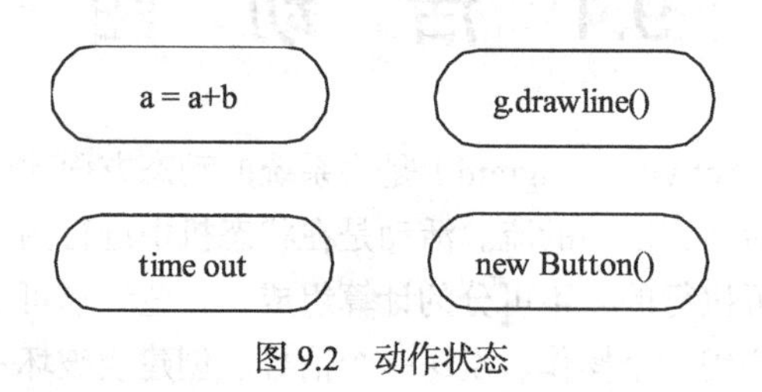

图 9.2 动作状态

动作状态不能被分解，也就是说事件可以发生，但动作状态的工作却没有被打断。完成动作状态中的工作只需花费相当短的执行时间。

9.2.2 活动状态

与动作状态相反，活动状态是非原子的、可以分解的，也就是说活动状态是可以被打断的。通常，活动状态需要一段时间才能完成。可以把动作状态看做是活动状态的特例，即动作状态是不能进一步分解的活动状态；也可以把活动状态看做一个组合，该组合的控制流由其他的活动状态和动作状态构成。活动状态和动作状态的 UML 符号没有区别，但是活动状态可以有入口动作、出口动作（入口动作和出口动作分别是进入或离开状态时要执行的动作）和对子状态机的规定。如图 9.3 所示，图中的两个状态是活动状态。

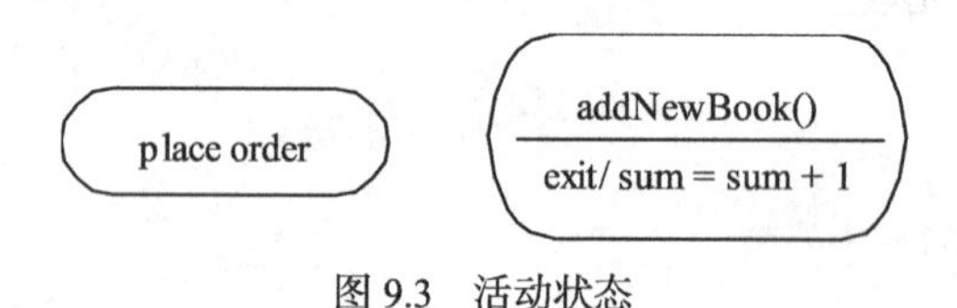

图 9.3 活动状态

9.2.3 跃迁

当状态的活动或动作完成时，控制流立即传递到下一个动作或活动状态。跃迁被用来表示从一个动作或活动状态传递到下一个动作或活动状态的路径。跃迁的 UML 符号可以用简单的有向线表示，如图 9.4 所示。

一项操作可以描述为一系列相关的活动。活动仅有一个起始点，但可以有多个结束点。一个活动若顺序地跟在另一个活动之后，就是简单的顺序关系。如果在活动图中使用一个菱形的判断标志，则表达条件关系。判断标志可以有多个输入和输出跃迁，但在活动的运作中仅触发其中一个满足条件的输出跃迁。

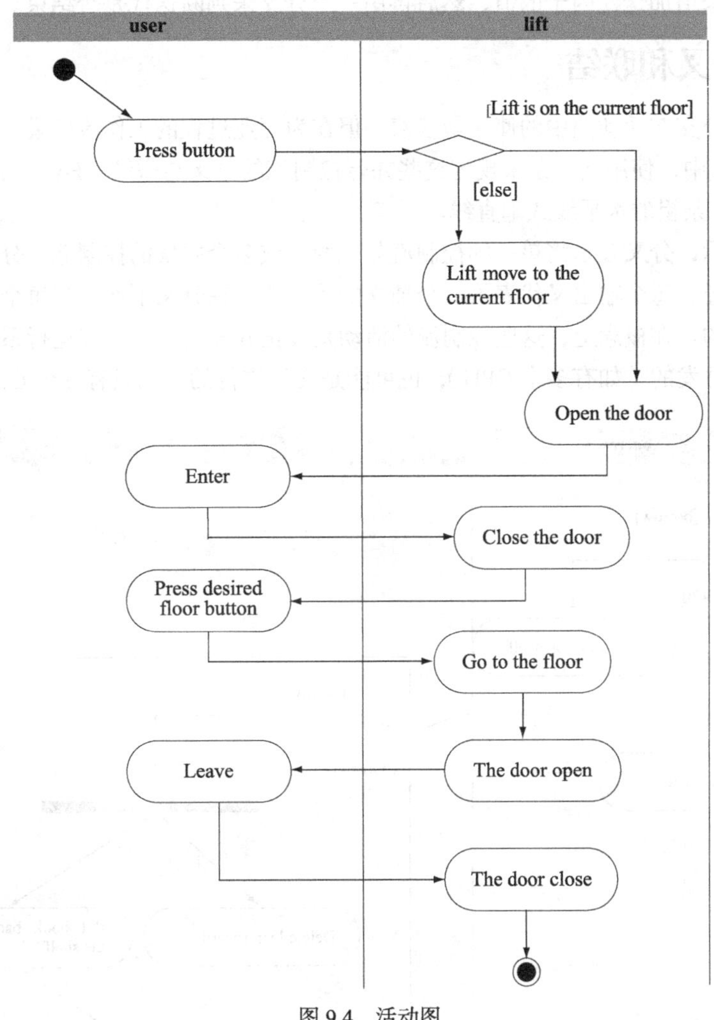

图 9.4　活动图

9.2.4　分支

在流图中，还可以含有分支，分支定义了基于布尔表达式的替换路径。如图 9.4 所示，分支起始于判定。分支有一个输入，有两个或多个输出。在每个输出的跃迁上，均有一个布尔表达式，只有该表达式为真时，该输出跃迁才能发生。各个输出的护卫条件不应该重复，否则，控制流是有歧义的；但这些护卫条件应该覆盖所有的可能性，否则，控制流会停滞。可以规定一个输出跃迁的护卫表达式为 else，如果没有其他的护卫表达式为真，控制流则转向该跃迁。

图 9.4 所示的活动图描述了如下脚本。用户（user）想乘电梯，按下电梯外的按钮（Press button）。如果电梯在当前楼层（Lift is on the current floor），则电梯门打开（Open the door）；否则，电梯移到当前楼层（Lift move to the current floor），然后电梯门打开；这两种情况构成图中的分支。电梯门打开后，用户进入（Enter），电梯门关闭（Close the door），用户按想去的楼层所代表的按钮（Press desired floor button），电梯移到那个楼层（Go to the floor），电梯门打开（The door open），用户离开（Leave），电梯门关闭（The door close）。

另外，可以通过下述方法达到迭代的效果。首先用一个活动状态来设置迭代因子的初始值，另一个活动状态来增加迭代因子的值，然后再用一个分支来判断迭代是否结束。

9.2.5 分叉和联结

虽然跃迁和分支在活动图中的使用最普遍，但在为商业过程的工作流建模时，可能会遇到并发的流。在 UML 中，使用同步条来规定这些并行控制流的分叉与联结（Fork and Join）。同步条的 UML 符号是一条粗的水平线或垂直线。

如图 9.5 所示，分叉表示将单一的控制流分成两个或多个并发的控制流。分叉有一个输入跃迁和多个输出跃迁，每个输出又代表了一个独立的控制流。在分叉下面，与每个输出路径相关的活动是并行进行的。在概念上，这些控制流的活动是真正并发的，但是在运行系统中，这些控制流既可能是真正并发的（如有多个 CPU），也可能是交叉进行的（如只有一个 CPU）。

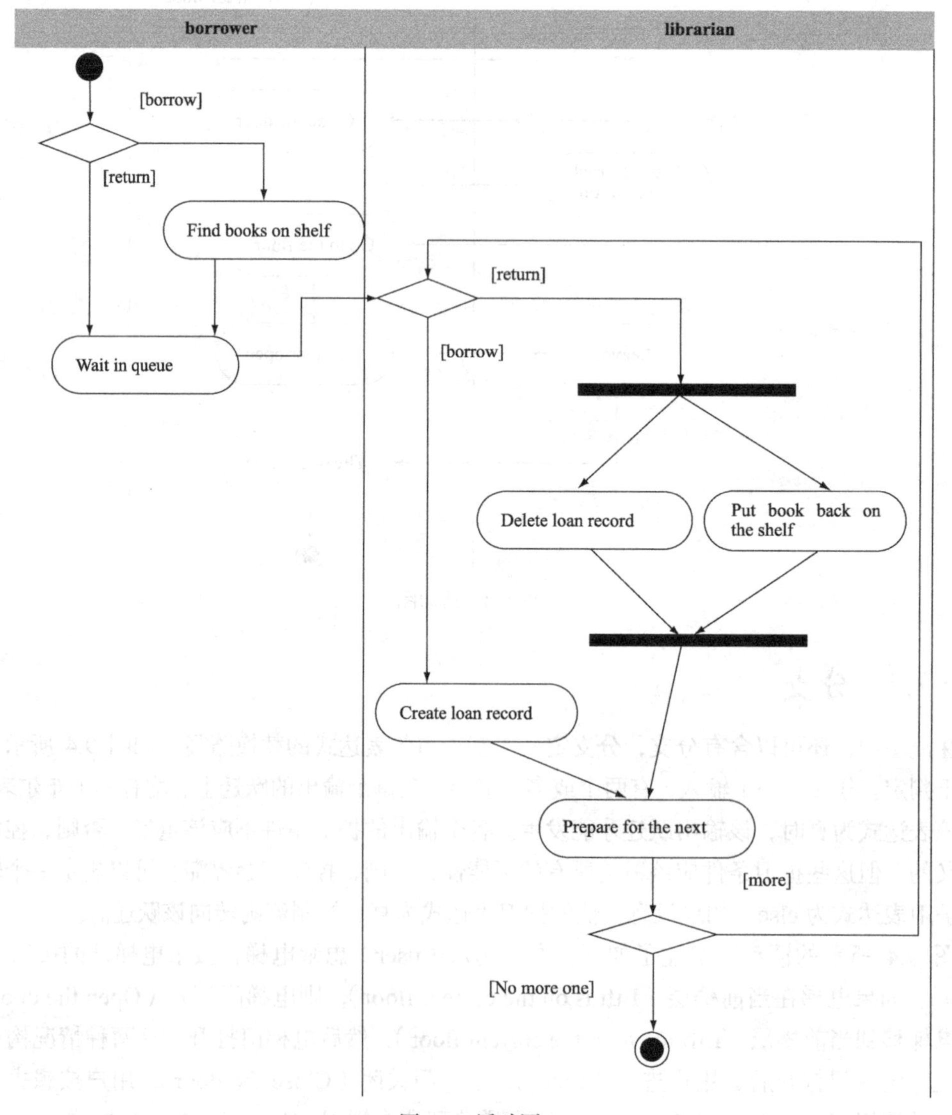

图 9.5 活动图

联结代表了两个或多个并发控制流的同步，联结有多个输入跃迁和一个输出跃迁。在联结以上的活动中，与各路径有关的活动是并行的。在联结处，并发的流要同步进行，也就是说每个流都要等到所有的输入流到达同步条，然后同步条将多个输入控制流合并，输出一个控制流，进而执行后面的活动。

分叉和联结应该是平衡的，也就是说，离开分叉的控制流的数目应该与进入相应联结的控制流数目相等。并行控制流的活动可以通过发送信号来彼此通信。

图 9.5 所示的活动图描述了图书馆中所进行的活动。在活动图中，首先要判断借阅人是借书还是还书（用分支表示），如果是还书（return），借阅人直接排队（Wait in queue）等待图书管理员的帮助；如果是借书（borrow），借阅人则需要在书架中找到要借阅的图书（Find books on shelf），然后排队（Wait in queue）。轮到该借阅人时，首先还是要判断该借阅人是借书还是还书（用分支表示），如果借阅人是借书（borrow），图书管理员创建借阅人的借阅记录（Create borrow record），然后准备接待下一位（Prepare for the next）；如果借阅人是还书（return），图书管理员要将书放回书架（Put book back on the shelf），同时还要删除借阅人的借阅记录（Delete borrow record），这两个活动是并发进行的，当这两个活动都完成后，图书管理员准备接待下一位（Prepare for the next）。如果没有更多的借阅人（No more one），则活动结束；否则（more），进入下一循环。

9.2.6　泳道

活动图描述了某项活动发生了什么，但没有说明由谁来完成。在程序设计中，这意味着活动图没有描述出各个活动由哪个类来完成，泳道（Swimlane）解决了这一问题。如图 9.5 所示，泳道的 UML 符号用矩形框来表示。将对象名放在矩形框的顶部，将属于某个对象的活动放在该对象的泳道内，而泳道中的活动则由相应对象负责。

图 9.4 中有两个泳道，一个泳道由对象 user 负责，另一个泳道由对象 lift 负责。其中，活动“Press button”、“Enter”、“Press desired floor button”和“Leave”由 user 执行，活动“lift move to the current floor”、“Open the door”、“Close the door”、“Go to the floor”、“The door open”、“The door close”和泳道中的判定则由 lift 负责。

图 9.5 中也有两个泳道，一个泳道由对象 borrower 负责，另一个泳道由对象 librarian 负责。活动“Find books on the shelf”、“Wait in queue”和该泳道中的判定由 Borrower 执行，活动“Create borrow record”、“Put book back on the shelf”、“Delete borrow record”、“Prepare for the next”和该泳道中的两个判定则由 librarian 执行。

9.2.7　对象流

与活动图有关的控制流可能涉及对象。图 9.6 中的类的实例可能被特定的活动产生，例如，活动“place order”（定货）产生对象“order”（定单），该对象的状态为“placed”。其他的活动可以修改该对象，活动“take order”（接受定单）将对象“order”的状态修改为“filled”，活动“deliver order”（交付货物）又将对象“order”的状态又修改为“delivered”。

可以将对象放在活动图中，并用箭头将对象和产生、破坏或修改该对象的活动或跃迁连接起来，这被称作对象流（Object Flow），因为它代表了对象在控制流中的参与。

活动图除了可以说明对象流，还可以说明对象的角色、状态和属性值的变化。如图 9.6 所示，对象“order”的状态发生了变化。

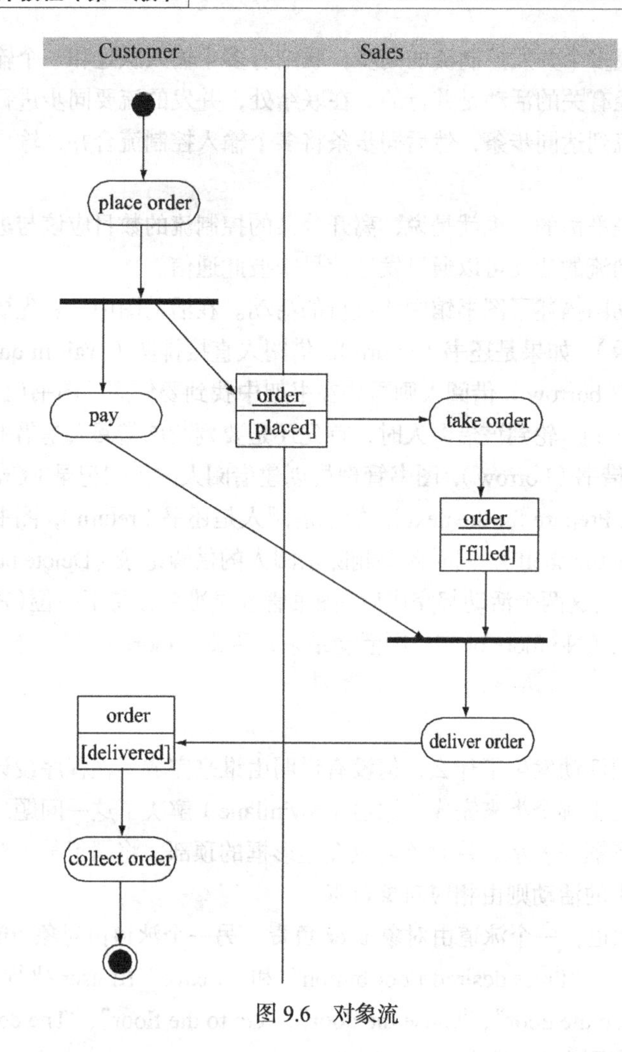

图 9.6　对象流

9.3　活动图的应用

活动图可以用来为系统的动态方面建模，这些动态方面包括系统中任意一种抽象（包括类、接口、组件、节点）的活动。活动图的上下文可以是系统、子系统、操作或类，此外，活动图还可以用来描述用例脚本。

通常可以将活动图用于以下两种情况。

（1）为工作流建模。

工作流描述了系统的商业过程，因此，为工作流建模很重要。

在为工作流建模时，应完成如下内容。

● 确定工作流的中心。这是因为对于比较复杂的系统，用一个活动图描述所有重要的工作流是不可能的。

● 选择与工作流有关的商业对象，并为每个重要的商业对象创建一个泳道。

● 识别工作流初始状态的前置条件和工作流最终状态的后置条件，这有利于确定工作流的边界。

● 从工作流的初始状态开始，确定随时间发生的活动和动作，并将它们作为活动状态或动作状态放在活动图中。

● 对于复杂的动作或多次出现的动作集合，可以将它们合并为活动状态，再提供一个单独的活动图来展开活动状态。

● 用跃迁连接活动状态和动作状态，并考虑分支、分叉和联结。

● 如果在工作流中涉及重要的对象，则将对象放在图中，必要时描述对象属性值和状态的变化。

图 9.4、图 9.5 和图 9.6 都是描述工作流的活动图。活动图还可用来描述软件的开发过程等。

（2）为操作建模。

这种情况下，活动图被用作流程图。

为操作建立模型，应完成以下内容。

● 收集与操作有关的抽象，包括操作的参数、返回类型、操作所在类的属性等。

● 识别工作流初始状态的前置条件和最终状态的后置条件，还要识别出在操作执行过程中必须持有的类的不变量。

● 从工作流的初始状态开始，确定随时间发生的活动和动作，并将它们作为活动状态或动作状态放在活动图中。

● 必要时使用分支、分叉和联结。

理论上，可以用活动图来描述每个操作的流程，但实践中往往并不这样做，这是因为通常用特定的程序语言来实现操作更直接。只有当操作的行为很复杂，很难通过阅读代码来理解时，才用活动图来为操作建模，从而使用户更容易地理解算法。

下面是一段 Java 源代码，是方法 handleThread(int state)的源代码，图 9.7 所示的活动图则描述了该方法的流程。

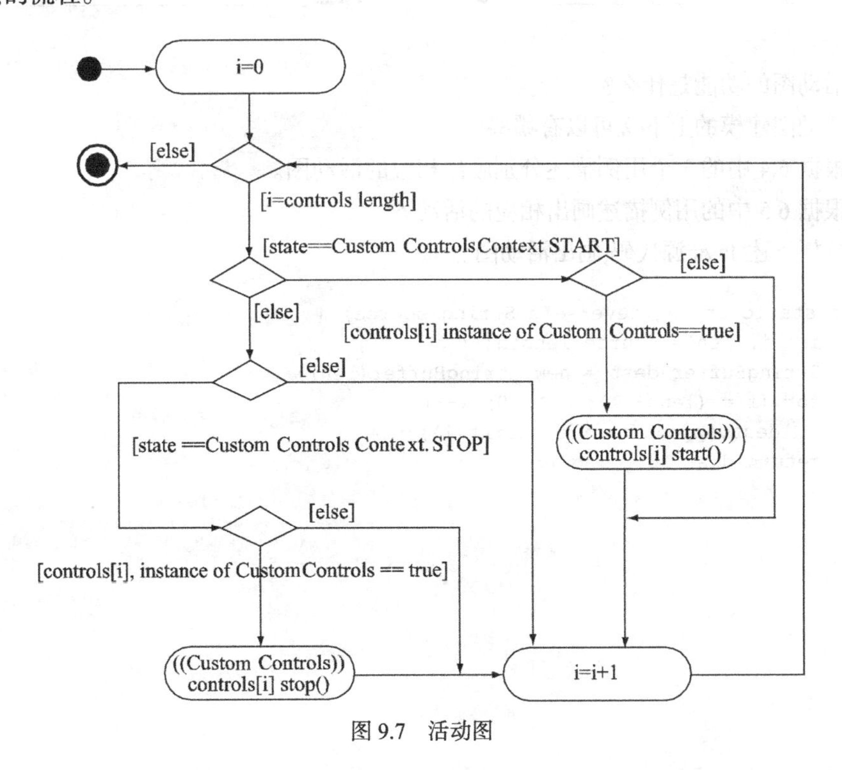

图 9.7　活动图

```
public void handleThread(int state) {
        for (int i = 0; i < controls.length; i++) {
            if (state == CustomControlsContext.START) {
                if (controls[i] instanceof CustomControls) {
                        ((CustomControls) controls[i]).start();
                }
            } else if (state == CustomControlsContext.STOP) {
                if (controls[i] instanceof CustomControls) {
                        ((CustomControls) controls[i]).stop();
                }
            }
        }
    }
```

小　　结

在 UML 中，活动图是为系统的动态方面建模的 7 个图之一。活动图主要是一个流图，它描述了从活动到活动的控制流，它还可以用来描述对象在控制流的不同点从一个状态转移到另一个状态时的对象流。

本章介绍了活动图的语义和功能，并对活动图的组成部分，包括动作状态、活动状态、跃迁、分支、分叉和联结、泳道、对象流逐一进行了讲解，举例说明如何使用活动图为工作流建模和为操作建模。

习　　题

9.1　活动图的功能是什么？

9.2　活动图建模的上下文可以有哪些？

9.3　根据 6.4 中的 3 个用例描述分别画出相应的活动图。

9.4　根据 6.5 中的用例描述画出相应的活动图。

9.5　分析下述 Java 源代码,画出活动图。

```
public static String reverseIt(String source) {
       int i, len = source.length();
       StringBuffer dest = new StringBuffer(len);
       for (i = (len - 1); i >= 0; i--)
          dest.append(source.charAt(i));
       return dest.toString();
       }
```

第10章 状态机图

状态机图是 UML 中为系统的动态方面建模的 7 个图之一。活动图是状态机图的特例，在活动图中，大部分状态是活动状态，跃迁主要是由源状态活动的结束触发的。活动图和状态机图对于模拟对象的生命周期都是很有用的，其中，活动图描述了从活动到活动的控制流，状态机图描述了从状态到状态的控制流。

10.1 状态机图

状态机图（State Machine Diagram）在 UML1.x 中被称为状态图（State Chart Diagram），它描述了特定对象的所有可能状态、状态间的跃迁以及引起状态跃迁的事件。大多数的面向对象技术都用状态机图来描述单个对象在其生命周期中的行为。状态机图由状态和状态之间的跃迁组成，并按事件发生顺序来模拟对象的行为。

所有对象都具有状态，状态是对象执行了一系列活动的结果。当某个事件发生后，对象的状态将发生变化。状态机图中定义的状态有初始状态、最终状态、中间状态、复合状态，其中，初始状态是状态机图的起点，而最终状态则是状态机图的终点。一个状态机图只能有一个初始状态，但可以有多个最终状态。

状态机图中状态之间带箭头的连线被称为跃迁。状态的跃迁通常是由事件触发的，此时应在跃迁上标出触发跃迁的事件表达式。如果跃迁上未标明事件，则表示源状态的内部活动执行完毕后自动触发跃迁。

下面解释与状态机图有关的一些概念。

- 状态机图（State Machine Diagram）给出了一个状态机，强调了从状态到状态的控制流。
- 状态机（State Machine）定义了对象在生命周期中响应事件所经历的状态的序列，以及对象对这些事件的响应。状态机由状态、跃迁、事件、活动、动作等组成。
- 状态（State）代表对象在生命周期中的一种条件或状况，在这种状况下，对象满足某个条件，或执行某个动作，或等待某个事件。一个状态只在一个有限的时间段内存在。
- 事件（Event）是一个重要事件的规范，该事件在时间和空间域中有一个位置。
- 跃迁（Transition）是两个状态之间的关系，它表示当第一个状态的对象执行某个动作时，如果规定的事件发生或规定的条件被满足了，则对象进入第二个状态。
- 活动（Activity）是状态机中正在执行的可分解的计算。
- 动作（Action）是可执行的、不可分的计算，该计算造成了模型的状态变化或值的返回。

如图 10.1 所示，状态机图由下列元素组成。

- 简单状态、复合状态。
- 跃迁。包括事件和动作。

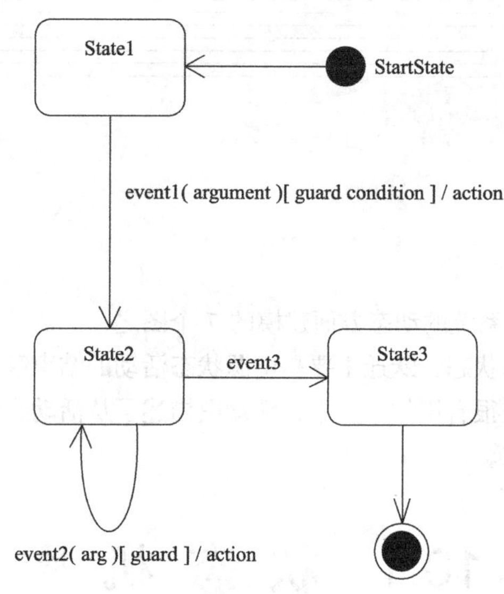

图 10.1　状态机图

像其他的图一样，状态机图中也可以有注释和约束。

10.2　状态机图的应用

交互作用图描述了多个对象间的交互作用，而状态机图描述了单个对象在它的整个生命周期的行为。活动图描述了从活动到活动的控制流，而状态机图描述了从事件到事件的控制流。

状态机图被用来模拟系统的动态方面，这些动态方面是指系统对象按事件发生来排序的行为。状态机图可以用来描述整个系统、子系统或类的动态方面，还可以用来描述用例的一个脚本。

状态机图一般用来描述事件驱动对象的行为。在为事件驱动对象的行为建模时，主要定义内容包括对象可能经历的稳定状态、触发从状态到状态跃迁的事件、每一次状态变化所发生的动作。为事件驱动对象的行为建模也涉及为对象的生命周期建模，从对象的创建到对象的破坏，主要强调对象可能经历的稳定状态。

稳定状态代表了对象能够存在一段时间的条件。当事件发生时，对象从一个状态跃迁到另一个状态。事件也可以触发自跃迁和内部跃迁，即跃迁的源状态和目标状态相同的跃迁。

为一个事件驱动对象建模，应完成如下内容。

- 确定状态机的上下文。状态机的上下文可以是类、用例、子系统或系统整体。
- 确定初始状态和最终状态。
- 通过考虑对象能够存在一段时间的条件，确定对象的稳定状态。
- 确定稳定状态在对象生命周期中的局部排序。
- 确定触发从状态到状态跃迁的事件。
- 确定状态变化的动作。

- 考虑使用子状态、分支、历史状态等来简化状态机图。
- 确定是否所有的状态都在事件的某个组合中可达。
- 确定没有状态是死状态。死状态是指没有事件或事件组合可以使对象从这个状态中跃出。
- 检查状态机是否违反所期望的事件顺序和响应。

图 10.2 所示的是电梯系统的状态机图。电梯开始处于空闲状态（idle），当有人按下按钮要求使用电梯时（事件 is required 发生），电梯进入运行状态（run）。如果电梯的当前楼层比想要的楼层高时（护卫条件[currentFloor>desiredFloor]成立），电梯进入下降状态（moving down）；反之，如果电梯的当前楼层比想要的楼层低时（护卫条件[currentFloor<desiredFloor]成立），电梯进入上升状态（moving up）；如果电梯的当前楼层与想要的楼层相同时（护卫条件[else]成立），电梯门打开（door open）。在电梯上升或下降期间，每经过一个楼层都需要判断是否为想要的楼层（护卫条件[currentFloor=desiredFloor]是否成立），若不是，继续移动；若是想要楼层，就进入停止状态（stop）。15 秒后，电梯门自动打开（door open）；2 分钟后，电梯门自动关上（door close）。如果有更多的使用请求，电梯进入运行状态（run）；反之，则进入空闲状态（idle）。

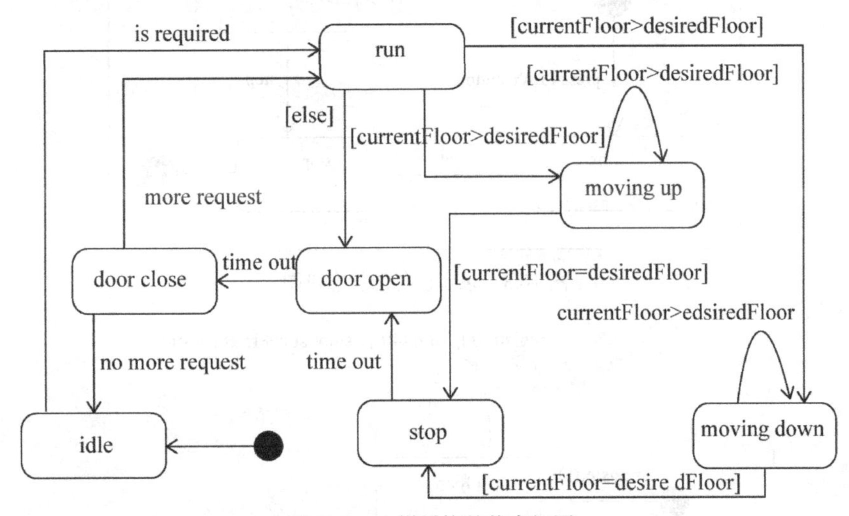

图 10.2　电梯系统的状态机图

图 10.3 所示的是录音设备的状态机图。当电源打开时（事件 turn on 发生），进入活动状态 active；当电源关闭（事件 turn off 发生）时，系统行为结束。active 是一个组合状态，如果 RECORD 键按下，设备进入录音状态 recording；如果 PLAY 键按下，设备进入播放状态 playing；如果磁带播放完或 STOP 键按下（事件 stop 发生），系统进入停止状态 stop，随即进入结束状态。当系统处于组合状态 active 中的任何一个子状态时，关闭电源（事件 turn off 发生），系统的行为都会立即结束，进入结束状态。

下面是一段 Java 源代码，图 10.4 是对应的状态机图。

```
…
int sum = 0;
…
 public int register(Student s){
      switch(state){
              case Open:
                 if (sum<40){
```

```
                    state = Open;
                    sum = sum + 1;
            }else
                    state = Close;
                break;
            case Close:
                System.out.println("the class is full");
        }
        return sum;
    }
```

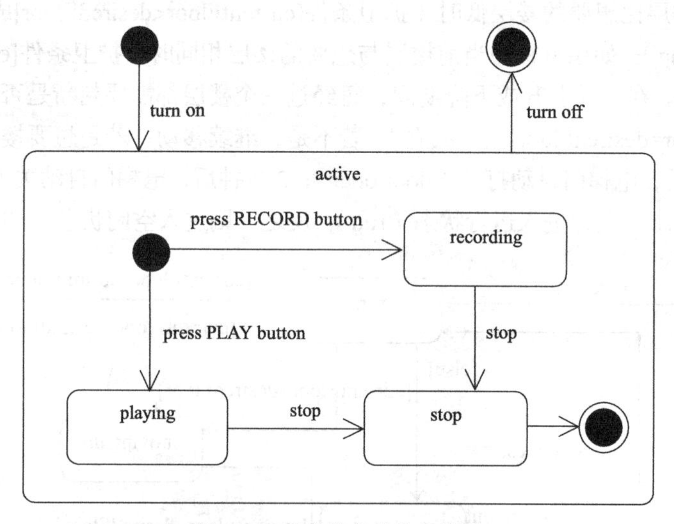

图 10.3　录音设备的状态机图

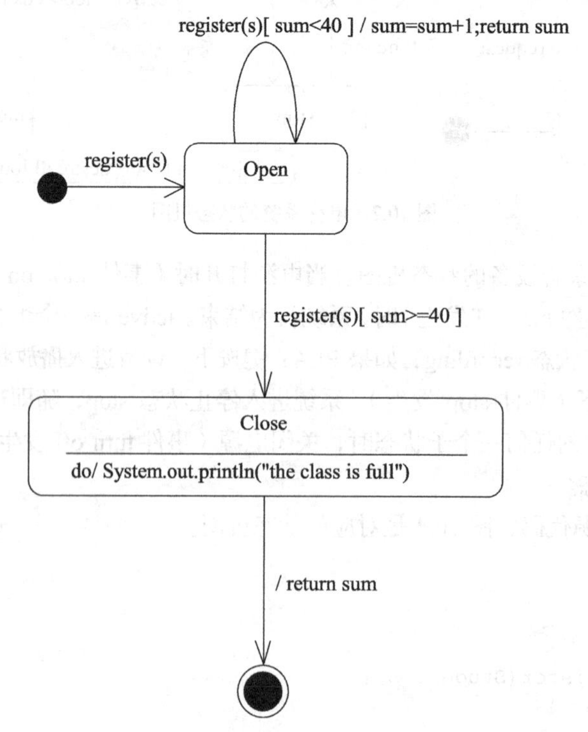

图 10.4　Java 源代码对应的状态机图

当事件 register(s)发生时，对象进入状态 Open。当更多的事件 regsiter(s)发生时，若学生总数少于 40，发生的跃迁是自跃迁；当学生总数不少于 40 时，对象进入状态 Close，在该状态，执行 do 动作，显示消息“the class is full”（班级已满），然后返回学生总数，进入结束状态。

小　　结

状态机图描述了一个特定对象的所有可能状态，以及引起状态跃迁的事件。状态机图用来模拟系统的动态方面，这些动态方面指系统对象按事件发生顺序排序的行为。状态机图可以用来描述整个系统、子系统或类的动态方面，还可以用来描述用例的一个脚本。

本章介绍了状态机图的语义和功能，并举例说明了如何应用状态机图为事件驱动的对象建模。

习　　题

10.1　状态机图的功能是什么？

10.2　状态机图和活动图的区别是什么？

10.3　状态机图和交互作用图的区别是什么？

10.4　下述 Java 源代码仿真了电风扇的运行，电风扇具有 3 挡风速：低速、中速、高速。电风扇的旋钮从“0“转到”“1”；电扇从“关闭”到“低速”；从“1”转到“2”；电扇从“低速”到“中速”；从“2”转到“3”，电扇从“中速”到“高速”；从“3“转到”“0”，电扇从“高速”又回到“关闭”。分析代码，画出相应状态机图。

```
public void pull(){
   if (m_current_state == 0){
         m_current_state = 1;
         System.out.println(" low speed");
    }else if (m_current_state == 1){
         m_current_state = 2;
         System.out.println(" medium speed");
    }else if (m_current_state == 2){
         m_current_state = 3;
         System.out.println(" high speed");
    }else{
         m_current_state = 0;
         System.out.println(" turning off");
      }
  }
```

10.5　分析习题 6.4 所描述的课程管理系统中“课程”对象的状态，画出状态机图。

10.6　根据 10.5 中的状态机图，写出相应代码。

第 11 章 组件图与部署图

11.1 组 件 图

在 UML 中，用例图用来描述系统的功能需求，类图用来定义问题域的词汇表，顺序图、通信图、状态机图和活动图用来描述词汇表中的类和对象如何相互协作以完成规定的行为，最后，要将这些逻辑蓝图变为现实世界中的物理系统。

组件图（Component Diagram）描述了组件及组件间的关系，表示了组件之间的组织和依赖关系。组件图是用来为面向对象系统的物理实现建模的两种图之一。

组件图被用来为系统的静态实现视建模，很多时候，它可以被看作是着眼于系统组件的特殊类图。

如图 11.1 所示，组件图包含下列元素。

- 组件。
- 接口。
- 依赖关系、类属关系、关联关系和实现关系。

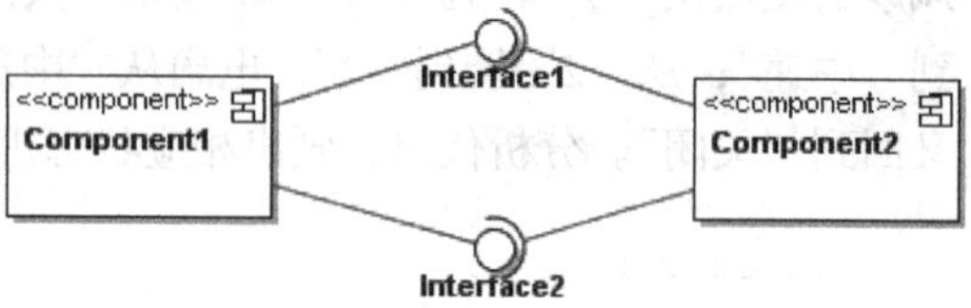

图 11.1 组件图（一）

像其他的图一样，组件图中也可以有注释和约束，也可以有包或子系统。

11.2 组件图的应用

组件图为系统的实现视建模，通常可以用在下述 4 种情况。

1. 为源代码建模

如果用 Java 语言进行系统开发，要将源代码存储在.java 文件中。如果用 C++进行系统开发，要将源代码存储在头文件（.h 文件）和体文件（.cpp 文件）中。

多数时候不需要为系统的源代码建模，只需由开发环境来跟踪文件和文件间的关系，但有时候，用组件图来可视化地描述文件和文件间的关系是有用的。

用组件图为源代码建模时，应注意以下内容。

- 将源代码文件表示为文件的组件衍型。
- 对于大系统，用包将源代码文件分组。
- 考虑使用标记值来描述源代码文件的一些信息，例如，源代码文件的版本号、作者、修改日期等。

● 使用依赖关系来描述这些文件之间的编译依赖关系。

如图 11.2 所示，用带折角的矩形来表示衍型为源文件的组件。该组件图中有 3 个源文件，其中，school.h 是一个头文件，它被另外两个体文件 school.cpp 和 student.cpp 使用，所以在头文件与这两个体文件之间存在依赖关系。如果头文件被修改，则另外两个体文件需要重新编译。此外，图中还对每个文件用标记值给出了文件的版本号。

school.h
{version=1.0}
school.cpp
{version=1.0}
student.cpp
{version=1.0}

图 11.2　组件图（二）

2. 为可执行版本建模

可以用组件图来描述构成软件系统的组件以及组件间的关系。

在为一个可执行版本建模时，应注意以下内容。

● 确定系统的组件集。

● 考虑组件集中每个组件的衍型。大多数系统都具有不同种类的组件，例如，可执行组件、库组件、表组件、文档组件等，可以用 UML 的扩充机制为这些衍型提供可视化的表示。

● 考虑组件集中组件之间的关系。

如图 11.3 所示，在该组件图中组件 TestControll.dll 依赖于组件 Controll.dll。

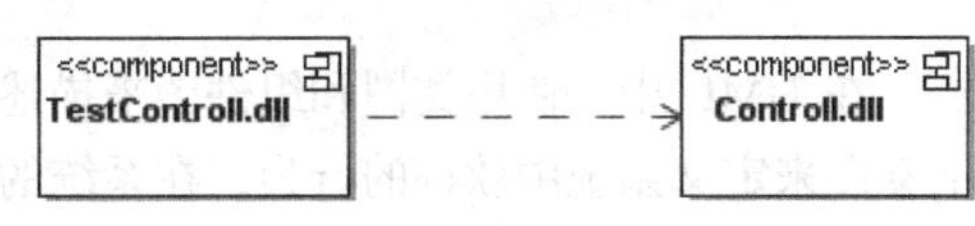

图 11.3　组件图（三）

3. 为数据库建模

在为物理数据库建模时应注意以下内容。

● 识别出模型中代表逻辑数据库模式的类。

● 确定将这些类映射到表的策略。确定过程需要考虑数据库的物理分布。

● 创建含有 table 组件的组件图，为映射进行可视化建模。

● 如果可能，使用工具的帮助将逻辑设计转化为物理设计。

图 11.4 用特定图标表示了衍型为数据库的组件和衍型为表的组件。衍型为数据库的组件 university.db 由 5 个表组成，即 department（系）、course（课程）、staff（教职员工）、student（学生）、university（大学）。在组件图中，用衍型为表的组件来表示这些表。

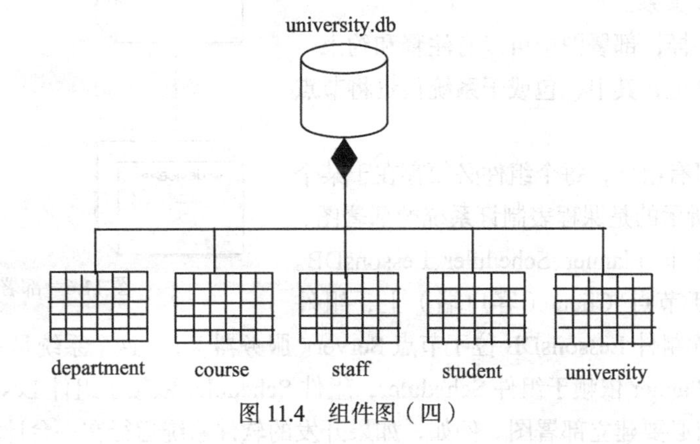

图 11.4　组件图（四）

4. 为自适应系统建模

在为自适应系统建模时，应注意以下内容。

● 需要考虑从一个节点迁移到另一个节点的组件的物理分布。可以通过在组件图中使用位置标记值来标出组件实例的位置。

● 如果需要描述引起组件迁移的活动，则需要创建含有组件实例的相应交互作用图。具有不同位置标记值的同一个组件实例可以在图中出现多次，以表示组件实例的位置变化。

如图 11.5 所示，衍型为数据库的组件 accountDB2 位于服务器 ServerB 上（用标记值描述了组件的位置），衍型为数据库的组件 accountDB1 位于服务器 ServerA 上，衍型为<<copy>>的依赖关系表示 accountDB2 是 accountDB1 的拷贝。

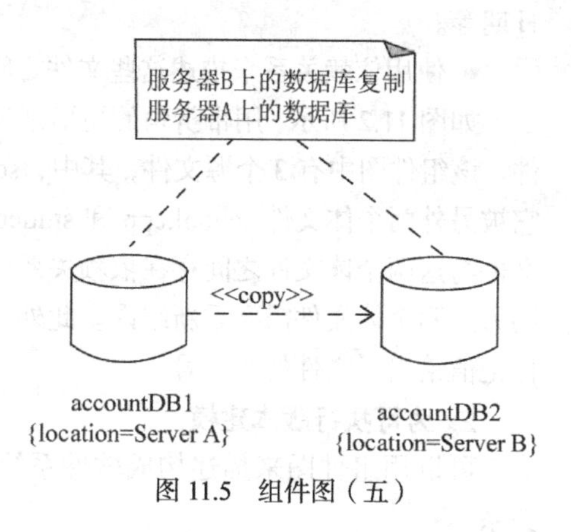

图 11.5 组件图（五）

11.3 部 署 图

在 UML 中，使用类图和组件图来描述系统的软件结构；使用顺序图、通信图、状态机图和活动图来定义系统中软件的行为；在系统的软件和硬件的交接处，使用部署图来描述运行软件的处理器和设备的拓扑。

部署图（Deployment Diagram）描述了节点和运行其上的组件的配置，它是用来为面向对象系统的物理实现建模的两种图之一。

部署图用来模拟系统的静态部署视，而静态部署视主要描述了物理系统组成部分的分布和安装。部署图在极大程度上描述了运行系统的硬件拓扑，它为系统中物理节点、节点之间关系的静态方面建立了可视化的模型，并规定了构造的细节。

部署图对于嵌入式、客户/服务器、分布式系统的可视化建模很重要。

如图 11.6 所示，部署图含有如下元素。

● 节点。

● 依赖、关联关系。

像其他的图一样，部署图中可以有注释和约束，也可以有包或子系统，其中，包或子系统负责将节点分组。

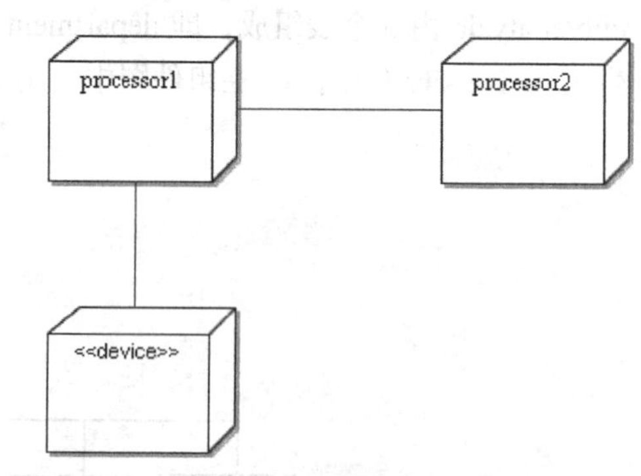

图 11.6 部署图（一）

部署图中可以有组件，每个组件必须存在于某个节点上。图 11.7 所示的是课程表制订系统的部署图，系统中有 3 个组件，即 Planner、Scheduler、LessonsDB。组件 Planner 位于节点 Client（客户端）上，组件 Scheduler 和数据库组件 LessonsDB 位于节点 Server（服务器）上，这个系统是一个客户/服务器系统。其中，组件 Planner 依赖于组件 Scheduler，组件 Scheduler 依赖于组件 LessonsDB。

某些系统没有必要建立部署图。例如，如果开发的软件系统运行在一台计算机上，该软件系统只和主机操作系统控制的标准设备（如键盘、显示器等）有接口，就没必要建立部署图。但是，如果软件系统需要与未被主机操作系统控制的设备交互作用，或者需要与物理上分布于多个处理器的设备交互作用，那么就应该使用部署图，以便弄清楚系统的软件和硬件之间的映射。

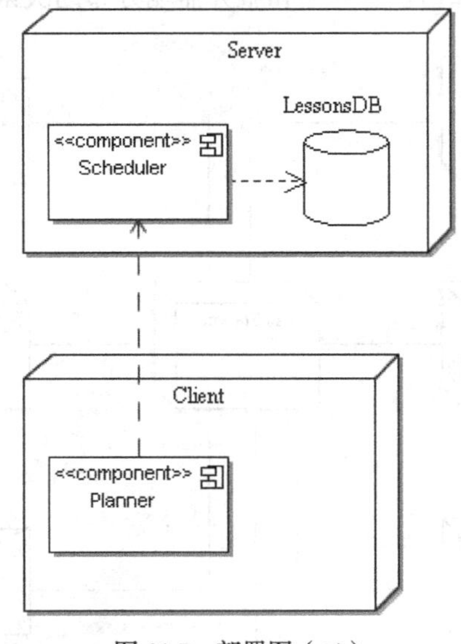

图 11.7　部署图（二）

11.4　部署图的应用

部署图通常用来描述下列 3 种系统的静态部署视。

1. 为嵌入式系统建模

部署图可用来为构成嵌入式系统的设备和处理器建模。

为嵌入式系统建模，应注意以下内容。

- 确定嵌入式系统的节点。
- 使用 UML 的扩充机制定义特定于系统的衍型（甚至使用特定图标），为不常见的设备提供可视化的表示。
- 在部署图中，规定处理器和设备之间的关系。
- 如果必要，为智能化的设备提供更详细的部署图。

图 11.8 所示的是一个自动加油站系统的部署图，加油站系统由收费台和加油泵组成，该系统是一个嵌入式系统。收费台由一个处理器“Pay Station”和 6 个设备（显示器“Pay Station Display”、钱盒“Money Box”、键盘“Key Pad”、收据打印设备“Receipt Printer”、钞票扫描仪“Money Scanner”、信用卡设备“Card Unit”）组成，加油泵由一个处理器“Fuel Pump”和 2 个设备（显示器“Fuel Pump Display”和选择汽油种类的按钮“Fuel Type Button”）组成。

2. 为客户/服务器系统建模

客户/服务器系统是分布式系统的一种，这种系统需要考虑客户端和服务器端的网络连接以及系统的软件组件在节点上的物理分布，可以用部署图来描述这种系统的拓扑。

客户/服务器软件系统分布于多个处理器。客户/服务器软件系统模型有多个变种，例如，可以选择“瘦”客户端，即客户端只有有限的计算能力，通常只管理用户界面和信息的可视化；也可以选择“胖”客户端，即客户端具有相当多的计算能力，可以执行系统的部分商业逻辑。选择

“瘦”客户端还是“胖”客户端由系统的体系结构决策确定。可以用部署图来描述这种关于系统拓扑的决策，以及关于软件组件如何在客户端和服务器端分布的决策。

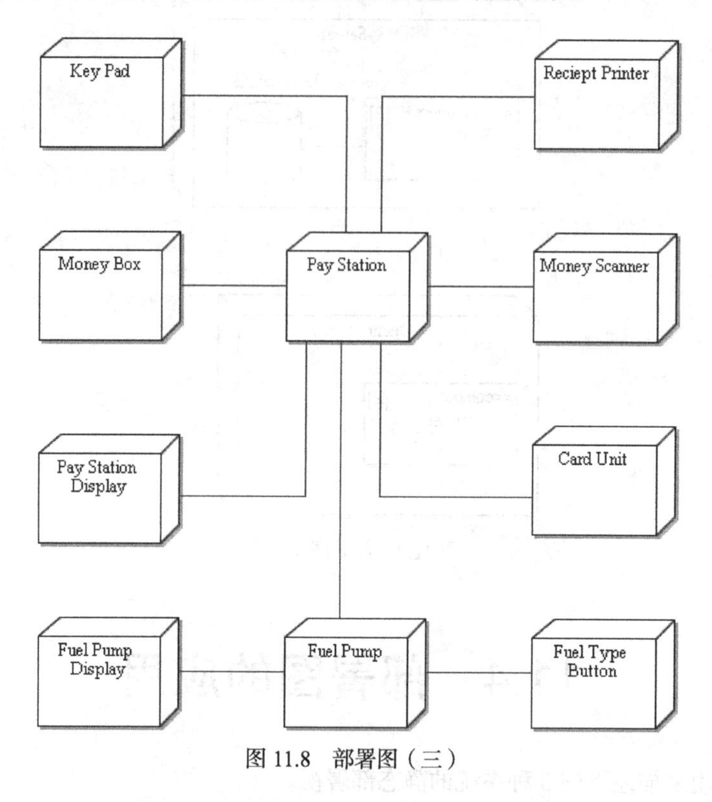

图 11.8　部署图（三）

为客户/服务器系统建模时，要注意以下内容。

- 确定代表系统的客户端处理器、服务器端处理器的节点。
- 确定与系统行为有密切关系的设备。有时需要为特殊的设备建模，例如，信用卡扫描器等，将这些设备放置在系统硬件拓扑结构中是很重要的。
- 通过衍型为处理器和设备提供可视化的表示。
- 在部署图中为这些节点的拓扑建模。规定系统实现视中组件间的关系，以及系统部署视中节点间的关系。

图 11.9 所示的部署图描述了图 6.9 所示的公司管理系统的拓扑结构，该系统是一个客户/服务器系统。项目管理数据库“Project Management DB”所在的节点与服务器“Payroll Server”通过局域网 LAN 连接；服务器“Payroll Server”与客户端“Desktop PC”、打印机“Printer”也通过局域网 LAN 连接；服务器与系统外的银行系统“Bank System”则通过 Internet 连接。其中，运行于客户端“Desktop PC”上的组件是 EmployeeApplication。

3. 为完全的分布式系统建模

完全的分布式系统的主要特点是其组件分布于地理上分散的节点。这个系统是动态的，由于网络通信量的变化和网络通信故障的发生或者其他原因，节点可以加入到系统中，也可以从系统中删除。不但系统的硬件拓扑可能变化，软件组件的分布也可能变化，所以，对于这种系统需要考虑系统拓扑的不断变化。因此，采用部署图来可视化地描述系统当前的拓扑和组件的分布，从而推断变化对拓扑的影响。

为一个完全的分布式系统建模时，通常将网络也具体化为一个节点。例如，可以将互联网

（Internet）、局域网（LAN）、广域网（WAN）表示为节点衍型。

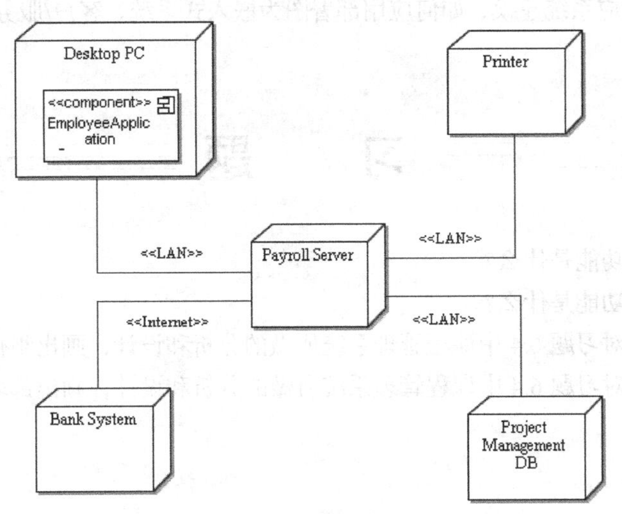

图 11.9　部署图（四）

图 11.10 所示的是一个完全分布式系统的部署图。在该图中，可以看到 4 个客户端节点，即 client 的实例，还有打印服务器（print server）、邮件服务器（email server）、文件服务器（file server）和 web 服务器（web server），这些服务器与客户端通过局域网（local network）连接，在图中，将局域网表示为衍型为<<network>>的节点。

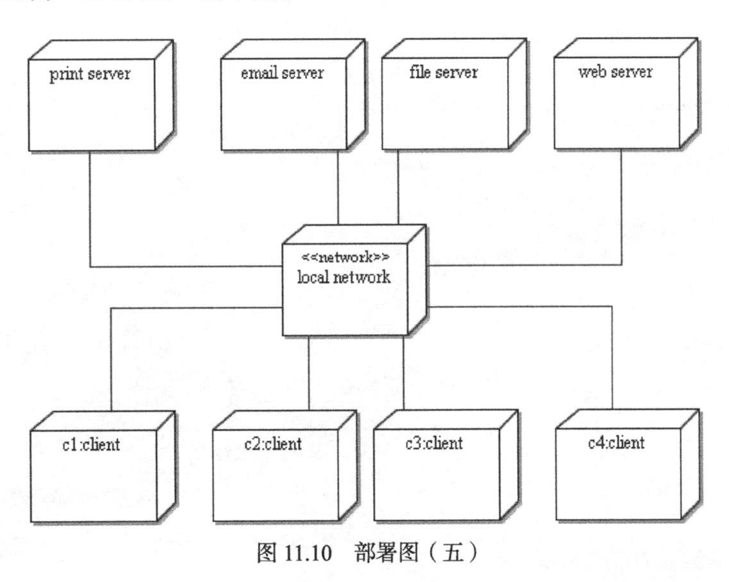

图 11.10　部署图（五）

小　　结

组件图和部署图是用来为面向对象系统的物理实现建模的两种图。组件图描述了组件、组件间的关系，表示了组件之间的组织和依赖关系，它用来为系统的静态实现视建模。部署图描述了节点和运行其上的组件的配置，它用来模拟系统的静态部署视。

本章介绍了组件图、部署图的语义和功能，并举例说明了如何应用组件图为源代码、可执行代码、数据库、自适应系统建模，如何应用部署图为嵌入式系统、客户/服务器系统及完全的分布式系统建模。

习　题

11.1　组件图的功能是什么？

11.2　部署图的功能是什么？

11.3　根据自己对习题 6.4 中课程管理系统所做的分析和设计，画出组件图。

11.4　根据自己对习题 6.4 中课程管理系统所做的分析和设计，画出部署图。

第 12 章 数据库设计

在 UML 中，类图定义了应用程序所需要的数据结构，可以用实体类（Entity Class）以及实体类之间的关系来为数据库中持久存在的数据结构建模。因此，首先需要将实体类映射为可以被数据库识别的数据结构，再根据数据库模型是面向对象型数据库、对象关系型数据库还是关系型数据库进行建模，不同数据库模型的数据结构会有所不同。

本章将讨论如何将对象映射到数据库，如何将实体类、关联关系（Association）、聚合关系（Aggregation）、类属关系（Generalization）转变为 3 种数据库模型中的数据结构。

12.1 持久性数据库层

持久性数据库层可以是关系型的（如 Sybase、DB2、Oracle8 等）、对象关系型的（如 UniSQL、Oracle8 等）或者对象数据库（如 ObjectStore、Versant 等）。某些情况下（但不是现代的信息系统应用程序），持久性也可以用简单的平面文件（Flat Files）实现。

12.1.1 数据模型

数据模型（Data Model）是以比原始的位和字节更易理解的方式描述数据库结构的抽象。通用的数据模型层分类法认可 3 种抽象。

（1）概念数据模型。

（2）逻辑数据模型。

（3）物理数据模型。

概念数据模型是面向用户、面向现实世界的数据模型，它与 DBMS 无关。采用概念数据模型，数据库设计人员可以在设计的开始阶段，把主要精力用于了解和描述现实世界上，而把涉及 DBMS 的一些技术性的问题推迟到设计中间阶段考虑。

逻辑数据模型提供的模型反应了数据库管理系统 DBMS 的存储结构，它是用户从数据库所看到的数据模型。

物理数据模型定义了实际应用中数据是如何存储于持久存储设备（如磁盘）中的。

在图 12.1 中描述了应用程序的 UML 模型如何与持久数据库模型相关。作为概念数据库建模的工具，UML 类图可代替 ER 图。实体包（Entity Package）中的类代表了应用程序的商业对象。数据库包没有驱动数据库建模，而是被数据库建模驱动，且数据库包将应用程序模型与数据库模型隔离。设计确定数据库包与定义持久数据库层是并行发生还是在其后发生，数据库包将实体类和数据库模式分开，并建立了对象和数据库之间的映射。

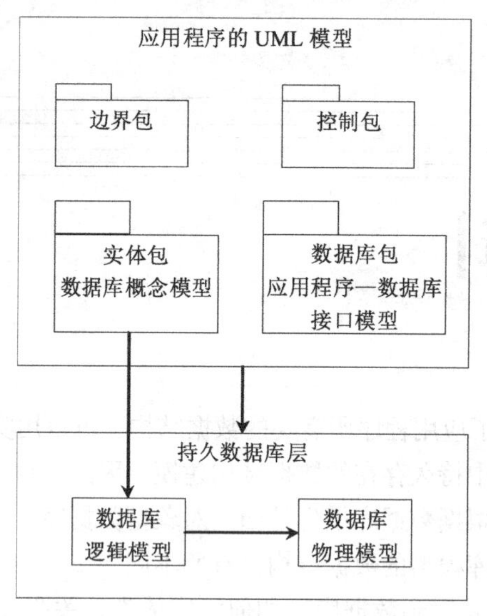

图 12.1 UML 模型与持久数据库层

12.1.2 将对象映射到数据库

对象和数据库之间的映射（由数据库包负责）是一个令人费解的问题，这个映射之所以困难有两个基本原因。

（1）数据库的存储结构与面向对象范例可能无关。

（2）数据库的设计一般是不会针对单个应用程序的。

第 1 个原因就是要将实体包中的类的属性转变为非面向对象结构，通常将类转变为关系表。即使目标数据库是对象数据库，由于数据库的特性，这种转变也是必须的。

第 2 个原因要求针对所有应用程序设计一个最优的数据库，而不只是针对正在考虑的那个应用程序进行设计。应该将这些应用程序按照商业重要性区分优先次序，从而使数据库结构与最重要的应用程序协调。另外，数据库设计者还应该考虑未来的发展，预测以后的应用程序对数据的需求，设计适应这些要求的数据库。

目前，关系数据库技术控制着市场。对于大型企业数据库而言，从关系数据库技术到对象数据库技术的变化是演化进行的，要经过对象关系数据库技术这个中间阶段。

本章将首先讨论对象到对象数据库的映射，然后讨论对象到对象关系数据库的映射，最后讨论对象到关系数据库的映射。

12.2 对象数据库模型

从应用程序到对象数据库（Object Database，ODB）之间的映射是相对简单的映射。事实上，对象数据库管理系统（ODBMS）的主要目的是对数据库与应用程序编程语言之间进行透明集成。

对象数据管理组（Object Data Management Group，ODMG）已经对 ODB 模型进行了标准化，ODMG 的成员组织几乎包含了 ODBMS 软件的所有重要厂商。ODMG 的一项重要工作是将对象映射到关系型或其他类型的数据库，因此 ODMG 制订了标准，即对象存储 API（Object Storage API），这个 API 可以和任何持久数据源建立接口。事实上，这个标准可以用作图 12.1 中的数据库包，以对应用程序和数据库进行映射。2000 年 1 月，ODMG 制订的标准被称作对象数据标准 ODMG 3.0。

按照标准定义，ODBMS 没有为编程语言环境中的数据操作提供一个单独的数据库语言，而是将数据库对象作为一般的编程语言对象出现在应用编程语言中。也就是说，用实现数据持久性、事务管理、导航查询等的数据库对象扩充了编程语言。

为了访问编程语言环境外的数据库，一个单独的查询语言被包括在标准中，这个查询语言被称作对象 SQL（OSQL）。OSQL 以可以进行导航查询和处理更复杂数据类型（如模板）的能力扩充了关系 SQL 的查询能力。

12.2.1　ODB 建模原语

对象数据库模型的基本建模基元是对象和字面量。每个对象都有个对象标识符，字面量没有对象标识符。

ODB 区分类（Class）和类型（Type），一个类型可以有多个类。例如，类 "Tiger" 和类 "Lion" 都实现了接口 "Animal"，它们的类型都是 "Animal"。

ODB 类可以有特性（Properties）和操作，特性可以是属性（Attribute）或关系（Relationship），即连接该对象与其他对象的属性。

1．字面量和对象类型

ODB 的优势之一是对字面量和对象类型的内建支持，这使得 ODB 成为面向对象信息系统开发的一个自然的实现平台。目前，很多信息系统开发者并没有使用 ODB，这是由 ODB 的其他的缺点（如不足的多用户支持）以及有影响力的数据库厂商所施加的商业影响所造成的。

在对象模型中，字面量是一个没有对象标识符的值。这个值既可以有简单的结构，也可以有复杂的结构。字面量可以分为以下 3 种类型。

（1）原子字面量（Atomic Literals）。原子字面量对应于基本数据类型的值，它是预定义的。原子字面量可以是如下类型。

- short（有符号的短整数）。
- long（有符号的长整数）。
- unsigned short（无符号的短整数）。
- unsigned long（无符号的长整数）。
- float（单精度浮点数）。
- double（双精度浮点数）。
- char（单字符）。
- string（字符串）。
- boolean（布尔型）。
- octet（八位位组）。
- enum（枚举）。

（2）结构化字面量（Structured Literals）。结构化字面量是预定义的，由多个简单字面量组成的数据结构，内建的结构化字面量如下。

- date。

- time。
- timestamp。
- interval。

（3）集字面量（Collection Literals）。集字面量是字面量的模板，也就是参数值为字面量值的参数化类型。集字面量值如下。

- Set<t>（集中的所有元素都是同样的字面量类型 t；如 set<name>，其中 name 是一个字符串）。
- Bag<t>（即允许重复元素的集）。
- List<t>（即有序集）。
- Array<t>（即一个动态大小、有序的元素集合）。
- Dictionary<t,v>（即一个无序的“关键字-值”对的序列，其中关键字不能重复）。

null 字面量表示一个空值。空值不是零或空格字符，在关系型数据库中，它代表目前不知道的值或不适用的值（如兼职工作人员的月工资数）。

对象类型可以分为以下 3 种类型。

（1）原子对象。

（2）结构化对象。

（3）集（如 set<Person>，Person 是一个类）。

图 12.2 所示为类型声明的例子。类 Student 有 5 个属性。它的属性 address 是结构化的对象，它的属性值是类 Address 的一个实例的 OID。类 Address 没有在图中示出，它具有属性：邮政区号、国家名、城市名、区名、街名、门牌号。

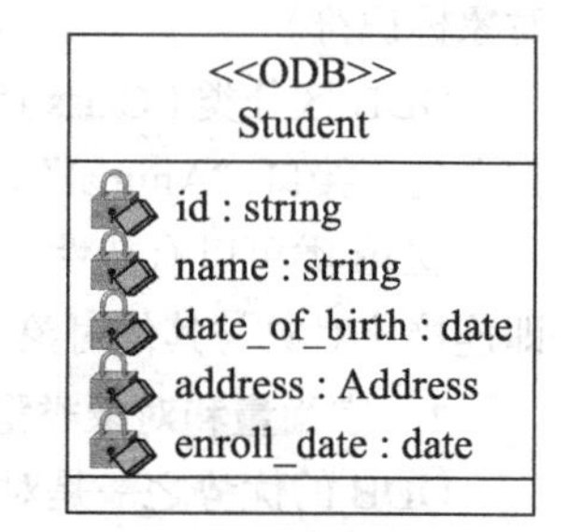

图 12.2　ODB 中的类型声明

2. 关系

对于关联关系、聚合关系和类属关系这 3 种关系，ODB 模型可直接支持关联关系和类属关系，聚合关系则通过约束关联来支持。

关联由集合对象类型（尤其是 Set<>和 List<>）来实现。图 12.3 所示为 ODB 如何表示类 Teacher 与类 Department 之间“多对多”的关联。在模型中，ODB 通过衍型来区分属性和关系。在类之间没有绘关联线，因为关系属性（dept 和 ter）已经实现了该关联。

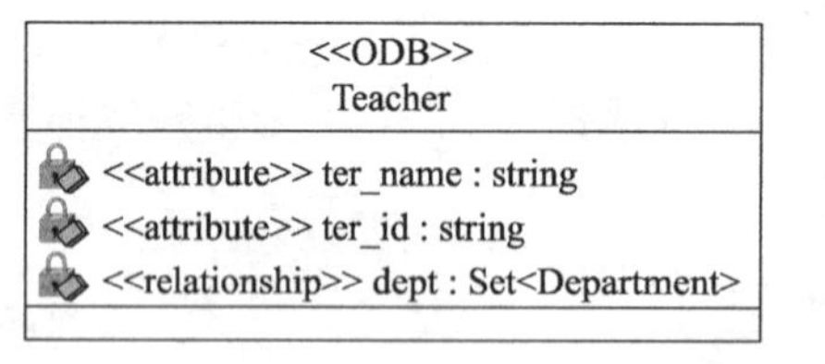

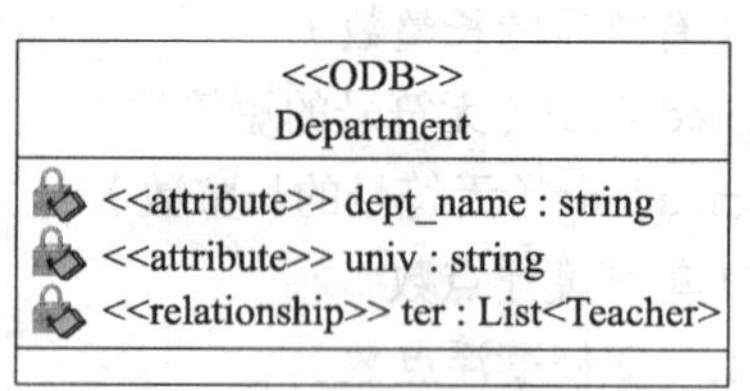

图 12.3　ODB 中的关联

对类 Teacher 与类 Department 的描述如下。

```
Class Teacher
{
        attribute     string                  ter_name;
        attribute     string                  ter_id;
        relationship  Set<Department> dept
                         inverse Department::ter;
};
```

```
Class Department
{
        attribute        string              dept_name;
        attribute        string              univ;
        relationship  List<Teacher>          ter
                         inverse Teacher::dept;
};
```

模式定义中的“inverse”关键词，加强了关联的引用完整性（Referential Intergrity），并消除了出现悬浮指针（Dangling Pointers）的可能性。例如，为了添加一个 Teacher 到 Department 中，程序员可以将 Department 对象（准确地说是 Department 对象的 OID）添加到 Set<Department>中或者将 Teacher 对象添加到 List<Teacher>中，一旦程序员改变了关联的一端，另一端就会自动被 ODBMS 修改。

尽管在上述类定义中没有出现键（Key），键是识别类对象的独一无二的值，但是 ODB 模型允许指定“键”。与关系数据库不同，键并非唯一的、甚至并非主要的对象识别方式（OID 值是 ODB 中识别对象的主要方式），但是在对象数据库中通过键值进行查询不失为一种选择。

键可以是简单的或复合的（由多个属性组成）。由于一个类可以有多个键，可以用序列号（或其他可视化技术）来区别这些键。

3. ISA 和 EXTENDS 继承

ODMG 对象模型定义了两种类属关系，即 ISA 关系和 EXTENDS 关系。其中，ISA 关系对应于早期的接口继承（Interface Inheritance），EXTENDS 关系对应于实现继承（Implementation Inheritance）。

图 12.4 所示为用 ISA 和 EXTENDS 关系扩充的 UML 图。类 Staff 继承 Person 的接口定义，Person 是一个抽象类。类 Professor 继承类 Staff 的实现，且包括方法 teach()的声明。

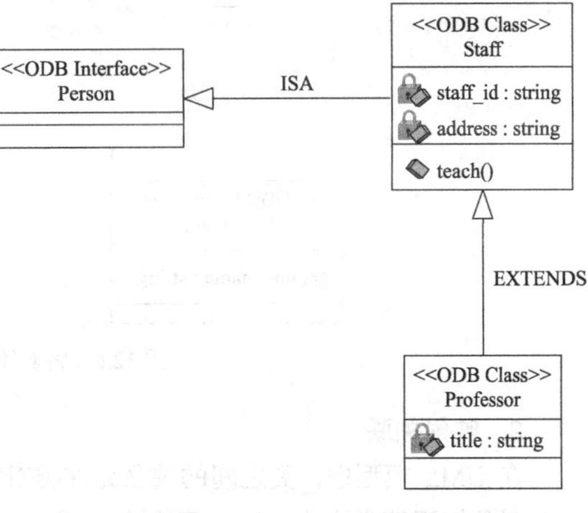

图 12.4　ODB 中的继承

按照 ODMG 标准，定义抽象类（Abstract Class）时，使用关键词 Interface（接口），如抽象类 Person；定义可以被实例化的具体类时，使用关键词 Class（类），如类 Staff、类 Professor。

12.2.2　映射到 ODB

与 ORDB 和 RDB 相比，从 UML 模型到 ODB 的映射是无缝的，ODB 的任务正是为面向对象模型提供面向对象实现。事实上，可以用描述 ODB 特性和约束的衍型化的 UML 类图来模拟 ODB 设计。

1. 映射实体类

理论上，UML 没有禁止设计者通过定义新类（在分析阶段）和使用模板（在设计阶段）来扩充类型系统。但在实践中，为了避免 UML 中次要类的激增，只有当实现平台支持可扩充的类型系统、内建的结构化类型、集类型时，设计者才这样做。

在将图 12.5 中的实体类“ContactPerson”和“Researcher”映射到 ODB 进行设计时，可以引入两个 ODB 接口：ShortName 和 LongName。ODB 接口“ShortName”为类 ContactPerson 中的属性 cp_name 定义了类型；ODB 接口“LongName”通过 ISA 关系继承了“ShortName”的两个属

性，并为类 Researcher 的属性 researcher_name 定义了类型。ContactPerson 可能有多个电话号码、传真和 E-mail 组成，可以用 ODB 系统支持的一种集合类型（Collection Types）即 set 类型来模拟，如图 12.6 所示。

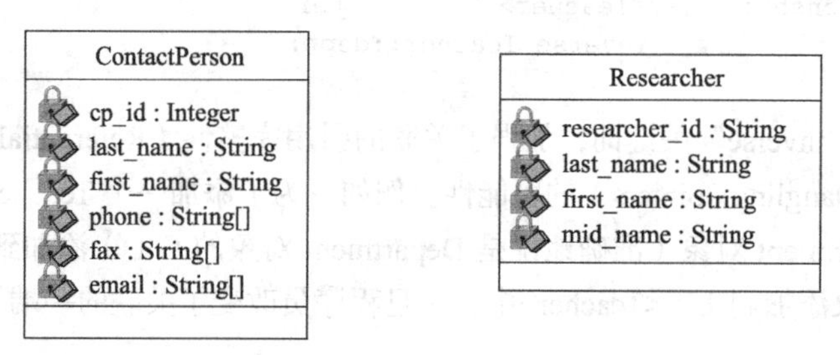

图 12.5　实体类

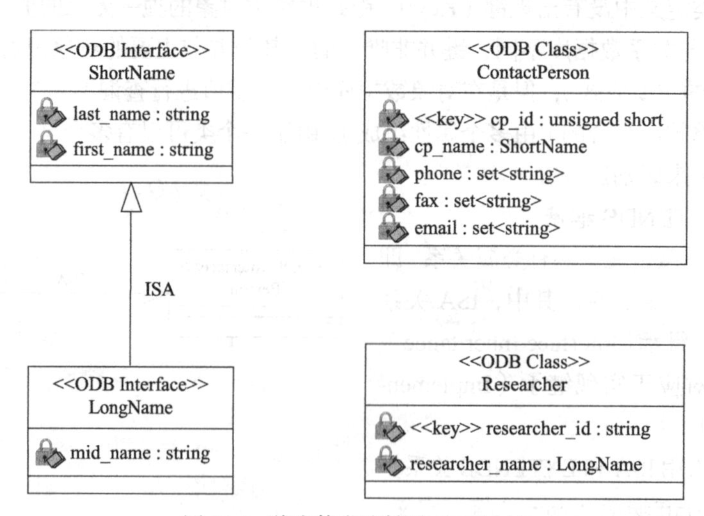

图 12.6　将实体类映射到 ODB 设计

2. 映射关联

在 UML 模型中，类之间的关联允许类对象之间的导航，这正是对象数据库所擅长的，即由永久对象标识符连接的对象之间的导航。

从关联到 ODB 的映射是相当直接的，例如，图 12.3 中的类 Teacher 与类 Department 之间关联的映射，只需将 ODB 类中关系属性的类型定义为与该类关联的类（或类的集合）的类型。

在映射过程中，可对设计进行优化，将一些 UML 属性或 UML 类模拟为 ODB 接口，从而将这些接口用作 ODB 类的属性的类型。

例如，在对图 12.7 中的实体类及类之间的关联关系进行映射时，可以将类 ContactPerson 的属性 last_name、first_name 模拟为 ODB 接口 ShortName，将类 Researcher 的属性 last_name、mid_name 和 first_name 模拟为 ODB 接口 LongName，且 ODB 接口 LongName 继承了 ODB 接口 ShortName 的属性。另外，还可以将图 12.7 中的类 Teacher 与类 Department 中的 UML 类 MailAddress 模拟为 ODB 接口 MailAddress，将 UML 类 CourierAddress 模拟为 ODB 接口 CourierAddress。由于 ODB 接口 MailAddress 和 ODB 接口 CourierAddress 具有共有属性 street、city、province、nation，因此可以抽象出一个父 ODB 接口 Address，使得 ODB 接口 PostalAddress 和 ODB 接口 CourierAddress 能够从 ODB 接口 Address 继承属性，如图 12.8 所示。这些接口可以用来定义 ODB 类中属性的类型。

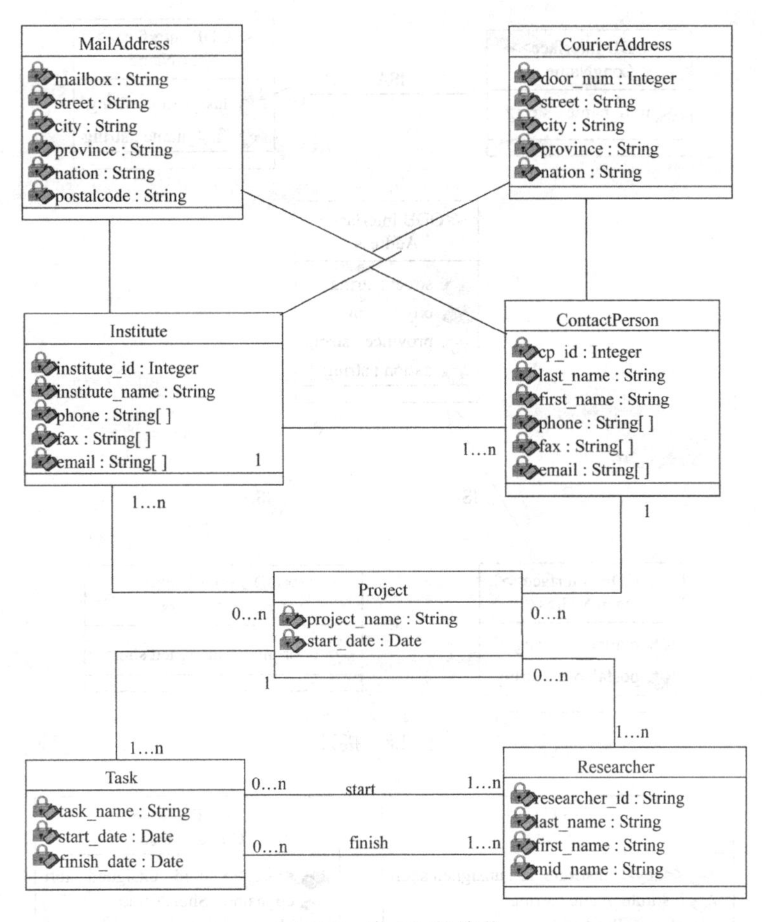

图 12.7　类之间的关联

如图 12.9 所示，ODB 接口 LongName 定义了类 Researcher 的属性 researcher_name 的类型；ODB 接口 ShortName 定义了类 ContactPerson 的属性 cp_name 的类型；ODB 接口 MailAddress 定义了类Institute 和类ContactPerson 中的属性mail_adr 的类型；接口 CourierAddress定义了类Institute 和类 ContactPerson 中的属性 courier_adr 的类型。此外，图 12.9 中没有绘出任何代表关联关系的线，因为关联关系用类属性来表示。例如，图 12.7 中的类 Task 和类 Researcher 之间存在两个“多对多”关联关系“start”和“finish”，可通过图 12.9 中类 Task 中类型为 Set<Researcher>的属性 start_researcher、finish_researcher 和类 Researcher 中类型为 Set<Task>或 List<Task>的属性 start_task 和 finish_task 来描述这两个关联关系。

3. 映射聚合

UML 的聚合有两种语义，即具有引用语义的聚合（Aggregation）和具有值语义的组合（Composition）。在数据库中，聚合被模拟为关联或嵌套属性。如果要加入特别的聚合语义，则需通过过程的方式（在程序中）实现，而不是通过声明的方式（在数据结构中）实现。

聚合的映射原理比较简单。其中，从 UML 聚合到 ODB 模型的映射类似于关联的映射；从 UML 组合到 ODB 模型的映射则会产生一个组合 ODB 类，这个类含有代表成分类的嵌套属性。由于成分类具有内部结构（即它不是原子的），所以要先定义 ODB 接口作为结构化对象的类型，再将 ODB 接口用作嵌套属性的类型，这样，嵌套属性就可以接受那个对象类型的值了。出于对系统处理效率、可重用性、可维护性等方面的考虑可对上述映射策略作适当变化。

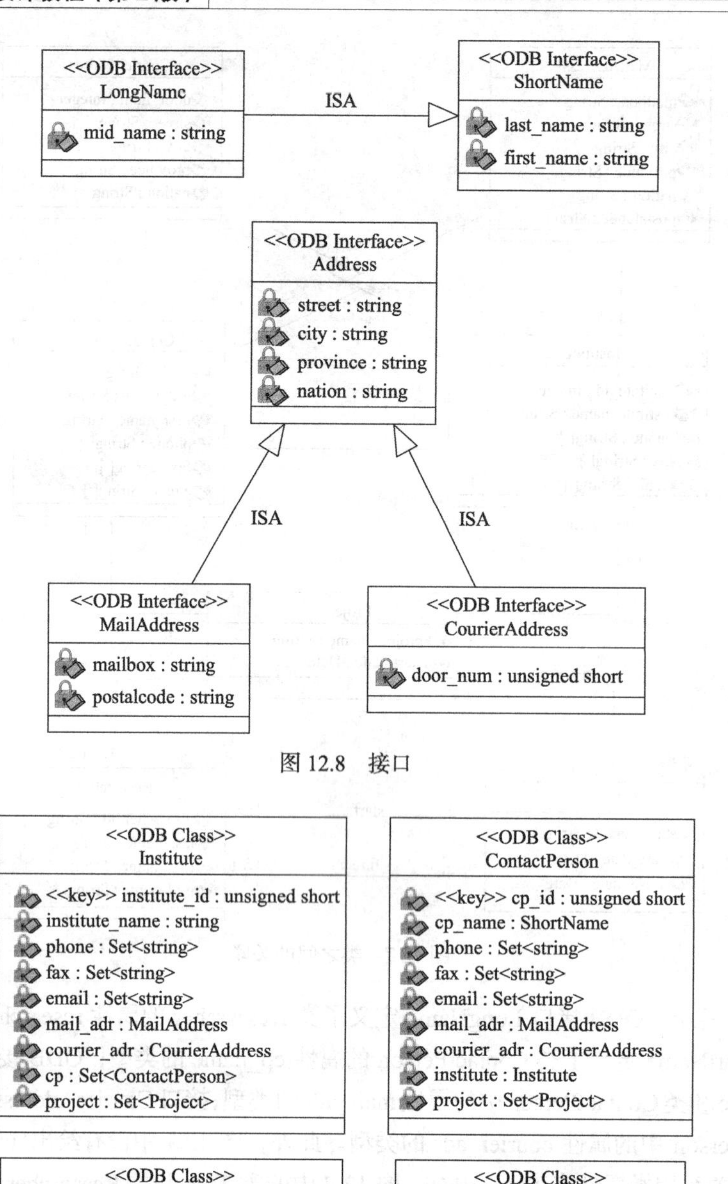

图 12.8 接口

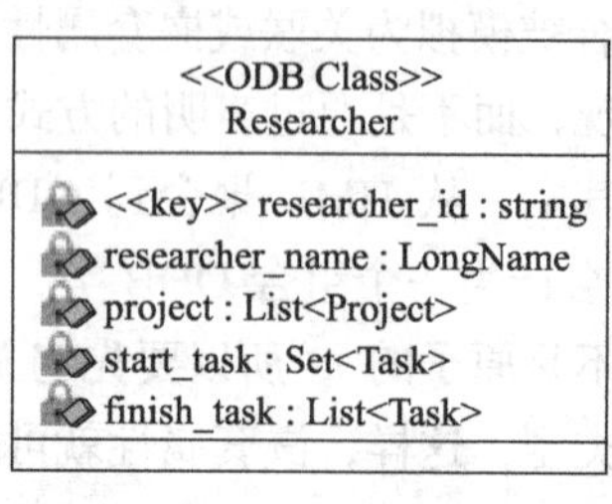

图 12.9 关联的映射

图 12.10 中含有一个 UML 聚合关系和一个 UML 组合关系，在将这两种关系映射到 ODB 模型时，对类 Course 和类 CourseOffering 之间的聚合关系可以像普通的关联关系一样模拟；而在模拟类 Student 和类 CourseRecord 之间的组合关系时，则需要定义一个 ODB 接口 CourseRecord，将它用作定义类属性的类型，如图 12.11 所示。另外，ODB 接口 CourseRecord 对于将 UML 组合定义为类 Student 中的嵌套属性 crs_rcd 是必要的。

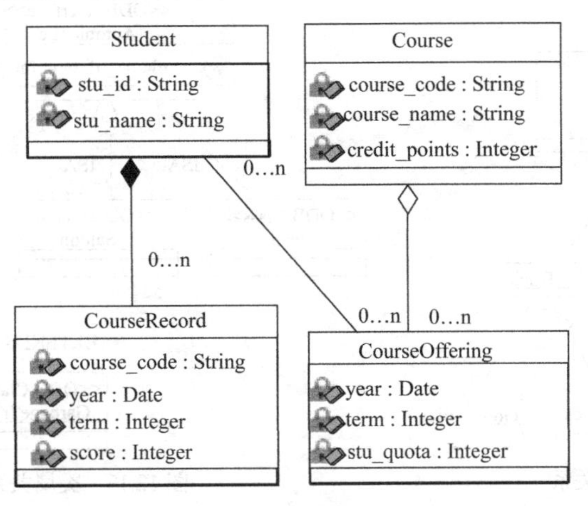

图 12.10　聚合关系和组合关系

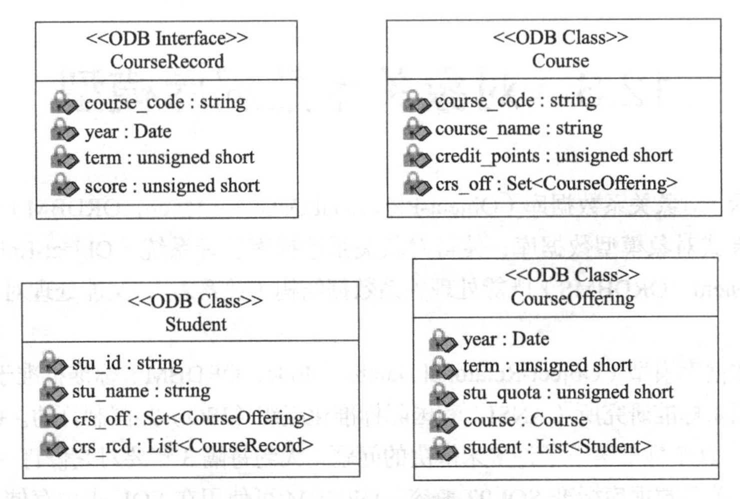

图 12.11　映射聚合关系

4. 映射类属

从 UML 类属关系到 ODB 的 ISA 和 EXTENDS 关系的映射基本上是“一对一”的，接口继承用 ISA 关系来模拟，类继承用 EXTENDS 关系来模拟。

例如，图 12.13 所示的是对图 12.12 中的类属关系进行映射而得到的 ODB 模型。由于图 12.12 中的“Vehicle”和“Automobile”是抽象类，且抽象类不能实例化为对象，与它们有关的类属关系代表了接口继承，所以要使用 ISA 关系表示。而类“Truck”和类“GarbageTruck”、类“GoodsTruck”之间的类属关系则用 EXTENDS 关系表示。

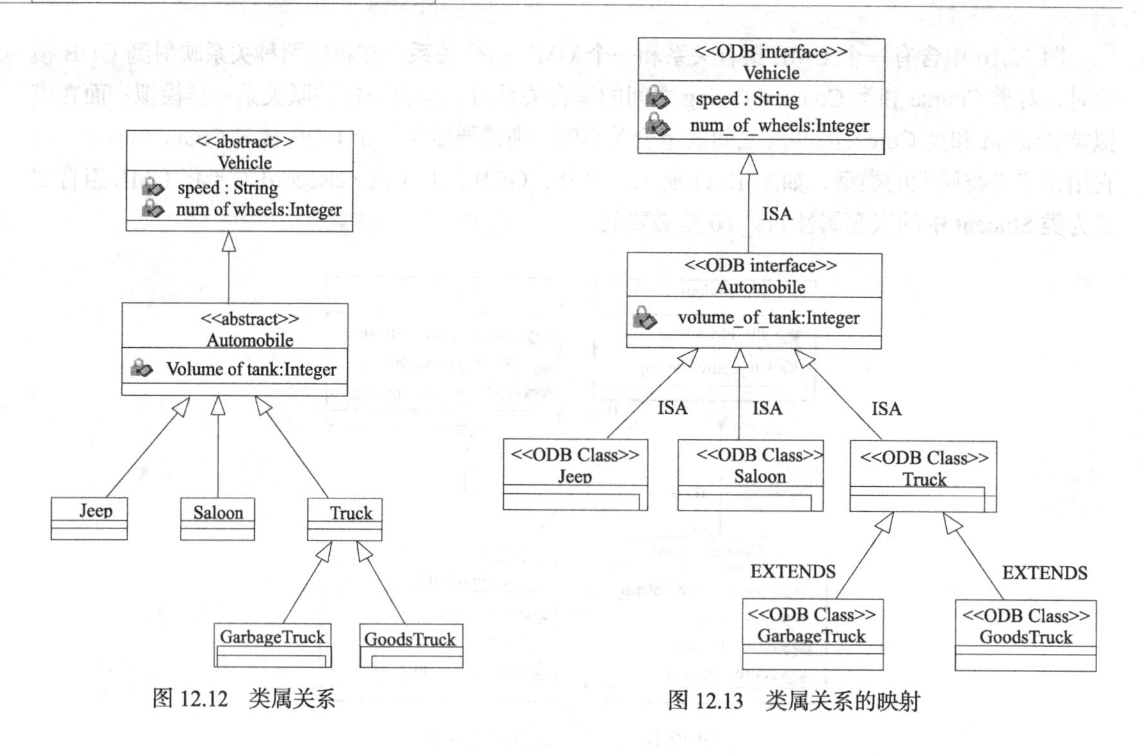

图 12.12　类属关系　　　　图 12.13　类属关系的映射

12.3　对象关系数据库模型

如其名所示，对象关系数据库（Object-Relational Database Mode，ORDBM）合并了老式关系模型数据库和新式对象模型数据库，使得对象关系数据库管理系统（Object-Relational Database Management System，ORDBMS）既能处理关系数据结构（关系表），又能处理对象数据结构（对象表）。

对象关系数据库模型（Object-Relatonal Databse Mode，ORDBM）标准批准于 1999 年，这个标准是由美国国家标准研究所（ANSI）和国际标准化组织（ISO）共同制订的。ORDBM 标准被称作 SQL:1999，这个标准留下了许多未解决的问题，大约每隔 3 年要对它修订一次。

ORDBM 与关系数据库标准 SQL92 兼容，ORDBM 可使用在 SQL 表中存储对象的新机制来扩充常规的关系表功能，还可以用任意复杂的结构化类型来扩充关系数据库对用户定义类型的有限支持。

尽管 ORDBM 标准仍在发展，但许多重要的关系数据库厂商（如 Oracle、Informix 等）已经把研发可支持 ORDBM 的 ORDBMS 产品当作自己的任务。ORDBMS 厂商需要解决的一个重要问题是怎样将已经存在的关系特性和新的对象特性进行集成，从而使其从关系数据库系统平滑地过渡到 ORDBM 解决方案。实际上，ORDBM 标准 SQL:1999 并没有真正地解决这个问题。

12.3.1　ORDB 建模原语

ORDB 建模原语由对象建模原语和关系建模原语组成。

主要的对象建模原语是用户定义的结构化类型（Structured Type），该类型对应于 ODB 的

"Interface"概念和 UML 的"Class"概念。结构化类型是通过规定其属性和操作来定义的，可以将一个结构化类型定义为另一个结构化类型的子类型，实际上，ORDBM 支持多接口继承。

ORDB 的存储机制是表（Table），表的列代表了可以接受用户定义的结构化类型的值。为了与常规的关系表相区别，在 ORDBMS 实现中将这样的表称为对象表（Object Table）。

ORDB 还支持 ODB 式的结构化类型和集类型。一种特殊的结构化类型——行类型（Row Type）允许在对象表中定义嵌套的数据结构，另外，行类型还可以用来定义引用类型（Reference Type）。

1. 结构化类型

ORDB 表的列可以接受内建类型或用户定义类型的值，ORDB 的内建类型的功能类似于 ODB 的内建类型的功能。

用户定义类型可以分为清晰类型（Distinct Type）和结构化类型（Structured Type）。清晰类型是单一的、预定义的数据类型，它对应于 ODMG 的原子对象类型（Atomic Object Type）；结构化类型是属性和操作定义的列表，它对应于 ODMG 的结构化对象类型（Structured Object Type）。

结构化类型允许数据库用户创建自定义的类型。结构化类型定义由属性声明和操作声明组成，属性代表了结构化类型对象的状态；操作定义了结构化类型对象的行为，另外，操作还可用来定义结构化类型对象的等同/不等同、排序、转变。

图 12.14 所示为类型 Student 的结构化类型定义。比较图 12.14 与图 12.2 中的 ODB 类型声明，可以发现区别是比较小的，其区别主要与数据库的内建类型有关。

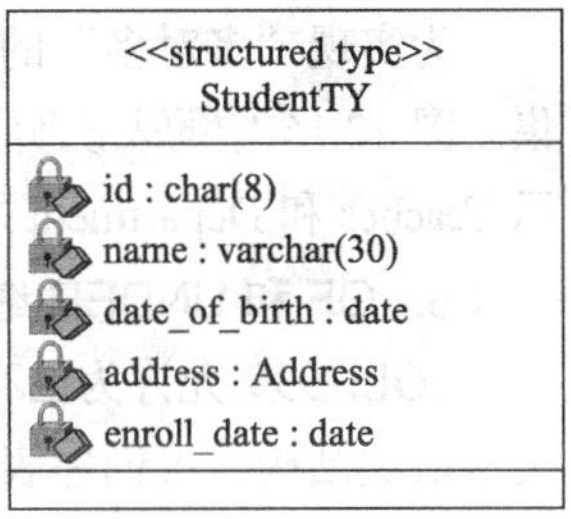

<<structured type>>
StudentTY

id : char(8)
name : varchar(30)
date_of_birth : date
address : Address
enroll_date : date

图 12.14 结构化类型

2. 对象表（Object Table）

对象表是具有一个或多个列的行的集合。行是行类型的实例，对象表中的每一行都是由一个 OID 唯一标识的对象。行是可以插入表中或从表中删除的数据的最小单位。

为了快速区别对象类型和对象表，建议结构化后的类型名使用后缀 TY。例如，为了在 ORDB 中持久存储类型 StudentTY 的实例，要为类型 StudentTY 创建表，用不带后缀 TY 的类型名来命名这样的表很方便，也很清楚。为 StudentTY 创建表的 SQL:1999 的声明可以如下表示。

```
create table Student of StudentTY
```

3. 行类型（Row Type）

行类型允许表在没有使用结构化类型或集类型的情况下，具有相当复杂的内部结构。行类型是域的序列（即<域名><数据类型>对）。实际上，行类型允许将一个表嵌入到另一个表中，且表中的列可以含有行值。

下面的例子解释了怎样用行类型定义具有复杂内部结构的表。

```
create table Teacher
 ( teacher_id  integer,
   teacher_name  row
     ( last_name  varchar(25),
       first_name  varchar(25)),
   mail_address  row
     ( mailbox  varchar(10),
       postcode  varchar(10),
       address  row
         ( streetvarchar(40),
           city    varchar(20),
```

```
province    varchar(20),
nation      varchar(20))));
```

从数据库编程的角度来说，行类型允许将完整的行存储到变量中，允许将完整的行作为操作的输入参数进行传递，还允许将完整的行作为操作的输出参数或返回值进行返回。

4. 引用类型（Reference Type）

结构化类型可以用来定义引用类型，用关键字“ref”来定义引用。例如，stud ref(StudentTY)就表示对象表中一个对结构化类型的引用。在 SQL:1999 中，引用类型是有作用域的，即它们引用的表在编译时是确定的。

引用类型的值是一个 OID，它在数据库中是唯一的，它能够引用可引用表（Referenceable Table）中的一行。可引用表必须是类型化表（Typed Table），即具有关联的结构化类型的表。引用类型可用在 ORDB 中实现“一对一”的关联。

为实现“多对多”的关联，可使用引用的集。图 12.15 中的表说明了如何在 ORDB 中表示 Teacher 和 Department 之间“多对多”的关联。

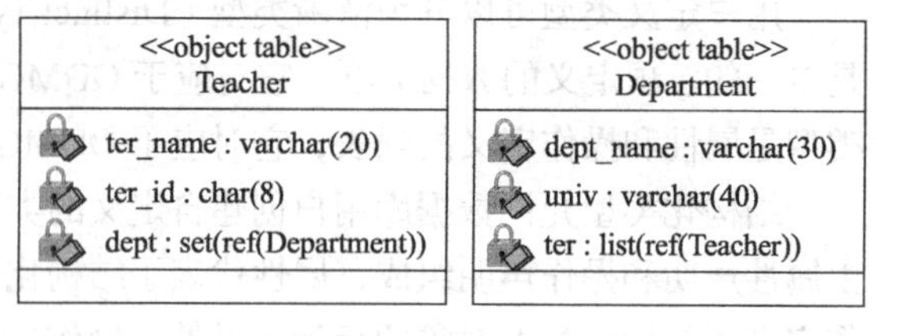

图 12.15 ORDB 中的关联

5. OF 和 UNDER 继承

SQL:1999 允许为已存在类型创建子类型，目前，SQL:1999 只支持单一的实现继承。对应于类型层次结构，可创建表层次结构。也就是说，为超类型创建超表，为子类型创建子表。但有时候，在表层次结构中有可能忽略类型层次结构中的类型，如图 12.16 所示，在表层次结构中忽略了类型层次结构中的类型 FullTimeStaffTY。

下面的 SQL:1999 代码描述了子类型 LecturerTY 和子表 Lecturer 的创建。SQL:1999 用关键词 UNDER 确定类型的层次结构和表的层次结构，用关键词 OF 确定表的结构化类型。此外，关键词 OF 还可用作表与表的类型之间的类属关系的名字，如图 12.16 所示。

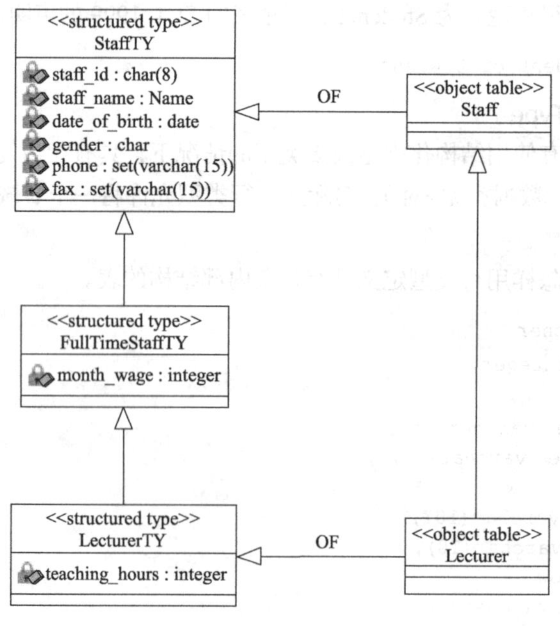

图 12.16 ORDB 中的继承

在如下代码中，类型 LecturerTY 被声明为 instantiable（可实例化的），这意味着可以创建该类型的对象，它还被声明为 final（最终的），这意味着它不能有子类型。

```
create type LecturerTY
       under FullTimeStaffTY
       as ( teaching_hours integer )
       instantiable
       final;
create table Lecturer of LecturerTY
       under Staff;
```

12.3.2　映射到 ORDB

如同 ODB 模型一样，UML 的衍型和其他扩充机制对于表达 ORDB 概念是足够的。

在实践中，映射不是针对抽象的 SQL:1999 标准而是针对真正的 ORDB 产品进行的。真正的 ORDB 产品可能不支持 SQL:1999 某些特性，但却可能支持一些 SQL:1999 没有提及的其他特性。

1. 映射实体类（Entity Class）

将图 12.5 中的实体类映射到 ORDB 模型，这是一个需要解决如何在 ORDB 设计模型中表示 ODB 接口的问题，因为 SQL:1999 不支持接口。

图 12.17 所示为两种可能的解决方案。对于 LongName，为它创建一个结构化类型，然后将它用作 ResearcherTY 中属性的类型；对于 ShortName，则创建类 short_name 来“模拟”行类型（行类型不是面向对象概念）。表 ContactPerson 是类型 ContactPersonTY 的，但它添加了一个行类型列 short_name，另外，它对类 short_name 的依赖关系说明了行类型的结构。

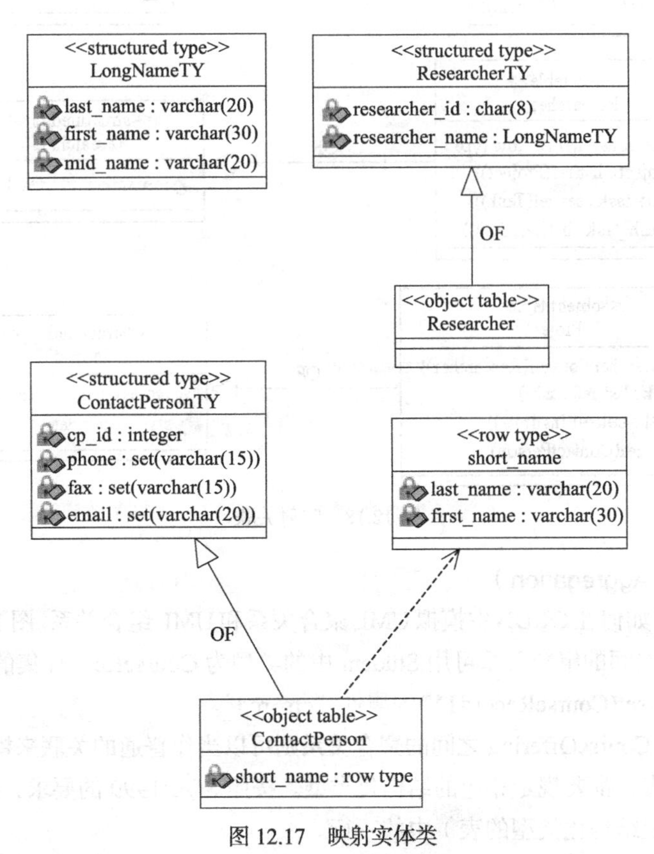

图 12.17　映射实体类

2. 映射关联（Association）

图 12.18 是对图 12.7 中的类及类间的关联进行映射得到的 ORDBM。在为图 12.7 设计 ORDBM 时，可以将图 12.8 中的接口都转变为行类型。其中，对象表含有类型为行类型或引用类型的列，结构化类型则含有类型为原子类型或原子类型集合的属性。

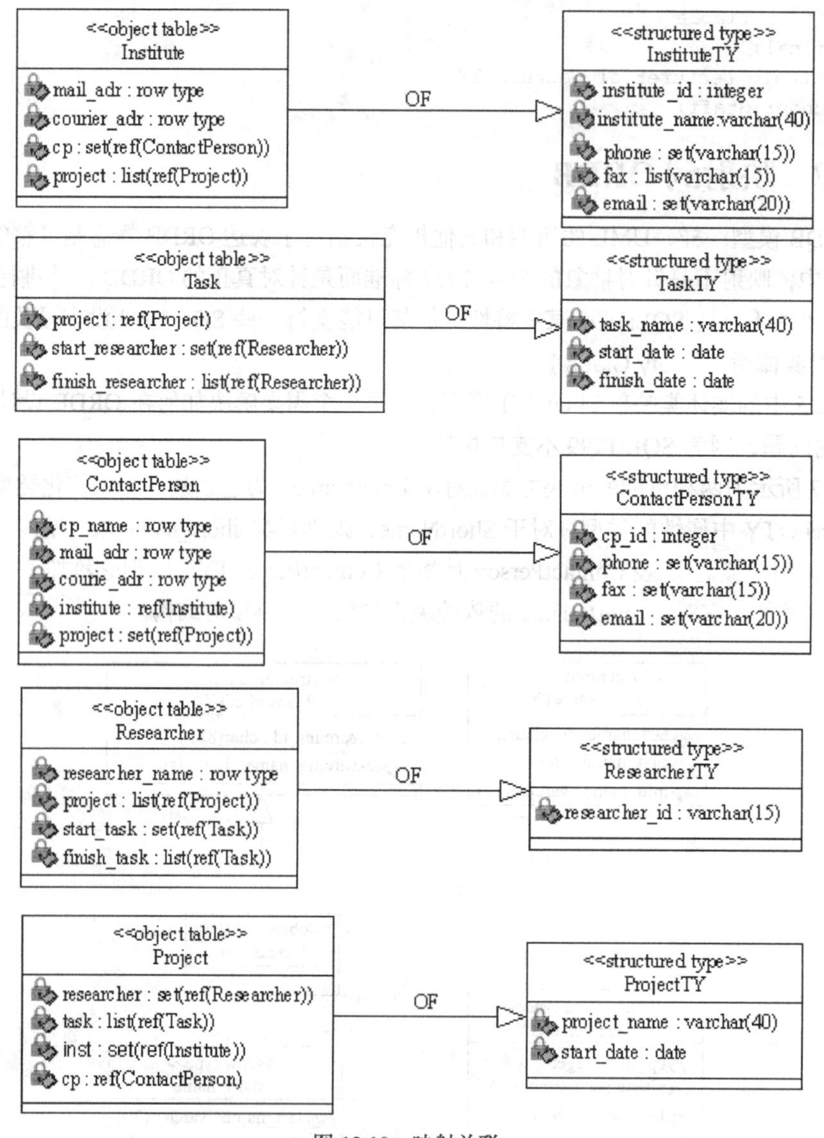

图 12.18　映射关联

3. 映射聚合（Aggregation）

图 12.19 说明了如何在 ORDB 中模拟 UML 聚合关系和 UML 组合关系。图 12.10 中的类 Student 和类 CourseRecord 之间的组合关系可用 Student 中的类型为 CourseRecord 集的属性来模拟，即图 12.19 中的类型为集 set(CourseRecordTY)的属性“crs_rcd”。

类 Course 和类 CourseOffering 之间的聚合关系则可以当作普通的关联来模拟，即用引用来模拟。对于每个对象表，都要规定相应的结构化类型。按照 SQL:1999 的要求，ref 类型的值必须标识类型化表（即指定结构化类型的表）中的一行。

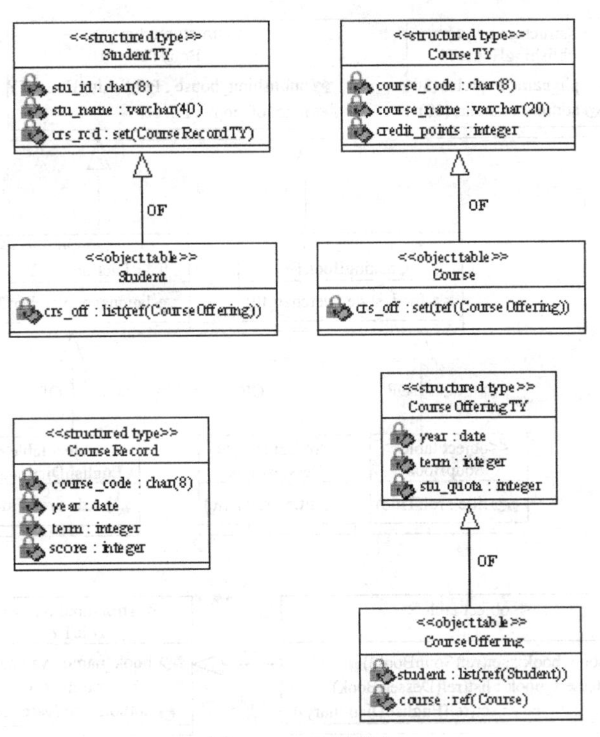

图 12.19 映射聚合

4. 映射类属（Generalization）

“ref”类型的值是“限定范围”的，即只有一张表可以在 ref 类型的范围内，且这个范围必须是静态可知的，即在编译时是可知的。

如图 12.20 所示，类 Title 和类 Book 之间存在“一对多”的关联关系，这意味着 Title 与所有的 Book 对象（包括 SoupBook 对象、DessertBook 对象、EnglishDictionary 对象）之间都存在着“一对多”关联。因此，在将图 12.20 中的类属关系映射到 ORDBM 时，要应用引用和引用集对这 3 个“一对多”关联分别进行模拟，解决方案如图 12.21 所示。

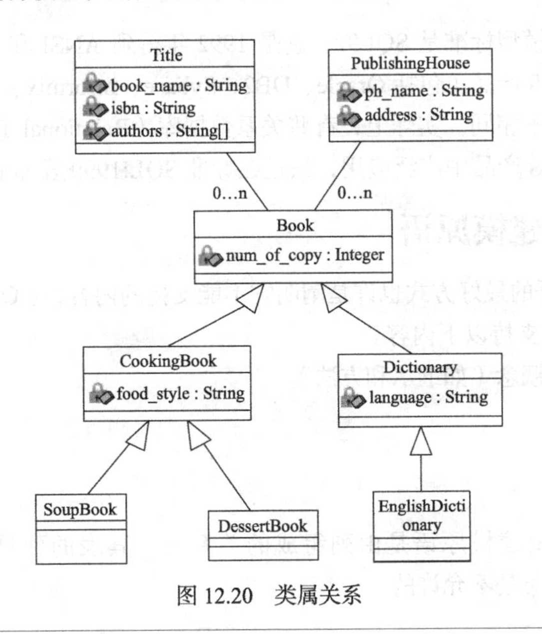

图 12.20 类属关系

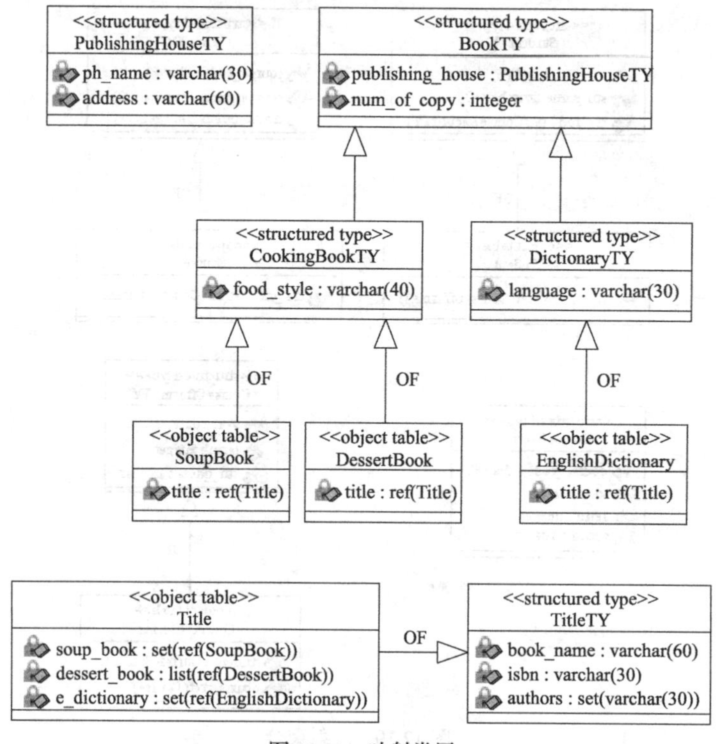

图 12.21　映射类属

12.4　关系数据库模型

在过去的 20 年，关系数据库模型（Relational Database Model）已经基本占领了数据库软件市场，关系数据库模型已经取代了分层数据库（Hierarchical Database）和网络数据库（Network Database）模型。

最后的关系数据库模型标准是 SQL92，它是 1992 年得到 ANSI 和 ISO 的批准而发布的。市场上所有重要的 RDBMS 产品（包括 Oracle、DB2、Sybase、Informix、SQL Server 等）都遵守这一标准，虽然其方式各不相同。实际上，有些关系数据库（Relational Databas，RDB）概念（如触发器）早已在 RDBMS 产品中广泛应用，只是在标准 SQL:1999 发布后才被正式认可。

12.4.1　RDB 建模原语

概括 RDB 建模原语的最好方式也许是阐明它不能支持的内容，与 ODB 和 ORDB 模型的主要建模原语相比，RDB 不支持以下内容。

- 对象类型和相关概念（如继承和方法）。
- 结构化类型。
- 集。
- 引用。

RDB 模型中的主要建模原语是由列组成的关系表，其表的列只能接受原子值（Atomic Values），结构化值或值集是不允许的。

RDB 模型不支持表之间的、用户可见的导航连接，表之间的关系通过比较列值来维持，没有持久性的连接。维护表之间预定义的关系的 ORDB 功能被称作引用完整性（Referential Integrity）。

1. 列、域和规则

关系数据库将数据存储在由行和列组成的表中。其中存储在行列交叉点的数据值必须是不可分的、单一的值，也就是说，列具有原子域（数据类型）。域定义了列可以接受的合法的值集，域可以是匿名的（如 name varchar(40)）也可以是有名的（如 name Name），域 Name 在用来定义列“name”之前已经定义过了。域定义的语法如下。

```
create domain Name varchar(40)
```

已命名的域可以用来定义不同表中的多个列，这样可以加强这些定义之间的一致性。如果域定义发生变化，则这些变化会自动反映到列定义中。

商业规则可以用来约束列和域，其定义如下。

- 缺省值（如可以设置“国籍”的缺省值为“中国”）。
- 值的范围（如可以设置“分数”的范围为 0 到 100）。
- 值的列表（如可以规定“职称”为“助教”、“讲师”、“副教授”、“教授”）。
- 值的大小写（如规定值必须是大写或小写）。
- 值的格式（如规定值必须以字母“Q”开头）。

只有非常简单的、与单一列或域有关的商业规则才能用规则定义，跨表的复杂规则可以定义为引用完整性约束。定义商业规则的最终机制是触发器（Trigger）。

2. 关系表

关系表是由它的固定列集定义的，列具有内建的或用户定义的类型。表可以有任意多行，但没有重复的行。

特定行的列值可以是 Null，Null 值意味着“值目前不知道”或“值不适用”。

由于 RDB 模型要求“没有重复行”，因此每个表都有一个主键（Primary Key）。一个表可以有多个键，任意选择这些键中的一个作为对用户最重要的主键，其他的键则被称为备用键（Alternate Keys）。

但在实践中，RDBMS 表不是必须要有关键字，这意味着表可能有重复的行，这在关系数据库中是无用的特性，因为，对于关系数据库中所有列值都相同的两行是无法区分的。这不同于 ODB 和 ORDB 系统，在 RDB 中 OID 提供了这样的区别，即两个对象可以相等，但并不一样（如同一种书的两个物理拷贝）。

可以用 UML 符号衍型和约束来为关系数据库建模。例如，图 12.22 所示的关系表是用衍型<<relational table>>表示的。

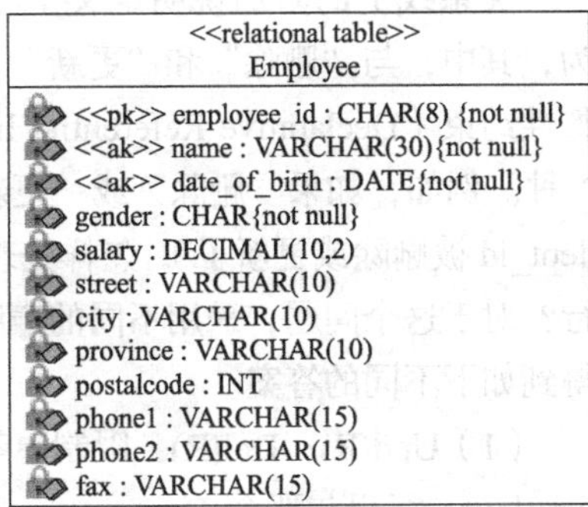

图 12.22 RDB 中的表定义

图 12.22 中的表 Employee（雇员）由 12 列组成，前面 4 列不能接受空值，用约束“{not null}”表示；后面 8 列可以接受空值。其中，列 employee_id 是主键，用衍型<<pk>>表示；列｛name，date_of_birth｝定义了备用键，用衍型<<ak>>表示。

由于 RDB 的限制，列只能接受原子的、单一的值，这在模拟雇员的地址和电话号码时就会遇到困难。对于雇员地址，选择使用 4 列的解决方案，即 postalcode（邮政编码）、street（街道）、city（城市）、province（省份）；对于雇员电话号码，选择使用 2 列的解决方案，即 phone1、phone2，允许每个雇员最多可有两个电话号码。

一旦在 CASE 工具中定义了表，就能自动生成创建这个表的代码，如下所示。

```
create table Employee
( employee_id       CHAR(8)                   not null,
name                VARCHAR(30)               not null,
date_of_birth       DATE                      not null,
gender              CHAR                      not null,
salary              DECIMAL(10,2),
street              VARCHAR(10),
city                VARCHAR(10),
province            VARCHAR(10),
postalcode          INT,
phone1              VARCHAR(15),
phone2              VARCHAR(15),
fax                 VARCHAR(15),
primary key (employee_id),
unique (name, date_of_birth));
```

3. 引用完整性（Referential Integrity）

RDB 模型通过引用完整性约束来维护表之间的关系。这种表之间关系不是固定的行到行的连接，而是每当用户请求系统发现关系时，RDB 才去发现行到行的连接。这种发现是通过比较一个表的主键值与该表或另一个表的外键值来实现的。

外键（Foreign Key）被定义为表中的列的集合，其值为 Null，或者通过匹配同一个表中或另一个表中的主键值所得。主、外键的一致性被称作引用完整性，引用完整性中的主键和外键必须是基于同一个域定义的，但可以有不同的名字。

图 12.23 为引用完整性的图形。绘制表 Employee 和表 Department 之间的关系时，要在表 Employee 中添加外键 dept_id。并且，对于 Employee 表中的每一行，外键 dept_id 的值必须是空值或者是匹配表 Department 中的一个 dept_id 值（否则员工可能会为一个并不存在的部门工作）。

关系线上的附加说明定义了与引用完整性相关的行为，其中，与“删除”和“更新”操作有关的声明引用完整性约束（Declarative Referential Integrity Constraints）有 4 种。例如，如果“删除”或“更新”Department 行（即 dept_id 被删除或更新了），怎样处理与之相连的 Employee 行？对于这个问题，采用不同的声明引用完整性约束可以得到如下不同的答案。

（1）Upd(R)；Del(R)：限制更新和删除操作（即如果 Employee 行仍与那个 Department 行相连，就不允许操作进行）。

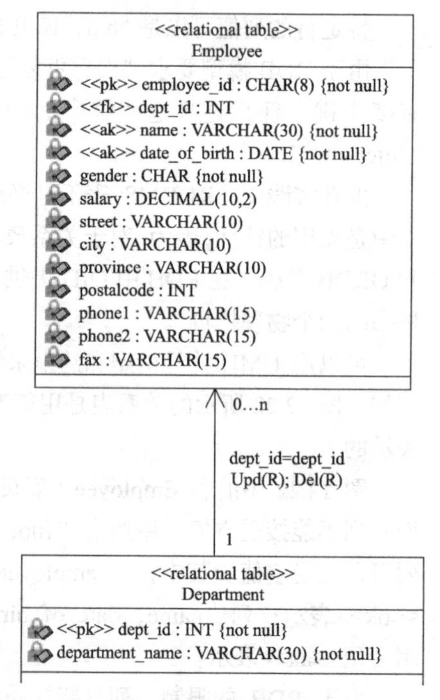

图 12.23　引用完整性

（2）Upd(C)；Del(C)：级联操作（即删除与那个 Department 行相连的所有 Employee 行）。

（3）Upd(N)；Del(N)：设置空值（即若更新或删除 Department 行，则将与之相连的 Employee 行的 dept_id 设置为 Null）。

（4）Upd(D)；Del(D)：设置缺省值（即若更新或删除 Department 行，则将与之相连的 Employee 行的 dept_id 设置为缺省值）。

当表之间的关系是"多对多"时，如 Teacher（教师）与 Department（系）之间的关系（见图 12.24），引用完整性的建模就会变得复杂。为了能够在 RDB 的一个列不能取多个值的约束下处理"多对多"关系，就需要引进一个交叉表（Intersection Table），如图 12.24 中的表 TeacherToDept。交叉表的唯一目的就是模拟"多对多"关系，并且规定声明引用完整性约束。

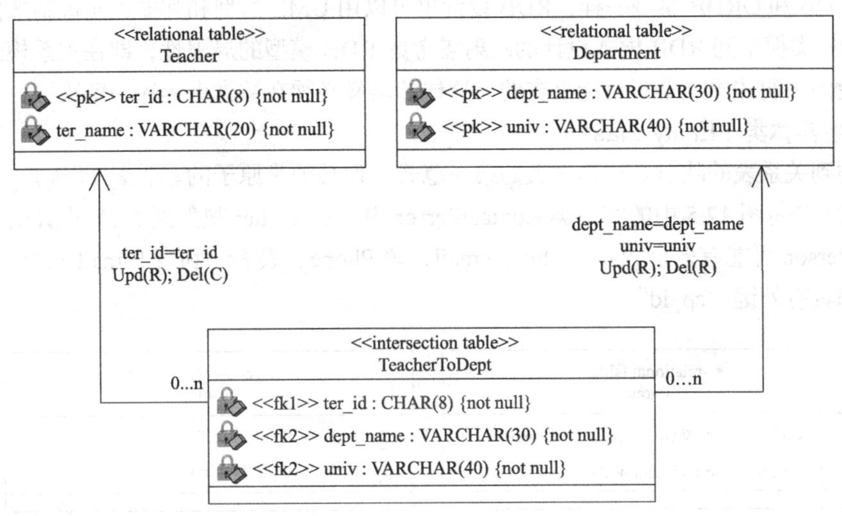

图 12.24　"多对多"关系的引用完整性

4. 范式（Normal Forms）

RDB 设计中一个最重要、但同时最不容易被理解的概念就是规范化。关系表必须是范式（Normal Form，NF），范式被分为以下 6 种。

- 第一范式。
- 第二范式。
- 第三范式。
- BC 范式（Boyce-Codd 范式）。
- 第四范式。
- 第五范式。

满足高级范式的表满足所有低级范式。表至少是第一范式的，第一范式的表不含有具有结构化值或多值的列，第一范式是 RDB 模型的基本要求。

低范式的表有时会出现所谓的更新异常。更新异常指的是对表的修改操作（包括插入、更新、删除等操作）所引起的异常。例如，如果同样的信息在表中的同一列多次重复出现，则对此信息的修改必须在该列中所有的地方都执行，否则数据库就会处于不正确的状态。可以看到，随着表的范式级别的提高，更新异常也将逐渐被消除。

将表规范为更高级的范式可以通过将表沿着列垂直分割为两个或多个更小的表来进行。这些更小的表可能满足更高级的范式，它们代替了 RDB 设计模型中的原始表，不过，这些原始表总是可以通过 SQL 的连接操作"JOIN"连接小表而获得重建。

从规范化的角度来说，好的设计意味着我们理解更新和检索操作更加有效。如果数据库是动态的，即需要接受频繁的更新操作，那么就应该建立较小的表以更有效地进行更新，并使这些更新局部化。这些表应满足较高级范式，从而减少或消除更新异常。如果数据库是相对静态的，即表示虽然频繁查询信息，但更新数据库内容的操作很少，那么非规范化设计更有利。这是由于检索一个单一的大表往往比检索多个小表更有效，因为这些小表在检索前需要先连接到一起。

12.4.2 映射到 RDB

如同 ODB 和 ORDB 模型一样，RDB 设计也可以用 UML 衍型和其他扩充机制来模拟。

从 UML 类模型到 RDB 模式设计的映射需考虑 RDB 模型的局限性，即在关系模式中表达类的一些内建的声明式语义是不可能存在的，这样的语义必须在数据库程序中解决。

1. 映射实体类（Entity Class）

实体类到关系表的映射必须遵循表的第一范式，列必须是原子的。

图 12.25 是将图 12.5 中的实体类 ContactPerson 和 Researcher 映射到 RDB 设计的解决方案。类 ContactPerson 可能有多个 phone、fax、email，表 Phone、表 Fax 和表 E-mail 对此提供了支持，这 3 个表都具有外键“cp_id”。

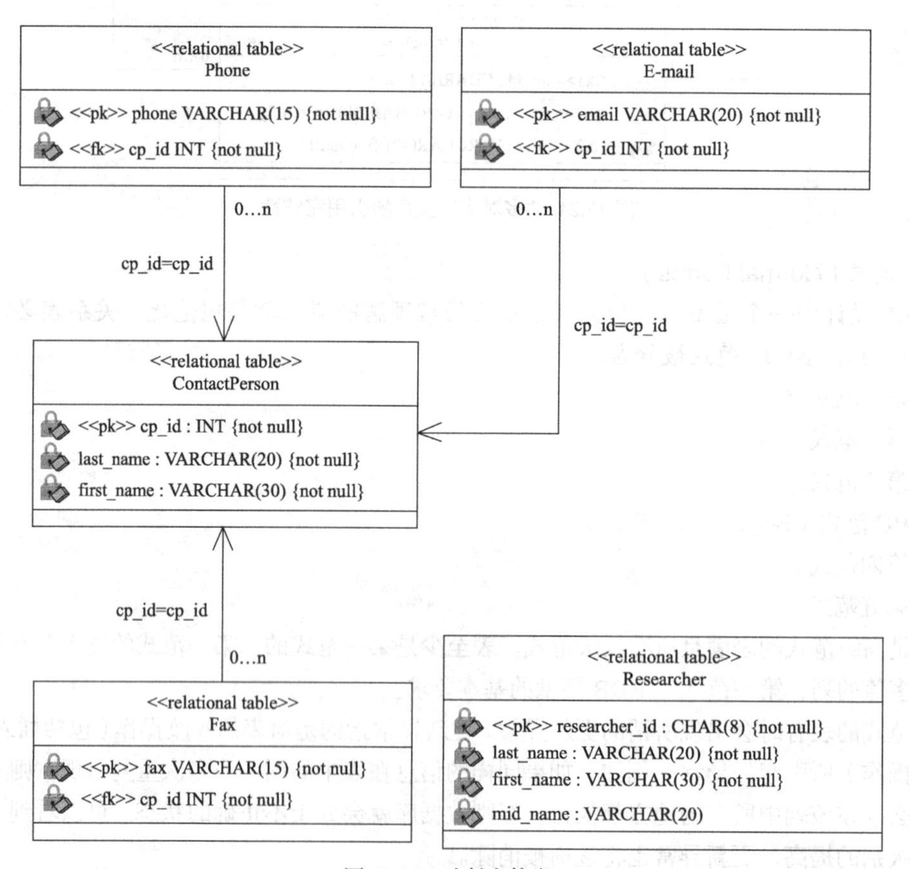

图 12.25 映射实体类

在表 Researcher 中，为 last_name、first_name、mid_name 保留了 3 个独立的属性。不过，数据库并不知晓 Researcher_name 是由这 3 个属性组合得到的概念。

2. 映射关联（Association）

将关联映射到 RDB 的过程涉及了表之间引用完整性约束的使用。任何“一对一”或“一对多”的关联都可以通过在一个表中插入一个外键来匹配另一个表中的主键来表达。

对于“一对一”关联，可以将外键添加到其中任何一个表中，也可将两个实体类合并在一个表中（取决于想达到的规范化水平）。

对于递归的“一对一”或“一对多”关联，外键和主键位于同一个表中。每个“多对多”关联（无论是否递归）都需要一个图 12.24 所示的交叉表。

图 12.7 中的关联既有“一对一”和“一对多”关联，还有“多对多”关联，所以对它的映射比较复杂。将图 12.7 中的实体类和关联映射到 RDB 的解决方案如图 12.26 和图 12.27 所示（由于 RDB 图太大，将其拆分成两个图）。另外，在将图 12.7 映射成 RDB 模型时，需要为实体类创建作为主键的新列。

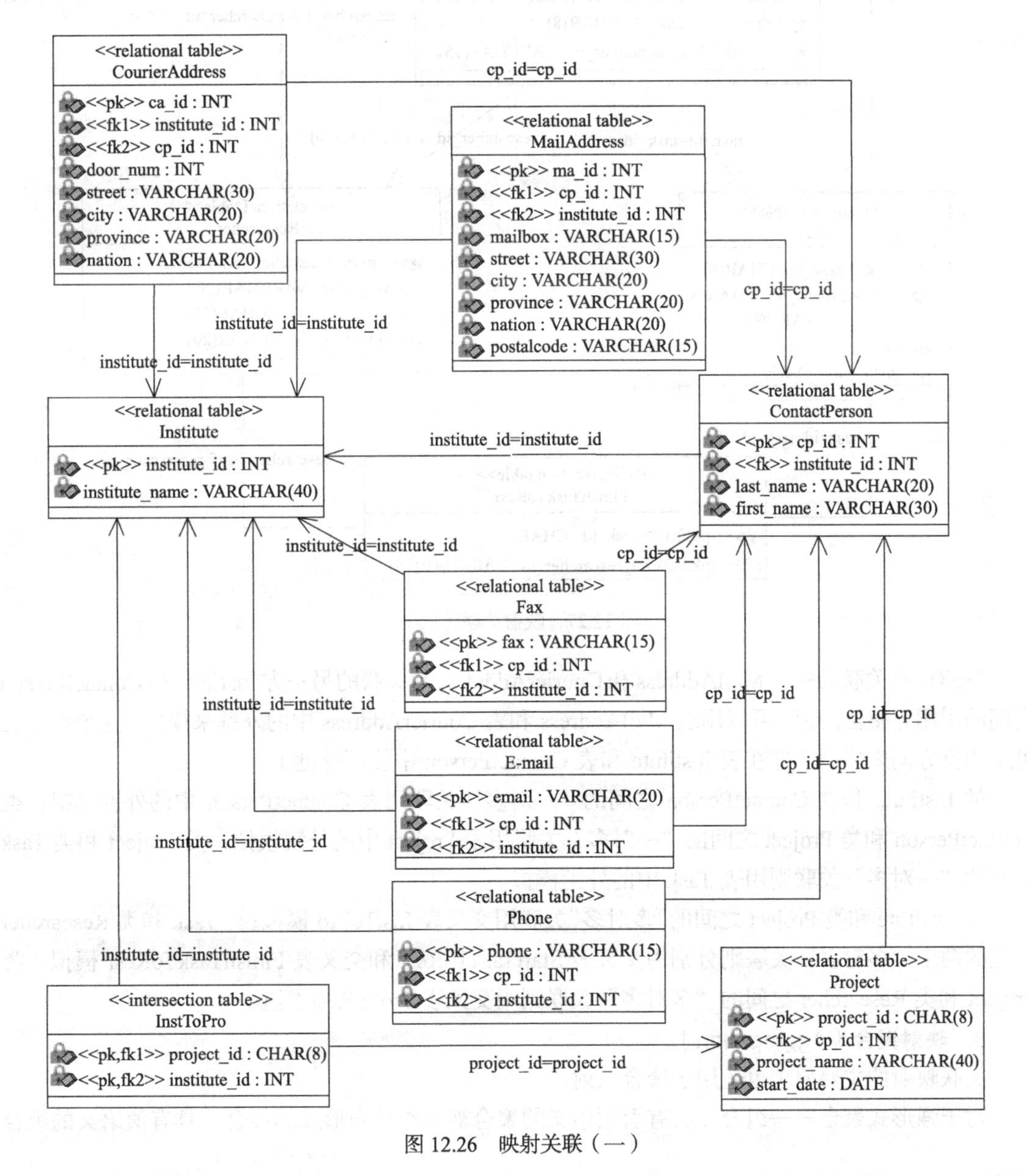

图 12.26　映射关联（一）

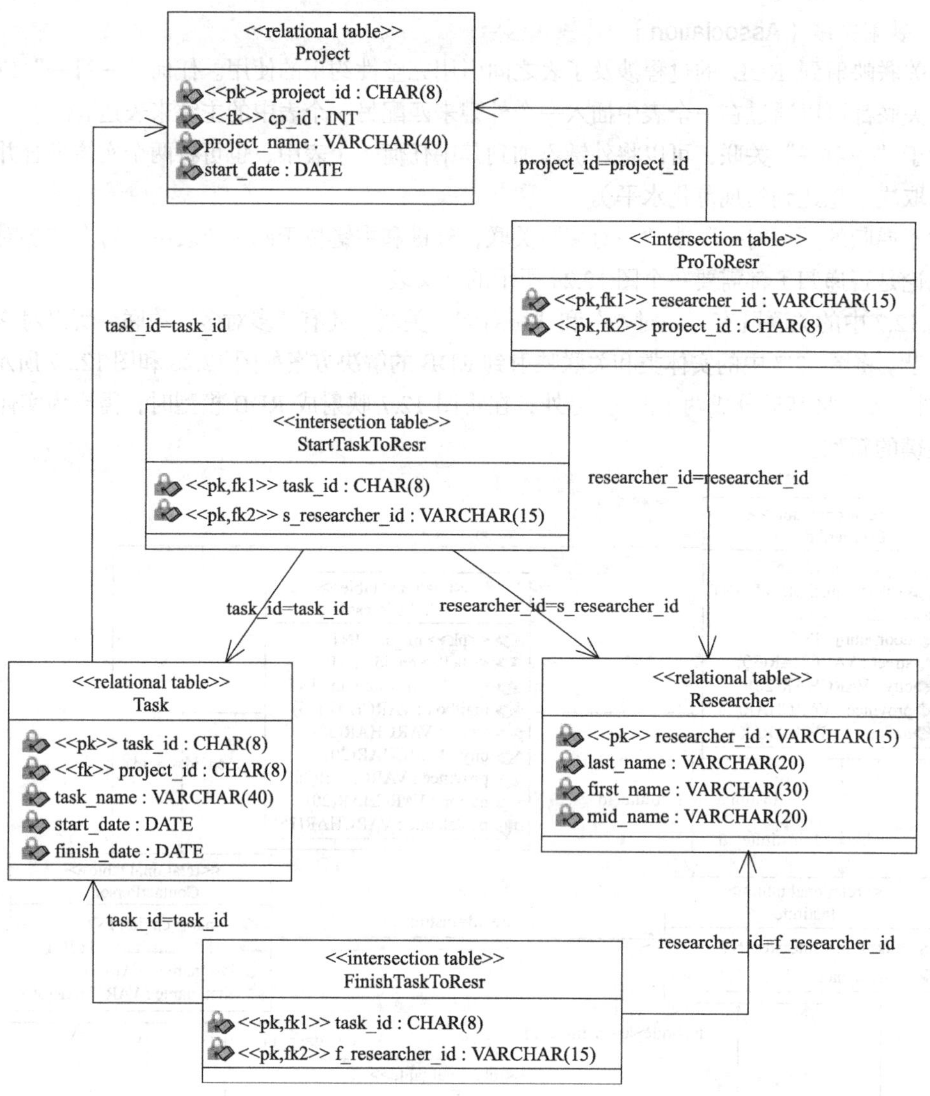

图 12.27 映射关联（二）

"一对一"关联的一方 MailAddress 和 CourierAddress，与关联的另一方 Institute 和 ContactPerson 之间的引用完整性约束，可以用表 MailAddress 和表 CourierAddress 中的外键来模拟，这个约束也可从相反方向来模拟（即在表 Institute 和表 ContactPerson 中使用外键）。

类 Institute 和类 ContactPerson 之间的"一对多"关联用表 ContactPerson 中的外键模拟；类 ContactPerson 和类 Project 之间的"一对多"关联用表 Project 中的外键模拟；类 Project 和类 Task 之间的"一对多"关联则用表 Task 中的外键模拟。

类 Institute 和类 Project 之间的"多对多"关联用交叉表 InstToPro 模拟；类 Task 和类 Researcher 之间的两个"多对多"关联则分别用交叉表 StartTaskToResr 和交叉表 FinishTaskToResr 模拟，类 Project 和类 Researcher 之间的"多对多"关联则用交叉表 ProToResr 模拟。

3. 映射聚合（Aggregation）

关联映射的主要原理也适用于聚合映射。

对于强形式聚合——组合（具有引用语义的聚合被看作是弱形式的聚合，具有值语义的组合则被看作是强形式的聚合），应该将子集和超集实体类组合到一张表中。这对于“一对一”的聚合是可能的，但对于“一对多”的聚合，子集类（无论是强形式聚合还是弱形式聚合）则必须被模拟为一个单独的表（用一个外键将它和它的超集类的表连接起来）。

图 12.10 中的类图包含两个聚合关系，即类 Student 和类 CourseRecord 之间的组合关系以及类 Course 和类 CourseOffering 之间的聚合关系。这两个都是“一对多”的聚合，因此都需要单独的子集表。

在图 12.10 所示的 UML 模型中，从类 CourseRecord 到类 Course 存在着间接的导航连接。在 RDB 设计中，设计人员可以在表 CourseRecord 和表 Course 之间建立直接的引用完整性，因为 CourseRecord 将属性 course_code 作为其主键的一部分，同时这个属性可以用作访问表 Course 的外键。图 12.28 所示为对图 12.10 中类及类间关系的 RDB 映射。类 Student 与类 CourseOffering 之间的“多对多”关联用交叉表 StdToCrsOff 模拟，交叉表的主键由关联中两个主表的主键合并而成。

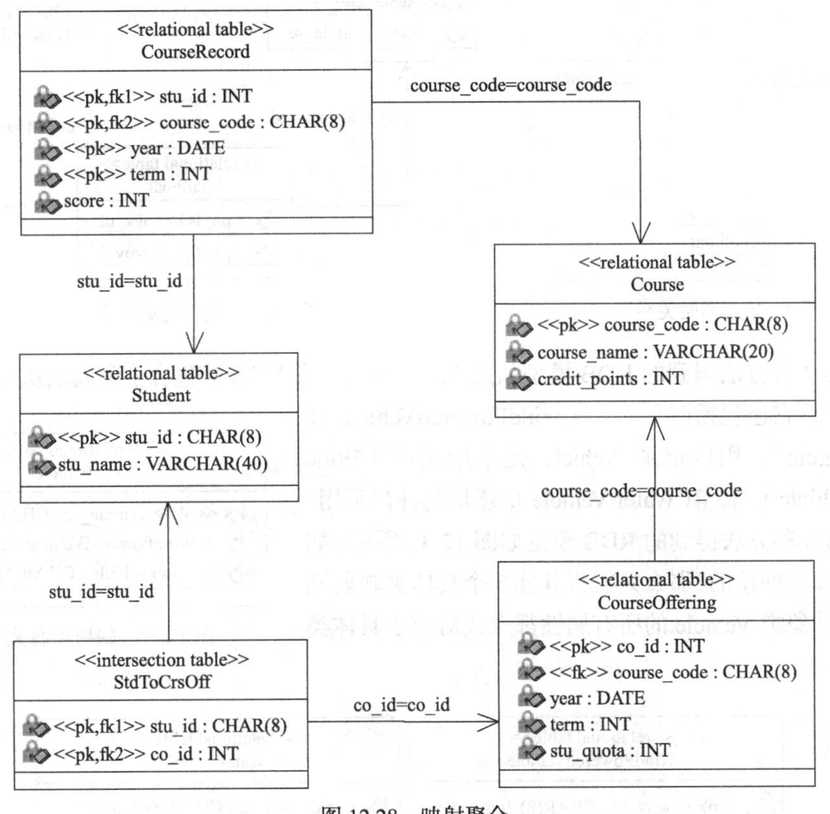

图 12.28　映射聚合

4. 映射类属（Generalization）

类属关系到 RDB 的映射有多种方式。不过，用 RDB 数据结构表达类属关系容易忽略类属关系的继承、多态、代码重用等。

将类属关系的层次映射为 RDB 设计模型的方法有 4 种。

（1）将每个类映射到一个表。

（2）将整个类层次映射到一个超类表。

（3）将每个具体类映射到一个表。

（4）将每个不相交的具体类映射到一个表。

对图 12.29 中的类及类间的关系进行映射，采用第 1 种方法得到的 RDB 模型如图 12.30 所示。图 12.30 中的每个表都有自己的主键，但图中并没有说明子类表是否继承了父类表的某些列。例如，speed 是否存储在表 Vehicle 中，并且被表 WindPoweredVehicle、表 WaterVehicle、表 Sailboat 继承？这里的“继承”意味着一个连接操作“join”，但是考虑到“join”连接操作的性能损失，也可将属性 speed 复制到类属层次的所有表中。

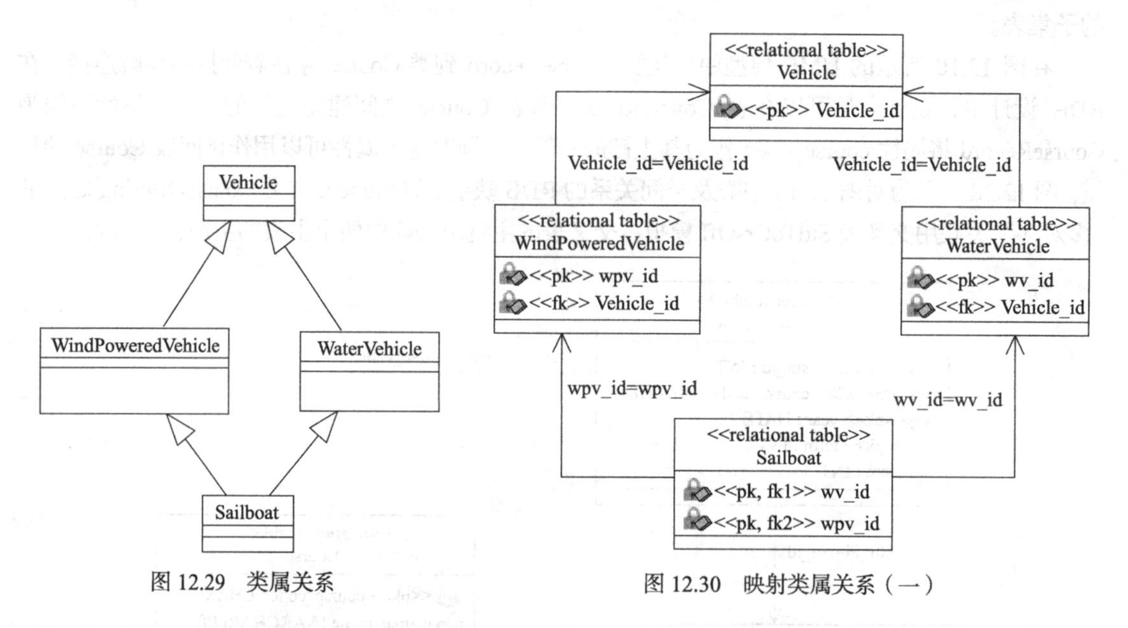

图 12.29　类属关系　　　　图 12.30　映射类属关系（一）

采用第 2 种方法得到的 RDB 模型如图 12.31 所示。表 Vehicle 包含了类属层次中所有类的属性集，另外，它还包括两个列（is_windPoweredVehicle 和 is_waterVehicle），用以记录 Vehicle 是采用风能（Wind Powered Vehicle）、水能（Water Vehicle），还是两种都采用。

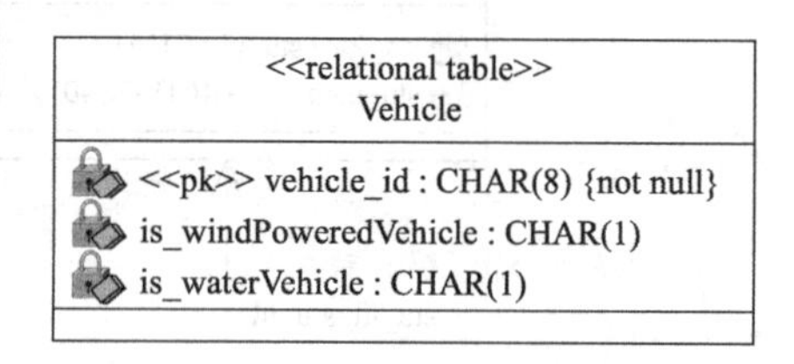

图 12.31　映射类属关系（二）

采用第 3 种方法得到的 RDB 模型如图 12.32 所示。如果类 Vehicle 是抽象的，那么只需将其他 3 个具体类映射到关系表，而抽象类 Vehicle 的所有属性都变成对应于具体类的表的列。

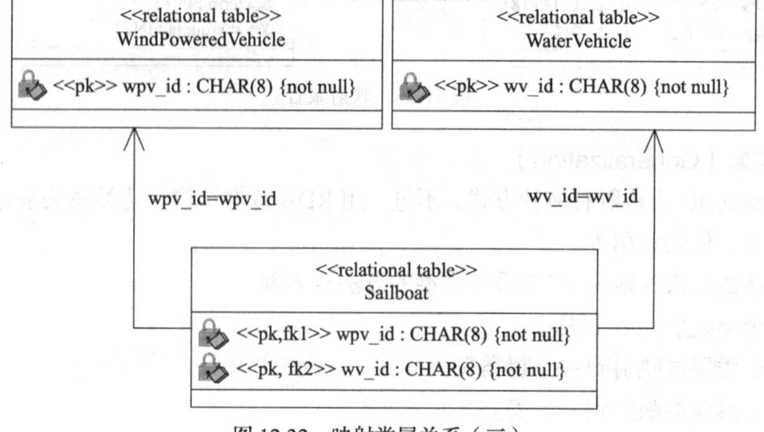

图 12.32　映射类属关系（三）

采用最后一种方法得到的 RDB 模型如图 12.33 所示。这里也假设类 Vehicle 是抽象的。为了将类 WindPoweredVehicle 和类 WaterVehicle 变成不相交的，需要为类 WindPoweredVehicle 添加一个属性以判断 WindPoweredVehicle 是不是采用水能，同时为类 WaterVehicle 添加一个属性以判断 WaterVehicle 是不是采用风能，所以在表 WindPoweredVehicle 中有非空列 is_waterVehicle，表 WaterVehicle 中有非空列 is_windPoweredVehicle。

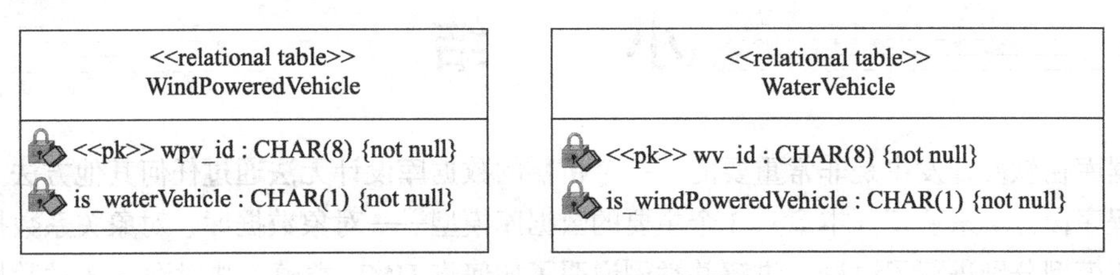

图 12.33　映射类属关系（四）

图 12.34 是对图 12.20 中的类属关系进行映射而得到的 RDB 模型。

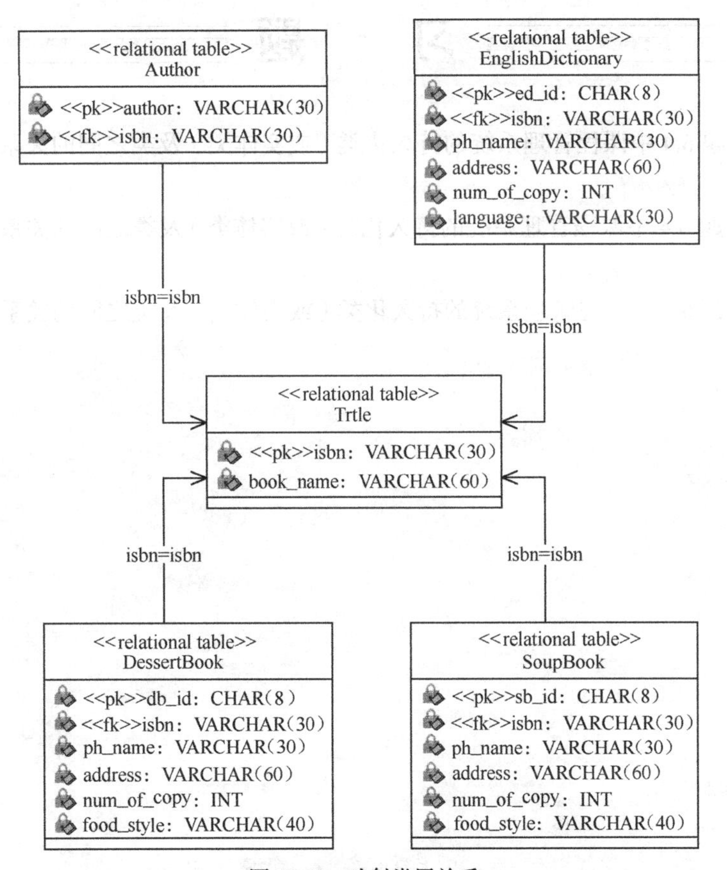

图 12.34　映射类属关系

图 12.20 中总共有 3 个具体类，即类 SoupBook、类 DessertBook、类 EnglishDictionary。图 12.34 所示的 RDB 设计要为每个具体类都创建一个对应的表，这些表复制了类 PublishingHouse 的信息“ph_name”、“address”和类 Book 的信息“num_of_copy”，类 SoupBook 和类 DessertBook 复制了类 CookingBook 的信息“food_style”，类 EnglishDictionary 则复制了类 Dictionary 的信息“language”。由于一本书可能有多个作者，图 12.34 中的表 Author 对此提供了支持。图 12.20 中的类 Title 和类

Book 之间存在"一对多"关联，这意味着类 Title 与所有的 Book 对象（SoupBook 对象、DessertBook 对象、EnglishDictionary 对象）之间都存在着"一对多"关联，因此，为了模拟类 Title 与类 SoupBook、类 DessertBook、类 EnglishDictionary 之间的关联关系，在表 SoupBook、表 DessertBook、表 EnglishDictionary 中分别插入外键"isbn"，以匹配表 Title 中的主键"isbn"，如图 12.34 所示。

小　　结

数据库在软件开发中是非常重要的。一个糟糕的数据库设计无法通过任何其他方法（包括好的应用程序设计）来矫正。本章对 3 个主要的数据库模型——对象数据库、对象关系数据库、关系数据库模型分别进行了讨论，讲解并举例说明了如何将 UML 类模型映射到这 3 种数据库的逻辑模型。

习　　题

12.1　为习题 6.4 中课程管理系统的持久化类（或实体类）及类之间的关系建立对象数据库模型。

12.2　为习题 6.4 中课程管理系统的持久化类（或实体类）及类之间的关系建立对象关系数据库模型。

12.3　为习题 6.4 中课程管理系统的持久化类（或实体类）及类之间的关系建立关系数据库模型。

第 13 章 图书管理系统的分析与设计

本章以图书馆图书管理系统为例，介绍了面向对象系统的分析与设计过程。

13.1 系统需求

信息系统开发的目的是满足用户需求，为了达到这个目的，设计人员必须充分理解系统的商业总体目标和用户的工作方式。无论是开发简单的应用程序，还是开发商业性的大规模软件系统，首先要做的事都是确定系统需求，即确定系统的功能。

收集到的系统需求可以被分为 3 类，即功能性需求、非功能性需求、可用性需求。功能性需求和非功能性需求是系统分析与设计中的常用种类，可用性需求常常被忽略，但被忽略并不代表它不重要，事实上，可用性是衡量一个软件是否成功的重要因素之一。

功能性需求描述了系统可以做什么或被期望做什么，即描述了系统的功能，在面向对象的方法中，可以用用例来描述系统的功能；非功能性需求描述了系统如何更好地提供功能需求，如系统性能、安全性等；可用性需求则描述了特定用户在特定环境下有效地、顺利地达到特定目标的程度，可用性是人机交互研究的主题。

对图书馆图书管理系统的域描述如下。

在图书管理系统中，要为每个借阅者建立一个账户，并给借阅者发放借阅卡（借阅卡可以提供借阅卡号、借阅者姓名），其中账户中存储借阅者的个人信息、借阅信息以及预订信息。持有借阅卡的借阅者可以借阅书刊、返还书刊、查询书刊信息、预订书刊并取消预订，所有这些操作都是通过图书管理员进行的，即借阅者不直接与系统交互，而是让图书管理员充当借阅者的代理与系统交互。在借阅书刊时，首先需要输入所借阅的书刊名、书刊的 ISBN/ISSN 号，然后输入借阅者的借阅卡号和借阅者姓名，最后提交所填表格。系统验证借阅者是否有效（在系统中是否存在账户），若有效，借阅请求被接受，系统查询数据库系统，看借阅者要求借阅的书刊是否存在，若存在，则借阅者可借出书刊，并在系统中建立存储借阅记录。借阅者还书后，删除关于所还书刊的借阅记录。如果借阅者所借的书刊已被借出，则借阅者可以选择预订该书刊，一旦借阅者预订的书刊可以获得，就将书刊直接寄给预订人（为了简化系统，当预订书刊可获得时就不通知借阅者了）。另外，为了简化系统，暂不考虑书刊的最长借阅期限，即假设借阅者可以无限期地保存所借阅的书刊。

对上述图书管理系统的域描述进行分析，可以获得如下功能性需求。

（1）借阅者持有借阅卡（借阅卡包含借阅者姓名和借阅卡号）。

（2）图书管理员作为借阅者的代理借书。

（3）图书管理员作为借阅者的代理预订书刊。

（4）图书管理员作为借阅者的代理取消预订。

（5）图书管理员作为借阅者的代理还书。

（6）图书管理员可以创建新的借阅者账户。

（7）图书管理员可以修改借阅者的账户信息。

（8）图书管理员可以删除已存在的借阅者账户。

（9）图书管理员可以添加新书目。

（10）图书管理员可以修改书目信息。

（11）图书管理员可以删除系统中的书目。

（12）图书管理员可以在系统中添加书刊信息（注意区分“书目”与“书刊”）。

（13）图书管理员可以编辑书刊信息。

（14）图书管理员可以删除书刊信息。

13.2 需求分析

采用用例驱动的分析方法分析需求的主要任务是识别出系统中的参与者和用例，并建立用例模型。

在该图书管理系统中，首先需要区分“书目/书刊种类”和“书刊”两个概念。其中“书目/书刊种类”代表了书目信息，它不仅包括书刊名，还包括 ISBN 号等信息，它出现在书刊目录中；“书刊”则指书刊的物理拷贝，在一个图书馆中，同一种书刊可能有多本，即有多个物理拷贝。在本系统中，书目信息和书刊信息是一致的，只是不同的物理拷贝具有不同的指定索引号。为了便于描述，本系统用“书目”或“书刊种类”来代表书刊种类（对应 Title），用“物理书刊”来代表每种书刊的具体的物理拷贝（对应 Book）。也就是说，对于每种书刊，图书馆中都可能存有多个物理书刊。

13.2.1 识别参与者

通过对系统需求的分析，可以确定系统中有两个参与者，即 BorrowerActor（借阅者。为了与后面的类 Borrower 相区分，将参与者命名为 BorrowerActor）和 Librarian（图书管理员）。

对参与者的描述如下。

（1）BorrowerActor。

描述：借阅者可以借阅、预订、归还物理书刊，还可以取消预订。

示例：持有借阅卡的任何人或组织。

（2）Librarian。

描述：图书管理员维护系统，他可以创建、修改、删除借阅者的信息；可以添加、编辑、删除书目信息，即维护书刊目录；可以添加、编辑、删除物理书刊信息。

示例：图书管理员。

13.2.2　识别用例

前文已经识别出了系统的两位参与者，接下来通过对需求的进一步分析，可以确定系统中有如下用例存在。

（1）Borrow Book（借阅物理书刊）。

本用例提供了借阅物理书刊的功能。

（2）Return Book（返还物理书刊）。

本用例提供了返还物理书刊的功能。

（3）Reserve Title（预订书刊）。预订书刊时一般针对书目，而非某个物理拷贝。

本用例提供了预订书刊的功能。

（4）Cancel Reservation（取消预订）。

本用例提供了取消预订书刊的功能。

（5）Maintain Borrower Info（维护借阅者信息）。

本用例提供了创建、修改以及取消借阅者账户的功能。

（6）Maintain Title Info（维护书目信息）。

本用例提供了添加、修改以及删除书目信息的功能。

（7）Maintain Book Info（维护物理书刊信息）。

本用例提供了添加、修改以及删除物理书刊信息的功能。

（8）Log In（登录）。

本用例描述了用户如何登录进入该管理系统。

要想建立用例图，在识别出参与者和用例后，还需要识别出它们之间的关系。

"Borrow Book"（借阅物理书刊）、"Return Book"（返还物理书刊）、"Reserve Title"（预订书刊）、"Cancel Reservation"（取消预订）这些动作是由"BorrowerActor"执行的，但是对于本系统来说，这些操作是由"Librarian"与系统进行交互完成的，即用例"Borrow Book"、"Return Book"、"Reserve Title"、"Cancel Reservation"实际上是与"Librarian"交互的，因此参与者"BorrowerActor"和参与者"Librarian"之间存在着依赖关系，即"BorrowerActor"借助"Librarian"完成这些工作。用例"Maintain Borrower Info"（维护借阅者信息）、"Maintain Title Info"（维护书目信息）、"Maintain Book Info"（维护物理书刊信息）也是与参与者"Librarian"进行交互的。另外，为了系统的安全性，系统还需要提供进行身份验证的功能，以确保只有具有权限的"Librarian"才可以使用系统的功能，所以"Librarian"必须与用例"LogIn"登录交互，即"Librarian"在使用系统前，要使用用户名和密码进行登录，系统验证用户的密码正确后，用户才可以执行进一步的操作。

系统的用例图如图 13.1 所示。

13.2.3　用例的事件流描述

用例还可以用事件流来描述，用例的事件流是对完成用例行为所需的事件的描述。事件流描述了系统应该做什么，而没有描述系统应该怎样做，也就是说，事件流是用域语言描述的，而不是用实现语言描述的。

通常，事件流文档的建立主要在细化阶段（Elaboration Phase）进行。开始只是对执行用例的常规流（即用例提供了什么功能）所需步骤的简单描述。随着分析的进行，通过添入更多的详细信息，步骤不断细化。最后，再将例外流添加到用例的事件流描述中。

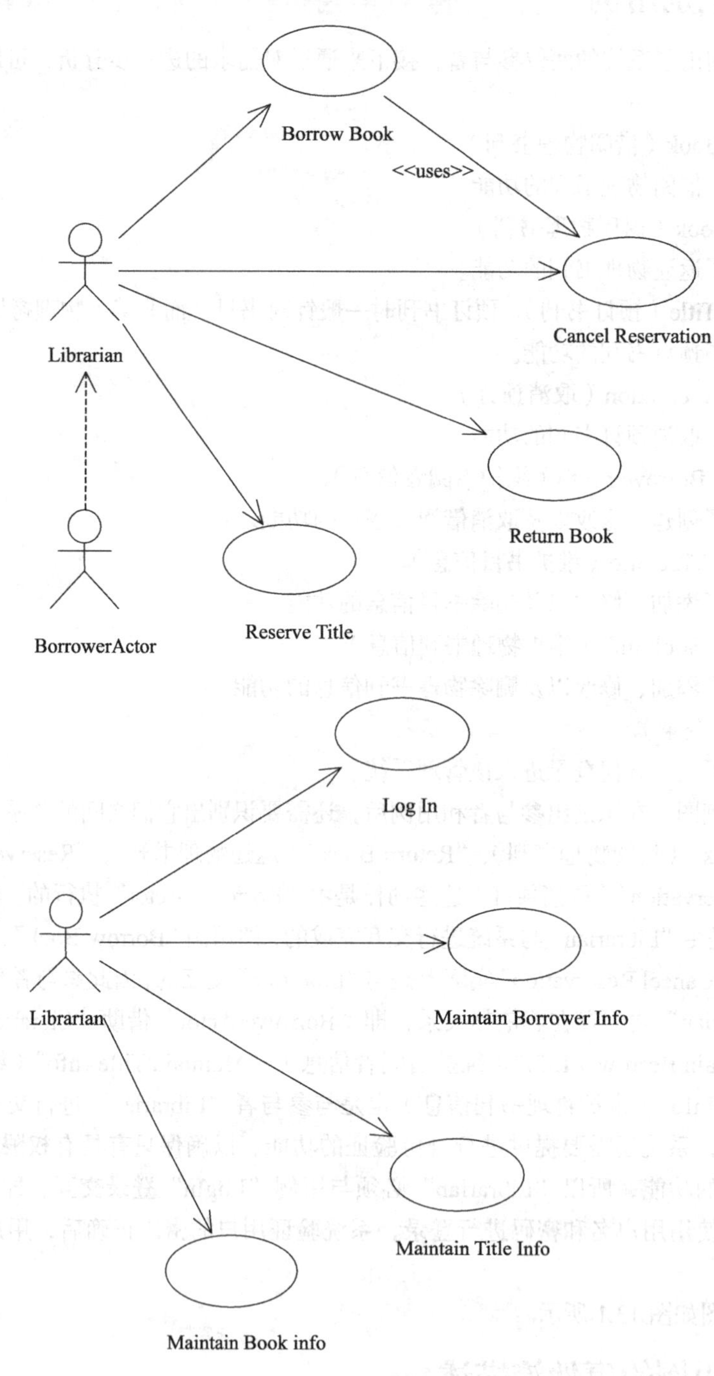

图 13.1　系统用例图

图书管理系统的用例事件流描述如下。

1. 借阅物理书刊（Borrow Book）

1.1 前置条件（Pre-Conditions）

在这个用例开始前，Librarian 必须登录到系统中。

1.2 后置条件（Post-Conditions）

如果这个用例成功，在系统中建立并存储借阅记录，若必要还要删除预订记录。反之，系统的状态没有变化。

1.3 扩充点（Extension Points）

没有。

1.4 事件流

1.4.1 基流（Basic Flow）

当借阅者从图书馆借阅物理书刊时，用例启动。

如果 Librarian 选择“借书”，则执行分支流 S-1：借阅物理书刊。

如果所借的物理书刊是经过预订的，则执行分支流 S-2：通过预订借阅物理书刊。

1.4.2 分支流（Subflows）

S-1：借阅物理书刊

（1）提供书目、借阅者信息。

（2）检索书目（Title）(E-1)。

（3）确定所借阅的物理书刊是否可以获得（E-2），即所借的物理书刊是否都已借出。

（4）检索借阅者（E-3）。

（5）图书馆将物理书刊借给借阅者。

（6）创建借阅记录。

（7）存储借阅记录。

S-2：通过预订借阅物理书刊

（1）提供书目、借阅者信息。

（2）检索书目（Title）(E-1)。

（3）检索借阅者（E-3）。

（4）确定该种类书刊的物理拷贝是否可以获得（E-2）。

（5）将物理书刊发给借阅者。

（6）创建借阅记录。

（7）存储借阅记录。

（8）删除预订记录。

1.4.3 替代流（Alternative Flow）

E-1：该书目不存在，系统显示提示信息，用例终止。

E-2：物理书刊都已借出，系统显示提示信息，用例终止。

E-3：系统中不存在该借阅者，系统显示提示信息，用例终止。

2. 返还物理书刊（Return Book）

2.1 前置条件（Pre-Conditions）

在这个用例开始前，Librarian 必须登录到系统中。

2.2 后置条件（Post-Conditions）

如果这个用例成功，系统删除借阅记录。反之，系统的状态没有变化。

2.3 扩充点（Extension Points）

没有。

2.4 事件流

2.4.1 基流（Basic Flow）

当借阅者返还所借的物理书刊时，用例启动。

（1）提供所还物理书刊信息。

（2）检索物理书刊（E-1）。

（3）查询物理书刊的借阅记录（E-2）。

（4）删除借阅记录。

2.4.2 替代流（Alternative Flow）

E-1：若物理书刊不存在，系统显示提示信息，用例终止。

E-2：若借阅记录不存在，系统显示提示信息，用例终止。

3. 预订书刊（Reserve Title）

3.1 前置条件（Pre-Conditions）

在这个用例开始前，Librarian 必须登录到系统中。

3.2 后置条件（Post-Conditions）

如果这个用例成功，系统建立预订记录。反之，系统的状态没有变化。

3.3 扩充点（Extension Points）

没有。

3.4. 事件流

3.4.1 基流（Basic Flow）

当 Librarian 为借阅者预订书刊时，用例启动。

（1）提供书目、借阅者信息。

（2）检索书目（E-1）。

（3）检索借阅者（E-2）。

（4）系统接受预订，创建预订记录。

（5）将预订记录存储在系统中。

3.4.2 替代流（Alternative Flow）

E-1：该书目不存在，系统显示提示信息，用例终止。

E-2：系统中不存在该借阅者，系统显示提示信息，用例终止。

4. 取消预订（Cancel Reservation）

4.1 前置条件（Pre-Conditions）

在这个用例开始前，Librarian 必须登录到系统中。

4.2 后置条件（Post-Conditions）

如果这个用例成功，系统删除预订记录。反之，系统的状态没有变化。

4.3 扩充点（Extension Points）

没有。

4.4 事件流

4.4.1 基流（Basic Flow）

（1）提供所预订的书目、借阅者信息。

（2）检索所预订的书目（E-1）。

（3）检索借阅者（E-2）。

（4）从系统中删除预订信息（E-3）。

4.4.2 替代流（Alternative Flow）

E-1：若该种书刊不存在，系统显示提示信息，用例终止。

E-2：系统中不存在该借阅者，系统显示提示信息，用例终止。

E-3：预订信息不存在，系统显示提示信息，用例终止。

5. 维护借阅者信息（Maintain Borrower Info）

5.1 前置条件（Pre-Conditions）

在这个用例开始前，Librarian 必须登录到系统中。

5.2 后置条件（Post-Conditions）

如果这个用例成功，系统添加、修改或删除借阅者信息。反之，系统的状态没有变化。

5.3 扩充点（Extension Points）

没有。

5.4 事件流

5.4.1 基流（Basic Flow）

当 Librarian 想维护借阅者信息时，用例启动。

系统要求 Librarian 选择所想执行的活动（即添加借阅者、删除借阅者或修改借阅者）。

如果所选的活动是“添加借阅者”，则执行分支流 S-1：添加借阅者。

如果所选的活动是“删除借阅者”，则执行分支流 S-2：删除借阅者。

如果所选的活动是“修改借阅者”，则执行分支流 S-3：修改借阅者。

5.4.2 分支流（Subflows）

S-1：添加借阅者

（1）提供借阅者信息，如姓名、地址、邮政编码和身份证号码等。

（2）系统存储借阅者信息（E-1）。

S-2：删除借阅者

（1）提供借阅者信息。

（2）查询借阅者（E-2）。

（3）查询借阅者的借阅记录（E-3）。

（4）从系统中删除借阅者的信息，以及借阅者的预订记录。

S-3：更改借阅者

（1）提供借阅者的信息。

（2）查询并显示借阅者的信息（E-2），修改相应的信息。

（3）更新并存储系统中借阅者的信息。

5.4.3 替代流（Alternative Flow）

E-1：若借阅者已存在，系统显示提示信息，用例终止。

E-2：若查询不到借阅者，系统显示提示信息，用例终止。

E-3：若存在借阅记录，系统显示提示信息，用例终止。

6. 维护书目信息（Maintain Title Info）

6.1 前置条件（Pre-Conditions）

在这个用例开始前，Librarian 必须登录到系统中。

6.2 后置条件（Post-Conditions）

如果这个用例成功，系统添加、修改或删除书目信息。反之，系统的状态没有变化。

6.3 扩充点（Extension Points）

没有。

6.4 事件流

6.4.1 基流（Basic Flow）

当 Librarian 想维护书目信息时，用例启动。

系统要求 Librarian 选择所想执行的活动（即添加书目、删除书种或修改书目）。

如果所选的活动是“添加书目”，则执行分支流 S-1：添加书目信息。

如果所选的活动是“删除书目”，则执行分支流 S-2：删除书目信息。

如果所选的活动是“修改书目”，则执行分支流 S-3：修改书目信息。

6.4.2 分支流（Subflows）

S-1：添加书目信息

（1）提供书刊的书名、作者、ISBN/ISSN 号等信息。

（2）在系统中添加该书目信息（E-1）。

S-2：删除书目信息

（1）提供所要删除的书目信息。

（2）查询所要删除的书刊（E-2）。

（3）删除该书目的所有物理书刊的信息（E-3）。

（4）删除书目信息，以及相关的预订信息。

S-3：更改书目信息

（1）提供要修改的书目信息。

（2）查询并显示书目信息（E-2）。

（3）修改相应的信息。

（4）更新并存储系统中的书目信息。

6.4.3 替代流（Alternative Flow）

E-1：若书目信息已存在，系统显示提示信息，用例终止。

E-2：若查询不到该书刊，系统显示提示信息，用例终止。

E-3：若有物理书刊借出，系统显示提示信息，用例终止。

7. 维护物理书刊信息（Maintain Book Info）

7.1 前置条件（Pre-Conditions）

在这个用例开始前，Librarian 必须登录到系统中。

7.2 后置条件（Post-Conditions）

如果这个用例成功，系统添加、修改或删除物理书刊信息。反之，系统的状态没有变化。

7.3 扩充点（Extension Points）

没有。

7.4 事件流

7.4.1 基流（Basic Flow）

当 Librarian 想维护物理书刊信息时，用例启动。

系统要求 Librarian 选择所想执行的活动（即添加物理书刊、删除物理书刊或修改物理书刊）。

如果所选的活动是“添加物理书刊”，则执行分支流 S-1：添加物理书刊信息。

如果所选的活动是“删除物理书刊”，则执行分支流 S-2：删除物理书刊信息。

如果所选的活动是“修改物理书刊”，则执行分支流 S-3：修改物理书刊信息。

7.4.2 分支流（Subflows）

S-1：添加物理书刊信息

（1）提供物理书刊的书目信息。

（2）查询物理书刊的书目（Title），确定系统中已存在该书目（E-1）。

（3）添加物理书刊。

（4）将物理书刊信息存储到系统中。

S-2：删除物理书刊信息。

（1）提供物理书刊的书目信息。

（2）查询物理书刊的书目（Title）（E-1）。

（3）删除物理书刊。

（4）从系统中删除物理书刊信息，更新并存储相关信息。

S-3：修改物理书刊信息。

（1）提供物理书刊的书目信息。

（2）查询物理书刊书目（Title）(E-1)。

（3）查询并显示该书目的所有物理书刊。

（4）选择物理书刊并修改其信息。

（5）更新系统中物理书刊的信息。

7.4.3 替代流（Alternative Flow）

E-1：若系统中不存在该书目，添加该书目信息。

8. 登录（Log in）

8.1 前置条件

没有。

8.2 后置条件

如果用例成功，参与者可以启动系统并使用系统所提供的功能。反之，系统的状态不变。

8.3 扩充点

没有。

8.4 事件流

8.4.1 基流（Basic Flow）

当用户希望登录到系统中时，用例启动。

（1）系统提示用户输入用户名和密码。

（2）用户输入用户名和密码。

（3）系统验证输入的用户名和密码，若正确（E-1），则用户登录到系统中。

8.4.2 替代流（Alternative Flows）

E-1：如果用户输入无效的用户名和/或密码，系统显示错误信息。用户可以选择返回基流的起始点，重新输入正确的用户名和/或密码；或者取消登录，用例结束。

13.3　静态结构模型

进一步分析系统需求，发现类以及类之间的关系，确定它们的静态结构和动态行为，是面向对象分析的基本任务。系统的静态结构模型主要用类图和对象图来描述。

13.3.1　定义系统对象

定义过系统需求后，就可以根据系统需求识别出系统中存在的对象了。系统对象的识别可以通过寻找系统域描述和需求描述中的名词来进行，从前述的系统需求描述中可以找到的名词有借阅者（Borrower）、物理书刊（Book）、书目（Title）、借阅记录（Loan）和预订记录（Reservation），这些都是对象图中的候选对象。判断是否应该为这些候选对象创建类的方法是，判断是否有与该对象相关的身份和行为，如果答案是肯定的，那么候选对象应该是一个存在于模型中的对象，就应该为之创建类。

（1）借阅者（Borrower）。

借阅者是有身份的。例如，“王红”和“刘新”是两个身份不同的人，具有相同名字和不同身份证号码的两个人也是身份不同的。在这个系统中，借阅者有相关的行为，即借阅者可以借阅、返还、预订书刊或取消预订，所以借阅者应该成为系统中的一个对象，类名为Borrower。

（2）书目（Title）。

书目可以通过不同的 ISBN/ISSN 号来区分。在这个系统中，书目也有相关的行为，书目可以被预订或被取消预订，所以，书目也是系统中的一个对象，类名为 Title。

（3）物理书刊（Book）。

物理书刊在图书馆中通过独一无二的索引号来区分，因此不同的物理书刊不会被混淆。在这个系统中，物理书刊也有相关的行为，物理书刊可以被借阅或被返还，所以，物理书刊也是系统中的一个对象，类名为 Book。

（4）借阅记录（Loan）。

借阅记录有身份，借阅记录可以彼此区分，而不会被混淆。例如，同一个人关于不同书刊的借阅记录是不同的。在这个系统中，借阅记录也有相关的行为，它可以被建立或删除，因此，借阅记录也是系统中的一个对象，类名为 Loan。

（5）预订记录（Reservation）。

预订记录也有身份，预订记录可以被此区别，不会被混淆。例如，借阅者相同但书目不同的预订记录是不同的，书目相同但借阅者不同的预订记录也是不同的。在这个系统中，借阅记录也有相关的行为，它可以被建立或删除，因此，借阅记录也是系统中的一个对象，类名为 Reservation。

从上述分析可知，系统至少含有 5 个重要的类，即类 Borrower、类 Book、类 Title、类 Loan 和类 Reservation。上述 5 个类都是实体类，都是持久性的，都需要存储在数据库中。本系统采用面向对象数据库模型，为了便于从数据库文件中引用和检索对象，需要一个描述对象 id 的类。另外，由于上述 5 个类都是持久性类，因此还可以抽象出一个代表持久性的父类，以实现面向对象数据库文件的读、写、存储、检索、删除、更新等操作。综上所述，系统中还应该有两个与数据库有关的类，即类 OID 和类 Persistent。

（6）类 Persistent。

类 Persistent 是类 Borrower、类 Title、类 Book、类 Loan、类 Reservation 的父类。类 Persistent 为商业对象的持久存储提供了支持，它的子类必须能够实现从数据库文件中读、写对象属性的操作。

（7）类 OID。

类 OID 实现了对象 ID。类 OID 的对象可用来引用系统中的持久对象，使得从数据库文件中引用和检索对象变得容易。

抽象出系统中的类后，需要确定这些对象的属性和行为，这需要通过前述的系统需求分析、用例图、用例的事件流描述和描述脚本的交互作用图，来确定并细化系统中的类、类的操作和属性。下面对系统中的类、类的属性及操作逐一进行描述（对未标注返回值类型的方法使用缺省返回类型 void）。

（1）类 Persistent 的属性和操作。

类 Persistent 支持对象的持久存储。类 Persistent 具有将对象写入数据库文件的方法“write()”和从数据库文件中读出对象的方法“read()”，类 Persistent 还提供了通过 OID 检索对象，获得持久对象的 OID，以及存储、删除、更新对象的方法。

类 Persistent 的子类继承了类 Persistent 的方法，并实现了该类的“write()”和“read()”方法，覆盖了父类 Persistent 的“write()”和“read()”方法，从而实现了将特定子类对象的属性写入数据库文件，或者从数据库文件中读出特定子类对象的属性。

- 私有属性（Private Attributes）包括如下。

```
oid:OID
```

● 公共操作（Public Operations）包括如下。

```
newPersistent()
```

创建 Persistent 对象。

```
getObject(oid:OID):Persistent
```

返回指定 OID 的持久对象。

```
getOID():OID
```

返回持久对象的 OID。

```
store()
```

将持久对象（类 Persistent 或其子类的对象）存储到数据库文件中。

```
delete()
```

从数据库文件中删除持久对象（类 Persistent 或其子类的对象）。

```
update()
```

更新数据库文件中的持久对象（类 Persistent 或其子类的对象）。

```
write(out:DBFile)
```

将持久对象的属性写入数据库文件中。

```
read(in:DBFile)
```

从数据库文件中读出持久对象的属性。

（2）类 OID 的属性和操作。

类 OID 实现了对象 ID，类 OID 的对象可用来引用系统中的持久对象，使得从数据库文件中引用和检索对象变得容易。对象 ID 由所引用的类的类名和一个独一无二的 idNumber 号组成。通过将 OID 传递给类 Persistent 的方法 getObject()，可以从数据库文件中读出对象，并将对象返回给调用者。

● 私有属性（Private Attributes）包括如下。

```
className:String
idNumber:Integer
```

● 公共操作（Public Operations）包括如下。

```
newOID(className:String, idNumber:Integer)
```

创建 OID 对象。

```
getClassName():String
```

返回对象的类名。

```
getIdNumber():Integer
```

返回组成对象 ID 的独一无二的 idNumber 号。

```
equalTo(obj:Object) :Boolean
```

比较两个对象是否相等。如果两个对象具有相同的类名和 idNumber，则两个对象相等。

```
write(out:DBFile)
```

将 OID 对象的属性写入数据库文件中。

```
read(in: DBFile)
```

从数据库文件中读出 OID 对象的属性。

（3）类 Borrower 的属性和操作。

类 Borrower 描述了物理借阅者（可以是人，也可以是公司或另一个图书馆等）的信息。借阅者的信息包括姓名、地址、邮政区号、身份证号码和电话号码。类 Borrower 与参与者 BorrowerActor 是不同的，参与者 BorrowerActor 代表了系统外的物理借阅者，而类 Borrower 则代表了系统中存储的物理借阅者的信息，即代表了物理借阅者在系统中的账户。

类 Borrower 的所有对象都是持久的，因为类 Borrower 继承了类 Persistent，并实现了读写操作。

- 私有属性（Private Attributes）包括如下。

```
name:String
```

账户主人的名字。

```
address:String
```

账户主人的地址。

```
zipCode:String
```

账户主人的邮政区号。将该属性从地址属性中独立出来的原因，是可以通过邮政区号确定借阅者所在的地区。

```
borrowerID:String
```

账户主人的身份证号。

```
teleNumber:String
```

账户主人的电话号码。将该属性定义成 String 类型，因为在写电话号码时可能含有“+”等符号。

```
loans:OID[]
```

借阅记录。

```
reservations:OID[]
```

预订记录。

- 公共操作（Public Operations）包括如下。

```
newBorrower(name:String, address:String, zipCod:String, id:String, telNum:String)
```

以借阅者名字、地址等信息为参数创建 Borrower 对象。

```
findBorrower(id:String) :OID
```

返回指定 ID 号的 Borrower 对象的 OID。

```
getBorrower(oid:OID) :Borrower
```

返回指定 OID 的 Borrower 对象。

```
addLoan(loan:OID)
```

添加借阅记录。

```
getNumLoans():Integer
```

返回借阅记录的数目。

```
getLoan(index:Integer) :Loan
```

返回指定数组索引号的 Loan 对象。

```
delLoan(loan:OID)
```

删除借阅记录。

```
addReservation(rsv:OID)
```

添加预订记录。

```
getNumRsvs():Integer
```

返回预订记录的数目。

```
getReservation(index:Integer): Reservation
```

返回指定数组索引号的 Reservation 对象。

```
delReservation(rsv:OID)
```

删除 Borrower 的指定预订记录。

```
write(out:DBFile)
```

将 Borrower 对象的属性写入数据库文件中。

```
read(in:DBFile)
```

从数据库文件中读取 Borrower 对象的属性。

另外，还有如下设置和获取对象属性值的一系列方法。

```
setName(name:String)
setAddress(adr:String)
setZipCode(zc:String)
setID(idn:String)
setTele(tele:String)
getName():String
getAddress():String
getZipCode():String
getId():String
getTele():String
```

（4）类 Title 的属性和操作。

类 Title 描述了书目信息。对于每种书目（Title 对象）来说，图书馆通常拥有多个物理拷贝（Book 对象）。类 Title 封装了书刊名、作者、ISBN/ISSN 号等信息，它可以没有预订记录或有多个预订记录（Reservation 对象）。

类 Title 继承了类 Persistent，并实现了读写操作，所以类 Title 的所有对象都是持久的。

- 私有属性（Private Attributes）包括如下。

```
name:String
```

书刊名。

```
author:String
```

书刊的作者。

```
isbsn:String
```

书刊的 ISBN/ISSN 号码。

```
type:Integer
```

书刊的类型，如是图书、期刊，还是其他类型。

```
book:OID[ ]
reservation: OID[ ]
```

- 公共操作（Public Operations）包括如下。

```
newTitle(name:String, author:String, isbsn: String, type: Integer)
```

创建 Title 对象。

```
findTitle(isbsn:String) :OID
```

返回指定 ISBN/ISSN 的 Title 对象的 OID。若数据库中不存在该对象，返回值为 Null。

```
getAvaliableBook():OID
```

返回查询过程中所碰到的第一个可借阅的 Book 对象的 OID。

```
getTitle(oid:OID) :Title
```

返回 Title 对象。

```
getBook():OID[]
```

返回该书目物理拷贝的对象标识符 OID。

```
getNumRsvs():Integer
```

返回预订记录的数目。

```
getReservation(index:Integer) :Reservation
```

返回该书目的指定数组索引号的 Reservation 对象。

```
addReservation(rsv:OID)
```

添加预订记录。

```
delReservation(rsv:OID)
```

删除指定的预订记录。

```
addBook(book:OID)
```

添加物理书刊。

```
getNumBooks():Integer
```

返回物理书刊的数目。

```
getBook(index:Integer) :Book
```

返回指定数组索引号的物理书刊。

```
removeBook(index: Integer)
```

删除指定数组索引号的物理书刊。

```
write(out:DBFile)
```

将 Title 对象的属性写入数据库文件中。

```
read(in:DBFile)
```

从数据库文件中读出 Title 对象的属性。

另外，还有如下设置和获取对象属性值的一系列方法。

```
setName(name:String)
setAuthor(author:String)
setISBSN(isbsn:String)
setType(type:Integer)
getName():String
getAuthor():String
getISBSN():String
getType():Integer
```

（5）类 Book 的属性和操作。

类 Book 代表可以借阅的物理书刊。类 Book 的对象有两个状态，即“已借出”或“未借出”。类 Book 的对象总是与一个 Title 对象对应。之所以区分类 Book 和类 Title，是因为借阅者预订书刊时只是预订了某种书刊，而不是这种书刊的特定物理拷贝，图书馆对同一种书刊通常保存几本物理拷贝（每本拷贝都可以被一个借阅者借出）。每个物理书刊都有一个独一无二的 id 号，这个 id 号被标记在书上，用来唯一地标识图书馆中的物理书刊，且同一种类的不同物理书刊拷贝可通过 id 号来区分。

类 Book 继承了类 Persistent 并实现了读写操作，所以类 Book 的所有对象都是持久的。

- 私有属性（Private Attributes）包括如下。

```
id:Integer
title:OID
loan:OID
```

- 公共操作（Public Operations）包括如下。

```
newBook ( title:OID, id:Interger)
```

创建 Book 对象。

```
findBook(id:Integer): OID
```

返回指定 id 的 Book 对象的 OID。

```
hasLoan ():Boolean
```

判断指定的物理书刊是否被借出。

```
getLoan ():Loan
```

返回物理书刊的借阅记录。

```
setLoan (loan:OID)
```

设置物理书刊的借阅状态。若参数为 Null，则将物理书刊设置为未借阅状态。

```
setID(id:Integer)
```

设置物理书刊的 id 号。

```
getTitle():Title
```

返回物理书刊的 Title 对象。

```
getTitleName():String
```

返回物理书刊名。

```
getID():Integer
```

返回物理书刊的 id 号。

```
write(out:DBFile)
```

将 Book 对象的属性写入数据库文件中。

```
read(in:DBFile)
```

从数据库文件中读出 Book 对象的属性。

（6）类 Loan 的属性和操作。

类 Loan 描述了借阅者从图书馆借阅物理书刊的借阅记录。一个 Loan 对象对应着一个借阅者（Borrower 对象）和一个物理书刊（Book 对象）。Loan 对象的存在表示借阅者（Borrower 对象）借阅了借阅记录（Loan 对象）中记录的物理书刊（Book 对象）。当物理书刊（Book 对象）被还回时，要删除借阅记录（Loan 对象）。

类 Loan 继承了类 Persistent 并实现了读写操作，所以类 Loan 的所有对象都是持久的。

● 私有属性（Private Attributes）包括如下。

```
book:OID
borrower:OID
date:Date
```

借阅物理书刊的日期。

● 公共操作（Public Operations）包括如下。

```
newLoan ( book:OID, borrower:OID, date:Date)
```

创建 Loan 对象。

```
getBorrower():Borrower
```

返回借阅者对象。

```
getBook():Book
```

返回物理书刊对象。

```
getDate():Date
```

返回借阅物理书刊的日期。

```
write(out:DBFile)
```

将 Loan 对象的属性写入数据库文件中。

```
read(in:DBFile)
```

从数据库文件中读出 Loan 对象的属性。

（7）类 Reservation 的属性和操作。

如果某书目（Title 对象）的所有可借物理拷贝（Book 对象）都已借出，则需要该书目的借阅者就需要预订，当该书目的某个物理拷贝（Book 对象）被还回时，预订该书目（Title 对象）的借阅者就可以优先借阅该物理拷贝（Book 对象）。一种书刊（Title 对象）可以被不同的借阅者

（Borrower 对象）预订。当预订生效时，系统要保存预订记录。类 Reservation 就是描述预订记录的类。当预订的借阅者获得书刊物理拷贝时（Book 对象），预订记录（Reservation 对象）要被删除。

类 Reservation 继承了类 Persistent 并实现了读写操作，所以类 Reservation 的所有对象都是持久的。

- 私有属性（Private Attributes）包括如下。

```
title:OID
borrower:OID
date:Date
```

预订书刊的日期。

- 公共操作（Public Operations）包括如下。

```
newReservation (title:OID,borrower:OID,date:Date)
```

创建 Reservation 对象。

```
findRsv(title:OID,borrower:OID):OID
```

查询数据库，返回满足条件的 Reservation 对象的 OID。

```
getTitle():Title
```

返回预订的书目。

```
getBorrower():Borrower
```

返回预订书刊的借阅者。

```
getDate():Date
```

返回预订书刊的日期。

```
write(out:DBFile)
```

将 Reservation 对象的属性写入数据库文件中。

```
read(in:DBFile)
```

从数据库文件中读出 Reservation 对象的属性。

在定义类、类的方法和属性时，建立动态模型的顺序图是很有帮助的。类图和顺序图的建立是相辅相成的，因为顺序图中出现的消息基本上都会成为类中的方法，因此在设计阶段绘制系统的顺序图时，要尽量使用类中已识别出的方法来描述消息。若出现无法用类中已识别出的方法来描述的消息，就要考虑该消息是否是类中一个待识别的方法，若是，就要将这个方法及时添加到类的操作列表中，并用这个新方法来描述消息。事实上，在 13.3 节中类的操作列表中的很多操作都是从绘制顺序图的过程中识别出的，读者可以对比本章顺序图中出现的消息和 13.3 节中类的操作列表中的操作。

13.3.2　定义用户界面类

用户与系统需要进行交互，通常一个用户友好的系统都采用直观的图形可视化界面，因此需要定义系统的用户界面类。通过对系统的不断分析和细化，可识别出下述界面类、类的操作和属性。

（1）类 MainWindow。

界面类 MainWindow 是系统的主界面，系统的主界面具有菜单和菜单项，当用户选择不同的菜单项时，系统可以执行不同的操作。当程序退出时，主界面窗口关闭。

- 私有属性（Private Attributes）如下。

待定。

- 公共操作（Public Operations）如下。

`createWindow()`

创建图书馆管理系统的图形用户界面主窗口。

`borrow()`

当选择“借阅”菜单项时，该操作被调用。

`return()`

当选择“还书”菜单项时，该操作被调用。

`reserve()`

当选择“预订”菜单项时，该操作被调用。

`delReservation()`

当选择“取消预订”菜单项时，该操作被调用。

`addTitle()`

当选择“添加书目”菜单项时，该操作被调用。

`modTitle()`

当选择“修改书目”菜单项时，该操作被调用。

`delTitle()`

当选择“删除书目”菜单项时，该操作被调用。

`addBorrower()`

当选择“添加借阅者”菜单项时，该操作被调用。

`modBorrower()`

当选择“修改借阅者”菜单项时，该操作被调用。

`delBorrower()`

当选择“删除借阅者”菜单项时，该操作被调用。

`addBook()`

当选择“添加物理书刊”菜单项时，该操作被调用。

`delBook()`

当选择“删除物理书刊”菜单项时，该操作被调用。

（2）类 BorrowerDialog。

界面类 BorrowerDialog 是进行操作“添加借阅者”、“修改借阅者”或“删除借阅者”时所需的对话框。

当选择主窗口中的菜单项“添加借阅者”时，对话框弹出，图书管理员输入借阅者信息，然后单击按钮“添加”，系统将创建该借阅者账户并将之存储在系统中。

当选择菜单项“修改借阅者”或“删除借阅者”时，对话框 FindBwrDialog 弹出，图书管理员输入要修改或删除的借阅者的 borrowerID ，单击“OK”按钮提交。系统查询数据库检索到借阅者信息后弹出对话框 BorrowerDialog，显示借阅者的详细信息，若要“修改借阅者”，图书管理员编辑修改借阅者的有关信息，然后单击 “更新”按钮，则更新系统中存储的借阅者信息；若要“删除借阅者”，图书管理员单击 “删除”按钮，则系统删除所存储的该借阅者信息，且与该借阅者有关的其他信息也一并被删除。

- 私有属性（Private Attributes）如下。

待定。

- 公共操作（Public Operations）如下。

```
createDialog()
```

创建用来填写借阅者信息的对话框。

```
createDialog(borrower: OID)
```

创建对话框显示借阅者的信息。

```
addBorrower()
```

当用户按下对话框中的“添加”按钮时，该方法被调用。

```
modBorrower()
```

当用户按下对话框中的“更新”按钮时，该方法被调用。

```
delBorrower()
```

当用户按下对话框中的“删除”按钮时，该方法被调用。

（3）类 FindBwrDialog。

界面类 FindBwrDialog 是根据借阅者 ID 号查找借阅者的对话框。当主窗口中的菜单项“删除借阅者”或“修改借阅者”被选择时，该对话框弹出，图书管理员输入借阅者 ID，单击“OK”按钮，则系统查询数据库中具有指定 ID 号的借阅者信息。

- 私有属性（Private Attributes）如下。

待定。

- 公共操作（Public Operations）如下。

```
createDialog()
```

创建用来填写借阅者 ID 的对话框。

```
findBorrower()
```

当对话框被提交时，该操作被调用。

（4）类 TitleDialog。

界面类 TitleDialog 是进行操作“添加书目”、“修改书目”或“删除书目”时所需的对话框。

当选择主窗口中的菜单项“添加书目”时，对话框 TitleDialog 弹出，图书管理员输入书目信息（包括书刊名、ISBN/ISSN 号、类型、拷贝数等），然后单击 “添加”按钮，系统创建新书目（对象 Title），并将之存储在系统中。

当选择菜单项“修改书目”或“删除书目”时，对话框 FindTDialog 弹出，图书管理员输入要修改或删除书刊的 ISBN/ISSN 号，单击 “OK”按钮提交。系统查询数据库获取书目信息后弹出对话框 TitleDialog，显示书目的详细信息，若要“修改书目”，图书管理员编辑修改书目的有关信息，然后单击“更新”按钮，更新系统中存储的书目信息；若要“删除书目”，图书管理员则单击“删除”按钮，则该书目的所有信息从系统中删除，该类书刊的各物理拷贝信息也一并被删除。

- 私有属性（Private Attributes）如下。

```
Title:Title
```

- 公共操作（Public Operations）如下。

```
createDialog()
```

创建用于填写“书目”信息的对话框。

```
createDialog(title:OID)
```

创建显示书目信息的对话框。

```
addTitle()
```

当用户按下“添加”按钮时，该方法被调用。

```
updateTitle()
```

当用户按下“更新”按钮时，该方法被调用。

```
delTitle()
```

当用户按下“删除”按钮时，该方法被调用。

（5）类 FindTDialog。

界面类 FindTDialog 是根据书目的 ISBN/ISSN 信息来查找相应书目的对话框。当主窗口中的菜单项“删除书目”或“修改书目”被选择时，该对话框弹出，图书管理员输入书目的 ISBN/ISSN 信息，单击“OK”按钮，系统将查询数据库中具有指定 ISBN/ISSN 号的 Title 信息。

- 私有属性（Private Attributes）如下。

待定。

- 公共操作（Public Operations）如下。

```
createDialog()
```

创建用来填写书目 ISBN/ISSN 信息的对话框。

```
findTitle()
```

当对话框被提交时，该操作被调用。

（6）类 BorrowDialog。

界面类 BorrowDialog 是进行“借阅”操作时所需的对话框。当主窗口中的菜单项“借阅”被选择时，该对话框弹出，图书管理员输入书刊名、书刊的 ISBN/ISSN 信息和借阅者信息，然后单击“OK”按钮，借阅动作被确认，系统创建并保存借阅记录。

- 私有属性（Private Attributes）如下。

待定。

- 公共操作（Public Operations）如下。

```
createDialog()
```

创建用于填写借阅信息的对话框。

```
borrow()
```

当对话框被提交时，该方法被调用。

（7）类 ReturnDialog。

界面类 ReturnDialog 是进行“还书”操作时所需的对话框。当主窗口中的菜单项“还书”被选择时，该对话框弹出，图书管理员输入书刊名、书刊的 ISBN/ISSN 信息、物理书刊的 index 号，然后单击“OK”按钮，还书动作被确认，系统中相关的借阅记录被删除。

- 私有属性（Private Attributes）如下。

待定。

- 公共操作（Public Operations）如下。

```
createDialog()
```

创建用来填写还书信息的对话框。

```
return()
```

当对话框被提交时，该方法被调用。

（8）类 RsvDialog。

界面类 RsvDialog 是进行操作“预订”或“取消预订”时所需的对话框。

当主窗口中的菜单项“预订”被选择时，该对话框弹出，图书管理员输入书刊名、书刊的 ISBN/ISSN 信息、借阅者信息，然后单击按钮“预订”，预订动作被确认，系统创建并保存预订记录。

当选择菜单项“取消预订”时，也弹出该对话框，图书管理员输入书刊名、书刊的 ISBN/ISSN 信息、借阅者信息，然后单击“取消预订”按钮，系统中的预订记录被删除。

- 私有属性（Private Attributes）如下。

待定。

- 公共操作（Public Operations）如下。

```
createDialog()
```

创建用于填写预订信息的对话框。

```
reserve()
```

当按下对话框中的“预订”按钮时，该方法被调用。

```
delReservation()
```

当按下对话框中的“取消预订”按钮时，该方法被调用。

（9）类 MessageWindow。

界面类 MessageWindow 是用来显示提示信息的窗口。

- 私有属性（Private Attributes）如下。

待定。

- 公共操作（Public Operations）如下。

```
createWindow (msg:String)。
```

创建窗口，显示提示信息。

（10）类 LoginDialog。

界面类 LoginDialog 是用来输入用户名和密码的对话框。

- 私有属性（Private Attributes）如下。

待定。

- 公共操作（Public Operations）如下。

```
createDialog()
```

创建用来输入用户名和密码的对话框。

```
validate():Boolean
```

验证用户名和密码是否正确。

```
inputInfo()
```

当用户输入用户信息并提交时，该方法被调用。

13.3.3 建立类图

识别出系统中的类后，还要识别出类间的关系，然后就可以建立类图了。

将系统中的类分为 3 个包，即包 GUI、包 Library 和包 DB。包 GUI 由界面类组成，包 Library 由实体类组成，包 DB 由与数据库有关的类组成。包 GUI 依赖于包 Library 和包 DB，包 Library 依赖于包 DB，如图 13.2 所示。

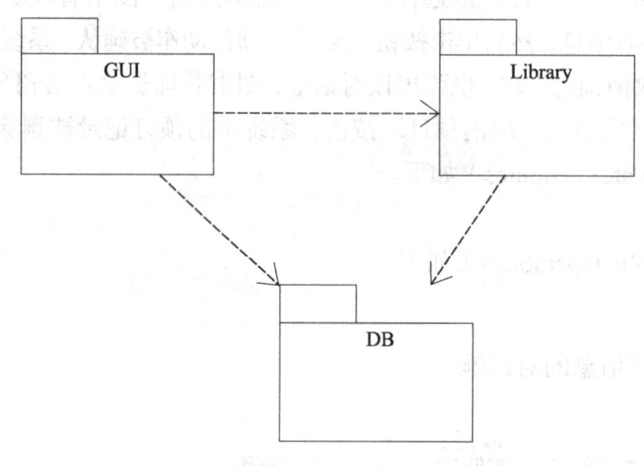

图 13.2 系统包图

图 13.3 所示类图描述了包 GUI 中界面类之间的关系。

窗口 MessageWindow 和对话框 BorrowerDialog、FindBwrDialog、FindTDialog、TitleDialog、BorrowDialog、RsvDialog、ReturnDialog 都是主窗口 MainWindow 的一部分，如果 MainWindow 被破坏，则窗口 MessageWindow 和对话框 BorrowerDialog、FindBwrDialog、FindTDialog、TitleDialog、BorrowDialog、RsvDialog、ReturnDialog 也会随之被破坏。因此，类 MessageWindow、类 BorrowerDialog、类 FindBwrDialog、类 FindTDialog、类 TitleDialog、类 BorrowDialog、类 RsvDialog、类 ReturnDialog 与类 MainWindow 之间存在组合关系。

类 LoginDialog 与类 MainWindow 之间存在"一对一"的关联关系，类 FindBwrDialog 与类 BorrowerDialog 之间也存在"一对一"的关联关系，类 FindTDialog 与类 TitleDialog 之间的关系也是"一对一"的关联关系。

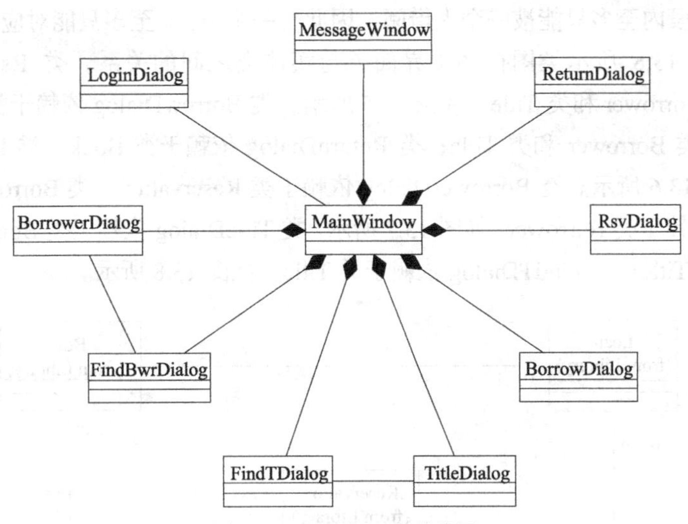

图 13.3　用户界面类的类图

图 13.4 所示类图描述了包 Library 中实体类之间的关系。

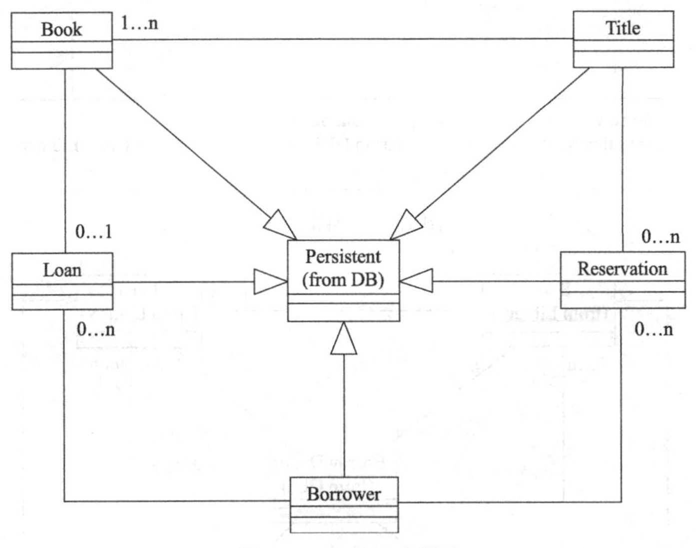

图 13.4　实体类的类图

其中，类 Book、类 Title、类 Reservation、类 Borrower、类 Loan 都是永久类，它们都是包 DB 中的类——类 Persistent 的子类。类 Book、类 Title、类 Reservation、类 Borrower、类 Loan 和类 Persistent 之间存在类属关系。类 Title 与类 Book 之间存在“一对多”的关联关系，即每个 Title 对象至少有一个 Book 对象，每个 Book 对象只对应于一个 Title 对象。类 Title 与类 Reservation 之间存在“一对多”的关联关系，即每个 Title 对象可以没有或有多个 Reservation（预订），每个 Reservation（预订）只能预订一个 Title。类 Borrower 与类 Reservation 之间存在“一对多”的关联关系，每个 Borrower 对象可以没有或有多个 Reservation（预订），即每个 Reservation（预订）只能由一个 Borrower 预订。类 Borrower 与类 Loan 之间存在“一对多”的关联关系，即每个 Borrower 对象可以没有或有多个 Loan（借阅），每个 Loan（借阅）只能由一个 Borrower 借阅。类 Loan 与类 Book 之间也存在关联关系，每个 Loan 只能借阅一个 Book，每个 Book 也至多能对应一个 Loan 对象（因为每个

Book 在一个时间段内至多只能被一个人借阅，因此，一个 Book 至多只能对应一个借阅记录）。

图 13.5 ~ 图 13.8 所示类图描述了界面类与实体类之间的关系。类 RsvDialog 依赖于类 Reservation、类 Borrower 和类 Title，如图 13.5 所示。类 BorrowDialog 依赖于类 Book、类 Loan、类 Reservation、类 Borrower 和类 Title；类 ReturnDialog 依赖于类 Book、类 Loan、类 Borrower 和类 Title，如图 13.6 所示。类 BorrowerDialog 依赖于类 Reservation、类 Borrower 和类 Title；类 FindBwrDialog 依赖于类 Borrower，如图 13.7 所示。类 TitleDialog 依赖于类 Book、类 Reservation、类 Borrower 和类 Title；类 FindTDialog 依赖于类 Title，如图 13.8 所示。

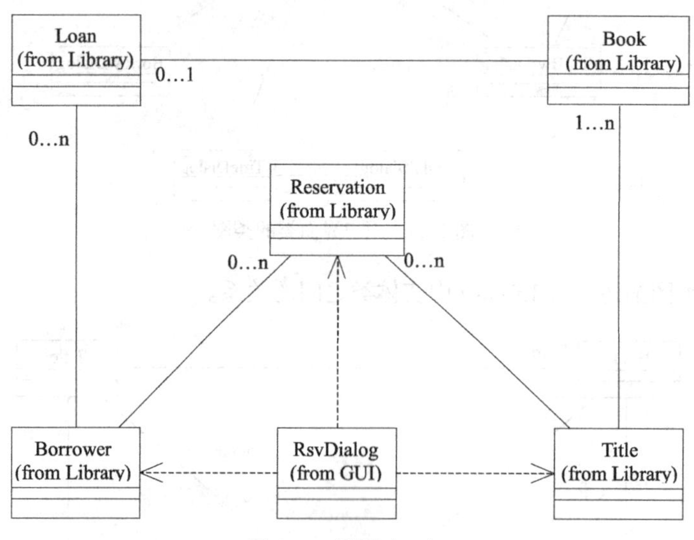

图 13.5 类图（一）

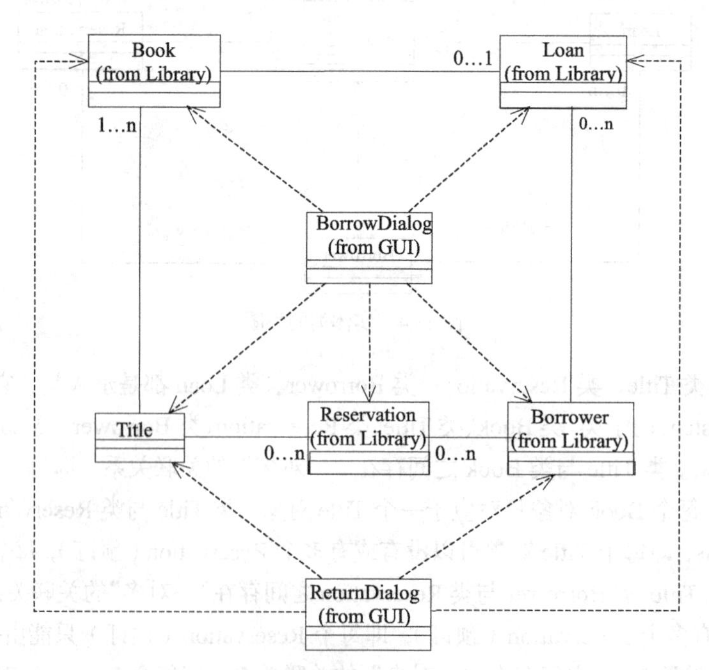

图 13.6 类图（二）

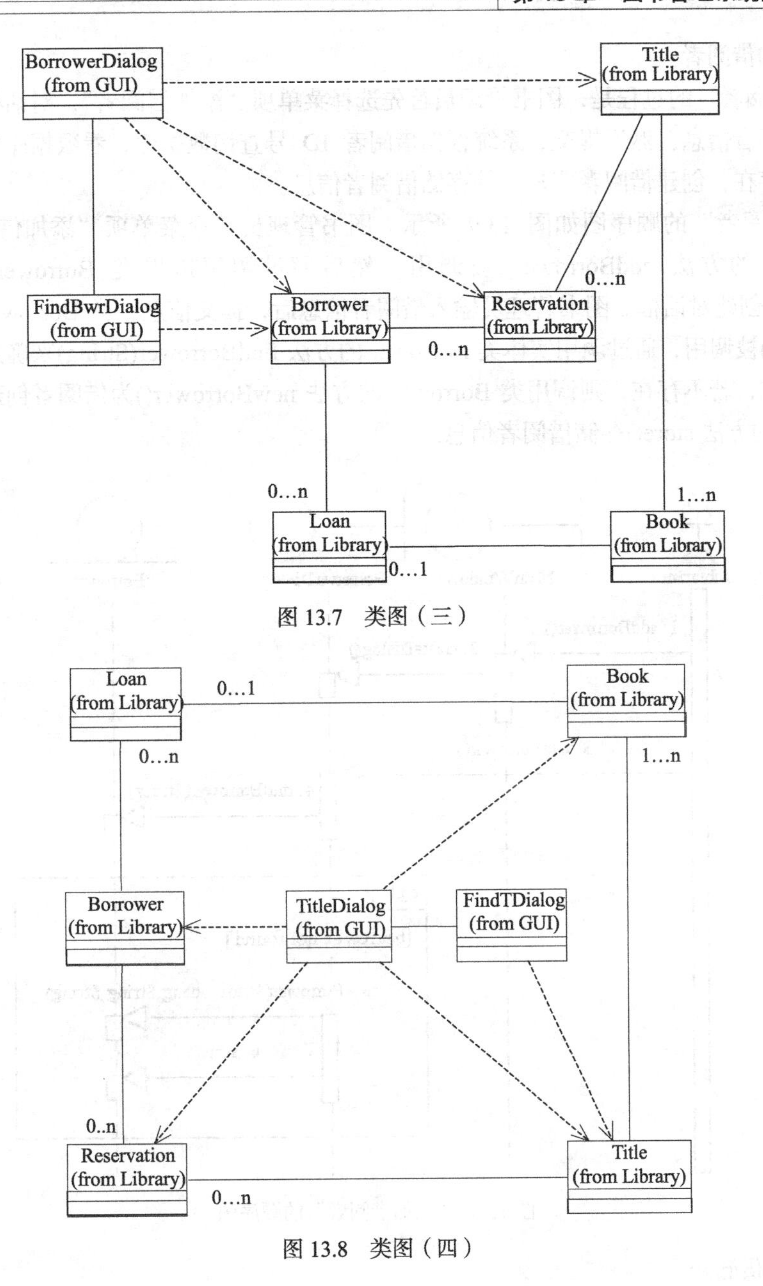

图 13.7　类图（三）

图 13.8　类图（四）

13.4　动态行为模型

系统的动态行为模型可以由交互作用图（顺序图和通信图）、状态机图、活动图来描述。本章选用顺序图描述用例的主要场景，用状态机图描述对象的动态行为。

13.4.1　建立交互作用图

描述系统用例主要场景的交互作用图如下所示。

（1）添加借阅者。

“添加借阅者”的过程是，图书管理员首先选择菜单项“添加借阅者”，对话框弹出，图书管理员输入借阅者信息，然后提交，系统根据借阅者 ID 号查询数据库，看数据库中是否已存在借阅者，若不存在，创建借阅者账户，并存储借阅者信息。

“添加借阅者”的顺序图如图 13.9 所示。图书管理员选择菜单项“添加借阅者”，边界类 MainWindow 的方法 addBorrower()被调用，然后通过调用边界类 BorrowerDialog 的方法 createDialog()创建对话框。图书管理员输入借阅者信息后，提交信息，类 BorrowerDialog 的方法 addBorrower()被调用，通过调用实体类 Borrower 的方法 findBorrower(String)来确定该借阅者的账户是否已存在，若不存在，则调用类 Borrower 的方法 newBorrower()为借阅者创建账户，并调用类 Borrower 的方法 store()存储借阅者信息。

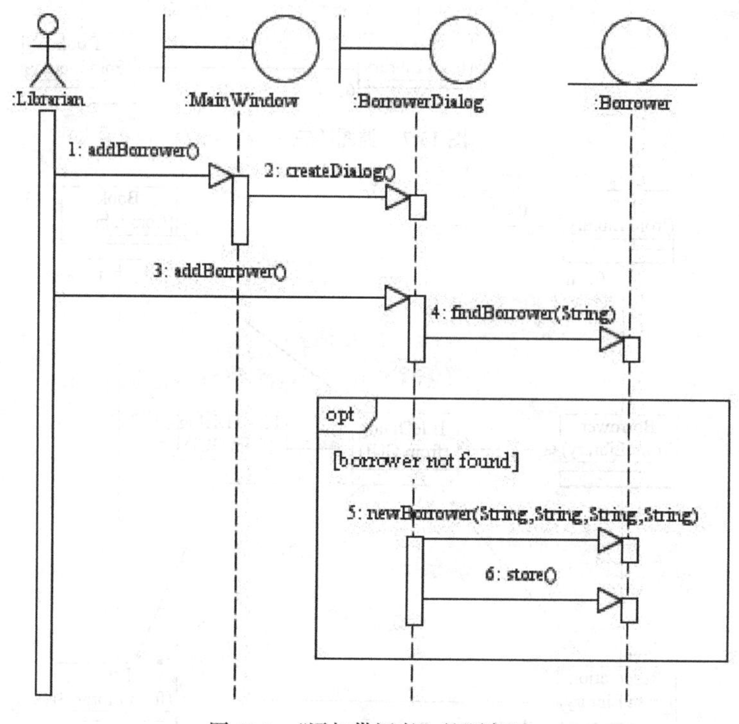

图 13.9 “添加借阅者”的顺序图

（2）删除借阅者。

“删除借阅者”的过程是，图书管理员首先选择菜单项“删除借阅者”，查询对话框弹出，然后输入待删除的借阅者 ID 号，系统查询数据库，显示借阅者信息（若借阅者信息不存在，显示提示信息，结束删除动作），按下删除按钮，系统确定是否存在与该借阅者相关的借阅记录（若有，给出提示信息，结束删除动作；若没有，查询是否存在与该借阅者相关的预订记录，若存在，删除预订记录），最后从系统中删除借阅者。

“删除借阅者”的顺序图如图 13.10 所示。图书管理员选择菜单项“删除借阅者”，类 MainWindow 的方法 delBorrower()被调用，然后通过调用类 FindBwrDialog 的方法 createDialog()创建对话框。图书管理员输入借阅者 ID 号后，提交信息，类 FindBwrDialog 的方法 findBorrower()被调用，通过调用类 Borrower 的方法 findBorrower(String)来确定该借阅者的账户是否存在，若存在，返回 Borrower 对象的 OID，然后调用类 BorrowerDialog 的方法 createDialog(OID)显示借阅者信息，在该方法执行期间，发送消息 getBorrower(OID)给类 Borrower 获得借阅者信息。

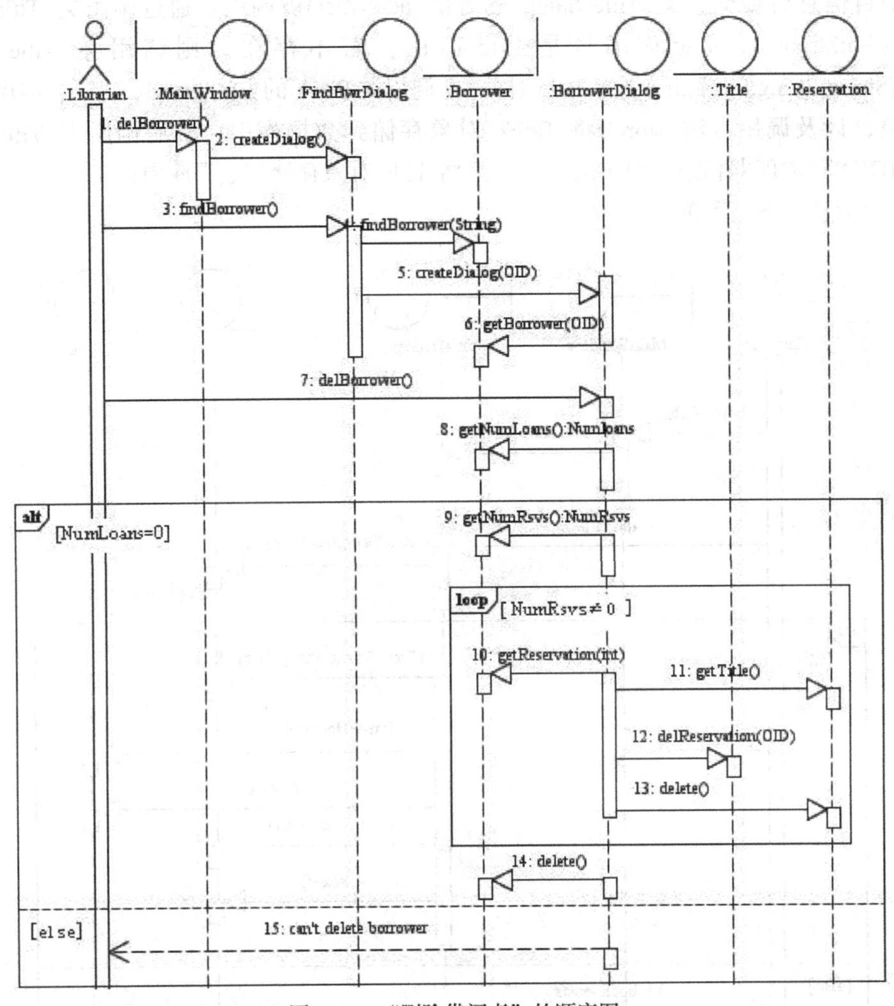

图 13.10　“删除借阅者”的顺序图

图书管理员单击确认按钮删除，类 BorrowerDialog 的方法 delBorrower()被调用，发送消息 getNumLoans()判断借阅者是否还有书刊未还。如果有，则显示提示信息，终止“删除借阅者”的活动；如果没有，类 Borrower 的方法 getNumRsvs()被调用，返回借阅者的预订记录的数目。如果返回值等于 0，则跳过下述循环；如果返回值非零，则对每个预订记录都要执行如下操作（也就是说，此处是一个循环次数为预订记录数的循环）。调用方法 getReservation(int)获得指定索引的预订记录，然后调用类 Resevation 的方法 getTitle()获得所预订的书目 Title 对象，再调用类 Title 的方法 delReservation(OID)删除“预订记录”，调用类 Reservation 的方法 delete()删除“预订记录”对象。

最后调用类 Borrower 的方法 delete()删除借阅者信息。

（3）添加书目。

“添加书目”的过程是，图书管理员首先选择菜单项“添加书目”，对话框弹出，然后输入书刊名、ISBN/ISSN 号、作者等信息，提交信息，系统根据 ISBN/ISSN 号查询书种信息是否已存在，若存在，显示提示信息，终止操作；若不存在，创建书目，并存储书目信息。

“添加书目”的顺序图如图 13.11 所示。图书管理员选择菜单项“添加书目”，类 MainWindow

的方法 addTitle()被调用，然后通过调用类 TitleDialog 的方法 createDialog()创建对话框，图书管理员输入书目信息后提交，类 TitleDialog 的方法 addTitle()被调用。通过调用类 Title 的方法 findTitle(isbn:String) 来确定该书目是否已存在，若不存在，则调用类 Title 的方法 newTitle(String,String,String,int)创建 Title 对象，并调用类 Book 的方法 newBook(int, OID)创建物理书刊对象，以及调用方法 store()将 Book 对象存储到数据库中，然后调用类 Title 的方法 addBook(OID)将物理书刊添加到 Title 中，最后将 Title 对象存储到数据库中；反之，若书目存在，则显示提示信息，终止操作。

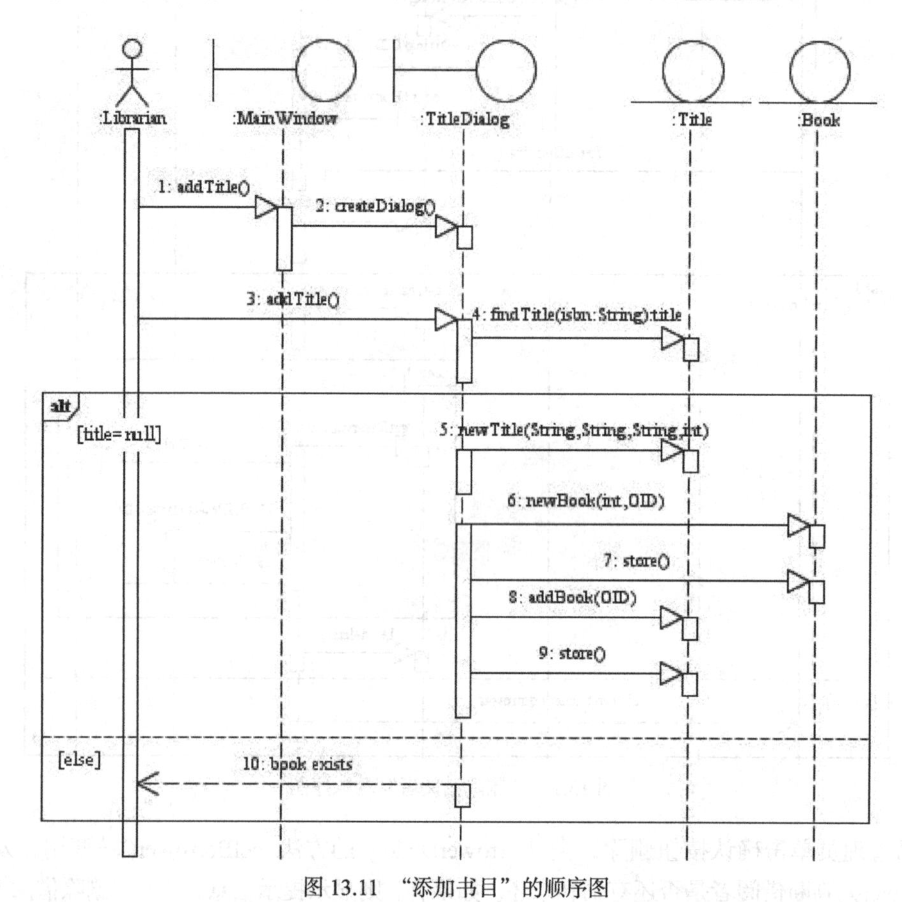

图 13.11 “添加书目”的顺序图

（4）删除书目。

“删除书目”的过程是，图书管理员首先选择菜单项“删除书目”，对话框弹出，然后输入书刊的 ISBN/ISSN 号，提交信息。系统查询数据库，显示书目信息（若书目信息不存在，给出提示信息，结束删除动作）。查询物理书刊是否有借出，若有，给出提示信息，结束删除动作；若没有，删除物理书刊信息。查询是否有预订记录，若有，删除预订记录并通知借阅者；若没有，确认之后删除书目。

“删除书目”的顺序图如图 13.12 所示。“删除书目”的顺序图比较复杂，为了简化顺序图，使得顺序图简单明了、更易理解，替代流就不在图中标出了。

图书管理员选择菜单项“删除书目”，类 MainWindow 的方法 delTitle()被调用。

通过调用类 FindTDialog 的方法 createDialog()创建对话框，图书管理员输入书刊的 ISBN/ISSN 信息后提交，类 FindTDialog 的方法 findTitle()被调用。

通过调用类 Title 的方法 findTitle(isbn:String)来确定是否存在该书目，若存在，返回 Title 对象的 OID，然后调用类 TitleDialog 的方法 createDialog(OID)创建用来显示书目信息的对话框。在该方法执行期间，调用类 Title 的方法 getTitle(OID)、getNumBooks()、getBook(Integer)和类 Book 的方法 getID()以获得 Title 对象及物理书刊 Book 对象的信息，并将其显示在 TitleDialog 对话框中。

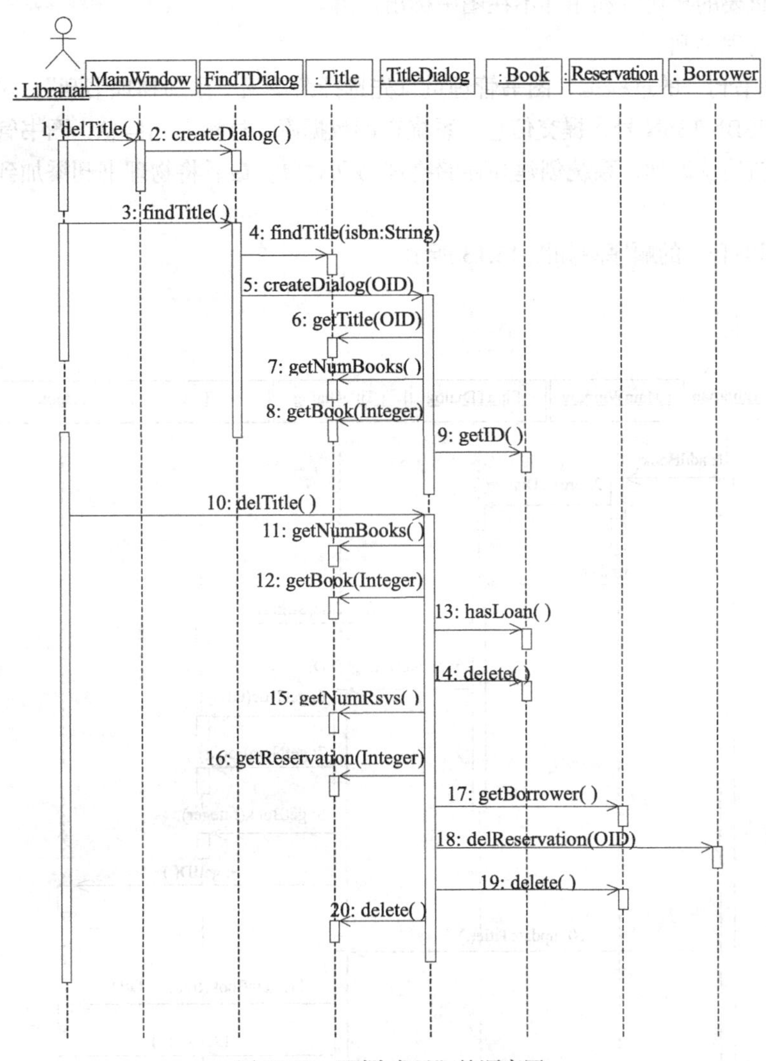

图 13.12 “删除书目”的顺序图

图书管理员单击确认按钮删除书目，发送消息 delTitle()给类 TitleDialog。

类 Title 的方法 getNumBooks(Integer)被调用，返回物理书刊的拷贝数，如果返回值非 0（如果等于 0，则跳过下述循环），对每个物理书刊都要执行如下操作（也就是说，此处是一个循环次数为物理书刊拷贝数的循环，图 13.12 所示描述的是拷贝数为 1 的情况）。

调用类 Title 的方法 getBook(Integer)，获得指定索引的 Book 对象，然后调用对象 Book 的方法 hasLoan()以确定书刊是否已被借出，若没有，调用方法 delete()删除数据库中的 Book 对象。

再调用 Title 的方法 getNumRsvs()，返回预订记录的数目，如果返回值非 0（如果等于 0，则跳过下述循环），对每个预订记录都要执行如下操作（也就是说，此处是一个循环次数为预订记录数的循环，图 13.12 所示中描述的是预订记录数为 1 的情况）。

调用方法 getReservation()获得指定索引的预订记录，然后调用类 Reservation 的方法 getBorrower()，返回预订书刊的借阅者，然后调用类 Borrower 的方法 delReservation（OID）删除 Borrower 对象的预订记录，并调用类 Reservation 的方法 delete()删除 Reservation 对象。

最后，调用类 Title 的方法 delete()删除 Title 对象。为了让该顺序图直观易懂，对图进行简化，可将场景中不重要的替代流和循环不在图中标出。

（5）添加物理书刊。

“添加物理书刊”的过程是，图书管理员首先选择菜单项“添加物理书刊”，对话框弹出，然后输入书刊的 ISBN/ISSN 号，提交信息。系统查询数据库，显示书刊信息，图书管理员添加物理书刊，单击按钮确认添加，系统创建并存储物理书刊对象。最后将物理书刊添加到书目中，更新书目信息。

“添加物理书刊”的顺序图如图 13.13 所示。

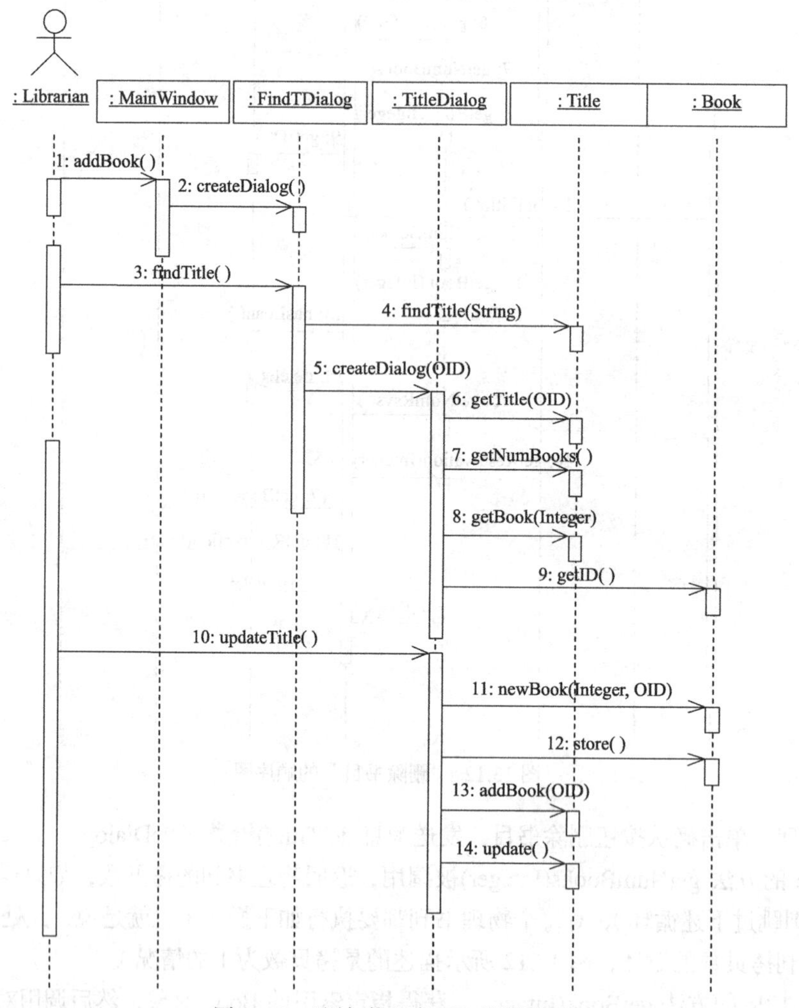

图 13.13 “添加物理书刊”的顺序图

图书管理员选择菜单项“添加物理书刊”，类 MainWindow 的方法 addBook()被调用。然后通过调用类 FindTDialog 的方法 createDialog()创建对话框，图书管理员输入书刊的 ISBN/ISSN 信息，提交。类 FindTDialog 的方法 findTitle()被调用，发送消息 findTitle(String)给类 Title，查询数据库，返回指定 ISBN/ISSN 的 Title 对象的 OID，然后调用类 TitleDialog 的方法 createDialog(OID)创建对话框显示书刊信息。在该方法执行过程中，调用类 Title 的方法 getTitle(OID)、getNumBooks(Integer)、getBook(Integer)和类 Book 的方法 getID()获得 Title 对象及物理书刊 Book 对象的信息，显示在 TitleDialog 的对话框中。

图书管理员在 Title 的物理书刊列表中添加物理书刊，单击按钮确认添加，类 TitleDialog 的方法 updateTitle()被调用，发送消息 newBook(Integer,OID)给类 Book，创建 Book 对象，然后调用类 Book 的方法 store()将 Book 对象存储到数据库中。再调用类 Title 的方法 addBook(OID)，将物理书刊添加到书目信息中，调用类 Title 的方法 update()更新数据库中的 Title 对象。

（6）删除物理书刊。

“删除物理书刊”的过程是，图书管理员首先选择菜单项“删除物理书刊”，对话框弹出，然后输入书刊的 ISBN/ISSN 号并提交。系统查询数据库，显示书刊信息，图书管理员从物理书刊列表中删除物理书刊，单击“确认”按钮删除，系统删除物理书刊对象，并从书目信息中删除物理书刊，最后更新书目信息。

“删除物理书刊”的顺序图如图 13.14 所示。

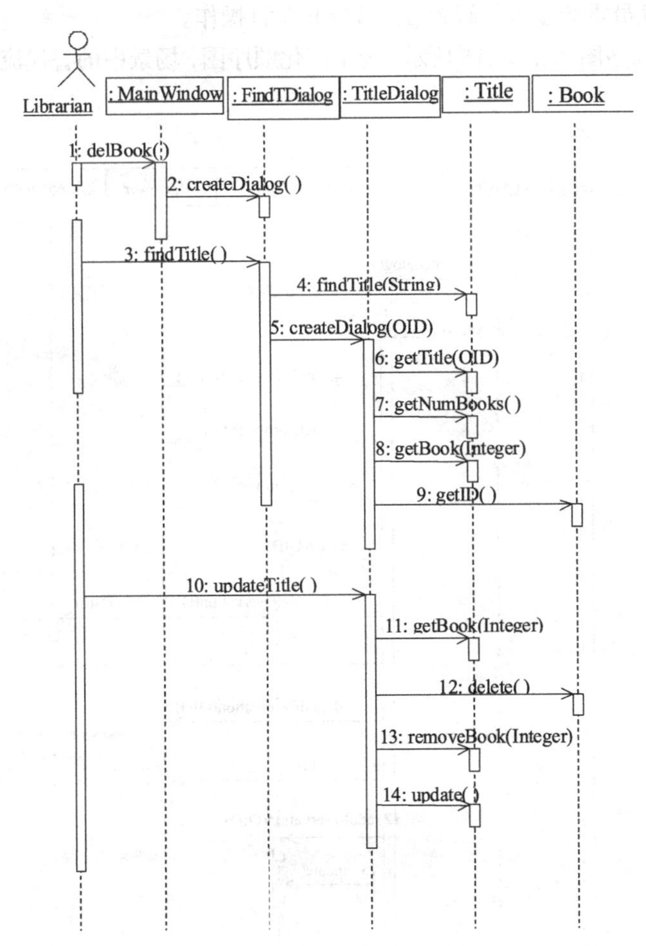

图 13.14　“删除物理书刊”的顺序图

图书管理员选择菜单项“删除物理书刊”，类 MainWindow 的方法 delBook()被调用。然后通过调用类 FindTDialog 的方法 createDialog()创建对话框，图书管理员输入书刊的 ISBN/ISSN 信息并提交。类 FindTDialog 的方法 findTitle()被调用，发送消息 findTitle(String)给类 Title，查询数据库，返回指定 ISBN/ISSN 的 Title 对象的 OID，然后调用类 TitleDialog 的方法 createDialog(OID)创建对话框显示书刊信息。在该方法执行过程中，调用类 Title 的方法 getTitle(OID)、getNumBooks()、getBook(Integer)和类 Book 的方法 getID()获得 Title 对象及物理书刊 Book 对象的信息，显示在 TitleDialog 的对话框中。

图书管理员在 Title 的物理书刊列表中删除物理书刊后，单击确认按钮删除，类 TitleDialog 的方法 updateTitle()被调用，发送消息 getBook(Integer)给类 Title，返回删除的 Book 对象，然后调用类 Book 的方法 delete()删除 Book 对象。最后，调用类 Title 的方法 removeBook(Integer)，删除书目信息中的物理书刊，再调用类 Title 的方法 update()更新数据库中的 Title 对象。

（7）预订书刊。

“预订书刊”的过程是，图书管理员首先选择菜单项“预订书刊”，对话框弹出，然后输入书刊和借阅者的信息并提交。系统查询数据库，确定该书目是否存在，若存在，确定借阅者是否有效；若不存在，则显示提示信息，图书管理员重新输入书刊信息或终止预订操作。若借阅者有效，创建并存储预订记录，并将预订记录添加到相应的借阅者和书目信息中；若借阅者无效，则显示提示信息，图书管理员重新输入借阅者信息或终止预订操作。

“预订书刊”的顺序图如图 13.15 所示，为了简化顺序图，场景中的替代流就不在图中标出了。

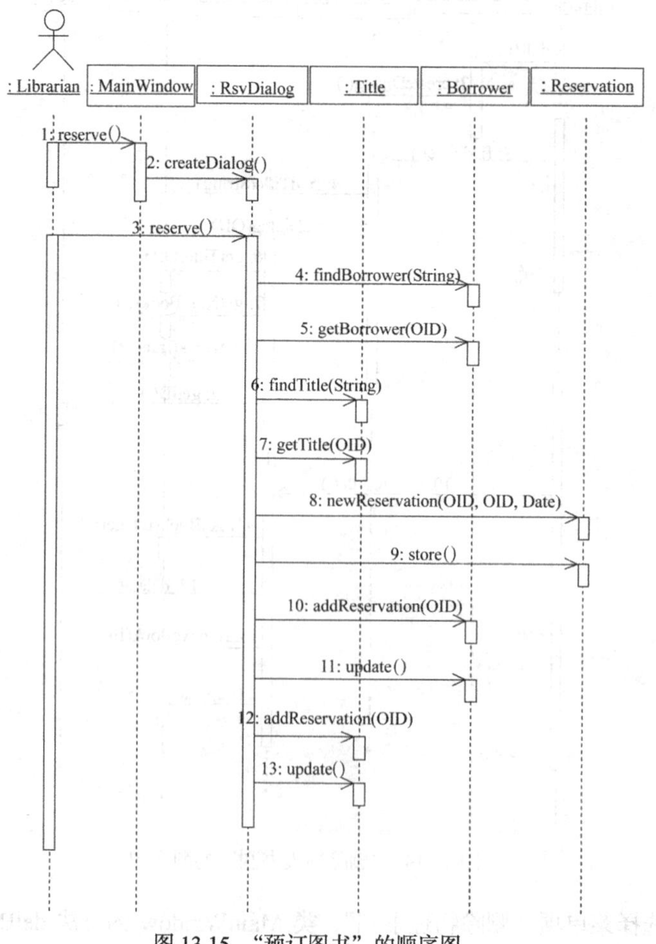

图 13.15 “预订图书”的顺序图

图书管理员选择菜单项“预订书刊”，类 MainWindow 的方法 reserve()被调用，然后通过调用类 RsvDialog 的方法 createDialog()创建对话框。

图书管理员输入要预订的书刊名、ISBN/ISSN 号和借阅者的姓名、ID 号，提交信息，类 RsvDialog 的方法 reserve()被调用，发送消息 findBorrower(String)给类 Borrower 查询指定 ID 的借阅者，返回满足条件的 Borrower 对象的 OID，接着调用方法 getBorrower(OID)返回对应 OID 的 Borrower 对象。

发送消息 findTitle(String)给类 Title 查询指定 ISBN/ISSN 号的书目，返回满足条件的 Title 对象的 OID，调用方法 getTitle(OID)返回对应 OID 的 Title 对象。

然后发送消息 newReservation(OID,OID,Date)给类 Reservation，创建 Reservation 对象，调用类 Reservation 的方法 store()将预订记录存储到数据库中。

发送消息 addReservation(OID)给类 Borrower，将预订记录添加到借阅者信息中，然后调用类 Borrower 的方法 update()更新数据库中的 Borrower 对象。

最后，发送消息 addReservation(OID)给类 Title，将预订记录添加到书目信息中，调用类 Title 的方法 update()更新数据库中的 Title 对象。

（8）取消预订。

“取消预订”的过程是，图书管理员首先选择菜单项“取消预订”，对话框弹出，然后输入书刊和借阅者的信息并提交。系统查询数据库，确定该书目是否存在，若存在（若不存在，则显示提示信息，图书管理员重新输入书刊信息或终止“取消预订”操作），确定借阅者是否有效，若有效（若无效，则显示提示信息，图书管理员重新输入借阅者信息或终止“取消预订”操作），确定预订记录是否存在，若存在（若不存在，则显示提示信息，图书管理员重新输入信息或终止“取消预订”操作），从借阅者和书目信息中删除预订记录，并更新借阅者和书目信息，最后删除预订记录。

“取消预订”的顺序图如图 13.16 所示，为了简化该顺序图，场景中的替代流就不在图中标出了。

图书管理员选择菜单项“取消预订”，类 MainWindow 的方法 delReservation()被调用。然后通过调用类 RsvDialog 的方法 createDialog()创建对话框，图书管理员填写要取消预订的书名、ISBN/ISSN 号和借阅者的 ID 号后，提交信息，类 RsvDialog 的方法 delReservation()被调用。发送消息 findBorrower(String)给类 Borrower，查询数据库，返回指定 ID 的 Borrower 对象的 OID，调用方法 getBorrower(OID)返回对应 OID 的 Borrower 对象。接着发送消息 findTitle(OID)给类 Title，查询数据库，返回指定 ISBN/ISSN 号的 Title 对象的 OID，调用方法 getTitle(OID)返回对应 OID 的 Title 对象。然后发送消息 findRsv(OID,OID)给类 Reservation，返回满足条件的 Reservation 对象的 OID，调用方法 getObject(OID)返回对应 OID 的 Reservation 对象。发送消息 delReservation(OID)给类 Borrower，删除借阅者信息中的预订记录，然后调用类 Borrower 的方法 update()更新数据库中的 Borrower 对象。发送消息 delReservation(OID)给类 Title，删除书目信息中的预订记录，然后调用类 Title 的方法 update()更新数据库中的 Title 对象。最后发送消息 delete()给类 Reservation，删除数据库中的 Reservation 对象。

（9）借书。

“借书”的过程如下。

图书管理员首先选择菜单项“借阅”，对话框弹出，然后输入书刊和借阅者的信息并提交。系统查询数据库，确定该种书目是否存在，若存在（若不存在，则显示提示信息，图书管理员重新输入书刊信息或终止“借阅”操作），确定是否有可借阅的物理图书，若有（若没有，则显示提示信息，图书管理员重新输入其他书刊信息或终止“借阅”操作），确定借阅者是否有效，若有效（若无效，则显示提示信息，图书管理员重新输入借阅者信息或终止“借阅”操作），创建并存储借阅记录，并将借阅记录添加到物理书刊和借阅者信息中，更新物理书刊和借阅者信息。

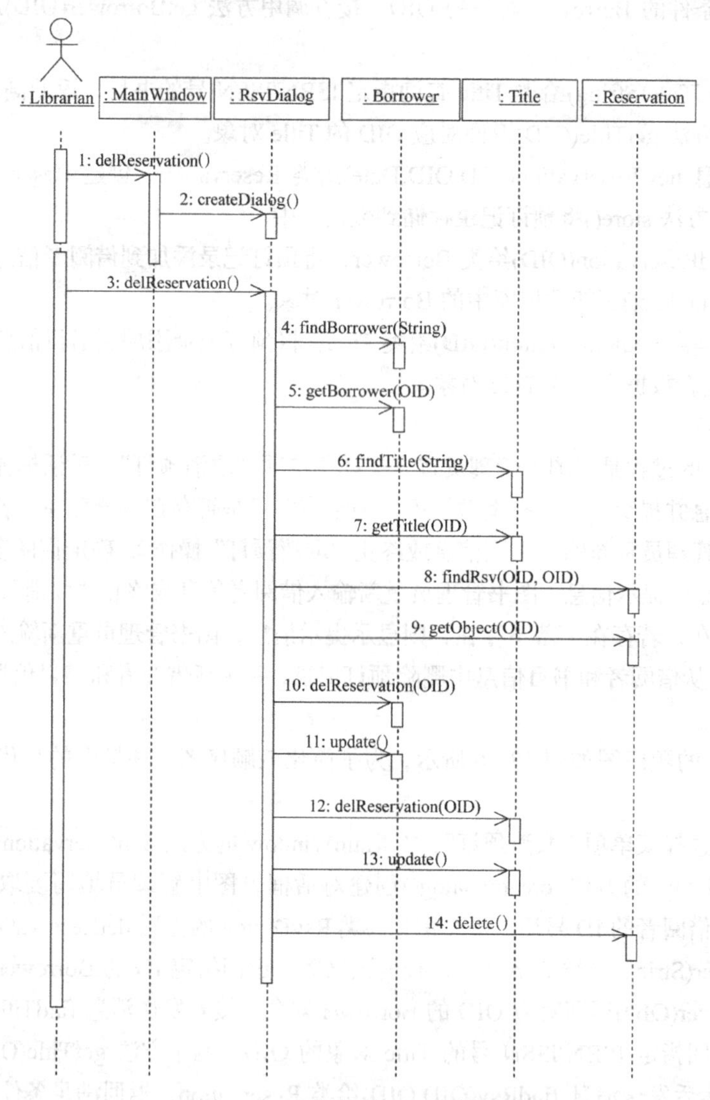

图 13.16 “取消预订”的顺序图

“借书”的顺序图如图 13.17 所示，为了简化该顺序图，场景中的替代流就不在图中标出了。

图书管理员选择菜单项“借阅”，类 MainWindow 的方法 borrow()被调用。然后通过调用类 BorrowDialog 的方法 createDialog()创建对话框，图书管理员填写所借书刊的书名、ISBN/ISSN 号和借阅者的姓名、ID 号，提交信息，类 BorrowDialog 的方法 borrow()被调用。发送消息 findTitle(String)给类 Title，查询数据库，返回指定 ISBN/ISSN 号的 Title 对象的 OID，然后调用方法 getTitle(OID)返回与 OID 对应的 Title 对象。

发送消息 getAvaliableBook()给类 Title，返回未借出的 Book 对象的 OID；发送消息 findBorrower(String)给类 Borrower，查询数据库，返回指定 ID 的 Borrower 对象的 OID；发送消

息 newLoan(OID,OID,Date)给类 Loan，创建 Loan 对象，并调用类 Loan 的方法 store()将 Loan 对象存储到数据库中；发送消息 getBorrower(OID)给类 Borrower，返回对应指定 OID 的 Borrower 对象，调用类 Borrower 的方法 addLoan(OID)将借阅记录添加到借阅者信息中，然后调用类 Borrower 的方法 update()更新数据库中的 Borrower 对象；发送消息 getObject(OID)给类 Book，返回对应指定 OID 的 Book 对象，调用方法 setLoan(OID)设置物理书刊的的借阅记录，然后调用类 Book 的方法 update()更新数据库中的 Book 对象。

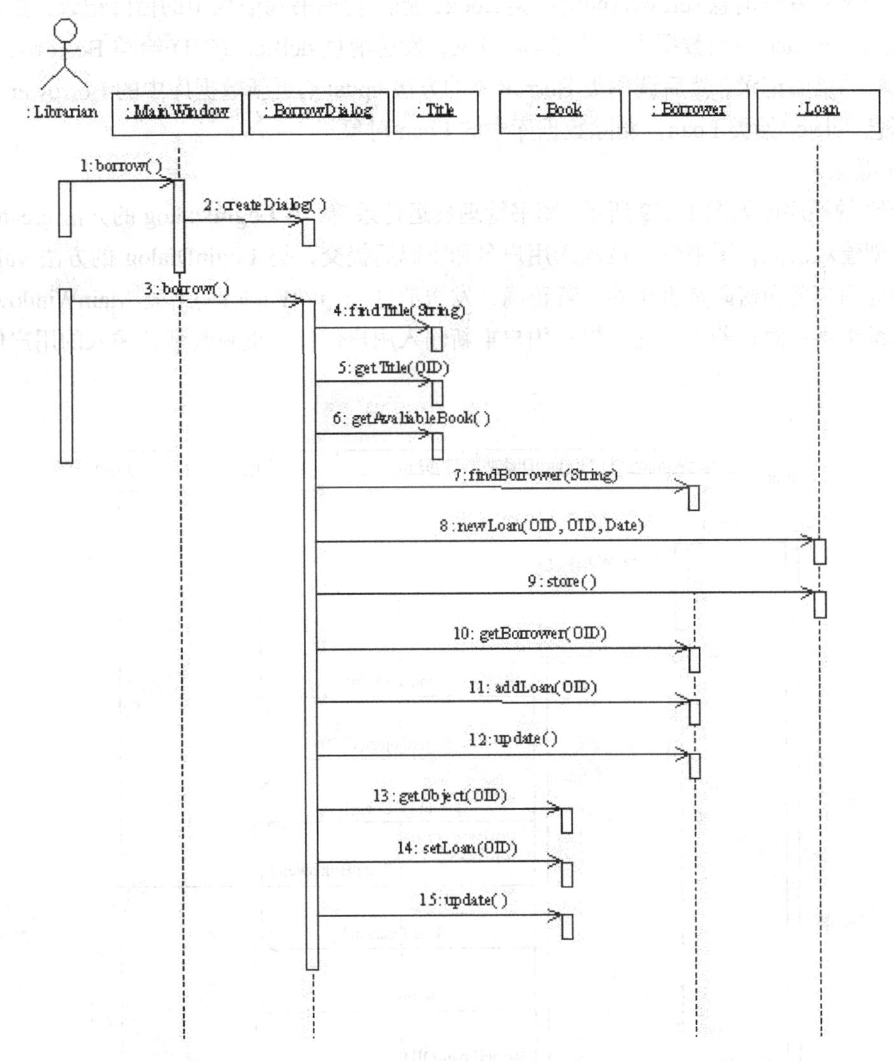

图 13.17　“借书”的顺序图

（10）还书。

“还书”的过程是，图书管理员首先选择菜单项“还书”，对话框弹出，然后输入物理书刊的 ID 号，提交信息。系统查询数据库，确定指定 ID 号的物理书刊是否存在，若存在（若不存在，则显示提示信息，图书管理员重新输入物理书刊 ID 号或终止“还书”操作），确定是否有借阅记录，若有（若没有，则显示提示信息，图书管理员重新输入其他物理书刊 ID 号或终止“还书”操作），从物理书刊和借阅者信息中删除借阅记录，更新物理书刊和借阅者信息。最后，删除借阅记录。

“还书”的顺序图如图 13.18 所示，为了简化图，就不标出场景中的替代流了。

图书管理员选择菜单项“还书”，类 MainWindow 的方法 return()被调用。然后通过调用类 ReturnDialog 的方法 createDialog()创建对话框，图书管理员填写所还物理书刊的 ID 号后，提交信息，类 ReturnDialog 的方法 return(OID)被调用。发送消息 findBook(Integer)给类 Book，查询数据库，返回指定 ID 的 Book 对象的 OID，接着调用方法 getObject(OID)，返回与 OID 对应的 Book 对象；发送消息 getLoan()给类 Book，返回 Loan 对象；发送消息 getBorrower()给类 Loan，返回 Borrower 对象；发送消息 setLoan(null)给类 Book，删除物理书刊信息中的借阅记录，然后调用类 Book 的方法 update()更新数据库中的 Book 对象；发送消息 delLoan(OID)给类 Borrower，删除借阅者信息中的借阅记录，然后调用类 Borrower 的方法 update()更新数据库中的 Borrower 对象；最后发送消息 delete()给类 Loan，删除数据库中的 Loan 对象。

（11）登录。

“登录”的顺序图如图 13.19 所示。图书管理员运行系统，类 LoginDialog 的方法 createDialog()被调用，创建对话框，图书管理员键入用户名和密码后提交，类 LoginDialog 的方法 validate()被调用。验证用户名和密码是否正确，若正确，发送消息 createWindow()给类 MainWindow 启动系统，显示系统主界面；若不正确，提示用户重新输入用户信息，重新验证新输入的用户信息。

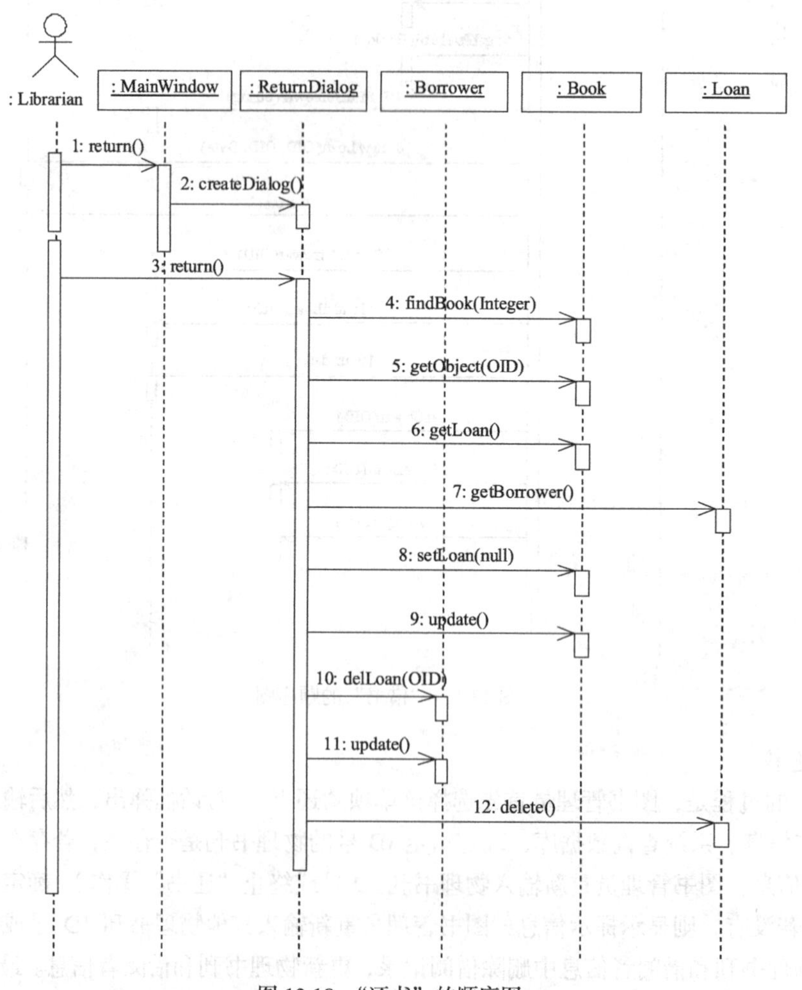

图 13.18 “还书”的顺序图

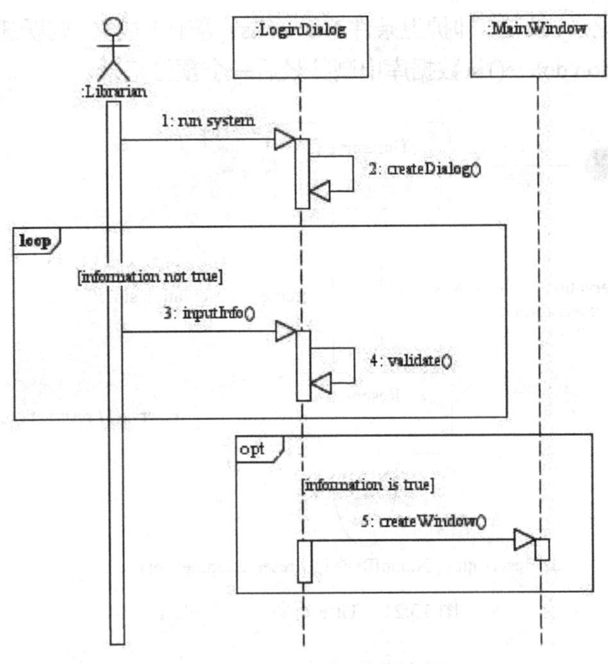

图 13.19 “登录”的顺序图

13.4.2 建立状态机图

图 13.20 是对象 Book 的状态机图，对象 Book 有两个状态，即“Loaned”（借出）状态和“Unloaned”（未借出）状态。对象 Book 开始处于“Unloaned”状态，当事件“borrow()”（借书）发生时，对象跃迁到“Loaned”状态，同时执行动作 loan.store()将借阅记录存储到数据库中。如果对象开始处于“Loaned”状态，当事件“return()”（还书）发生时，对象 Book 返回状态“unloaned”，同时执行动作 loan.delete()从数据库中删除借阅记录。

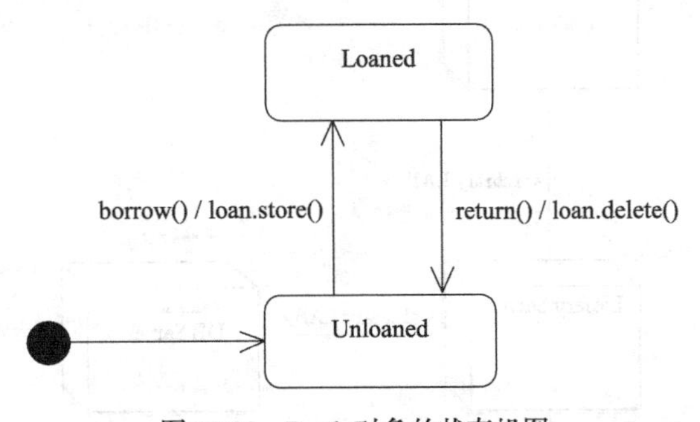

图 13.20 Book 对象的状态机图

图 13.21 是对象 Title 的状态机图，对象 Title 有两个状态，即“Reserved”（预订）状态和“Unreserved”（未预订）状态。当对象开始处于“Unreserved”状态时，事件“reserve()”发生，对象跃迁到“Reserved”状态，同时执行动作 reservation.store()将预订记录存储到数据库中。

当对象开始处于“Reserved”状态时，若有新的预订事件“reserve()”发生，则发生自跃迁，同时执行动作 reservation.store()将预订记录存储到数据库中；若有取消预订事件“delReservation()”发生，且护卫条件 NumofRsv（预订数）大于 1 成立，则发生自跃迁，同时执行动作 reservation.delete()

从数据库中删除预订记录，反之，即护卫条件 NumofRsv 等于 1 成立，则跃迁到状态 “unreserved”，同时执行动作 reservation.delete()从数据库中删除最后一个预订记录。

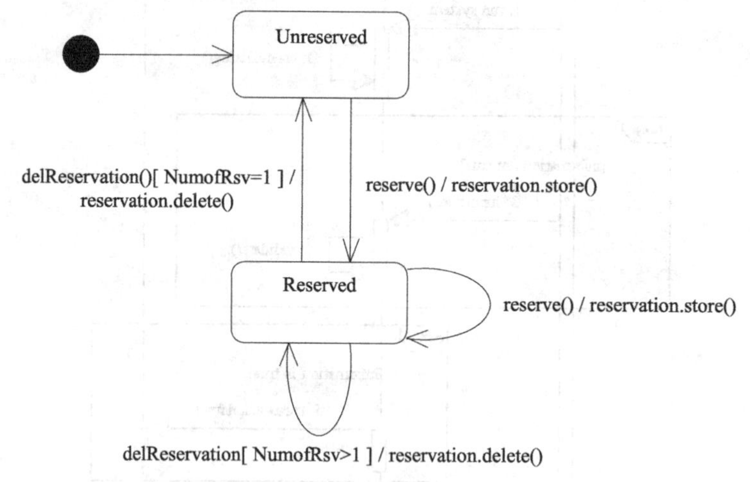

图 13.21　Title 对象的状态机图

13.5　物 理 模 型

该图书管理系统是一个基于局域网和数据库的应用系统。

其部署图如图 13.22 所示，有 4 个节点，即“Library Server”（图书管理系统服务器）、“DB Server”（数据库服务器）、“PC”（图书管理系统客户端 PC）、“Printer”（打印机）。

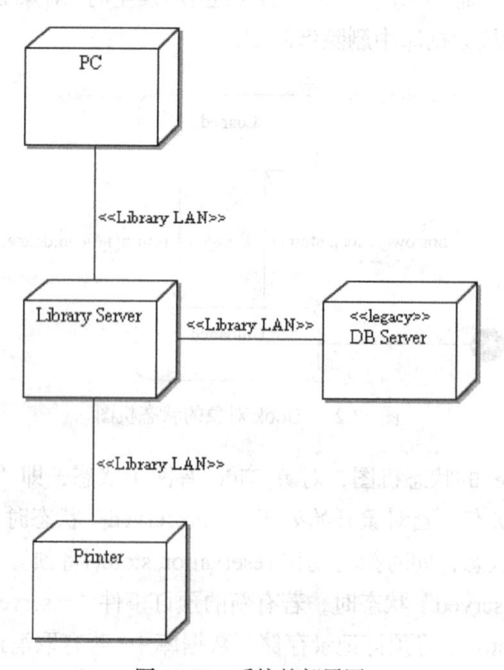

图 13.22　系统的部署图

“Library Server”为借阅者提供了借阅、预订、返还书刊的服务，并为图书管理员提供了维护借阅者账户、书目、物理书刊信息的服务。“DB Server”负责保存系统中的所有持久数据，它是一个旧系统，因此衍型为<<legacy>>，“DB Server”与“Library Server”通过图书馆局域网连接。图书管理员通过“PC”完成借阅、预订、返还书刊操作，并维护借阅者账户、书目、物理书刊信息，“PC”也通过校园局域网与“Library Server”连接。“Printer”用来打印借阅、预订等信息，它与“Library Server”也是通过校园局域网连接的。

小　结

本章以“图书管理系统”的面向对象分析与设计过程为例，介绍了如何用 UML 语言为该系统建模。

本章使用用例图来描述系统的需求，并给出了系统用例的事件流描述。在识别系统对象时，则通过寻找系统域描述、需求描述中的名词的方法来进行。然后，应用包图和类图来描述系统的静态结构。本章主要使用顺序图对用例的场景进行描述，从而揭示了系统的主要的动态行为，并为识别类的操作、识别类之间的关系以及细化类做出了贡献。另外，还应用状态机图描述了对象 Book 和对象 Title 的动态行为。最后，用部署图描述了系统的硬件配置。本系统的设计采用面向对象数据库模型。

习　题

13.1　如果采用关系型数据库存储持久化对象的信息，如何建立数据库模型？

13.2　如果目前图书馆可以借阅的资料又新添了一个品种：光盘，应该如何修改系统的设计？写出修改后的设计方案。

第 14 章 银行系统的分析与设计

本章以一个简单的银行系统为例，介绍面向对象系统的分析与设计过程。

14.1 系统需求

银行是与人们日常生活紧密相关的一个机构，银行可提供存款、取款、转账等业务。在银行设立账户的个人或机构通常被称为银行的客户。一个客户可以在银行开多个账户，客户可以存钱到账户中，也可以从自己的账户中取钱，还可以将存款从一个账户转到另一个账户。另外，客户还可以随时查询自己的账户情况，以及查询以前所进行的存款、取款等交易记录。客户也有权利要求关闭自己的账户。

上面所描述的是银行的最基本功能，实际生活中的银行功能则要复杂得多，譬如，在实际中客户可以持有信用卡，可以使用信用卡来进行存取、支付等活动。但为了简化系统，本章的例子只考虑了银行的基本功能。

在对上述银行系统的基本需求进行分析后，可知这个简化的银行系统至少应该具有如下功能。

（1）一个银行可以有多个账户。

（2）一个银行可以有多个客户。

（3）一个客户可以持有多个账户。

（4）一个账户可以有多个持有者。

（5）可以开户。

（6）可以注销账户。

（7）可以取钱。

（8）可以存钱。

（9）可以在银行内的账户之间转账。

（10）可以在不同银行的账户之间转账。

上面每一行描述了系统的一个功能，这种表达有利于测试对系统需求的定义，因为每一行描述的功能都是单独可测的。在分析系统需求时，保证每个功能可测是开发人员应具备的一个很好的习惯。例如，“必须易于使用”就是主观的，是不可测的。要避免这样的不清楚的需求，应该列出用户认为“易于使用”的特定用户界面的特性。

由于面向对象的分析设计过程是个迭代的软件开发过程，所以系统需求也会在分析设计的过程中不断被补充、细化。因此，上述的需求只是初步的基本需求，还有待不断地细化、完善。

14.2　分析问题领域

采用用例驱动的分析方法分析需求的主要任务是识别出系统中的参与者和用例，并建立用例模型。也就是说，参与者和用例是通过分析功能需求确定的。

14.2.1　识别参与者

通过分析银行系统的功能需求，可以识别出 3 个参与者，即“Clerk”（银行职员）、“CustomerActor”（客户。因为系统设计中会出现类 Customer，为了区分，将代表客户的参与者命名为“CustomerActor”）、BankActor（银行。因为系统设计中会出现类 Bank，为了区分，将代表银行的参与者命名为“BankActor”）。

参与者的描述如下。

（1）Clerk（银行职员）。

描述：Clerk 可以创建、删除账户，并可以修改账户信息。

示例：银行的工作人员。

（2）CustomerActor（客户）。

描述：CustomerActor 可以存钱、取钱，还可以在不同的账户之间转账。

示例：任何在银行中开有账户的个人或组织。

（3）BankActor（银行）。

描述：客户可以在 BankActor 中设立或关闭账户。

示例：任意一个提供存款、取款、转账等业务的银行。

14.2.2　识别用例

前面已经识别出了本系统的参与者，通过对需求的进一步分析，可以确定系统中有如下用例存在。

（1）Login（登录）。

本用例提供了验证用户身份的功能。

（2）Deposit fund（存款）。

本用例提供了存钱到账户的功能。

（3）Withdraw fund（取款）。

本用例提供了从账户中取钱的功能。

（4）Maintain Account（管理账户）。

本用例提供了创建、删除账户，以及修改账户信息的功能。

由于“转账”既可以在属于同一银行的账户之间发生，也可以在属于不同银行的账户之间发生，而发生于不同银行的账户之间的转账需要与参与者“BankActor”交互，因此，需要用两个不同的用例来描述银行内的转账和银行之间的转账。

（5）Transfer fund within a bank（在银行内转账）。

本用例提供了在属于同一银行的账户之间转账的功能。

（6）Transfer fund between banks（在不同的银行之间转账）。

本用例提供了在属于不同银行的账户之间转账的功能。

由于用例（5）与（6）具有公共行为，因此可以抽象出一个父用例“Transfer fund”。

（7）Transfer fund（转账）。

本用例描述了转账的通用行为，是用例（5）与（6）的父用例。

系统的用例图如图 14.1 所示。参与者“Clerk”与用例“Login”、“Maintain Account”交互，参与者“Clerk”作为参与者“CustomerActor”的代理与用例“Deposit fund”、“Withdraw fund”、“Transfer fund”交互，即参与者“CustomerActor”依赖参与者“Clerk”完成存钱、取钱、转账等操作。用例“Transfer fund”具有两个子用例“Transfer fund between banks”和“Transfer fund within a bank”，因此它们之间存在类属关系。另外，用例“Transfer fund between banks”要与代表另一个银行的参与者“BankActor”交互。

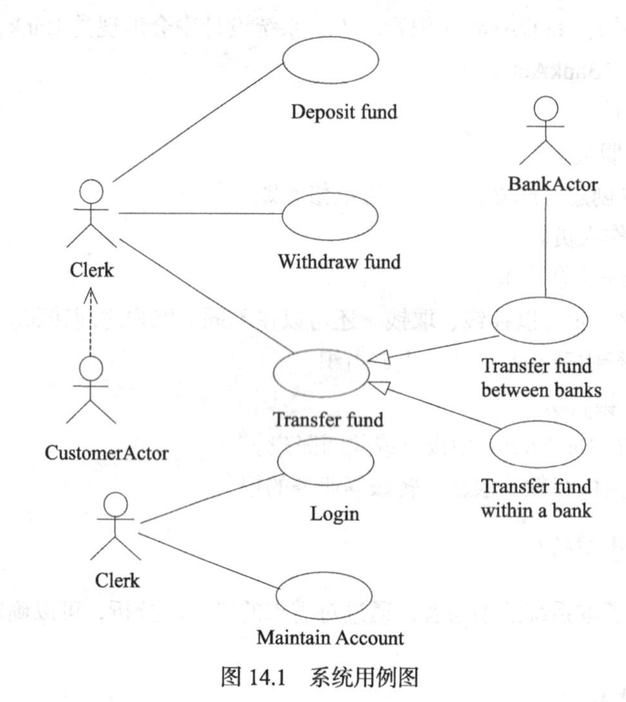

图 14.1　系统用例图

14.2.3　用例的事件流描述

用例的事件流是对完成用例行为所需的事件的描述。事件流描述了系统应该做什么，而没有描述系统应该怎样做。下面对前面识别出的用例逐个进行描述。

1　“Login”（登录）

1.1　简单描述

本用例描述了用户如何登录到系统中。

1.2　前置条件（Pre-Conditions）

无。

1.3　后置条件（Post-Conditions）

如果用例成功，则用户登录到系统中。否则，系统状态不变。

1.4　扩充点（Extension Points）

无。

1.5　事件流

1.5.1　基流（Basic Flow）

当用户想登录到银行信息系统中时，用例启动。

（1）系统提示用户输入用户名和密码。

（2）用户输入自己的用户名和密码，提交。

（3）系统验证输入的名字和密码（E-1），用户登录系统成功。

1.5.2　替代流（Alternative Flow）

E-1：如果输入的用户名和/或密码无效，系统提示错误信息，用户可以重新输入或终止该用例。

该用例可以用如图 14.2 所示的活动图描述。首先，系统提示用户输入用户名和密码，然后 Clerk 输入上述信息并提交，系统验证用户名和密码是否正确，如若正确，则启动系统；否则，显示错误提示信息，并提示用户重新输入用户名和密码。

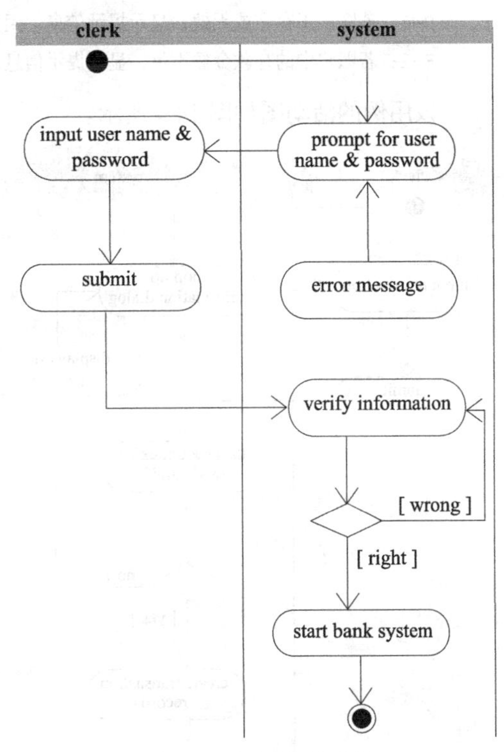

图 14.2　“登录”活动图

2　“Deposit fund”（存款）

2.1　简单描述

本用例允许客户通过 Clerk 存款到账户中。

2.2　前置条件（Pre-Conditions）

在本用例开始前，Clerk 必须登录到系统中。

2.3　后置条件（Post-Conditions）

如果用例成功，则客户 CustomerActor 账户中存款的金额发生变化。否则，系统状态不变。

2.4　扩充点（Extension Points）

无。

2.5　事件流

2.5.1　基流（Basic Flow）

当CustomerActor想存钱到自己的账户时，要向Clerk提交存款单和现金，用例启动。

（1）系统提示 Clerk 输入用户姓名、用户的 id 号、账号和所存款项的金额。

（2）Clerk 输入相关信息后提交，系统确认账户是否存在并有效（当用户名、用户 id 与账户的户主信息一致，且账户处于非冻结状态时，账户有效）（E-1）。

（3）系统建立存款事件记录，并更新账户的相关信息。

2.5.2　替代流（Alternative Flow）

E-1：账户不存在或无效，显示提示信息，用户可以重新输入信或终止该用例。

该用例的活动图如图 14.3 所示。

3　“Withdraw fund”（取款）

3.1　简单描述

本用例允许 Clerk 按照客户的要求从客户的账户中取款。

3.2　前置条件（Pre-Conditions）

在本用例开始前，用户必须登录到系统中。

3.3　后置条件（Post-Conditions）

如果用例成功，则客户 CustomerActor 账户中存款的金额发生变化。否则，系统状态不变。

3.4　扩充点（Extension Points）

无。

3.5　事件流

3.5.1　基流（Basic Flow）

当 Customer 想从自己的账户中取钱时，要向 Clerk 提交取款单，用例启动。

（1）系统提示 Clerk 输入用户姓名、用户的 id 号、账号和取款金额。

（2）Clerk 输入相关信息后提交，系统确认账户是否存在并有效（当用户名、用户 id 与账户的户主信息一致，且账户处于非冻结状态时，账户有效）（E-1），以及账户中的存款金额是否足够支付所取款项（E-2）。

（3）系统建立取款事件记录，并更新账户的相关信息。

3.5.2　替代流（Alternative Flow）

E-1：若账户不存在或无效，显示提示信息，用户可以重新输入或终止该用例。

E-2：若账户中的存款金额不足，显示提示信息，用户可以重新输入金额或终止该用例。

该用例的活动图如图 14.4 所示。

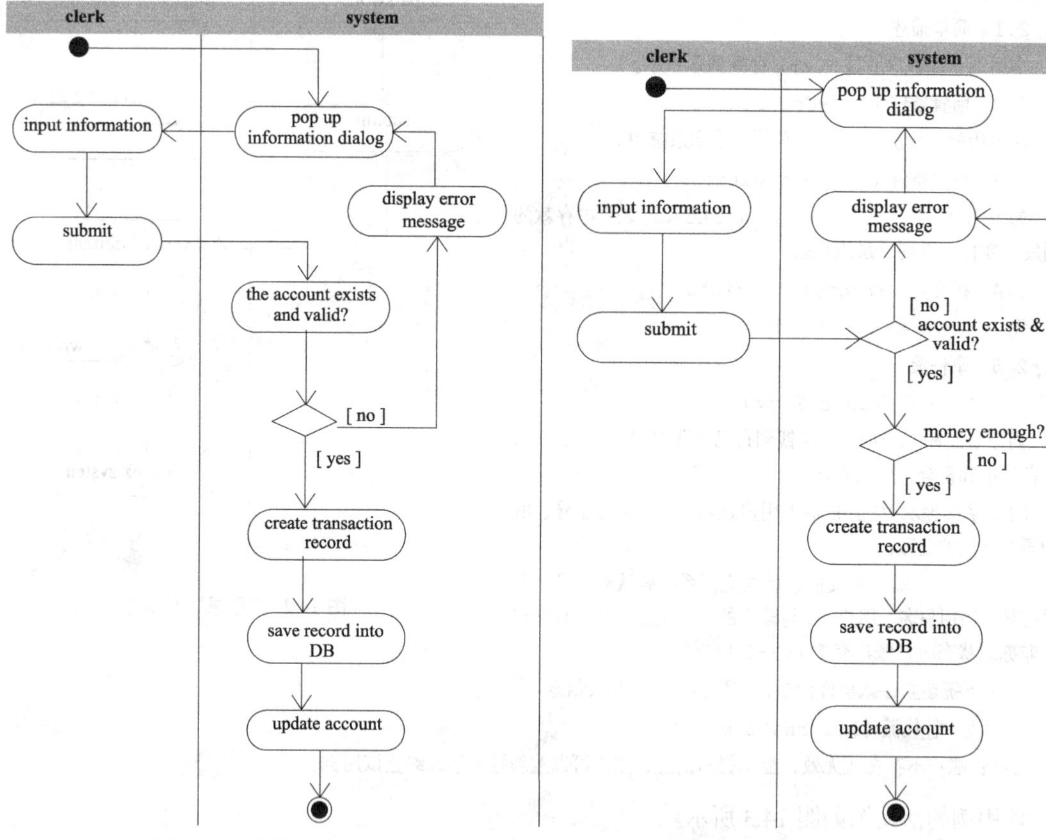

图 14.3　“存款”的活动图　　　　图 14.4　“取款”的活动图

4　“Transfer fund”（转账）

4.1　简单描述

本用例允许 Clerk 按照客户的要求将指定数量的资金从一个账户转到另一个账户。

4.2　前置条件（Pre-Conditions）

在本用例开始前，用户必须登录到系统中。

4.3　后置条件（Post-Conditions）

如果用例成功，则客户 CustomerActor 账户中存款的金额发生变化。否则，系统状态不变。

4.4　扩充点（Extension Points）

无。

4.5　事件流

4.5.1　基流（Basic Flow）

当 Customer 要求转账时，用例启动。

（1）系统提示 Clerk 输入用户姓名、用户的 id 号、账户号码和转账金额。

（2）Clerk 输入相关信息后提交。（资金转入账户所在的银行只能在所提供的银行列表中选择。）

（3）系统确认资金转出账户是否存在并有效（当用户名、用户 id 与账户的户主信息一致，且账户处于非冻结状态时，账户有效）（E-1），并确认资金转出账户中的金额是否足够支付所转款项（E-2）。

（4）更新资金转出账户的相关信息。

（5）为资金转出账户建立转账记录。

（6）存储转账记录。

（7）判断资金转入账户是否属于同一银行。

如果资金转入账户与资金转出账户属于同一银行，则执行分支流 S-1：在同一银行的账户间转账。

如果资金转入账户与资金转出账户属于不同银行，则执行分支流 S-2：在不同银行的账户间转账。

4.5.2　分支流（Subflows）

S-1：在同一银行的账户间转账

（1）系统确认资金转入账户是否存在并有效（当账户处于非冻结状态时，账户有效）（E-1）。

（2）更新资金转入账户的相关信息。

（3）为资金转入账户建立转账记录。

（4）存储转账记录。

S-2：在不同银行的账户间转账

发送转账通知给另一个银行。

4.5.3　替代流（Alternative Flow）

E-1：账户不存在或无效，显示提示信息，用户可以重新输入或终止该用例。

E-2：账户中的存款金额不足，显示提示信息，用户可以修改所转款项的金额或终止该用例。

图 14.5 所示的活动图模拟了转账的工作流。

5　Maintain Account（管理账户）

5.1　前置条件（Pre-Conditions）

在这个用例开始前，Clerk 必须登录到系统中。

5.2　后置条件（Post-Conditions）

如果这个用例成功，新账户会被创建，或者账户信息被更新（修改），或账户从系统中被删除。否则，系统的状态没有变化。

5.3　扩充点（Extension Points）

没有

5.4　事件流

5.4.1　基流（Basic Flow）

当 Clerk 想创建、修改或删除账户信息时，用例启动。

系统要求 Clerk 选择所要执行的操作（创建账户、修改账户信息或删除账户）。

如果所选的操作是“创建账户”，则执行分支流 S-1：创建账户。

如果所选的操作是“删除账户”，则执行分支流 S-2：删除账户。

如果所选的操作是“修改账户”，则执行分支流 S-3：修改账户信息。

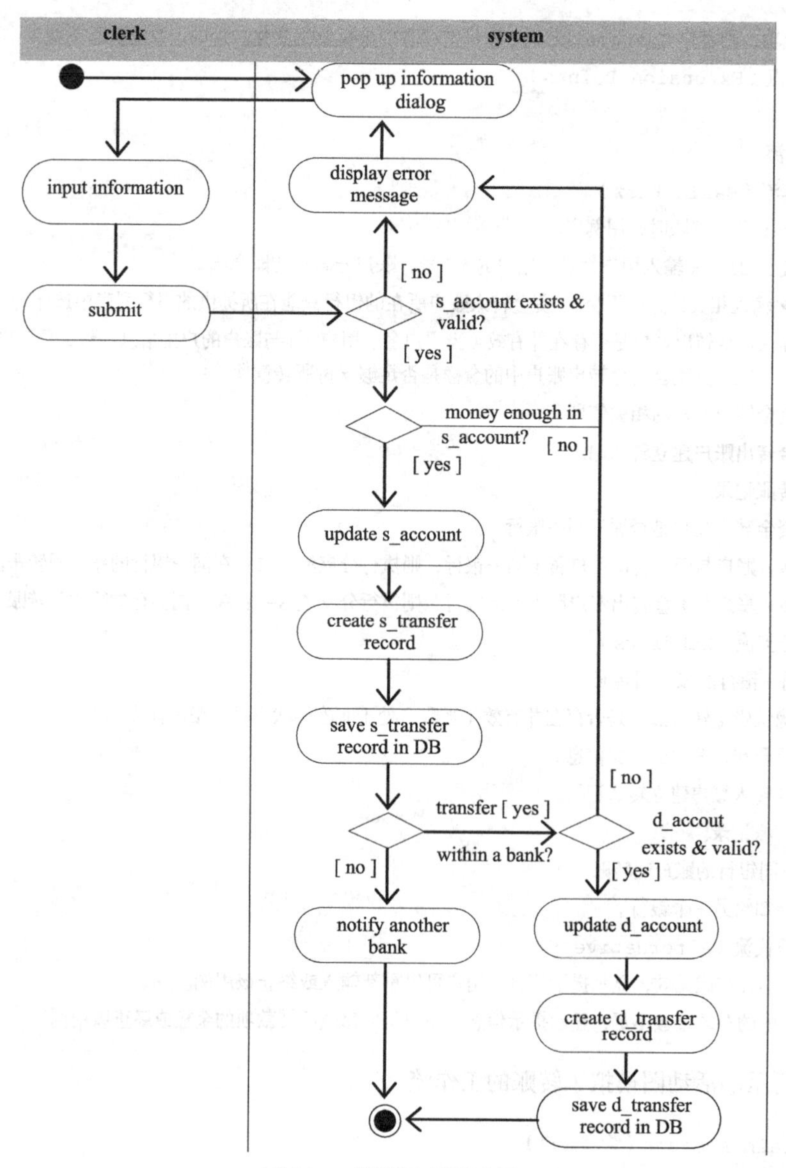

图 14.5 “转账”的活动图

5.4.2 分支流（Subflows）

S-1：创建账户

（1）系统要求 Clerk 输入客户信息（姓名、id 号、地址、存储金额等）

（2）Clerk 输入所要求的信息后提交。

（3）系统为客户建立账户。

（4）将账户信息存储到数据库中。

S-2：删除账户

（1）系统提示 Clerk 输入账号（E-1）。

（2）Clerk 输入账号后提交。

（3）系统检索账户信息（E-2）。

（4）显示账户信息。

（5）Clerk 确认删除账户（E-3）。

（6）关闭账户。

（7）从系统中删除账户。

S-3：修改账户信息

（1）系统提示 Clerk 输入账号（E-1）。

（2）Clerk 输入账号后提交。

（3）系统检索账户信息（E-2）。

（4）显示账户信息。

（5）Clerk 修改账户信息。

（6）Clerk 修改完毕后提交。

（7）系统更新账户信息。

5.4.3　替代流（Alternative Flow）

E-1：输入无效的账号，Clerk 可以重新输入或终止该用例。

E-2：账户不存在，系统显示错误信息，Clerk 重新输入账号或取消操作（用例终止）。

E-3：取消删除，删除账户操作被取消，用例终止。

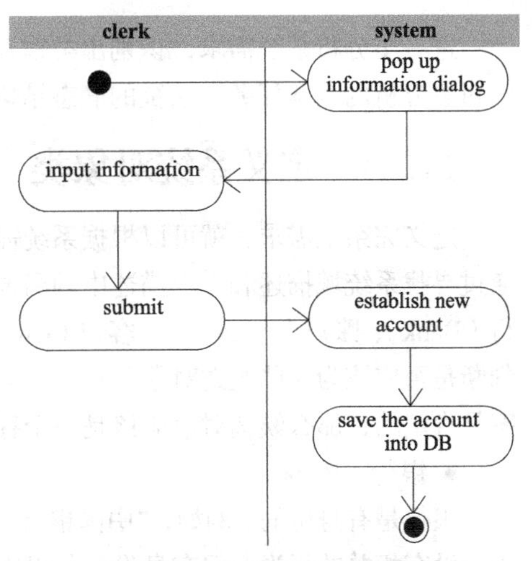

图 14.6　“创建账户”的活动图

“创建账户”的活动图如图 14.6 所示；“删除账户”的活动图如图 14.7 所示；“修改账户”的活动图如图 14.8 所示。

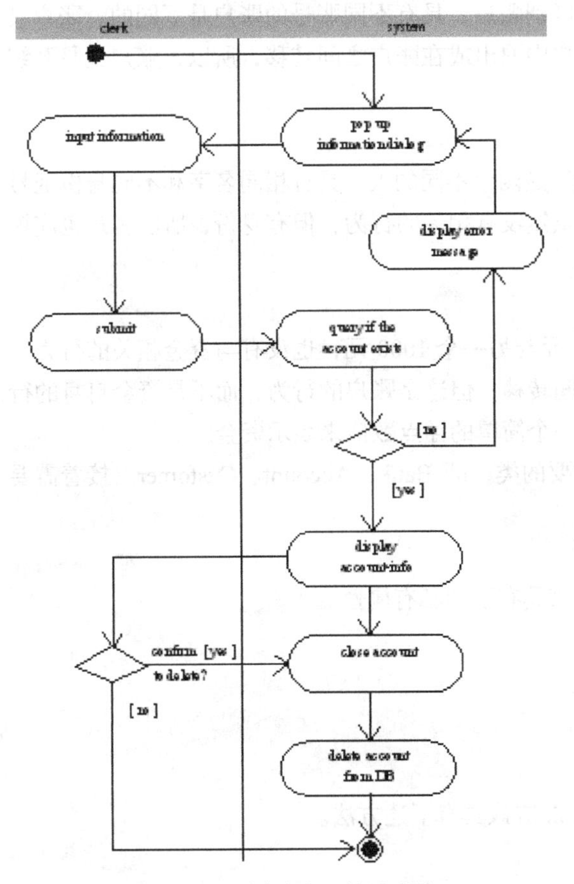

图 14.7　“删除账户”的活动图

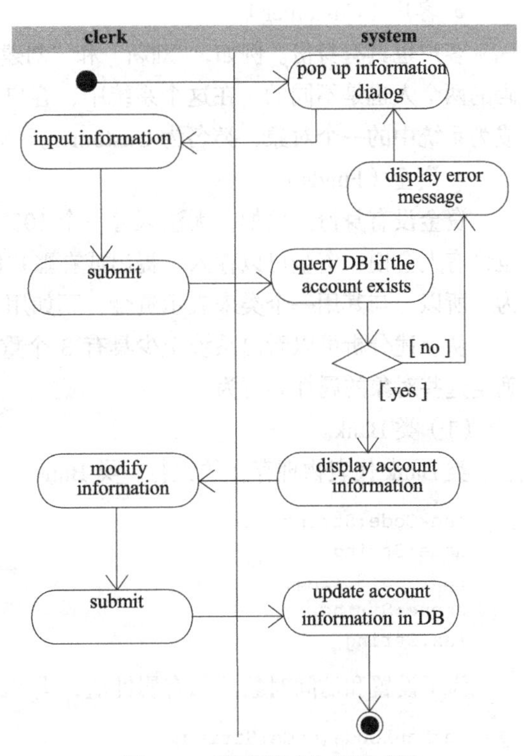

图 14.8　“修改账户”的活动图

14.3 静态结构模型

进一步分析系统需求，识别出类以及类之间的关系，确定它们的静态结构和动态行为，是面向对象分析的基本任务。系统的静态结构模型主要用类图或对象图来描述。

14.3.1 定义系统对象类

定义完系统需求，就可以根据系统需求来识别系统中所存在的对象了。系统对象的识别可以通过寻找系统域描述和需求描述中的名词来进行，从前述的系统需求描述中可以找到的名词有银行（Bank）、账户（Account）、客户（Customer）和资金（Funds），这些都是对象图中的候选对象。判断是否应该为这些候选对象创建类的方法是，判断是否有与该对象相关的身份和行为，如果答案是肯定的，那么候选对象应该是一个存在于模型中的对象，就应该为之创建类。

- 银行（Bank）。

银行是有身份的。例如，“中国银行”与“中国工商银行”是不同的银行，在这个软件系统中，银行没有相关的行为，但有身份，所以银行也应该成为系统中的一个类，类名为 Bank。

- 账户（Account）。

账户也具有身份。可以根据账户的账号来区别账户，具有不同账号的账户是不同的。账户具有相关的行为，资金可以存入账户、可以从账户中取出或在账户之间转移，所以，账户也是系统中的一个类，类名为 Account。

- 客户（Customer）。

客户也具有身份。例如，“刘新”和“刘建”是两个不同的人，具有相同名字和不同身份证号码的两个人也是不同的。在这个系统中，客户虽然没有相关的行为，但有身份，所以客户也应该成为系统中的一个对象，类名为 Customer。

- 资金（Funds）。

资金没有身份。例如，无法区分一个 1000 元与另一个 1000 元，也没有与资金相关的行为。也许有人会说，资金可以存入、提出或在账户间转移，但这是账户的行为，而不是资金自身的行为。所以，与其用一个类来表示资金，不如用一个简单的浮点数值来表示资金。

从上述分析可以看出系统至少具有 3 个重要的类，即 Bank、Account、Customer。接着需要确定这些对象的属性和行为。

（1）类 Bank。

类 Bank 代表物理存在的银行。类 Bank 应该具有下列私有属性。

```
bankCode:String
name:String
address:String
phone:String
fax:String
```

为了设置和访问对象的私有属性值，类 Bank 应该具有下述方法。

```
setBankCode(code:String)
setName(name:String)
setAddress(address:String)
```

```
setPhone(phone:String)
setFax(fax:String)
getBankCode():String
getName():String
getAddress():String
getPhone():String
getFax():String
```

一般情况下，要将属性都声明为私有属性，由于访问私有属性必须通过方法来进行，对于类的每个私有属性，都有相应的 setXX()方法用来设置私有属性值，以及相应的 getXX()方法用来访问私有属性值，下面就不再对私有属性的 setXX()和 getXX()方法进行一一列举了。

（2）类 Account。

在确定类 Account 的属性和方法时，应考虑如下需求。

- 一个银行可以有多个账户。

根据这个需求，银行应该可以提供账户列表，但这个账户列表不必被银行外的对象访问。可以用数据库实现这个需求。

- 一个账户可以有多个持有者。

这个需求表明在账户（Account）和客户（Customer）之间存在“一对多”的关系，因此类 Account 应该具有如下操作。

```
getHolders(): Customer[]
```

- 可以开户。

在创建账户时，应提供账户持有者的信息和账户的资金数目。因此，提供这个功能的操作定义应该如下。

```
newAccount( holder: Customer, balance: float): void
```

- 可以注销账户。

根据这个需求，Account 应该有如下注销账户的操作。

```
remAccount(accountNo: String): void
```

- 可以取钱。

根据这个需求，对取钱类 Account 应该具有如下操作。

```
withdraw(holderName: String, holderID: String, accountNo: String, money: float): float
```

该操作返回账户余额。

- 可以存钱。

根据这个需求，对存钱类 Account 应该具有如下操作。

```
deposit(holderName: String, holderID: String, accountNo: String, money: float): float
```

该操作返回账户余额。

- 可以在银行内的账户之间转账。

在账户间转账要比简单的存钱、取钱的行为复杂，不但要规定转账的金额，还要规定资金转入或转出的账户以及账户所在的银行，因此，资金转出操作的定义如下。

```
transferOut(accountNo: String, bankCode: String, money: float): float
```

该操作以资金转入账户账号、转入账户所在银行代码和转账金额为参数，以转账后的余额为返回值。资金转入操作的定义如下。

```
transferIn(accountNo: String, bankCode: String, money: float): float
```

该操作以资金转出账户账号、转出账户所在银行代码和转账金额为参数，以转账后的余额为返回值。

- 可以在不同银行的账户之间转账。

这个功能已经被上面的操作 transferIn()和 transferOut()支持，因为操作的参数已经包含了银行信息——银行的代码号，这是独一无二的，可用来识别银行。

随着设计的不断进行，以及 14.4 节中细化的顺序图的建立，可以得出 Account 还应该具有如下操作。

```
newBalance(): float
```

该操作计算新的账户余额。

```
update(): void
```

更新数据库中的账户信息。

```
save(): void
```

将账户信息存储到数据库中。

```
delete(): void
```

该操作从数据库中删除账户。

```
closeAccount(accountNo: String): void
```

该操作对账户进行结算并关闭。

```
getAccount(accountNo: String): Account
```

返回指定账号的账户信息。

```
query(holderName: String, holderID: String, accountNo: String, money: float, isSaving: Boolean): Boolean
```

查询账户是否存在，若是取款，还要查询账户金额是否足够。

- 类 Account 应该具有如下私有属性。

```
bank: Bank
holder: Customer[]
accountNo: String
createDate: Date
balance: float
```

（3）类 Customer。

- 一个银行可以有多个客户。

根据这个需求，银行应该可以提供客户列表，但这个客户列表不必被银行外的对象访问。可以用数据库实现这个需求。

- 一个客户可以有多个账户。

这个需求表明在客户（Customer）与账户（Account）之间存在"一对多"的关系，所以类 Customer 应该具有如下操作。

```
getAccounts(): Account []
```

随着设计的不断进行，以及 14.4 节中细化的顺序图的建立，可以发现类 Customer 还具有如下操作。

```
query(name: String, id: String): Boolean
```

该操作可查询数据库中是否存在指定客户名和 ID 号的客户信息。

```
newCustomer(name: String, id: String, address: String, account: Account[]): void
```

创建客户对象。

```
save(): void
```

将客户信息存储到数据库中。

```
update(): void
```

更新数据库中的客户信息。

```
hasAccount(): Boolean
```

判断客户是否还持有账户。

```
delete(): void
```

删除数据库中的客户信息。

- 类 Cusomer 具有如下私有属性。

```
came: String
customerID: String
address: String
account: Account[]
```

在银行系统中，对账户进行存钱、取钱、转账的操作，都要保留业务记录，因此在系统中还应建立代表这些业务记录的对象。可以为这些对象建立 3 个类，即类 Deposit（存款业务记录）、类 Withdraw（取款业务记录）、类 Transfer（转账业务记录），这 3 个类都是一种业务记录，因此可以抽象出父类 Transaction。

（4）类 Transaction。

- 私有属性如下。

```
account: Account
createDate: Date
fund: float
```

- 公共方法如下。

```
newTransaction(account: Account, fund: float, date: Date): void
```

创建交易记录。

```
save(): void
```

将交易记录存储到数据库中。

（5）类 Deposit。

继承类 Transaction。

● 私有属性如下。

无。

● 公共方法如下。

```
newDeposit(account: Account, fund: float, date: Date): void
```

创建存款交易记录。

```
save(): void
```

将存款交易记录存储到数据库中。

（6）类 Withdraw。

继承类 Transaction。

● 私有属性如下。

无。

● 公共方法如下。

```
newWithdraw(account: Account, fund: float, date: Date): void
```

创建取款交易记录。

```
save(): void
```

将取款交易记录存储到数据库中。

（7）类 Transfer。

继承类 Transaction。

● 私有属性如下。

```
transferAccountNo: String
transferBank: Bank
```

● 公共方法如下。

```
newTransfer(account:Account,transferAccountNo:String,transferBank:Bank,fund:float,
date: Date): void
```

创建转账交易记录。

```
save(): void
```

将转账交易记录存储到数据库中。

14.3.2　定义用户界面类

用户与系统需要交互，一个用户友好的系统通常都采用直观的图形化界面，因此需要定义系统的用户界面类。

通过对系统的不断分析和细化，可识别出如下界面类以及类的操作和属性。

顺序图对于定义类、类的方法和属性是很有帮助的，类图和顺序图的建立是相辅相成的，因为顺序图中出现的消息基本上都会成为类的方法，读者可以比较本节中类定义的方法和 14.4 节中顺序图的消息。

（1）类 BankGUI。

BankGUI 是系统的主界面，系统的主界面含有几个按钮，当选择不同按钮时，系统可以执行不同的操作。当程序退出时，主界面窗口关闭。

- 私有属性如下。

待定。

- 公共方法如下。

```
newBankGUI(): void
```

创建系统主界面。

```
deposit(): void
```

当按下"存款"按钮时，该方法被调用。

```
withdraw(): void
```

当按下"取款"按钮时，该方法被调用。

```
transfer(): void
```

当按下"转账"按钮时，该方法被调用。

```
newAccount(): void
```

当按下"创建账户"按钮时，该方法被调用。

```
delAccount(): void
```

当按下"删除账户"按钮时，该方法被调用。

```
modAccount(): void
```

当按下"修改账户"按钮时，该方法被调用。

（2）类 QueryDialog。

界面类 QueryDialog 是用来根据账户的账号查找账户的对话框。当按下主窗口 BankGUI 中的"删除账户"按钮和"修改账户信息"按钮时，对话框 QueryDialog 弹出，银行职员填写账号并提交，然后系统查询数据库中具有指定账号的账户信息。

- 私有属性如下。

待定。

- 类 QueryDialog 具有如下方法。

```
newQDialog(): void
```

创建查询窗口。

```
query(): void
```

当查询窗口被提交时，该方法被调用。

（3）类 DWDialog。

界面类 DWDialog 是客户在存款或取款时所需的对话框，其界面如图 14.9 所示。当按下主窗口 BankGUI 中的“存款”按钮或“取款”按钮时，该对话框弹出，对话框中第 1 个按钮的标签根据操作的不同显示为“存款”或“取款”。

- 私有属性如下。

待定。

- 公共方法如下。

```
newDWDialog(): void
```

创建用于填写存、取款信息的窗口。

```
deposit(): void
```

“存款”按钮被按下时，该方法被调用。

```
withdraw(): void
```

“取款”按钮被按下时，该方法被调用。

（4）类 AccountDialog。

界面类 AccountDialog 是用来填写或显示账户信息的对话框，如图 14.10 所示。

客户姓名
客户 ID
账号
金额
存款　取消

图 14.9　界面 DWDialog

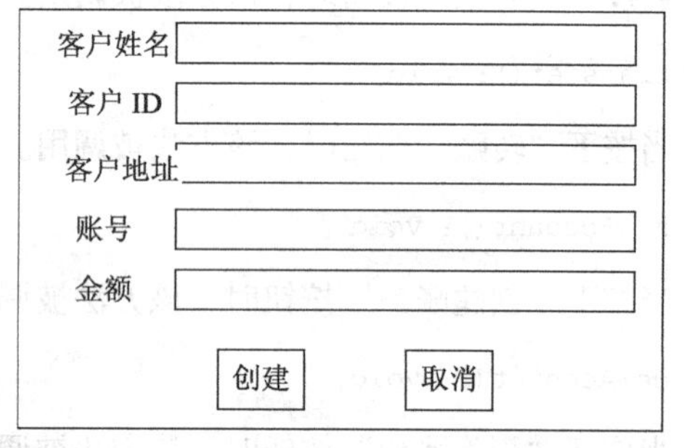

图 14.10　界面 AccountDialog

当按下主窗口 BankGUI 中的“创建账户”按钮时，对话框弹出，银行职员填写账户信息（包括客户姓名、客户 ID 号、客户地址、账号、金额），然后点击对话框中的“创建”按钮，系统创建账户并将之存储在系统中。

当按下主窗口 BankGUI 中的“删除账户”按钮或“修改账户信息”按钮时，对话框 QueryDialog 弹出，银行职员填写账号并提交。系统查询数据库，获取账户信息后弹出对话框 AccountDialog，显示账户的详细信息，对话框的第 1 个按钮的标签根据操作的不同显示为“删除”或“修改”。若是“删除账户”，银行职员点击对话框中的“删除”按钮，系统则删除所存储的该账户信息；若是“修改账户信息”，银行职员修改账户信息后，单击对话框中的“修改”按钮，系统则更新所存储的账户信息。

- 私有属性如下。

待定。

- 公共方法如下。

```
newADialog(): void
```

创建用于填写账户信息的窗口。

```
newADialog(account: Account): void
```

创建用于显示账户信息的窗口。

```
newAccount(): void
```

“创建”按钮被按下时，该方法被调用。

```
delAccount(): void
```

“删除”按钮被按下时，该方法被调用。

```
modAccount(): void
```

“修改”按钮被按下时，该方法被调用。

（5）类 TransferDialog。

界面类 TransferDialog 是用来填写转账信息的对话框。当按下主窗口 BankGUI 中的“转账”按钮时，该对话框弹出，银行职员填写资金转出账户、转账金额、资金转入账户等信息，然后单击“OK”按钮确认操作，系统执行转账操作。

- 私有属性如下。

待定。

- 公共方法如下。

```
newTDialog(): void
```

创建用于填写转账信息的对话框。

```
transfer(): void
```

当对话框被提交时，该方法被调用。

（6）类 LoginDialog。

界面类 LoginDialog 是用来输入用户名和密码的对话框。该对话框在启动系统时弹出，提示用户输入验证信息，若验证成功，则系统启动；否则，用户重新输入验证信息或终止操作。

- 私有属性如下。

待定。

- 公共方法如下。

```
newLDialog(): void
```

创建用来输入用户名和密码的对话框。

```
inputInfo(): void
```

用户输入用户信息后，在提交用户信息时，该方法被调用。

```
validate(name: String, pass: String): Boolean
```

验证用户名和密码是否正确。

14.3.3　建立类图

识别出系统的类后，还要识别出类间的关系，然后就可以建立类图了。类间的关系如图 14.11 的系统类图所示，其中类 BankGUI 与类 LoginDialog 之间是关联关系，而类 AccountDialog、类 QueryDialog、类 TransferDialog、类 DWDialog 是类 BankGUI 的一部分，它们与类 BankGUI 具有一致的生命周期，因此它们与类 BankGUI 之间是组合关系。类 AccountDialog、类 QueryDialog、类 TransferDialog、类 DWDialog 与类 Account 之间是依赖关系。类 Account 与类 Customer 之间是“多对多”的关联关系，1 个 Customer 对象至少持有 1 个 Account 对象，1 个 Account 对象至少由 1 个 Customer 持有（联合账户可由多个客户共同持有）。类 Account 和类 Bank 之间是“一对多”的组合关系，类 Account 是类 Bank 的一部分，1 个 Bank 对象至少持有 1 个 Account 对象，1 个 Account 对象只属于 1 个 Bank。类 Account 与类 Transaction 存在“一对多”关联关系，1 个 Account 对象可以没有或有多个交易记录（Transaction 对象），1 个 Transaction 对象只属于 1 个账户。类 Deposit、类 Withdraw、类 Transfer 继承类 Transaction，因此，它们和类 Transaction 之间是类属关系。

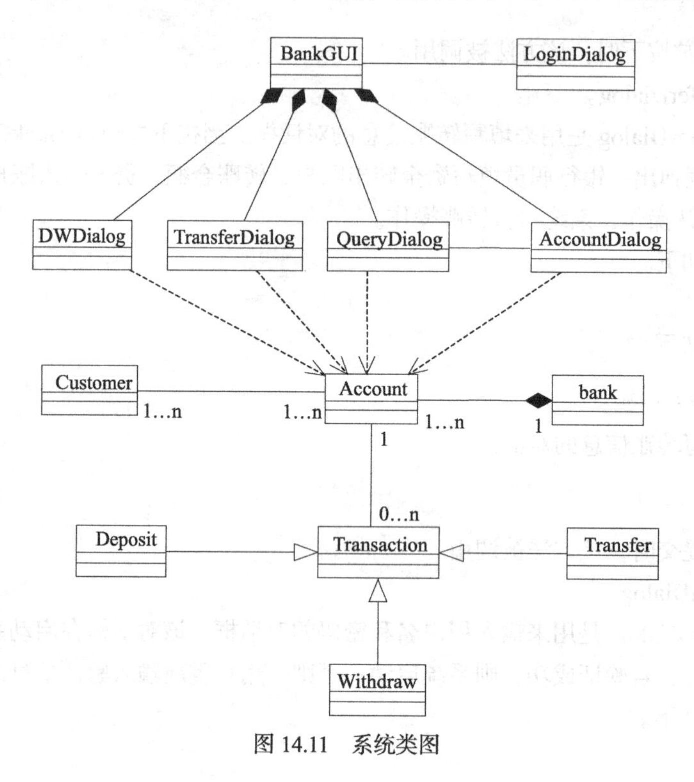

图 14.11　系统类图

14.3.4　建立数据库模型

本系统采用了关系数据库存储和管理数据。另外，在分析和设计系统的静态结构模型时需要进行数据分析和数据库设计。

如图 14.11 所示，本系统有 6 个实体类，即类 Account、类 Customer、类 Bank、类 Deposit、类 Transfer、类 Withdraw。其中，类 Deposit、类 Transfer、类 Withdraw 是抽象类 Transaction 的子类，类 Customer 和类 Account 之间存在“多对多”的关联关系；类 Bank 和类 Account 之间具有“一对多”的组合关系；类 Account 和类 Transaction 之间存在“一对多”的关联关系。

本系统的系统数据库的逻辑模型如图 14.12 所示，关系表的 UML 符号用衍型为<<realtional table>>的类符号表示，关系表的列用类符号中的属性表示，带有衍型<<pk>>的属性代表主键，带有<<fk>>的属性代表外键。在设计数据库模型时，我们将类 Deposit、类 Transfer、类 Withdraw 和抽象类 Transaction 映射到一个超类表 Transaction 中，这个表包含了类属关系层次中所有类的属性集，另外该表还添加了 3 个列，即“is_deposit”、“is_transfer”、“is_withdraw”来判断 Transaction 的类型。为了模拟类 Customer 和类 Account 之间的“多对多”关联关系，需要创建交叉表

CustomerToAccount。而类 Bank 和类 Account 之间的“一对多”组合关系是通过在表 Account 中插入外键“bank_code”以匹配表 Bank 中的主键“bank_code”来模拟的；类 Account 和类 Transaction 之间的“一对多”关联关系则通过在表 Transaction 中插入外键“account_no”以匹配表 Account 中的主键“account_no”来模拟。另外，表 Transaction 中的外键“transfer_bank_code”与表 Bank 中的主键“bank_code”匹配。

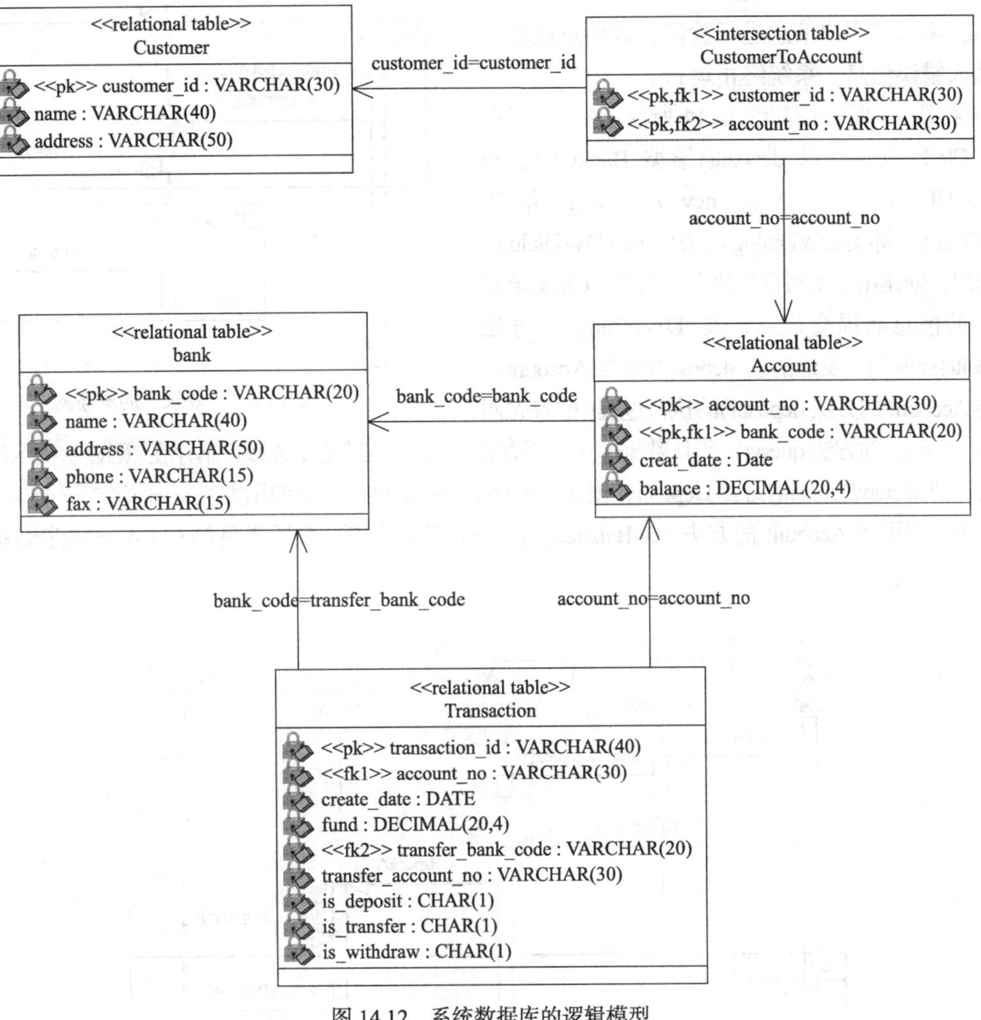

图 14.12　系统数据库的逻辑模型

14.4　动态行为模型

系统的动态行为模型可以用交互作用图、状态机图和活动图来描述。在 14.2.3 小节中，通过活动图描述的用例的场景，使读者对用例事件流的描述有了更清晰的认识。活动图强调了从活动到活动的控制流，而交互作用图则强调从对象到对象的控制流，本节采用顺序图来描述为完成系统某个特定功能而发生在系统对象之间的信息交换。

描述本系统用例场景的顺序图如下。

“登录”的顺序图如图 14.13 所示。首先，Clerk 启动系统，类 LoginDialog 的方法 newLDialog()被调用，创建用来填写登录信息的对话框。Clerk 填写登录信息后，提交信息，执行方法 validate()验证用户名和密码是否正确，若正确，发送消息 newBankGUI()给类 BankGUI，启动系统，创建系统主界面；若不正确，则提示用户重新输入信息，对重新输入的用户信息进行验证；若用户连续三次输入错误信息，系统终止运行。

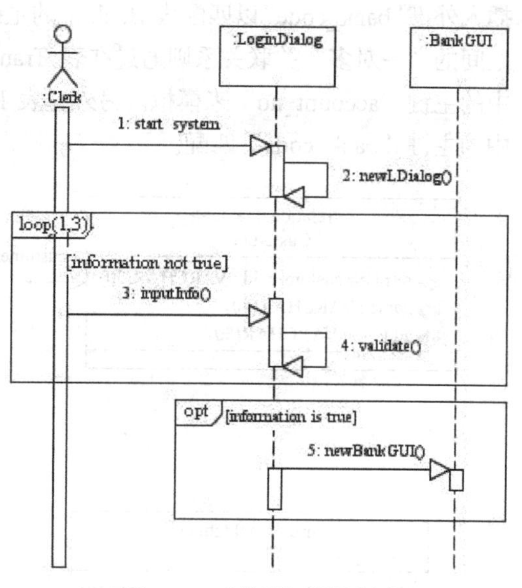

图 14.13 “登录”的顺序图

“存款”的顺序图如图 14.14 所示。客户要求存款，Clerk 发送消息 deposit()给类 BankGUI，类 BankGUI 又发送消息 newDWDialog()给类 DWDialog，即类 DWDialog 的方法 newDWDialog()被调用，创建用于填写存款信息的窗口。Clerk 填写必要的信息后提交信息，类 DWDialog 的方法 deposit()被调用，发送消息 deposit()给类 Account。在类 Account 的方法 deposit()的执行过程中，首先调用类 Account 的方法 query()，确认数据库中是否存在该账户，若存在（若账户不存在，则显示提示信息），则发送消息 newDeposit()给类 Deposit，创建一个存款交易记录，然后调用方法 save()将该记录存储到数据库中。调用类 Account 的方法 newBalance()计算新的账户余额，最后调用方法 update()更新数据库中该账户的信息。

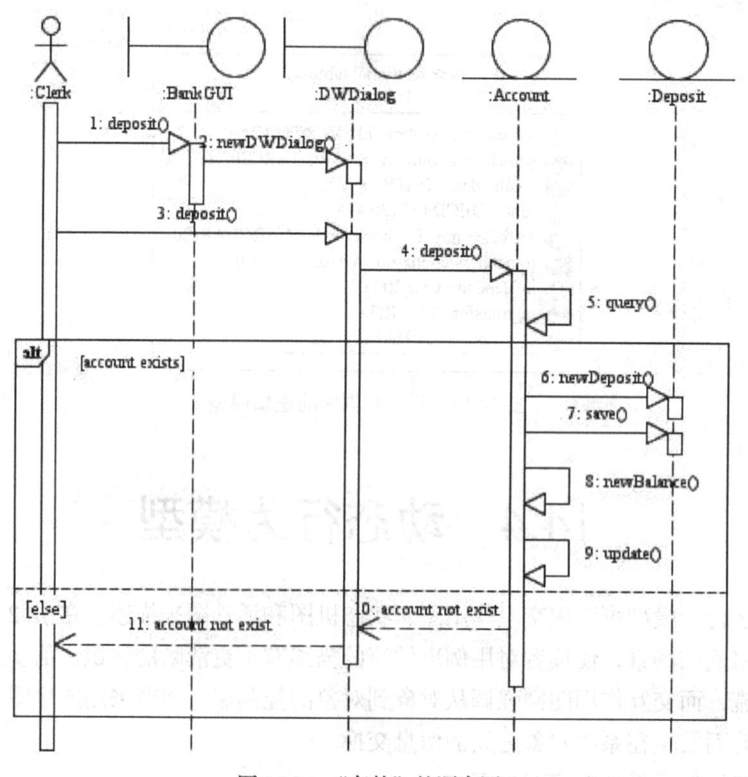

图 14.14 “存款”的顺序图

“取款”的顺序图如图 14.15 所示。客户要求取款，类 BankGUI 的方法 withdraw()被调用，类 BankGUI 发送消息 newDWDialog()给类 DWDialog，创建用于填写取款信息的窗口。Clerk 填写必要的信息后，提交信息，类 DWDialog 的方法 withdraw()被调用，发送消息 withdraw()给类 Account。在类 Account 的方法 withdraw()的执行过程中，首先调用类 Account 的方法 query()，确认数据库中是否存在该账户，并确认账户中的金额是否足够支付所取款项，若账户存在且金额足够（否则，若账户不存在或账户中金额不足，则显示提示信息），则发送消息 newWithdraw()给类 Withdraw，并创建一个取款交易记录，然后再调用方法 save()将该记录存储到数据库中。调用方法 newBalance()计算新的账户余额，最后调用方法 update()更新数据库中该账户的信息。

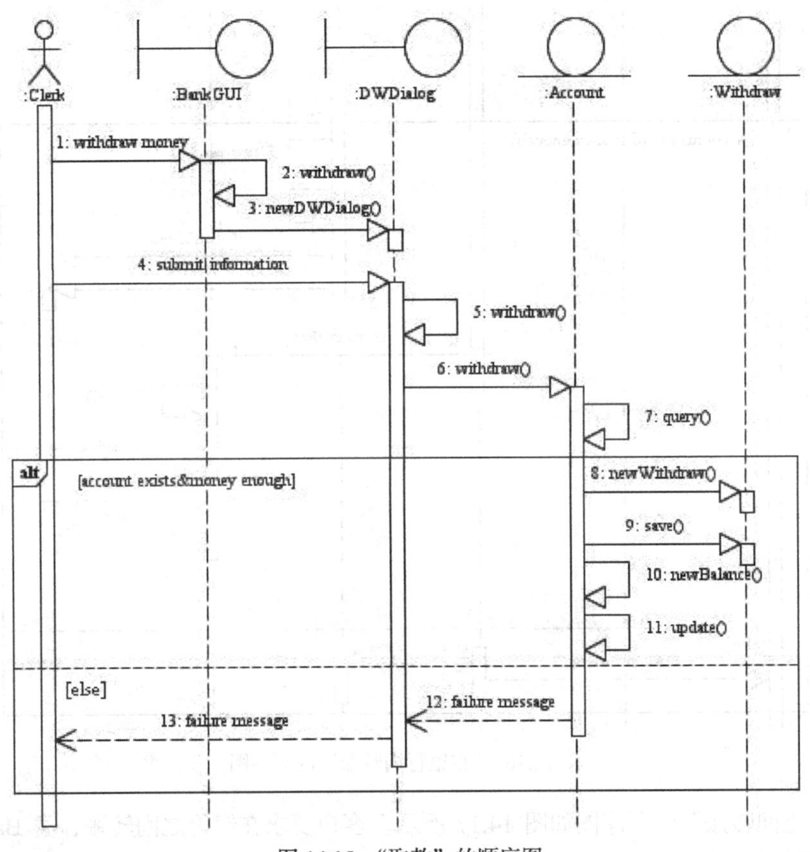

图 14.15 “取款”的顺序图

“在银行内转账”的顺序图如图 14.16 所示。客户要求在银行内转账，类 BankGUI 的方法 transfer()被调用，类 BankGUI 发送信息 newTDialog()给类 TransferDialog，创建用于填写转账信息的窗口。Clerk 填写必要的信息后提交信息，类 TransferDialog 的方法 transfer()被调用，发送消息 transferOut()给类 Account 的对象 t1（资金转出账户），调用方法 query()查询账户 t1、t2 是否存在且 t1 中资金是否足够（即大于转账金额），如果账户 t1 或 t2 不存在，或资金不够，发送操作失败信息给 Clerk；反之，如果账户 t1、t2 都存在且 t1 中资金足够，调用方法 newBalance()计算新的账户余额，再调用方法 update()更新数据库中 t1 的信息。然后发送消息 newTransfer()给类 Transfer，创建转账交易记录，然后发送消息 save()给类 Transfer，存储转账交易记录。类 TransferDialog 还发送消息 transferIn()给类 Account 的对象 t2（资金转入账户），调用方法 newBalance()计算新的账户余额，再调用方法 update()更新数据库中 t2 的信息。最后发送消息 newTransfer()给类 Transfer，创建转账交易记录，发送消息 save()给类 Transfer，存储转账交易记录。

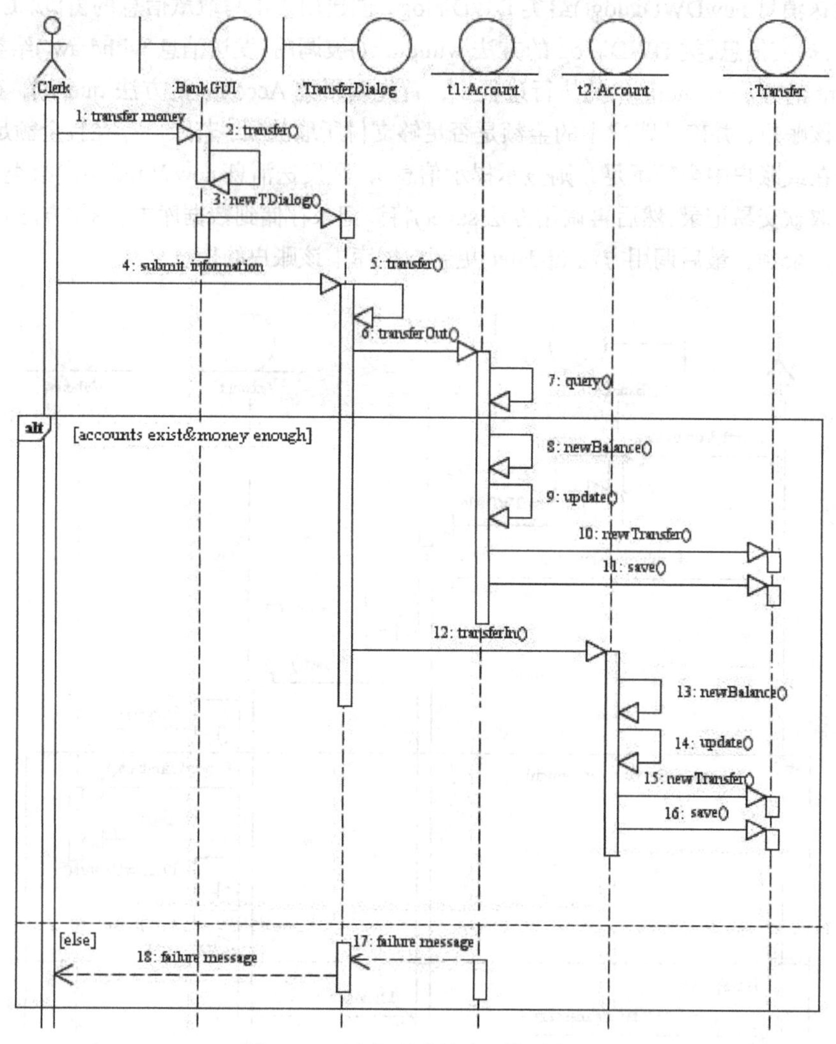

图 14.16 “在银行内转账”的顺序图

“在银行之间转账”的顺序图如图 14.17 所示。客户要求在银行之间转账，类 BankGUI 的方法 transfer()被调用，类 BankGUI 发送信息 newTDialog()给类 TransferDialog，创建用于填写转账信息的窗口。Clerk 填写必要的信息后提交信息，类 TransferDialog 的方法 transfer()被调用，发送消息 transferOut()给 Account 对象，调用方法 query()查询账户是否存在且账户资金是否足够（大于转账金额），如果账户不存在或账户资金不足，发送失败消息给 Clerk；如果账户存在且账户资金足够，调用类 Account 的方法 newBalance()，计算新的账户余额，再调用方法 update()更新数据库中的账户信息。然后发送消息 newTransfer()给类 Transfer，创建转账交易记录，发送消息 save()给类 Transfer，存储转账交易记录。最后给另一个银行发送转账通知。

“创建新账户”的顺序图如图 14.18 所示。客户要求创建新账户，Clerk 发送消息 newAccount()给类 BankGUI，类 BankGUI 发送消息 newADialog()给类 AccountDialog，创建用于填写账户信息的窗口。Clerk 填写必要的信息后提交信息，类 AccountDialog 的方法 newAccount()被调用，发送消息 newAccount()给类 Account，创建 Account 对象。在方法 newAccount()执行过程中，要调用方法 query()查询该客户是否已存在于数据库中（该客户可能已在银行开设其他账户，因此数据库中已有该客户信息），若该客户信息已在数据库中存在，类 Account 发送消息 update()给类 Customer，更新数据库中该客户的信息；反之，若数据库中不存在该客户信息，则类 Account 发送消息 newCustomer()给类 Customer，创建 Customer 对象，然后调用方法 save()将客户信息存储到数据库中。最后，调用类 Account 的方法 save()将 Account 信息存储到数据库中。

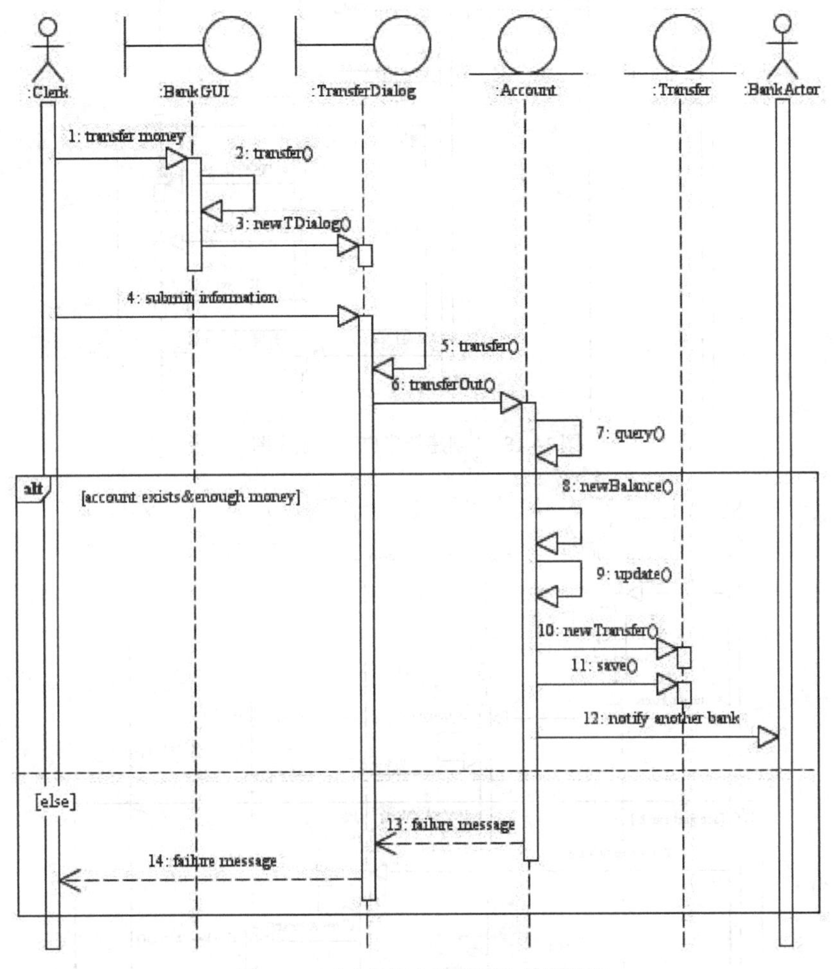

图 14.17 “在银行之间转账”的顺序图

“删除账户”的顺序图如图 14.19 所示。客户要求删除账户，类 BankGUI 的方法 delAccount()被调用，类 BankGUI 发送消息 newQDialog()给类 QueryDialog，创建用于填写账号的窗口。Clerk 填写账号后提交信息，类 QueryDialog 的方法 query()被调用，发送消息 getAccount()给类 Account，返回匹配指定账号的账户信息，若账户信息为空，发送消息给 Clerk；反之，若账户信息存在，调用方法 newADialog()创建窗口并将账户信息显示在窗口中。Clerk 确认删除，类 AccountDialog 的方法 delAccount()被调用，发送消息 remAccount()给类 Account。在方法 remAccount()被执行的过程中，首先调用类 Account 的方法 closeAccount()结清账户的利息和余额，关闭账户，然后调用方法 delete()从数据库中删除该账户，发送消息 update()给类 Customer，更新数据库中 Customer 的相关信息。然后调用类 Customer 的方法 hasAccount()判断是否还有与 Customer 相关的账户存在，若没有，调用方法 delete()删除数据库中的客户信息。

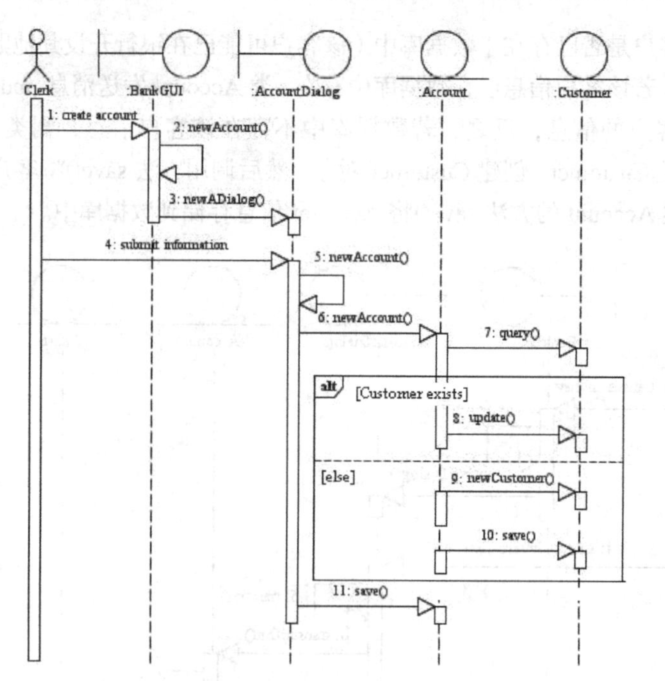

图 14.18 “创建新账户”的顺序图

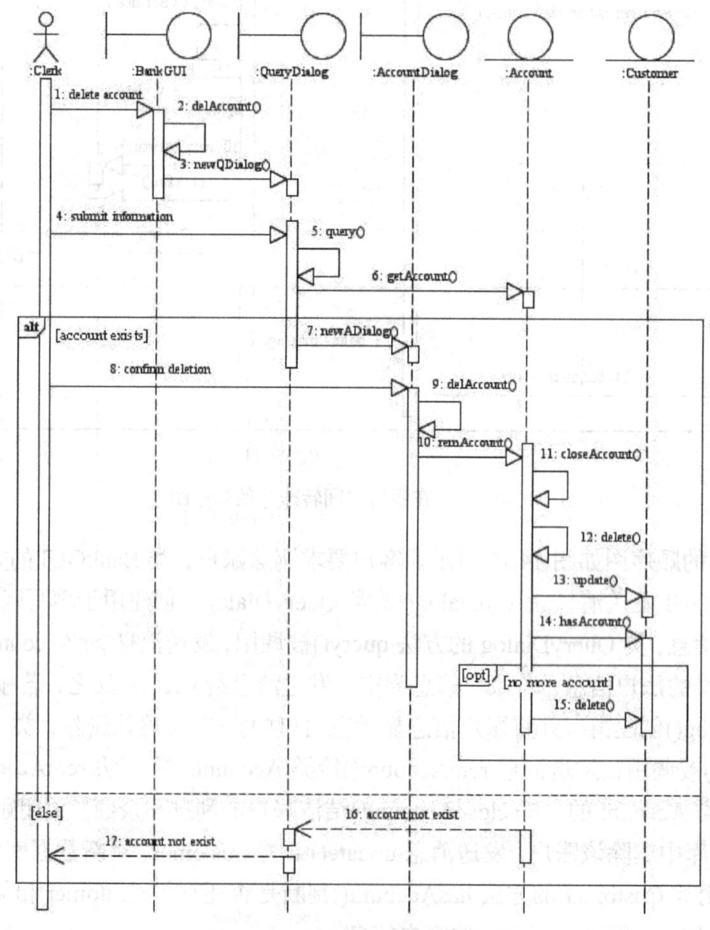

图 14.19 “删除账户”的顺序图

“修改账户信息”的顺序图如图 14.20 所示。类 BankGUI 的方法 modAccount()被调用，类 BankGUI 发送消息 newQDialog()给类 QueryDialog，创建用于填写账号的窗口。Clerk 填写账号后提交信息，类 QueryDialog 的方法 query()被调用，发送消息 getAccount()给类 Account，返回匹配指定账号的账户信息，如果账户不存在，给出失败提示信息；如果账户存在，调用方法 newADialog()创建窗口并将账户信息显示在窗口中。Clerk 修改账户信息后提交信息，类 AccountDialog 的方法 modAccount()被调用，发送消息 update()给类 Customer，更新数据库中客户信息；发送消息 update()给类 Account，更新数据库中账户信息。

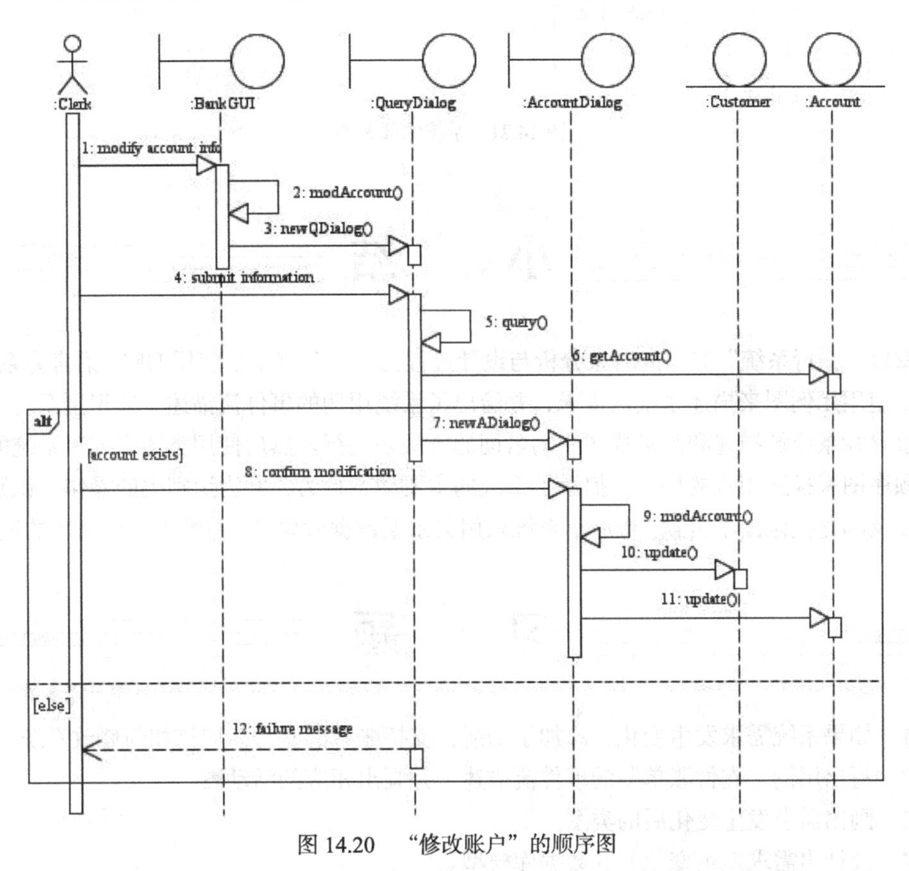

图 14.20　“修改账户”的顺序图

14.5　物 理 模 型

系统部署图如图 14.21 所示，它有 4 个节点，即“Bank Server”（银行系统服务器）、“DB Server”（数据库服务器）、“Internal Client”（内部客户端）、“External Client”（外部客户端）。

“Bank Server”为客户提供了存款、取款、转账的服务，为银行职员提供了创建账户、删除账户、修改账户信息的服务。“DB Server”保存系统中的持久数据，它是一个旧系统，因此衍型为 <<legacy>>，“DB Server”与“Bank Server”通过银行局域网连接。银行职员通过“Bank Client”为客户提供存款、取款、转账服务，并维护账户信息，“Bank Client”通过银行局域网与“Bank Server”连接。

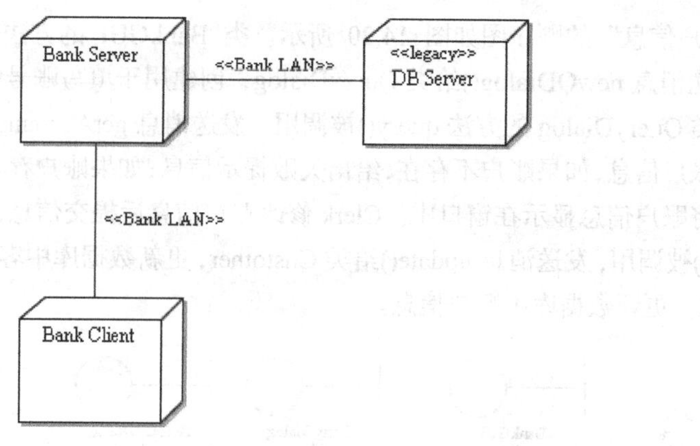

图 14.21　系统的部署图

小　　结

本章以“银行系统”的面向对象分析与设计过程为例，介绍了如何用 UML 语言为系统建模。

本章使用用例图来描述系统的需求，并给出了系统用例的事件流描述。在识别系统对象时，首先通过寻找系统域描述和需求描述中的名词的方法来进行。然后使用类图来描述系统的静态结构，用顺序图来描述用例的场景，揭示了系统的主要动态行为，并为识别类的操作、识别类之间的关系以及细化类做出了贡献。最后本系统采用关系型数据库模型，并给出了数据库的逻辑模型。

习　　题

14.1　如果系统需求发生变化，添加了功能：支持账单的支付。应该如何修改系统用例图。

14.2　写出用例“支付账单”的事件流描述，并画出相应的活动图。

14.3　画出需求发生变化后的类图。

14.4　设计出需求发生变化后的数据库模型。

14.5　画出“支付账单”的顺序图。

第 15 章 嵌入式系统设计

本章以"便携式心电记录仪"的面向对象分析与设计过程为例，介绍如何用 UML 语言为嵌入式系统建模。

15.1 系统需求

便携式心电记录仪是一种消费电子仪器，用来实时记录心脏病人的心电波形，心电记录仪的显示器还可以回放所记录的心电波形。心电数据由心电记录仪的传感器采集后，转变为数字信号，然后存储在记录仪的存储器中。用户可以通过心电记录仪的显示器，在任何时候快速回放所存储的任何一个时间段的心电波形。心电记录仪应该具有体积小、重量轻、易使用、可省电（可以由电池提供电源）等特点。

图 15.1 所示为心电记录仪的外形。在记录仪上有显示器以及 10 个按钮，它们是"上"、"下"、"左"、"右"、"OK"、"记录"、"回放"、"删除"、"停止"和"菜单"。显示器可以用来回放心电数据并显示时间信息，还可以显示系统菜单。"记录"按钮用来启动心电信号记录；"回放"按钮用来回放所记录的心电信号；"停止"按钮用来停止系统的记录或回放活动；"删除"按钮用来删除所记录的心电信号；"菜单"按钮用来激活系统菜单；"上"、"下"、"左"、"右"按钮用来选择菜单项；"OK"按钮用来确定选项。

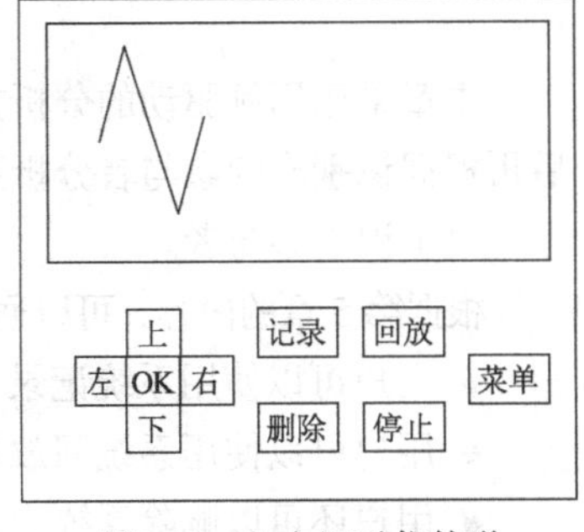

图 15.1　心电记录仪外形

在设计过程中，经过仔细考虑，产品应具有以下主要功能。

- 可以存储 20 个心电波（ECGWave），每个心电波的长度由内存的大小来决定。
- 具有屏幕菜单，使用方便。
- 可以设置闹铃，以提示用户时间到。
- 具有 LCD 显示器可以显示心电波形、心电波形的记录时间和记录日期、当前时间和当前日期（当前的时间和日期总是出现在显示器上）。
- 显示器还显示电池使用情况指标。当电池电量不足时，系统会发出蜂鸣声提醒用户。
- 具有待用模式（Stand-by Mode），这样可以节省电池能量。当仪器不在使用状态时，系统关闭外设；当用户随便按一个按钮时，系统激活，返回正常工作状态。

实时嵌入式系统经常要与环境交互，所以对于实时嵌入式系统而言，事件是非常重要的。

事件是来自于环境的重要消息。一个实时反应系统必须在有限的时间内响应外部事件，下表描述了发生在系统中的所有外部事件。事件的发生可以是周期的，也可以是随机的。表 15.1

中设置了系统响应时间的上限，如果系统不能在规定的时间内响应，这意味着系统的响应不正确。

表 15.1　　系统响应参数

序　号	事　件	系统响应	模　式	响应时间
1	过了 1s	更新内部时钟 检查闹铃 更新时钟显示 更新心电波形的显示	周期性	0.5s
2	一个样本周期结束	记录或回放下一个样本周期	周期性	半个周期
3	用户按下“记录”按钮	记录仪开始记录心电信号片段 显示标志任务进程的标识	随机的	0.5s
4	用户按下“回放”按钮	记录仪在显示器上回放心电信号片段 显示标志任务进程的标识	随机的	0.5s
5	用户按下“停止”按钮	停止执行当前的任务 更新显示	随机的	1s
6	电量不足	警告用户并停止执行当前任务	随机的	1s
7	进入待用模式	关闭显示器	随机的	1s
8	用户按下某个按钮将记录仪从待用模式唤醒	离开待用模式，为显示器加电	随机的	1s

15.2 需求分析

本章采用用例驱动的分析方法进行需求分析，因此，分析阶段的首要任务是确定参与者，然后再根据识别出的参与者分析系统需求，来确定系统中的用例。

（1）识别参与者。

根据第 5 章的内容，可以通过回答 5.2 节中的问题来识别参与者，对这些问题回答的答案如下。

- 用户可以使用系统记录心电信号。
- 用户可以使用系统回放记录的心电信号。
- 用户还可以删除系统中存放的心电信号。
- 用户可以设置闹铃。
- 用户可以更换电池。
- 用户可以更改当前时间。
- 用户可以观察时间。
- 用户可以听到闹铃。
- 用户可以看到提示信息。

从上述答案中可以看出，在本系统中，与系统交互作用的只有系统的用户（User），所以，本系统的参与者只有一个，即 User（用户）。对系统参与者的描述如图 15.2 所示。

> **名称：** User（用户）
> **描述：** 用户可以通过系统记录、回放、删除信息；可以设置闹铃、时间；可以观看提示信息，更换电池。
> **示例：**
> - 病人
> - 医生

图 15.2　参与者“User”的描述

（2）识别用例。

用例是从用户的角度描述系统的功能。每个用例是使用系统的不同方式，每个用例的完成都会产生不同的结果。

在识别出参与者后，现在可以进一步分析系统需求以识别出系统中的用例（根据 5.3 节中介绍的方法）。

通过对系统需求的进一步分析，可以识别出以下 6 个用例。

- 记录心电信号（Record ECG）。

当用户按下“记录”按钮，记录仪开始记录心电信号；用户按下 “停止”按钮或者内存用完时，记录仪停止记录心电信号。

- 回放心电信号（Playback ECG）。

用户可以从目录表中选择所要回放的心电信号，按下“回放”按钮，心电信号片段开始在显示器上回放，直到结束（或者当用户按下“停止”按钮时，回放停止）。

- 删除心电信号（Delete ECG）。

用户可以从目录表中选择某个心电信号片段，然后按下“删除”按钮，则该心电信号片段从内存中被删除，其所占用的内存空间被释放。

- 设置闹铃时间（Set Alarm Time）。

用户可以打开或关闭闹铃，并设置闹铃的时间。打开或关闭闹铃以及设置闹铃的时间是通过选择系统菜单的不同选项进行的。

- 设置时钟时间（Set Clock Time）。

用户可以设置时钟时间，或者调整时钟的时间。

- 显示时间（Display Time）。

系统在开机状态下应该一直在显示器上显示当前的时间和日期，用户可以查看当前时间和日期。

- 显示电池状态（Display Battery Status）。

系统在开机状态下应该一直在显示器上显示电池状态。当电量不足时，系统发出蜂鸣声，电池状态则显示为警告状态。

（3）绘制用例图。

系统的用例图如图 15.3 所示，参与者“User”与用例“Record ECG”、“Playback ECG”、“Delete ECG”、“Set Alarm Time”、“Set Clock Time”、“Display Time”、“Display Battery Status”交互作用。

（4）绘制交互作用图。

用例中的场景描述了外部参与者与系统的交互，用例中的场景可以用交互图来描述。对于某些复杂的场景，靠文字描述来说明是很难理解的，此时可以用交互作用图来描述，从而使得场景变得直观、更易理解。

图 15.4 所示的顺序图描述了回放心电信号的场景。当用户 User 按下“回放”按钮，即发送消息“Play ECG”（回放心电信号）给系统时，系统 System 发送消息“Start playing ECG”（开始回放心电信号）给显示器，系统通过显示器回放心电信号，同时显示回放进度给用户（Show progress indicator）。一秒过后（Next second），系统更新显示时间（Show new time），并继续显示回放进度

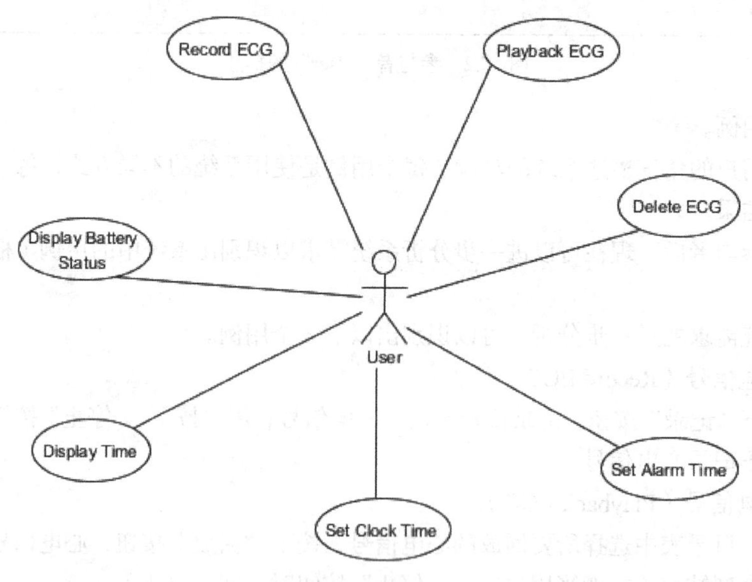

图 15.3　系统的用例图

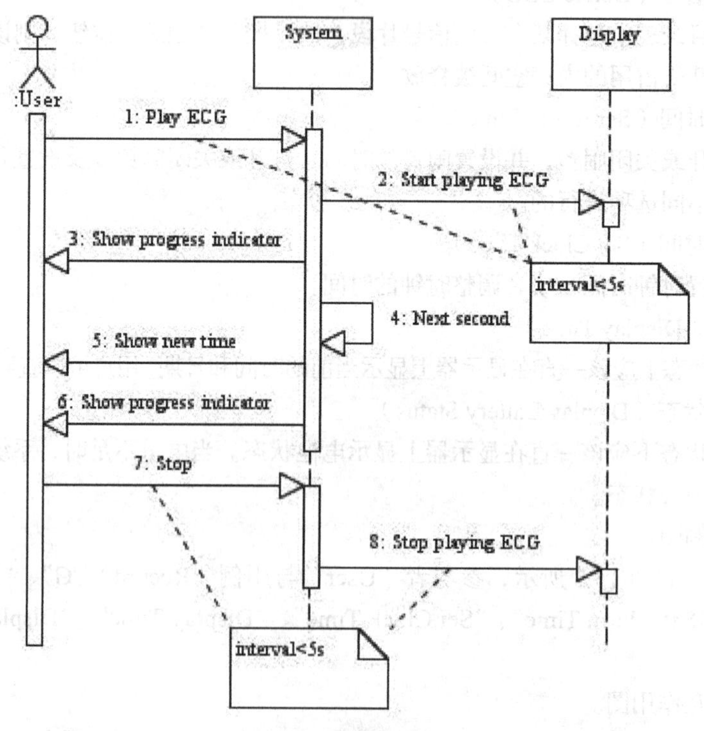

图 15.4　顺序图（一）

（Show progress indicator）。当用户按下“停止”按钮，即发送消息“Stop”（停止）给系统时，显示器停止回放心电信号（Stop playing ECG）。图中的注释说明了响应时间的限制（响应时间的限制最好用两个消息间的约束来描述，但由于本人所采用的 UML 建模软件不支持消息间的约束，所以就用注释来描述了），第一个“0.5s”表示按下“回放”按钮和系统开始回放心电信号的间隔不超过 0.5s；第二个“0.5s”表示按下“停止”按钮和系统停止回放心电信号的间隔不超过 0.5s。

图 15.5 所示的顺序图描述了心电记录仪进入待用模式和从待用模式苏醒的场景。系统如果在 2min 内没有任何活动，系统就关闭显示器和扬声器（Switch off），从而进入待用模式。当有警报发生时（Alarm），系统就打开显示器和扬声器（Switch on），即系统从待用模式恢复，然后通过扬声器报警（Play alarm）。1s 过后（Next second）或电池没电（No power）时，系统停止通过扬声器报警（Stop playing alarm），系统重新关闭显示器和扬声器（Switch off）。

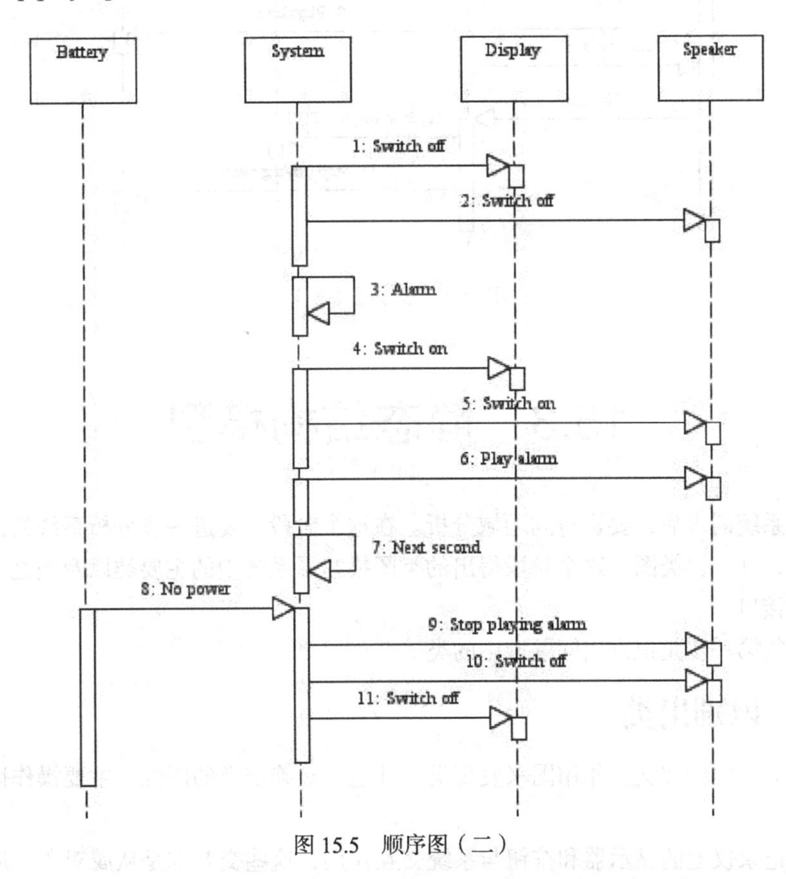

图 15.5 顺序图（二）

图 15.6 所示的顺序图描述了在回放心电信号的过程中产生警报的场景。

用户发送消息“Play ECG”（回放心电信号）给系统 System，系统发送“Start playing ECG”（开始回放心电信号）的消息给显示器，系统通过显示器回放心电信号，同时显示回放进度给用户（Show progress indicator）。1s 过后（Next second），系统更新显示时间（Show new time），并继续显示回放进度（Show progress indicator）。这时有警报产生（Alarm），系统通过扬声器报警（Play alarm），并显示报警信号（Show alarm indicator），其中显示报警信号和报警产生之间的间隔不超过 0.5s。然后，用户按下按钮“停止”，即发送消息“Stop”（停止）给系统，显示器停止回放心电信号（Stop playing ECG），并停止报警（Stop playing alarm）。

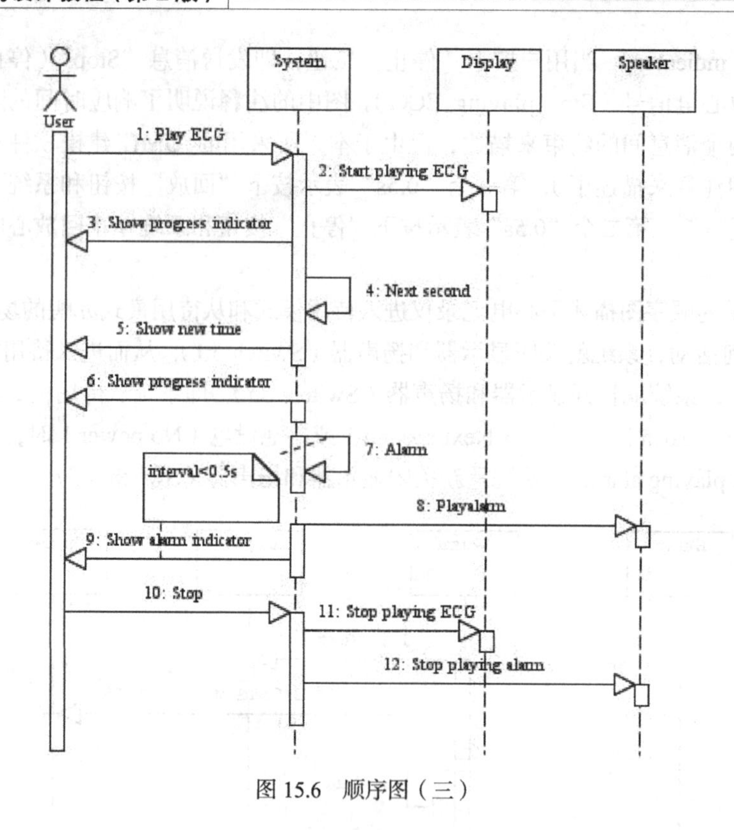

图 15.6　顺序图（三）

15.3　静态结构模型

在分析完系统需求后，要进行问题域分析。在这个阶段，要进一步分析系统的需求，从而确定系统中的类，并画出类图。这个阶段得出的类图描述了系统中的主要类以及类之间的关系，但没有给出类的接口。

建立类图的第一步是识别出问题域中的类。

15.3.1　识别出类

可以通过分析用例和交互作用图来发现类，并进一步确定类的属性、主要操作以及类之间的关系。

用户通过记录仪上的显示器和按钮与系统交互作用，这些交互都是从属对象，所以系统应该提供一个类 GUI（用户界面）来管理系统与用户的交互。类 Keyboard 为用户提供了系统的接口，用户通过键盘来控制系统。类 GUI 需要依靠类 Controller（控制器）来执行任务，类 Controller 是系统的核心，它执行用户界面所选择的任务。类 Controller 通过类 ECGInput 来输入心电信号，并通过类 ECGOutput 来输出心电信号。另外，类 ECGInput 与类 Sensor（传感器）连接，类 ECGOutput 和类 Display 相连接。

心电信号片段 ECGSegment 需要存储在内存 ECGMemory 中，因此类 ECGMemory 保存了所记录的所有心电信号片段，它可以为新的心电信号片段分配空间，并删除旧的心电信号片段。

类 AlarmClock 不断更新内部时钟，并检查什么时候闹铃。当类 AlarmClock 检查到需要闹铃时，就通知用户界面类GUI这个事件，类GUI会在显示器上显示一个指示符，并在控制器Controller的帮助下通过扬声器Speaker发出闹铃声响。类Battery定期检查电池的电量，当电量不足时，通知用户界面这个事件。

通过上述分析，可以从系统中抽象出以下主要的类，包括类Battery、类Alarmclock、类Keyboard、类Display、类GUI、类Controller、类ECGOutput、类ECGMemory、类ECGSegment、类ECGInput、类Sensor。

15.3.2　建立类图

前面已介绍了识别系统中的类以及类之间关系的内容，根据这些信息，可以绘制出如图15.7所示的类图。其中，类GUI与类Battery、类GUI与类AlarmClock、类GUI与类Keyboard、类GUI与类Display、类Display与类ECGOutput、类Controller与类ECGInput、类ECGInput与类Sensor、类Controller与类ECGOutput、类Controller与类AudioOutput、类AudioOutput与类Speaker之间存在着关联关系；类Controller与类ECGMemory之间存在着聚合关系，即类ECGMemory是类Controller的一部分；类ECGMemory与类ECGWave之间也存在着聚合关系，即类ECGWave是类ECGMemory的一部分，且每个ECGMemory可以存储至多20个ECGWave。

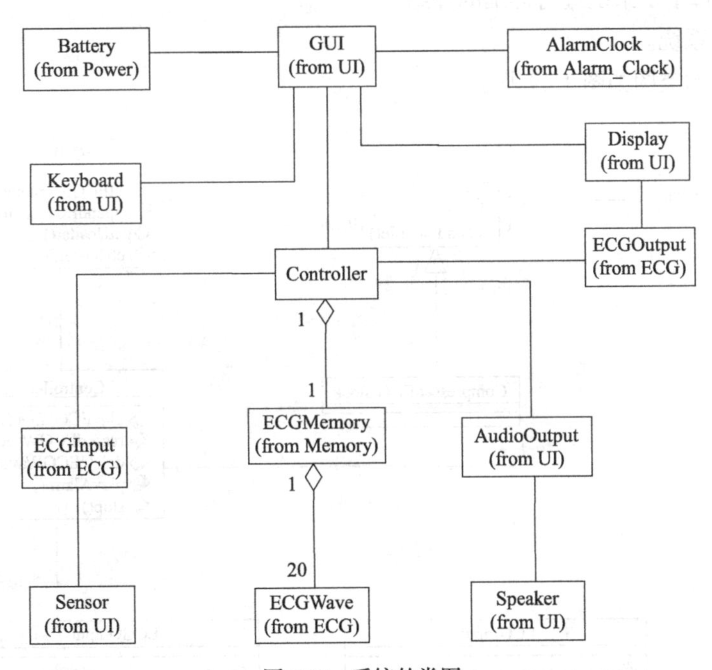

图15.7　系统的类图

图15.7中包含了心电记录仪系统中的所有主要类，这个类图给出了系统的基本体系结构。为了更好地理解系统的静态结构，可以把这个系统分为5个子系统，即时钟子系统（Alarm_Clock）、电源子系统（Power）、用户界面子系统（UserInterface）、内存子系统（Memory）和心电信号子系统（ECG），可以分别用5个衍型为<<subsystem>>的包表示，如图15.8所示。子系统Alarm_Clock、Memory、Power、ECG都要使用子系统UserInterface，因此他们都依赖于子系统UserInterface。子系统Memory还要使用子系统ECG，因此，子系统Memory依赖子系统ECG。

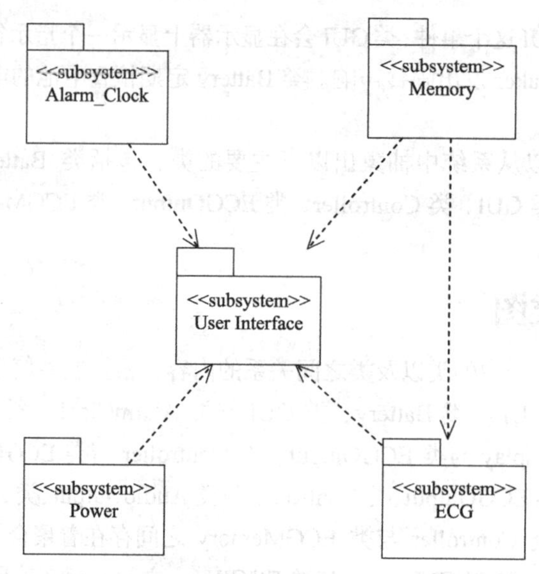

图 15.8　系统的包图

下面分别对每个子系统进行详细的介绍。

（1）ECG 子系统。

ECG 子系统的类图如图 15.9 所示。

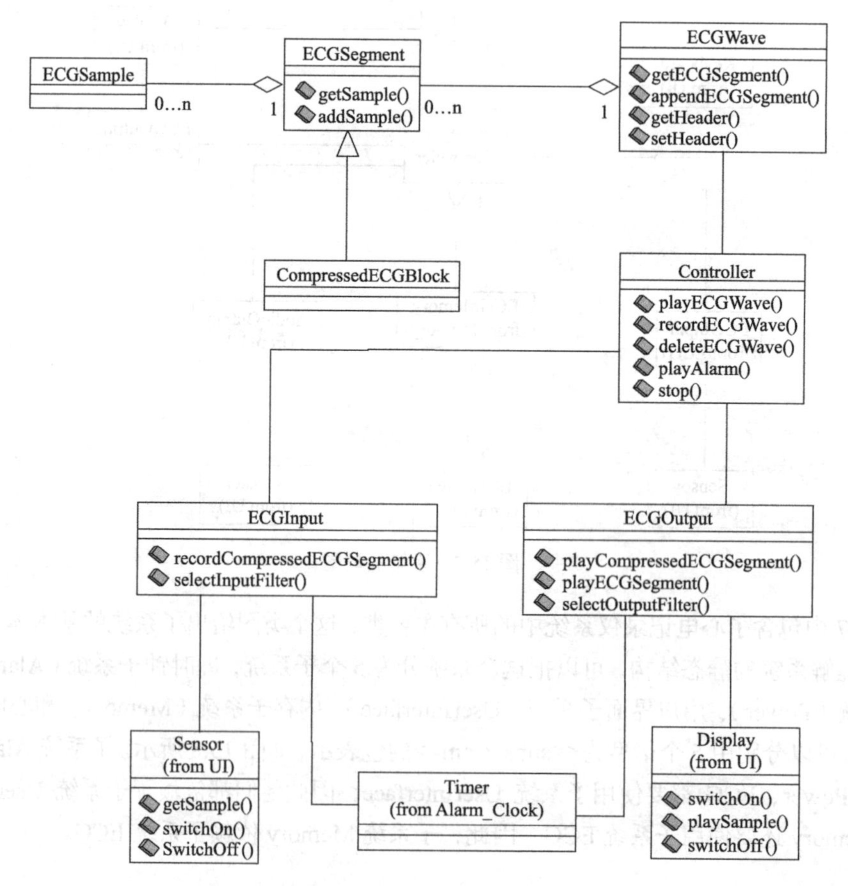

图 15.9　ECG 子系统的类图

由于每个心电波是由多个心电信号片段组成，因此在类 ECGWave 和类 ECGSegment 之间存在聚合关系，即 ECGSegment 是 ECGWave 的一部分，1 个 ECGWave 可以由 0 个或多个 ECGSegment 组成，而 1 个 ECGSegment 只属于 1 个 ECGWave。另外，每个心电信号片段又由多个心电周期样本组成，所以，类 ECGSample 与类 ECGSegment 之间存在聚合关系，ECGSample 是 ECGSegment 的一部分，1 个 ECGSegment 可以由 0 个或多个 ECGSample 组成，而 1 个 ECGSample 只属于 1 个 ECGSegment。为了节省内存空间，采集到的心电数据需要压缩后存储，压缩后的心电周期抽象为类 CompressedECGBlock，类 CompressedECGBlock 是类 ECGSegment 的子类。

记录和回放心电信号是复杂的任务，需要精确的计时以及与硬件之间精确的相互作用。其中，类 ECGInput 和类 ECGOutput 有实时要求，类 Timer 为类 ECGInput 和类 ECGOutput 提供了准确的计时，类 Timer 是对物理计时器的包装。类 Sensor 是对物理传感器的包装，它可以通过物理传感器对心电信号进行采样。类 Display 是对物理显示器的包装，它可以通过物理显示器回放心电信号片段。而且，记录与回放都是由类 Controller 控制的。

图 15.10 所示的顺序图描述了回放心电信号过程中对象之间的交互作用。GUI 的对象发送消息 playECGWave()给 Controller 对象，Controller 对象发送消息 getECGSegment()给 ECGWave 的对象，ECGWave 返回压缩后的心电信号给 Controller，然后 Controller 发送消息 playCompressed-ECGSegment()给 ECGOutput 对象。ECGOutput 对象发送消息 playSample()给显示器 Display，心电数据开始回放，心电片段由 *n* 个心电周期样本组成，第一个片段回放后，对于 Controller 重复获取心电片段并回放的行为，直到心电片段播放完毕或者用户按“停止”按钮时为止。

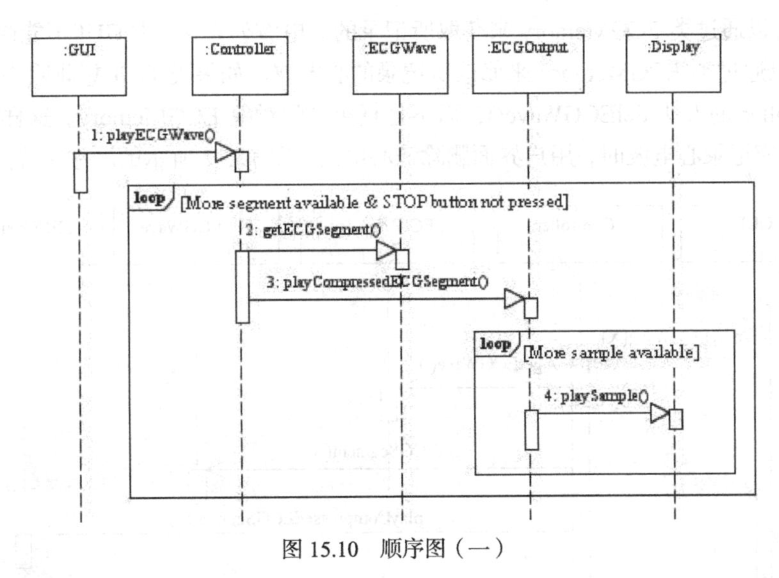

图 15.10　顺序图（一）

（2）Memory 子系统。

类 ECGMemory 管理心电记录仪的存储空间，它保存了所记录的所有心电波数据，并分配空间给新的心电波数据，还可以删除某个心电波数据。Memory 子系统的类图如图 15.11 所示。类 ECGMemory 是类 Controller 的一部分，它们之间存在着聚合关系，每个 Controller 对象有 1 个 ECGMemory 对象，每个 ECGMemory 只属于 1 个 Controller 对象。类 ECGSegment 与类 ECGMemory 之间存在着关联关系，每个 ECGMemory 可以存储 0 个或 *n* 个 ECGSegment，每个 ECGSegment 只属于 1 个 ECGMemory。类 ECGWave 与类 ECGSegment 之间也存在着聚合关系，每个 ECGSegment 只属于 1 个 ECGWave，1 个 ECGWave 由 0 个或 *n* 个 ECGSegment 组成。类 ECGWave

与类 ECGMemory 之间也存在着关联关系，每个 ECGMemory 最多可以存储 20 个 ECGWave，每个 ECGWave 只属于 1 个 ECGMemory。

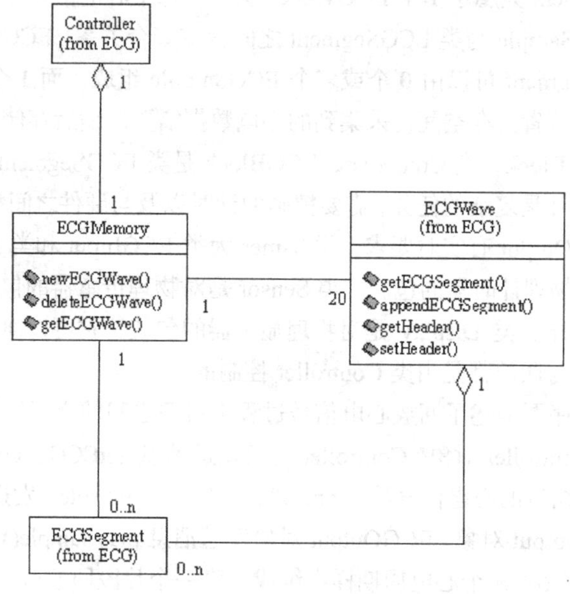

图 15.11　Memory 子系统的类图

类 GUI 可以通过类 ECGMemory 来获取所记录的心电波列表，但类 GUI 不能修改它，只有类 Controller 可以通过类 ECGMemory 来修改所记录的心电波。如果类 GUI 想删除心电波，它需要调用类 Controller 的方法 delECGWave()，而不是直接访问对象 ECGMemory。这样做是为了防止在控制器回放或记录心电波时，用户界面删除该心电波。图 15.12 所示的顺序图描述了这个脚本。

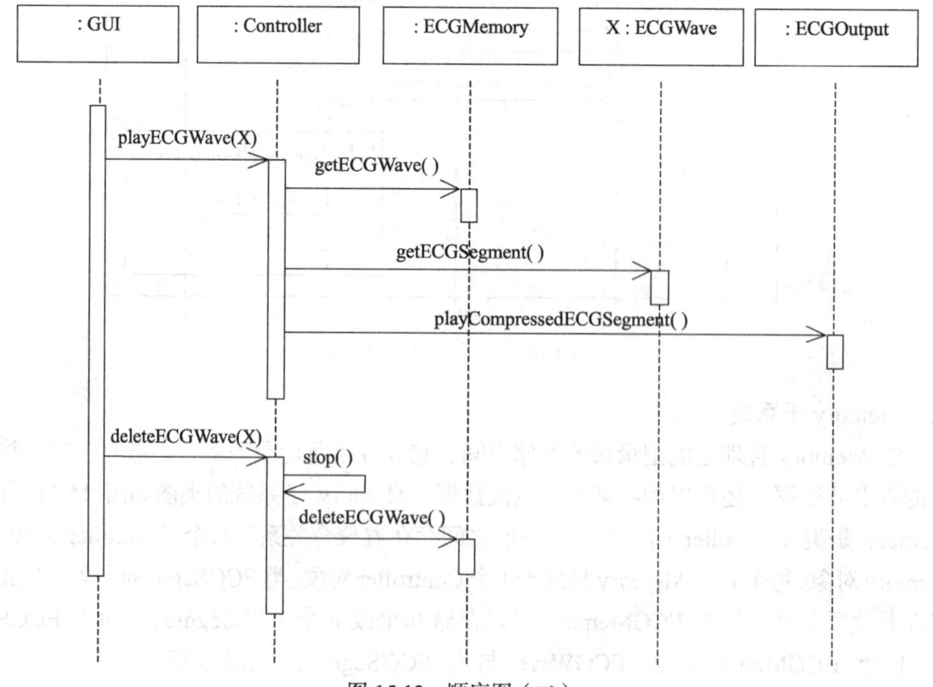

图 15.12　顺序图（二）

（3）Alarm_Clock 子系统。

类 AlarmClock 可以提供系统当前的时间、日期和闹铃定时时间。类 AlarmClock 通过计时器 Timer 来计时，每过去 1s，就使用方法 nextSecond()更新一次时间的内部表示。当 24h 过去时，使用类 Date 的 nextDay()方法更新日期。Alarm_Clock 子系统的类图如图 15.13 所示。

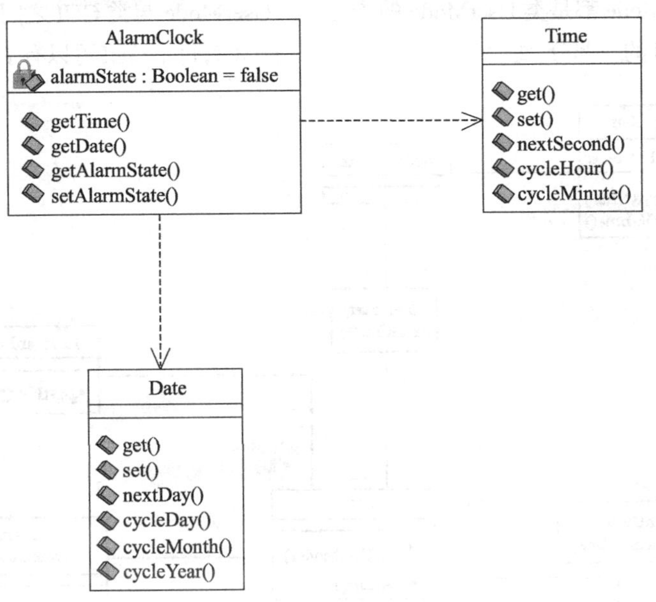

图 15.13　Alarm_Clock 子系统的类图

类 AlarmClock 与类 Time、类 AlarmClock 与类 Date 之间都是依赖关系，类 AlarmClock 依赖类 Time 和类 Date。

（4）User Interface 子系统。

User Interface 子系统的类图如图 15.14 所示。

类 GUI 管理用户与系统的交互。它接受用户的键盘输入，并通过显示器反馈给用户。类 Keyboard 是硬件键盘的软件接口，类 Display 是硬件显示器的软件接口。在类 GUI 与类 Keyboard 之间存在关联关系。

类 GraphicContext 提供了图形上下文，可以在显示器上显示点、线、字符串，以及各种图形，每个图形上下文都代表了显示器的矩形区域。类 GraphicContext 与类 Display 之间也存在关联关系。

类 View 调用 GraphicContext 的方法，在显示器上显示时间、菜单等，类 View 和类 GraphicContext 是关联关系。类 View 有 3 个子类，即类 ClockView、类 TaskView 和类 MenuView。类 View 又是类 GUI 的一部分，即在类 View 和类 GUI 之间存在着聚合关系，每个 View 都属于 1 个 GUI，每个 GUI 都可以有 1 个或多个 View。

图形用户界面类 GUI 也可以从时钟和电池收到消息。一些事件，如电池的电量不足等是无模式的，即当事件发生时，系统总是以同样的方式反应，这些无模式事件由类 GUI 管理。类 AlarmClock 是硬件计时器的软件接口，类 Battery 是硬件电池的软件接口。在类 GUI 与类 AlarmClock 或类 Battery 之间都存在着关联关系。

而有些事件可以是有模式的，因为系统对事件的响应依赖于当前的用户模式。系统有 3 个模式，即菜单模式（MenuUserMode）、时钟设置模式（SettingTimeUserMode）、日期设置模式（SettingDateUserMode）。在不同的模式下，用户按同样的按钮，系统会有不同的响应，例如，在菜单模式下单击“左”按钮，系统选择左边的菜单；在时钟设置模式，如果当前激活域代表“小时”，单击“左”按钮则表示激活左边的“分钟”域；而在日期设置模式，如果当前激活域代表“月份”，单击“左”按钮则表示激活左边的“日期”域。即在不同的模式下，发生同样的事件，系统会有不同的响应，所发生的响应是由当前的模式决定的。类 MenuUserMode、类 SettingTimeUserMode 和类 SettingDateUserMode 都是类 UserMode 的子类。类 UserMode 与类 GUI 之间存在着聚合关系，类 UserMode 是类 GUI 的一部分，每个 UserMode 属于一个 GUI，每个 GUI 可以有 1 个或多个 UserMode。

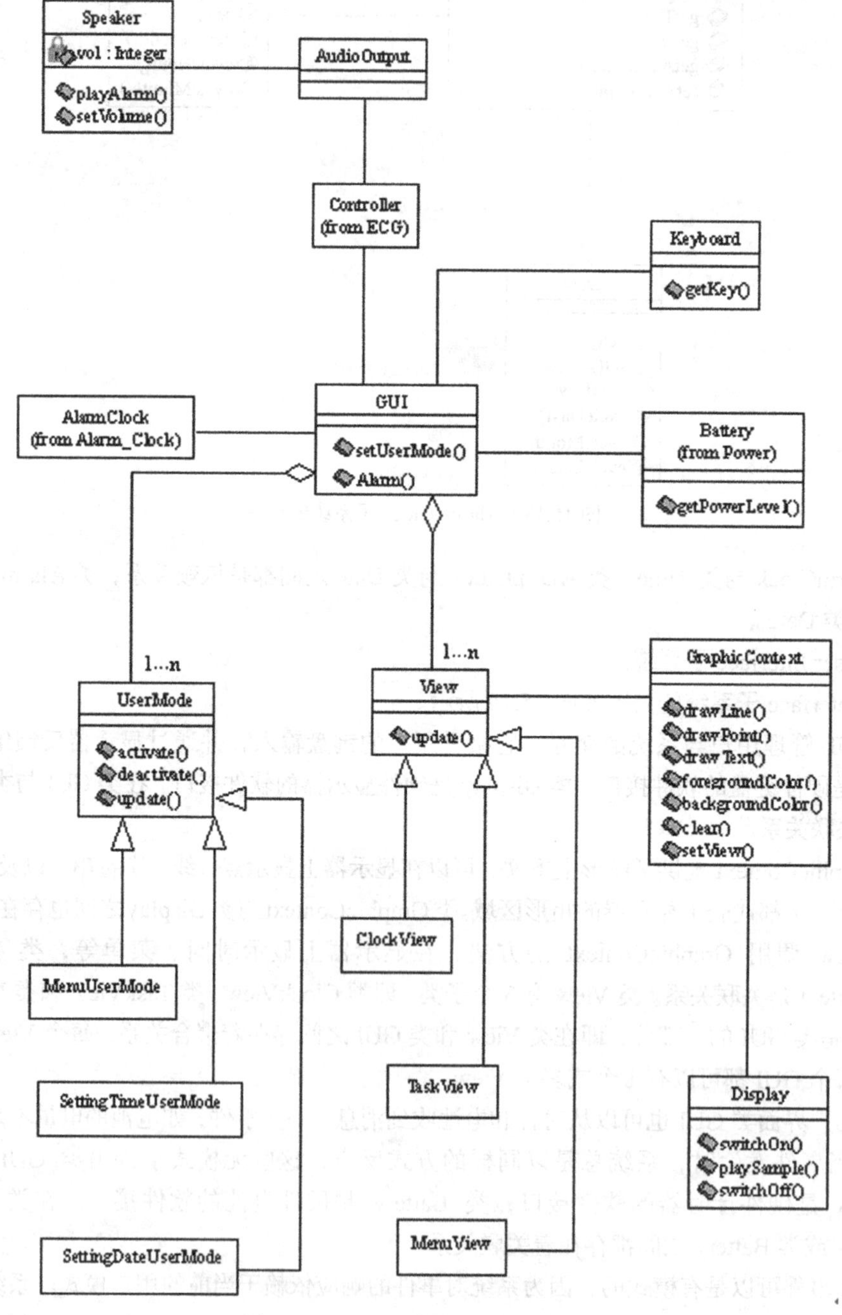

图 15.14 User Interface 子系统的类图

类图 15.15 描述了 Scheduler 对象和依赖于时间的对象之间的结构关系。Scheduler 对象为依赖于时间的对象，例如，时钟、键盘提供了准确的计时等。时钟对象 AlarmClock 订阅 Scheduler 对象的计时服务，每过 1s，Scheduler 都会通知时钟 1s 已经过去了。

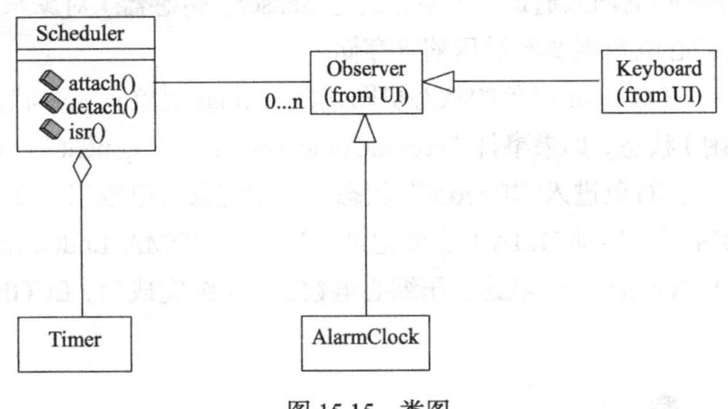

图 15.15　类图

键盘对象需要定期查询物理键盘的状态。在本系统中，键盘对象每秒钟查询 10 次键盘，因此用户按下并释放键的动作应该在十分之一秒内完成。类 Timer 与类 Scheduler 之间存在着聚合关系，类 Timer 是类 Scheduler 的一部分。类 Scheduler 与类 Observer 之间是关联关系，每个 Scheduler 对象可以没有或有多个 Observer 对象注册它的计时服务，而每个 Observer 对象只注册一个 Scheduler 对象的计时服务。类 AlarmClock 和类 Keyboard 都是类 Observer 的子类。

15.4　动态行为模型

类图描述了系统的静态视，而为了理解系统的动态行为，还应该创建描述系统动态方面的图。

顺序图、通信图、状态机图、活动图都描述了系统的动态方面，状态机图对于嵌入式系统的设计尤其重要，它可以用来描述单个对象的状态变化。

15.4.1　状态机图

在本节中，应用状态机图将对心电记录仪系统中具有重要动态行为的对象分别进行描述。

（1）Controller（控制器）对象。

Controller 对象可以用来记录心电信号、播放心电信号或报警。

图 15.16 所示的是 Controller 对象状态机图，Controller 对象有 4 个状态。通常，Controller 对象处于“Idle”（空闲）状态，如果“记录”按钮被按下，则事件“record”（记录）发生，对象进入“Recording”状态，当事件“stop”（停止）发生，系统停止记录，对象返回“Idle”状态；如果“回放”按钮被按下，事件“play back”（回放）发生，对象进入“Playing”（播放）状态，当事件“stop”（停止）发生时，系统停止回放，对象返回“Idle”状态；如果警报发生，

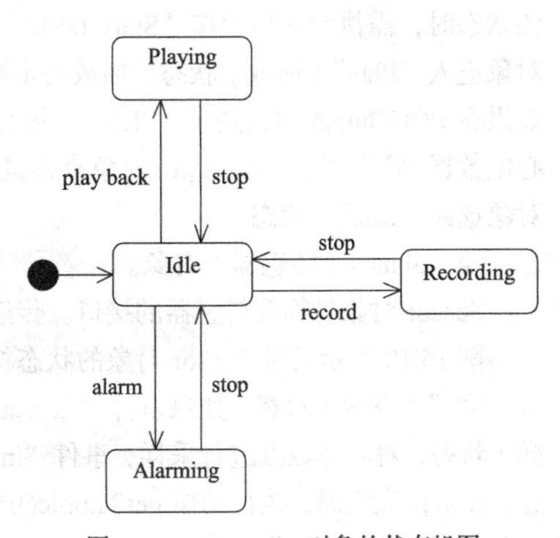

图 15.16　Controller 对象的状态机图

即事件“alarm”（警报）发生时，对象进入“Alarming”状态，当事件“stop”（停止）发生时，系统停止回放，对象返回“Idle”状态。

（2）ECGInput（心电输入）对象。

ECGInput 对象控制心电输入通道，该对象通过 Sensor（传感器）对象来记录心电数据。值得注意的是，采样得到的心电数据要经过压缩再存储。

图 15.17 所示的是 ECGInput 对象的状态机图，ECGInput 对象有 3 个状态。通常，ECGInput 对象处于“Idle”（空闲）状态，如果事件“recordCompressedECGSegment（ecg:ECGSegment）”（获取压缩心电数据）发生，对象进入“Record”状态，开始记录心电数据，在进入该状态时，需执行入口动作“Start DMA”（启动 DMA）协助记录。当事件“DMA EndOfTransfer”（数据传输结束）发生时，对象进入“Compress”状态，压缩心电数据，压缩完成后，ECGInput 对象返回“Idle”状态。

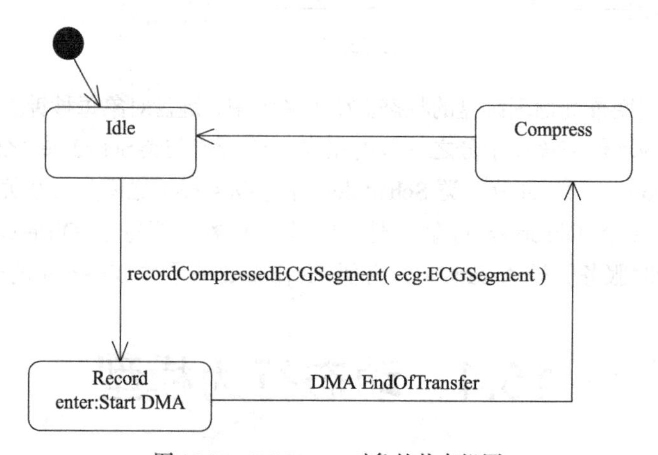

图 15.17　ECGInput 对象的状态机图

（3）ECGOutput（心电输出）对象。

ECGOutput 对象控制心电输出通道，它可以通过显示器来回放心电数据。

图 15.18 所示的是 ECGOutput 对象的状态机图。ECGOutput 对象有 3 个状态，通常 ECGOutput 对象处于“Idle”（空闲）状态，如果事件“PlayCompressedECGSegment(ecg:ECGSegment)”（回放压缩的心电数据）发生，对象进入“Expand”（展开）状态，开始对心电数据解压缩，在进入该状态时，需执行入口动作“Start DMA”（启动 DMA）协助回放。解压缩完成后，ECGOutput 对象进入“Play”（回放）状态，回放心电数据，回放结束后，ECGOutput 对象返回“Idle”状态。如果在 ECGOutput 对象处于“Idle”状态时，事件“PlayECGSegment(ecg:ECGSegment)”（回放心电数据）发生，则 ECGOutput 对象直接进入“Play”状态，回放心电数据，回放结束后，ECGOutput 对象返回“Idle”状态。

（4）Sensor（传感器）对象。

Sensor 对象是物理传感器的接口。传感器可以采集数据。

图 15.19 所示的是 Sensor 对象的状态机图。当 Swich On 发生（打开电源）后，Sensor 对象进入“Idle”（空闲）状态，如果事件“start sampling”（开始采样）发生，对象进入“Sampling”（采样）状态，对心电数据进行采样，事件“interval passed”（采样间隔时间过去）引起的跃迁是自跃迁，在事件发生时，执行动作 getSample()进行采样。如果事件“stop sampling”（停止采样）发生，对象返回“Idle”状态。

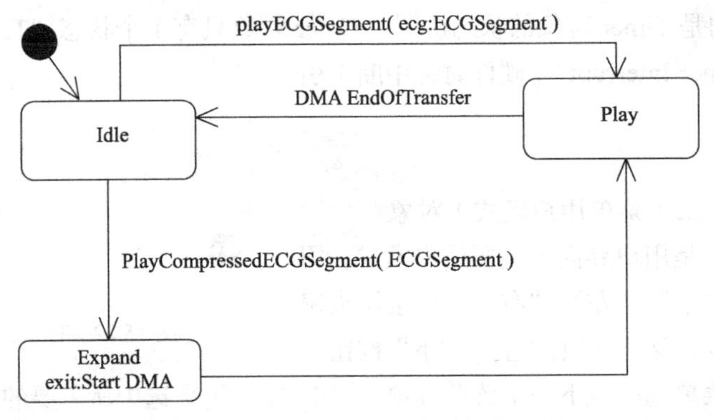

图 15.18　ECGOutput 对象的状态机图

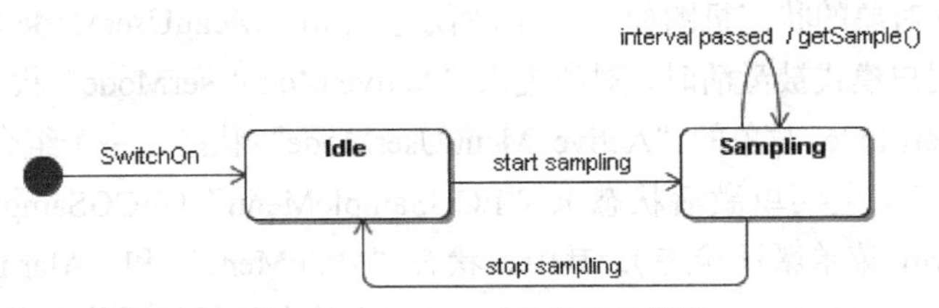

图 15.19　Sensor 对象的状态机图

（5）Display（显示器）对象。

Display 对象是物理显示器的软件接口。

如图 15.20 所示是 Display 对象的状态机图。当 Swich On 发生（电源开通）后，Display 对象进入“Idle”（空闲）状态，如果事件“PlayECG”（播放心电图）发生，对象进入“Playing ECG Wave”状态，显示器播放心电图。如果事件“StopPlay”（停止播放）发生，对象返回“Idle”状态。

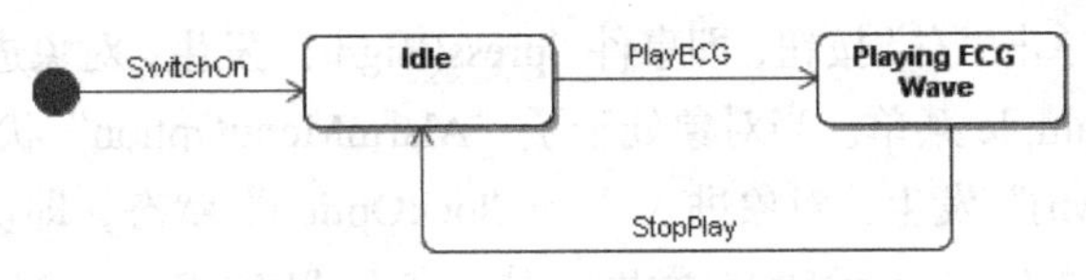

图 15.20　Display 对象的状态机图

（6）Speaker（扬声器）对象。

Speaker 对象是物理扬声器的软件接口。

图 15.21 所示的是 Speaker 对象的状态机图。当 Swich On 发生（电源开通）后，Speaker 对象进入“Idle”（空闲）状态，如果事件“AlarmHappen”（警报发生）发生，对象进入“Playing Alarm”（播放警报）状态，扬声器播放警报。如果事件“AlarmIsOver”（警报结束或停止）发生，对象返回“Idle”状态。

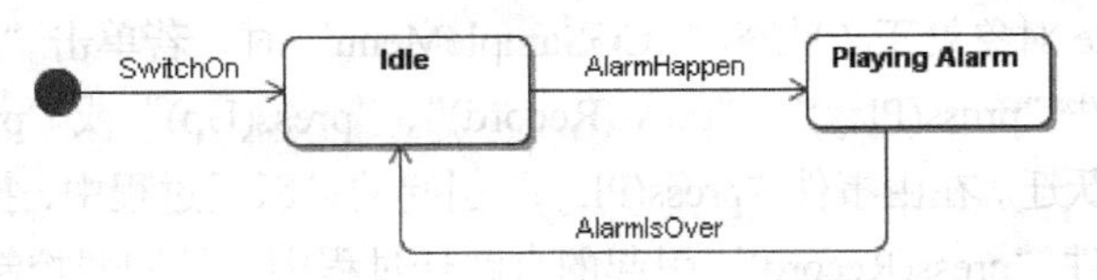

图 15.21　Speaker 对象的状态机图

（7）Timer（计时器）对象。

Timer 对象是物理计时器的软件接口。

图 15.22 所示的是 Timer 对象的状态机图。Timer 对象只有 1 个状态“Timing”（计时状态），事件“Hardware Timer Interrupt”（硬件时钟中断）引起的跃迁是自跃迁。

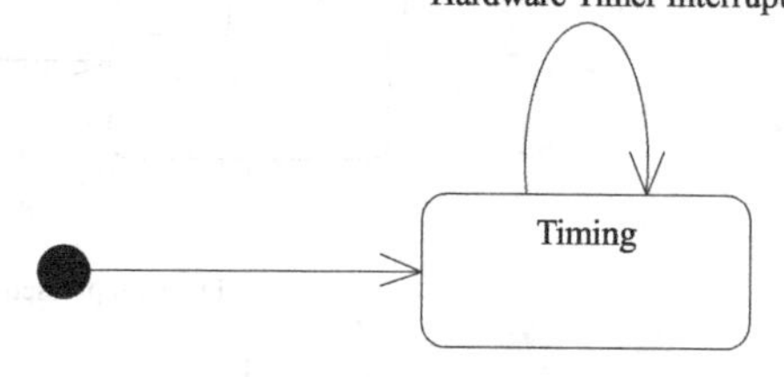

图 15.22　Timer 对象的状态机图

（8）用户界面。

● MenuUserMode（菜单用户模式）对象。

MenuUserMode 是用户界面的主要用户模式。用户可以通过“上”、“下”、“左”、“右” 4 个按钮来遍历菜单项，以选择所想要的选项。“上”、“下”按钮可以用来选择上一个菜单选项或下一个菜单选项，“OK”按钮用来选中所需要的选项，而“左”、“右”按钮用来选中前一个菜单或下一个菜单。

MenuUserMode 对象的状态机图如图 15.23 所示。开始，MenuUserMode 对象处于“Idle”（空闲）状态，当菜单用户模式被激活时，对象进入“Active MenuUserMode”状态，即菜单用户模式激活状态。MenuUserMode 对象的“Active MenuUserMode”状态是一个组合状态，它含有 3 个子状态“MainMenu”（主菜单激活状态）、“ECGSampleMenu”（ECGSample 菜单激活状态）、“AlarmMenu”（Alarm 菜单激活状态），其中，状态“MainMenu”和“AlarmMenu”也是组合状态。当 MenuUserMode 对象处于“Active MenuUserMode”状态的任何子状态时，若事件“deactivate”发生，对象都返回“Idle”状态；若事件“press(Stop)”发生（即单击“停止”按钮），所引发的跃迁是自跃迁，在自跃迁过程中，控制器停止正在进行的操作。

当 MenuUserMode 对象处于组合状态“MainMenu”时，开始进入“MainMenu”状态的子状态“ECGSampleMenuOption”。当对象处于子状态“ECGSampleMenuOption”时，若单击“下”按钮，即事件“press(Down)”发生，对象进入“AlarmMenuOption”状态，即切换到设置闹铃菜单项；若单击“上”按钮，即事件“press(Up)”发生，对象进入“SetClockOption”状态，即切换到设置时钟菜单项；若单击“右”按钮，即事件“press(Right)”发生，对象进入“ECGSampleMenu”状态，即切换到 ECGSample 菜单。当对象处于子“AlarmMenuOption”状态时，若单击“下”按钮，即事件“press(Down)”发生，对象进入“SetClockOption”状态，即切换到设置时钟菜单项；若单击“上”按钮，即事件“press(Up)”发生，对象进入“ECGSampleMenuOption”状态，即切换到 ECGSample 菜单项；若单击“右”按钮，即事件“press(Right)”发生，对象进入“AlarmMenu”状态，即切换到设置闹铃菜单。当对象处于子“SetClockOption”状态时，若单击“下”按钮，即事件“press(Down)”发生，对象进入“ECGSampleMenuOption”状态，即切换到 ECGSample 菜单项；若单击“上”按钮，即事件“press(Up)”发生，对象进入“AlarmMenuOption”状态，即切换到设置闹铃菜单项；若按下 “右”按钮，即事件“press(Right)”发生，对象跃迁到结束状态，即在跃迁过程中执行设置时钟的行为，其中，设置时钟的行为涉及对象“SettingTimeUserMode”和对象“SettingDateUserMode”的状态机图（如图 15.24 和图 15.25 所示）。

当 MenuUserMode 对象处于子状态“ECGSampleMenu”时，若单击“回放”、“记录”、“上”或“下”按钮，即事件“press(Play)”、“press(Record)”、“press(Up)”或“press(Down)”发生，其所发生的跃迁都是自跃迁。在由事件“press(Play)”引起的自跃迁过程中，控制器控制执行播放心电波的动作；在由事件“press(Record)”引起的自跃迁过程中，控制器控制执行记录心电波的动作；在由事件“press(Up)”引起的自跃迁过程中，将心电波序号减 1；在由事件“press(Down)”引起的自跃迁过程中，将心电波序号加 1。若按下的按钮是“左”，即事件“press(Left)”发生，对象返回“MainMenu”状态，即切换到主菜单。

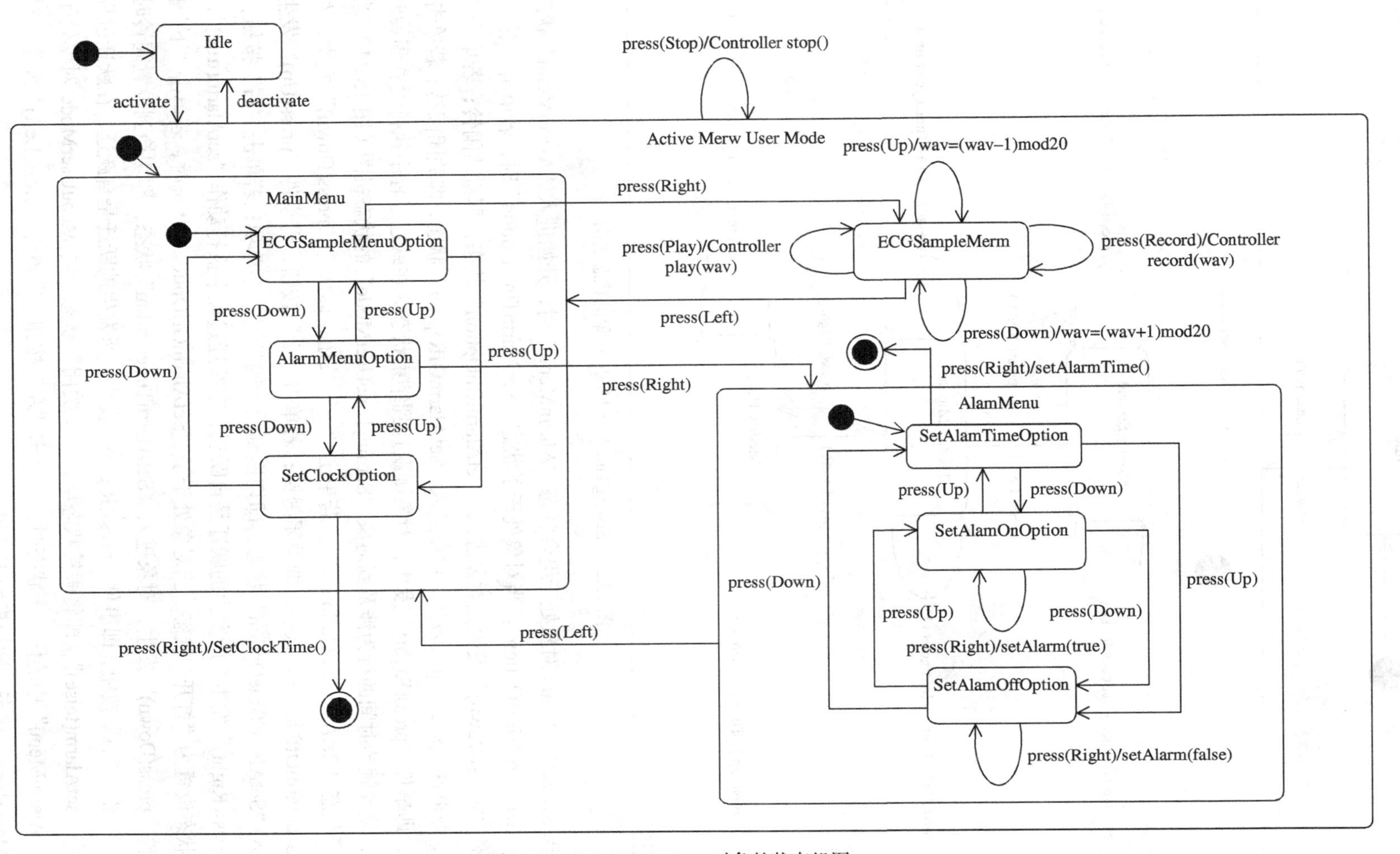

图 15.23　MenuUserMode 对象的状态机图

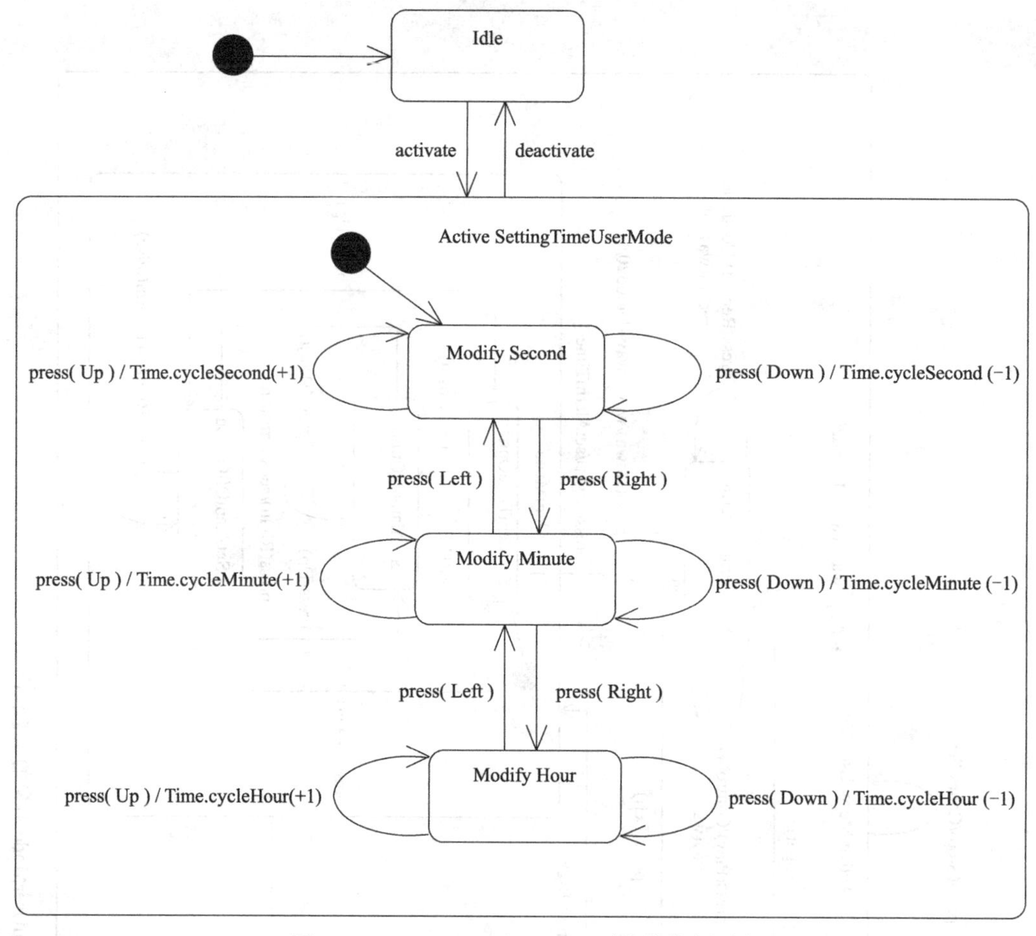

图 15.24　SettingTimeUserMode 对象的状态机图

当 MenuUserMode 对象处于组合状态“AlarmMenu”时，开始进入“AlarmMenu”状态的子状态“SetAlarmTimeOption”。当对象处于子状态“SetAlarmTimeOption”时，若单击“下”按钮，即事件“press(Down)”发生，对象进入“SetAlarmOnOption”状态，即激活闹铃；若单击“上”按钮，即事件“press(Up)”发生，对象进入“SetAlarmOffOption”状态，即关闭闹铃；若单击“右”按钮，即事件“press(Right)”发生，对象则跃迁到结束状态，在跃迁过程中执行设置闹铃时间的行为，设置闹铃时间的行为涉及到对象“SettingTimeUserMode”的状态机图（图 15.24）。当对象处于子状态“SetAlarmOnOption”时，若单击“下”按钮，即事件“press(Down)”发生，对象进入“SetAlarmOffOption”状态，即关闭闹铃；若单击“上”按钮，即事件“press(Up)”发生，对象进入“SetAlarmTimeOption”状态，即切换到设置闹铃时间菜单项；若单击“右”按钮，即事件“press(Right)”发生，所发生的跃迁是自跃迁，在跃迁过程中执行动作“setAlarm(true)”，即将闹铃状态设置为“打开”状态。当对象处于子“SetAlarmOffOption”状态时，若单击“下”按钮，即事件“press(Down)”发生，对象进入“SetAlarmTimeOption”状态，即切换到设置闹铃时间选项；若单击 “右”按钮，即事件“press(Right)”发生，所发生的跃迁是自跃迁，在跃迁过程中执行动作“setAlarm(false)”，即将闹铃状态设置为“关闭”状态。当 MenuUserMode 对象处于组合状态“AlarmMenu”中的任一子状态时，若单击“左”按钮，即事件“press(Left)”发生，对象返回“MainMenu”状态，即切换到主菜单。

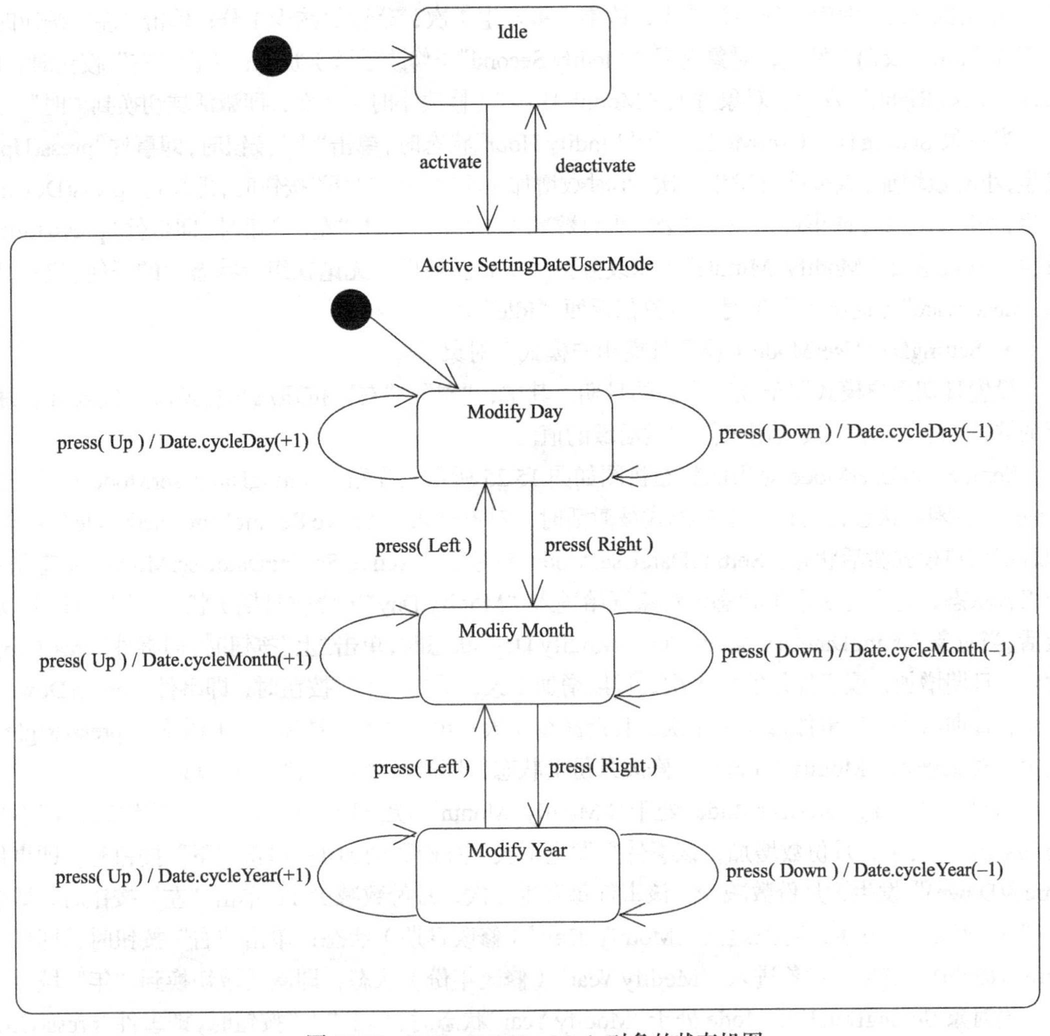

图 15.25 SettingDateUserMode 对象的状态机图

- SettingTimeUserMode（设置时钟用户模式）对象。

设置时钟用户模式用于改变当前时间或闹铃时间。其中，“左”、“右”按钮用来切换激活代表秒、分钟和小时的域，“上”、“下”按钮用来修改激活域的值。

Setting TimeUserMode 对象的状态机图如图 15.24 所示。首先，SettingTimeUserMode 对象处于“Idle”（空闲）状态，当时钟用户模式被激活时，对象进入“Active SettingTimeUserMode”状态，即时钟用户模式激活状态。SettingTimeUserMode 对象的“Active SettingTimeUserMode”状态是一个组合状态，它含有 3 个子状态。对象开始进入“Modify Second”（修改秒字）状态，即“秒”域激活。当对象 SettingTimeUserMode 处于“Modify Second”状态时，单击“上”按钮时，即事件“press(Up)”发生，秒数增加，该事件每发生 1 次，秒数增加 1 秒；单击“下”按钮时，即事件“press(Down)”发生，秒数减少，该事件每发生 1 次，秒数减少 1 秒；单击“右”按钮时，即事件“press(Right)”发生，对象进入“Modify Minute”（修改分钟）状态，即激活域切换到“分”域。

当对象 SettingTimeUserMode 处于“Modify Minute”状态时，单击“上”按钮时，即事件“press(Up)”发生，分钟数增加，该事件每发生 1 次，分钟数增加 1 分；单击“下”按钮时，即事件“press(Down)”发生，分钟数减少，该事件每发生 1 次，分钟数减少 1 分；单击“左”按钮时，即事件“press(Left)”发生，对象返回“Modify Second”（修改秒数）状态；单击“右”按钮时，即事件“press(Right)”发生，对象进入“Modify Hour”（修改小时）状态，即激活域切换到“时”域。

当对象 SettingTimeUserMode 处于“Modify Hour”状态时，单击“上”按钮时，即事件“press(Up)”发生，小时数增加，该事件每发生 1 次，小时数增加 1 小时；单击“下”按钮时，即事件“press(Down)”发生，小时数减少，该事件每发生 1 次，小时数减少 1 小时；单击“左”按钮时，即事件“press(Left)”发生，对象返回“Modify Minute”（修改分钟）状态。最后，无论在组合状态中的任何状态，事件“deactivate”（退出）发生时，对象都返回“Idle”状态。

- SettingDateUserMode（设置日期用户模式）对象。

设置日期用户模式用于改变当前的日期。其中，“左”、“右”按钮用来切换激活代表日、月、年的域，“上”、“下”按钮用来修改激活域的值。

SettingDateUserMode 对象的状态机图如图 15.25 所示。首先，SettingDateUserMode 对象处于“Idle”（空闲）状态，当日期用户模式被激活时，对象进入“Active SettingDateUserMode”状态，即日期用户模式激活状态。SettingDateUserMode 对象的“Active SettingDateUserMode”状态是一个组合状态，它含有 3 个子状态。对象开始进入“Modify Day”（修改日期）状态，即“日期”域激活。当对象 SettingDateUserMode 处于“Modify Day”状态时，单击“上”按钮时，即事件“press(Up)”发生，日期增加，该事件每发生 1 次，日期增加 1 天；单击“下”按钮时，即事件“press(Down)”发生，日期减少，该事件每发生 1 次，日期减少 1 天；单击“右”按钮时，即事件“press(Right)”发生，对象进入“Modify Month”（修改月份）状态，即激活域切换到“月”域。

当对象 SettingDateUserMode 处于“Modify Month”状态时，单击“上”按钮时，即事件“press(Up)”发生，月份数增加，该事件每发生 1 次，月份数增加 1；单击“下”按钮时，即事件“press(Down)”发生，月份数减少，该事件每发生 1 次，月份数减少 1；单击“左”按钮时，即事件“press(Left)”发生，对象返回“Modify Day”（修改日期）状态；单击“右”按钮时，即事件“press(Right)”发生，对象进入“Modify Year”（修改年份）状态，即激活域切换到“年”域。

当对象 SettingDateUserMode 处于“Modify Year”状态时，单击“上”按钮时，即事件“press(Up)”发生，年份数增加，该事件每发生 1 次，年份数增加 1；单击“下”按钮时，即事件“press(Down)”发生，年份数减少，该事件每发生 1 次，年份数减少 1；单击“左”按钮时，即事件“press(Left)”发生，对象返回“Modify Month”（修改月份）状态。最后，无论在组合状态中的任何状态，事件“deactivate”（退出）发生时，对象都返回“Idle”状态。

15.4.2 通信图

前文中状态机图描述了对象的内部行为，即当事件发生时，对象的状态如何变化。本小节则应用通信图来描述不同的软件对象如何协作以达到目标。

硬件通过中断请求的方式通知运行程序事件的发生。当硬件设备想通知系统软件事件发生时，它请求一个中断，处理器收到中断后，会停止当前的程序流，并调用中断服务例行程序。这个例行程序会处理硬件请求，然后返回，使得程序执行流继续。由于中断服务例行程序或 ISR 不是对象的一个方法，所以设计者应该建立一个机制，将硬件中断转变为消息发送给对象，可以将这个机制包装为抽象类 ISR，它的子类将中断服务例行程序实现为正常的方法。

键盘、电池电量测量表、闹钟、声音控制器等设备通过反应对象与用户界面进行协作。其过程是，反应对象将事件发送给事件代理，用户界面则不断查询事件代理中的新事件，如果新事件存在，用户界面将事件指派给相应的视或控制器。

图 15.26 所示的通信图描述了 Scheduler 对象与它的客户之间的协作。Scheduler 对象为依赖于时间的对象（例如，对象 AlarmClock）提供了准确的计时和调度。对象 AlarmClock “预订”了对象 Scheduler 的事件，即时间每过去一秒，对象 Scheduler 都会通知对象 AlarmClock 一秒钟过去了。

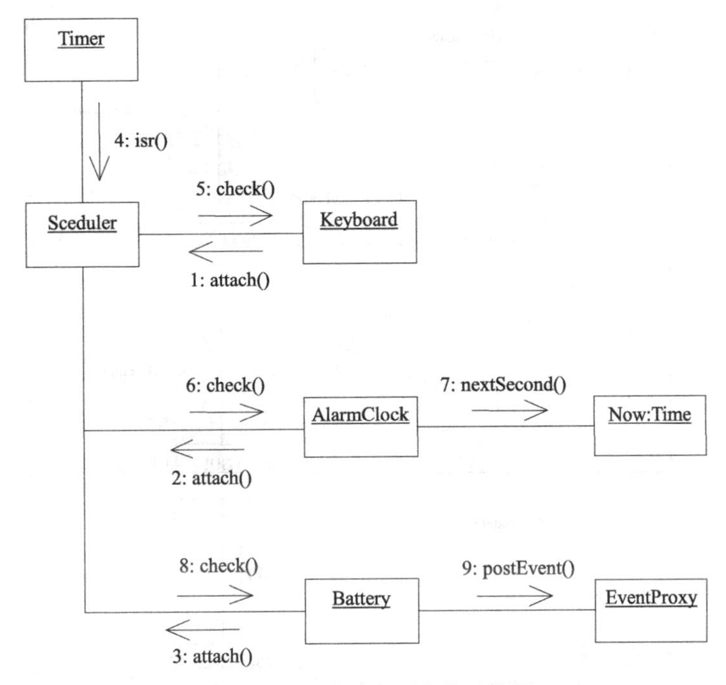

图 15.26　定期唤醒对象的通信图

对象 Keyboard 需要定期感知物理键的状态。例如，每秒钟敲击 10 次键盘，如果用户按下并释放键的时间少于十分之一秒，则击键动作就会被错过。当键被按下时，物理键盘也可以产生硬件中断。与查询的方法相比，基于中断的方法降低了 CPU 的负荷，但需要增加必要的硬件。

电池电量测量表每 5 秒钟测量一次电池的电压。

键盘和电池电量表需要使用 Scheduler 的服务来定期激活，例如，图 15.26 描述了 Scheduler 对象怎样定期唤醒系统的反应对象。

图 15.27 所示的通信图描述了 SettingTimeUserMode 对象、AlarmClock 对象、Keyboard 对象、ClockView 对象等之间的协作，该协作用来设置便携式心电记录仪的时间。

图 15.28 所示的通信图描述了 GUI 对象、Controller 对象、ECGOutput 对象、ECGWave 对象等之间的协作，该协作用来描述回放心电波的过程。

图 15.29 所示的通信图描述了 Controller 对象、ECGWave 对象、ECGInput 对象、Sensor 对象等之间的协作，该协作用来描述对心电信号进行采样的过程。

图 15.30 所示的通信图描述了回放心电信号过程中 Controller 对象、ECGSegment 对象、ECGOutput 对象、Display 对象等之间的协作。

通信图中的硬件封装对象是代表硬件设备的软件对象，它是应用程序对象和物理硬件设备之间的接口。硬件封装对象的构造方法可以用来初始化硬件设备，也可以用来对设备进行配置，还可以用来开始或停止一些活动。通常，一个硬件封装对象有几个属性，因为硬件封装对象的状态代表了硬件设备的状态。

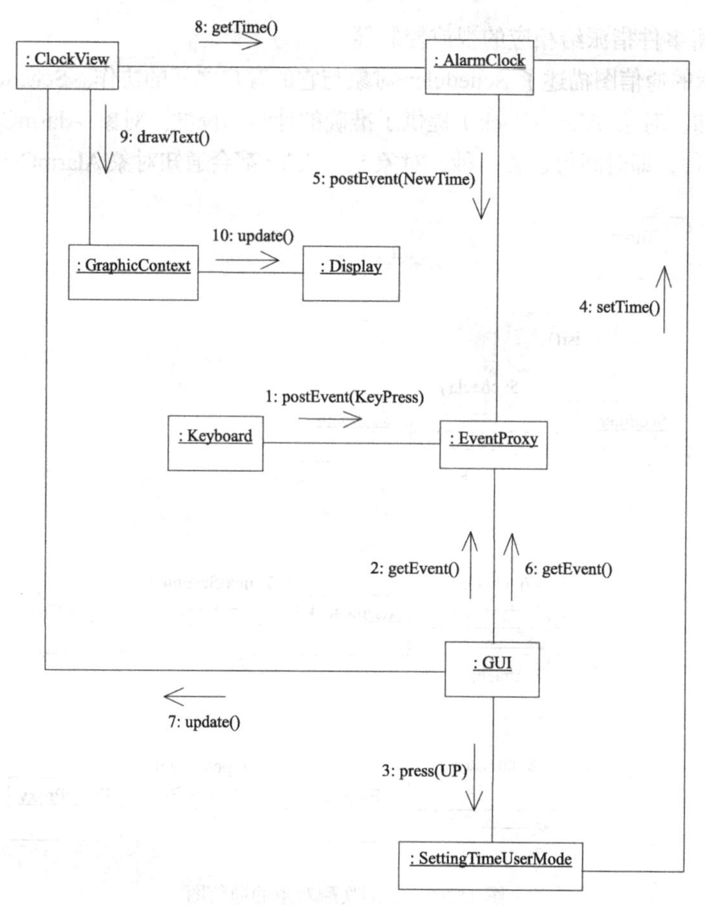

图 15.27　设置心电记录仪时间的通信图

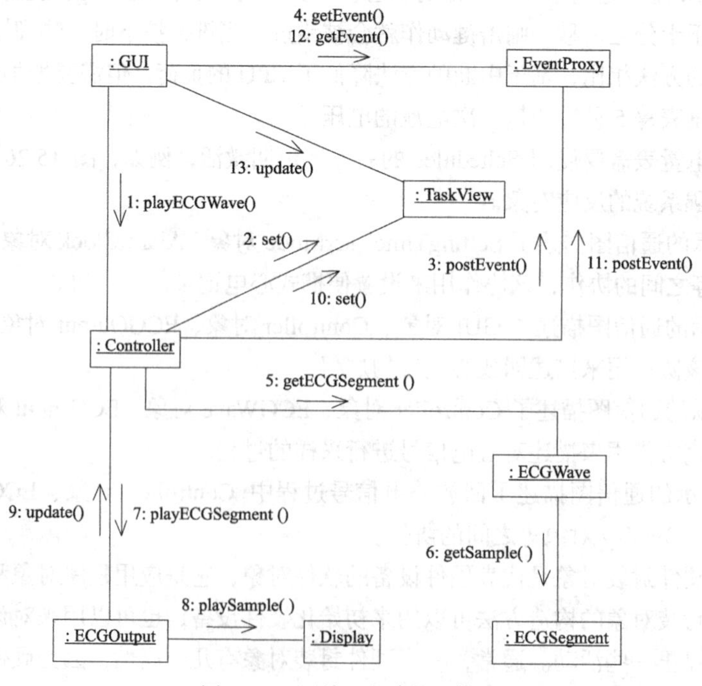

图 15.28　回放心电波的通信图

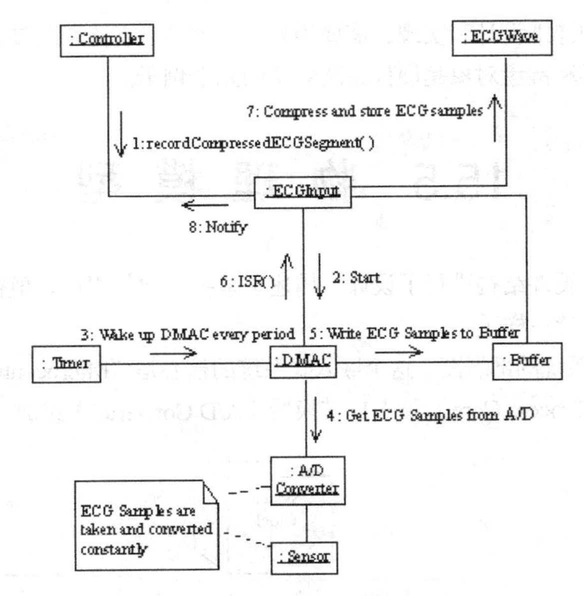

图 15.29　对心电信号采样的通信图

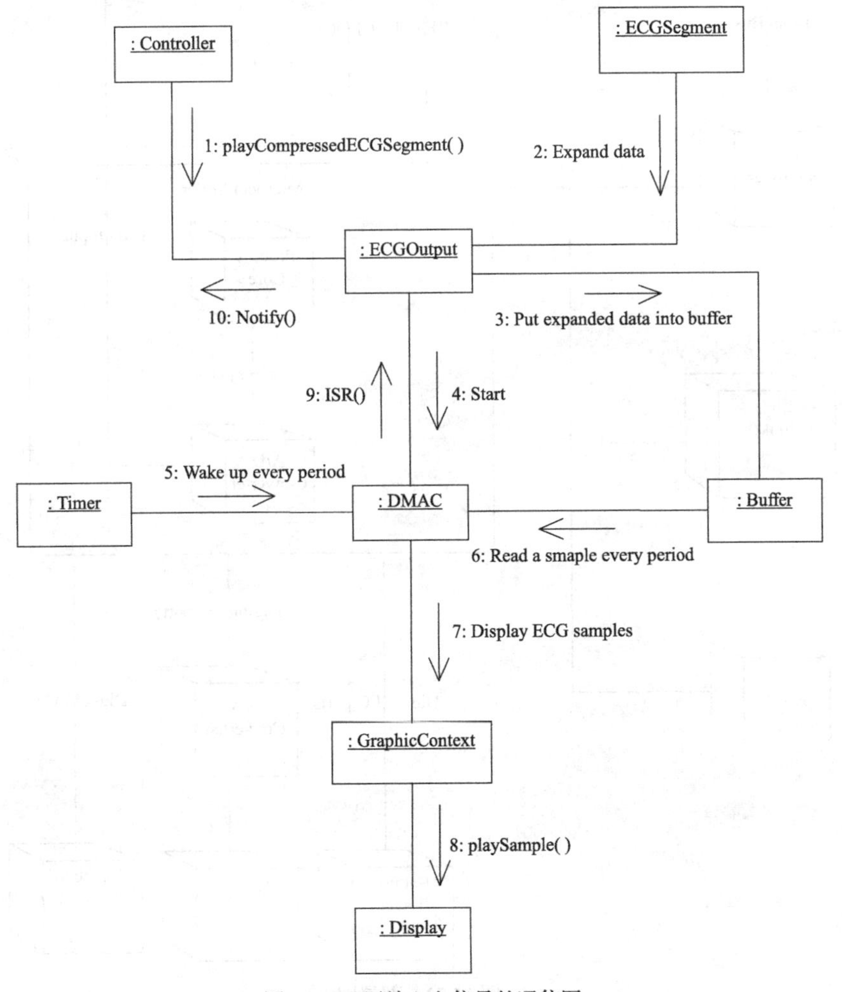

图 15.30　回放心电信号的通信图

对硬件封装对象的详细设计和实现，需要用户具备硬件设备方面的知识。在这个系统中，扬声器、传感器、计时器和键盘对象是硬件封装对象的几个例子。

15.5 物理模型

本节主要对系统的硬件结构进行了设计，描述了系统的硬件组成。值得注意的是，嵌入式产品的硬件设计与软件设计一样重要。

图 15.31 所示的是系统的部署图。这个嵌入式系统的核心是“Microcontroller”（微控制器），这个微控制器由处理器（Process Core）和 A/D 转换器（A/D Converter）组成，A/D 转换器与传感器

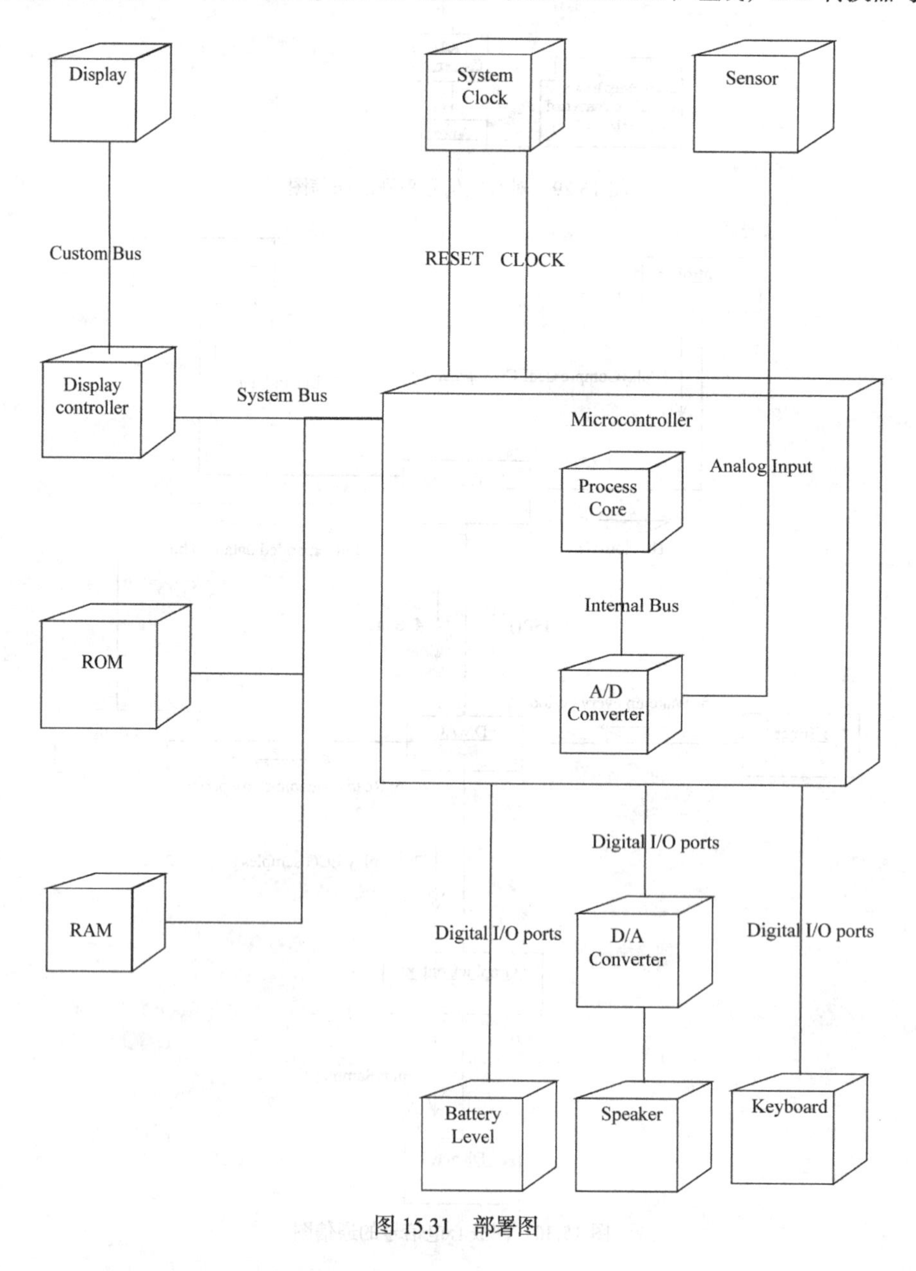

图 15.31 部署图

（Sensor）相连，其中传感器采集数据，A/D 转换器将模拟信号转变为数字信号。系统中还有时钟（System Clock），为系统提供时间或计时服务（例如，在为数据采样计时）。显示器（Display）与显示器控制器（Display Controller）通过总线连接，而显示器控制器、内存 ROM 和 RAM 都与微控制器通过系统总线连接。另外，电池（Battery Level）、D/A 转换器（D/A Converter）和键盘（Keyboard）则通过 I/O 口与微控制器连接，D/A 转换器则与扬声器（Speaker）相连。

小　结

本章以“便携式心电记录仪”的面向对象分析与设计过程为例，介绍了如何用 UML 语言为嵌入式系统建模。

本章使用用例图来描述系统的需求，应用类图和包图来描述系统的静态结构，应用顺序图、状态机图、通信图来描述系统或对象的动态行为，最后，用部署图描述了系统的硬件配置。在为嵌入式系统建模时，状态机图和部署图的使用是非常必要且重要的。因为，在嵌入式系统中，大部分对象具有非常重要的动态行为需要用状态机图来描述，而且嵌入式系统的特殊的系统硬件结构也需要部署图来描述。

习　题

15.1　画出电池电量不足时系统的顺序图。

15.2　根据图 14.6，画出相应的活动图。

15.3　画出系统中 Battery 对象的状态机图。

15.4　画出自动取款机（ATM）的部署图。

15.5　微电脑电饭煲采用微电脑控制，能自动控制加热功率，具有精煮、快煮、煮粥、保温功能，通过操作按钮来选择不同的功能，操作十分简便。画出微电脑电饭煲系统中控制器对象的状态机图。

第 16 章 Web 应用程序设计

随着 Internet 的迅速发展，Web 应用程序的应用越来越广泛。一方面是因为开发 Web 应用程序的工具、技术快速发展，另一方面系统的设计者意识到与传统应用程序相比，Web 应用程序具有更重要的优势。

以前，开发 Web 应用程序侧重工具的应用，很少关注开发的过程，而且集成的开发环境使得简单 Web 应用程序的开发变得很简单，以至于开发人员在开发 Web 应用程序时经常忽略严肃的分析和设计过程。但是，随着 Web 应用程序业务逻辑变得越来越复杂，任务也越来越关键，对系统进行分析、设计和建模就变得必要了，这样做可以有效地降低系统的复杂性和风险。另外，对简单系统建模也不是毫无用处，因为系统模型为开发人员提供了交流的工具，提高了系统设计的可重用性和可维护性。

16.1 Web 应用程序的结构

通常，用户通过浏览器与 Web 应用程序交互，如图 16.1 所示。浏览器是运行在客户端的应用程序，它与网络上的服务器连接并请求获取信息页。一旦请求被满足，即浏览器得到所请求的信息页时，连接就终止。浏览器能够通过 HTTP 请求与 Web 服务器通信，并显示由 Web 服务器返回的格式化信息。大多数网页含有其他网页的链接，这样用户就可以通过这些链接导航向 Web 服务器请求获取新的网页。

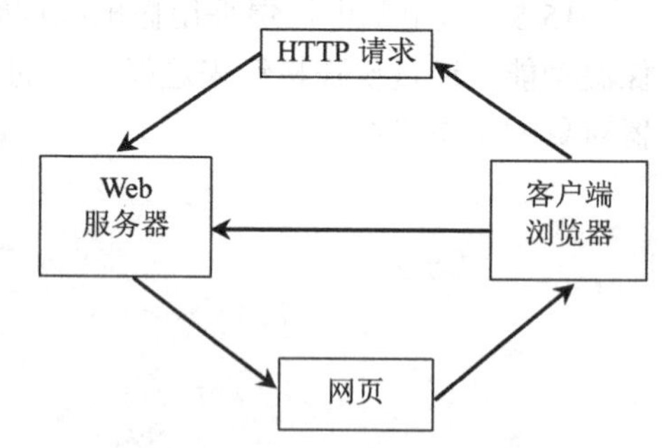

图 16.1　浏览器与 Web 服务器的交互

Web 应用程序扩充了 Web 站点，使用户可以调用业务逻辑，以改变服务器中的业务状态。目前，Web 应用程序的结构多采用基于 MVC 模式的 3 层架构：视图层（View）、控制层（Controller）和模型层（Model）。视图层运行在浏览器，展示了 Web 应用程序的页面；控制层运行在服务器端，主要控制页面的切换和相关业务逻辑的调用；模型层主要封装了 Web 应用程序的业务逻辑，以及对数据库的访问，这一层有时会进一步划分为业务逻辑层和数据库访问层。

Web 应用程序的体系结构又常常可以分为以下 3 种模式。

（1）瘦客户端模式。

瘦客户端模式适用于基于 Internet 的 Web 应用程序，该模式或者是客户端的计算能力极其有限，或者是对客户端配置没有控制的环境，客户端只要求一个标准的、通用的 Web 浏览器。在执行客户端浏览器的页面请求过程中，所有的商业逻辑都在服务器上执行。

这种模式的特点是，只有在处理页面请求的过程中调用商业逻辑。一旦页面请求完成，结果被发送回发出请求的客户端后，客户端和服务器之间的连接就终止。另外，商业进程在完成页面请求处理后继续存在是可能的，但这并不规范。

这种结构模式的用户界面的复杂度是有限的。由于浏览器充当了整个用户界面的容器，因此，所有用户界面的窗口小部件和控件必须可以通过浏览器获得。

（2）胖客户端模式。

通过使用客户端脚本和自定义的对象（例如，ActiveX 控件和 Java Applet），胖客户端模式扩充了瘦客户端模式，胖客户端模式的客户端可以执行系统的一些商业逻辑。

胖客户端模式最适用于如下的 Web 应用程序，即可以规定特定的客户端配置和浏览器版本的应用程序，或要求复杂的用户接口的应用程序，以及可在客户端执行一定数量商业逻辑的 Web 应用程序。瘦客户端模式和胖客户端模式的最大区别在于浏览器在系统的商业逻辑执行过程中所扮演的角色。

采用胖客户端的两个主要因素是增强用户接口性能和在客户端执行商业逻辑。例如，复杂的用户界面可以用来观看并修改三维模型。在某些情况下，ActiveX 控件还可用来和客户端的监控设备通信。例如，医疗上可以用这种系统来远程监控病人的身体状况，减少病人去医院检查身体的次数，从而减少病人的麻烦。

像瘦客户端模式一样，胖客户端模式的客户端和服务器之间的通信也是通过 HTTP 进行的。胖客户端模式使用特定的浏览器功能（例如，ActiveX 控件或 Java Applet），以在客户端执行商业逻辑。ActiveX 控件是通过 HTTP 下载到客户端的编译过的二进制可执行文件，它由浏览器调用。本质上，ActiveX 控件是 COM 对象，它们可以既充分访问客户端资源，也可以与浏览器和客户端系统交互，因此，ActiveX 控件必须来自于可信任的网站。

像瘦客户端模式一样，胖客户端模式的客户端和服务器之间的通信也是在页面请求过程中进行的，但发回客户端浏览器的页面可能含有脚本、控件、Applet，这些可以增强用户界面或完成部分商业逻辑。其中，最简单的商业逻辑是域验证。为了使用 Java Applet 和 ActiveX 控件，必须在 HTML 网页的内容中规定它们。

胖客户端模式的最大问题是跨浏览器的可移植性差，即不是所有的 HTML 浏览器都支持 JavaScript 或 VBScript。另外，只有基于微软 Windows 的客户端能用 ActiveX 控件。当使用客户端脚本、控件或 Java Applet 时，测试人员需要对所支持的每个客户端配置进行测试。因为要在客户端上执行重要的商业逻辑，所以商业逻辑在有关的各种浏览器上保持一致且正确地运行是重要的。不要认为所有的浏览器会表现相同，不同的浏览器对于同样的源代码可能表现不同，甚至是运行在不同操作系统上的相同浏览器也可能表现出不同的行为。

（3）Web 发送（Delivery）模式。

这种模式除了使用 HTTP 进行客户端和服务器之间的通信之外，还可能使用其他的协议（例如，IIOP 协议和 DCOM 协议）来支持分布式对象系统。Web 浏览器主要充当了分布式对象系统的发送装置和容器。

但是，这种模式不适用于基于 Internet 的应用程序或网络通信不可靠的情况。通过客户端和服务器之间直接和持久的通信，这种模式克服了前面两种 Web 应用程序模式的限制，客户端可以更大程度上执行重要的商业逻辑。这种结构模式是不可能孤立使用的，通常是和前面两种模式结合起来使用的。系统通常将前面介绍的模式应用于如下情况，即系统中不需要复杂用户界面的部分或客户端的配置不足以支持大型的客户端应用程序。

Web 发送模式和其他 Web 应用程序结构模式之间最重要的区别是客户端和服务器间的通信方法不同，其他 Web 应用程序结构模式主要使用 HTTP 进行通信，而 Web 发送模式不仅使用 HTTP 进行通信，还可以使用其他通信机制。

Web 发送模式中的浏览器用来容纳用户界面和一些商业对象，这些商业对象可以与服务器层的对象通信，且通信是独立于浏览器的。客户端和服务器对象间的通信可以使用 IIOP 协议、RMI 协议和 DCOM 协议。

这种模式的最大优势是跨浏览器的可移植性好，但这种模式需要一个稳健的网络。客户端和服务器对象间的连接比 HTTP 连接持续时间要长得多，因此，虽然服务器的丢失对其他两种模式影响不大，但可能会对这种模式造成严重的后果。

上述的 Web 应用程序的分类不是很完善，尤其是在工业界技术革命每年都发生的情况下，这个分类只描述了 Web 应用程序的最常见的结构模式。另外，将几个模式混合使用也是可能的。

16.2 Web 应用程序的设计

在开发软件系统时，建模是非常重要的，因为它能帮助设计人员管理软件开发，以降低系统复杂性。如今，Web 应用程序变得越来越复杂，因此，为 Web 应用程序建模也就变得越来越重要。

Web 应用程序中需要被建模的有如下元素。

- Web 页面。
- 超链接（Hyperlinks）。
- 页面脚本（JavaScript 和 VBScript）。
- 页面和系统其他组件间的关系。
- Applet、ActiveX 控件、plug-in 等。

在为 Web 应用程序建模时，不需要为 Web 服务器或浏览器的内部建模，分析设计模型主要用来为系统的商业逻辑建模。对于一些增添页面效果的构造，例如，活动的按钮等，可用另外的 UI 模型来描述，就不在描述系统商业逻辑的模型中为之建模了。

在为 Web 应用程序建模时，要大量使用 UML 的扩充机制，即衍型、标记值、约束，但由于 UML 的符号是有限的 （这从第 4 章中可看出）它没有用来代表服务器页面、客户端页面、Java Applet 等 Web 技术组件的 UML 符号。为了表达准确、清晰，需要利用 UML 的扩充机制对已有的符号进行扩充，以定义代表 Web 技术组件的 UML 符号，从而为 Web 应用程序建模，如图 16.2 所示。

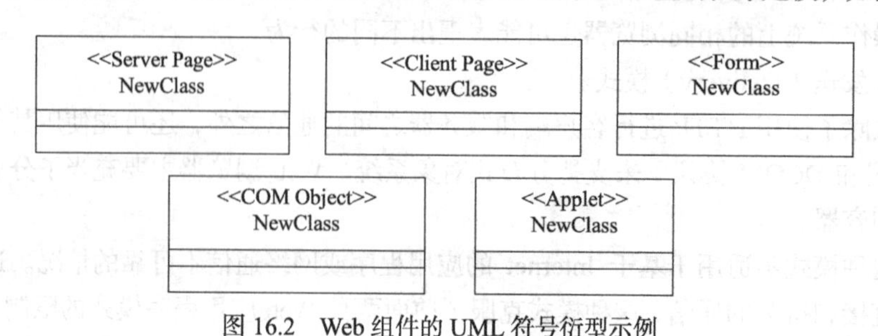

图 16.2　Web 组件的 UML 符号衍型示例

- 主要的类衍型如下。

（1）类衍型<<Server Page>>描述了服务器页面的逻辑抽象。

（2）类衍型<<Client Page>>描述了客户端页面的逻辑抽象。

（3）类衍型<<Form>>描述了 HTML 表格，表格元素（<input>、<textarea>、<select>）用类属性来描述。

（4）类衍型<<Applet>>描述了 Java Applet。

（5）类衍型<<COM Object>>描述了 COM 对象。

- 主要的关联关系衍型如下。

（1）关联关系衍型<<build>>描述了客户端页面与创建它的服务器页面之间的关系。

（2）关联关系衍型<<link>>描述了系统中客户端页面之间的超链接关系。

（3）关联关系衍型<<submit>>描述了表格与处理它的服务器页面之间的关系。

设计 Web 应用程序与设计其他系统相比，有两个特殊的活动。

（1）将对象划分为客户端对象和服务器端对象。

（2）定义 Web 页面的用户界面。

对 Web 应用程序中的商业对象进行正确划分是很重要的，能够正确划分在很大程度上是由 Web 应用程序的结构来决定的。对象可以只存在于服务器上或只存在于客户端上，或者可以既存在于服务器上又存在于客户端上。

瘦客户端模式的应用程序将所有的对象放在服务器上，对象运行在 Web 服务器上或与服务器关联的另一层上。胖客户端应用程序允许一些对象在客户端上执行，并且有严格的规则管理对象在客户端上的使用。Web 发送应用程序在放置对象时具有最大的自由度，因为它们本质上是使用了浏览器的分布式对象系统。

当设计胖客户端 Web 应用程序时，对在分析过程中发现的大量对象进行划分是很容易的。一般情况下，持久对象（Persistent Objects）、包容对象（Container Objects）、共享对象（Shared Objects）、复杂对象（Complex Objects）都属于服务器，与数据库和旧系统（Legacy Systems）这样的服务器资源相关的对象也属于服务器层，另外，与上述对象静态关联或依赖的对象也必须存在于服务器上。判断哪些对象可以存在于客户端要比判断哪些对象不能存在于服务器上容易，即如果某个对象和服务器上的对象没有关联或依赖关系，只和其他的客户端资源（如 Java Applet 和浏览器）有关联或依赖关系，则可以将该对象放在客户端。划分到客户端的候选对象包括域验证对象、用户界面控件、导航辅助控件。最初考虑客户端的对象时，没有关于如何实现这些对象的约定。这些对象只是浏览器处理 Web 页面过程中激活的对象，客户端对象可以用 JavaScript、JavaBeans、Applet、ActiveX（COM）或者插件程序来实现。

Web 发送（Delivery）模式本质上是基于 Web 站点的分布式对象系统。这种类型的应用程序除了使用 HTTP 协议，还使用客户/服务器通信协议。而这些对象可以在客户端或浏览器的上下文中执行，所以可以访问客户端资源；也可以和位于服务器或其他浏览器上的对象直接通信。在这种结构中，对对象进行划分主要依赖于个体对象的特点。将对象放置于客户端的主要原因之一是减轻服务器的负担，另外，将对象放在系统中效率最高的地方也是理所当然的。例如，将日期验证对象放在服务器上就不明智，因为日期验证对象在客户端最有用，这样它就可以立即通知用户有效的日期，以避免和服务器通信的开销。另外，通常可以将对象放在更容易访问其所需的数据和协作的地方。例如，如果一个对象可以放在客户端，而且大部分与之关联的对象都在客户端上，那么就可以将这个对象放在客户端。

在划分对象时，也要定义 Web 页面。这个过程包括识别页面、识别页面之间的关系，以及识别页面和系统对象之间的关系，这一步也很大程度上依赖于应用程序的结构模式。

在细化设计的活动中，分析阶段创建的顺序图中的系统对象会演化为对象、网页、Web 应用程序的主要用户界面。

16.2.1 瘦客户端模式的 UML 建模

瘦客户端模式对网页的使用设置了严格的约束，它规定每个网页只能含有当前 HTML 版本所规定的结构元素。

在瘦客户端应用程序中，参与者只与客户端页面交互，而服务器页面只与服务器资源交互，可以用顺序图描述这些交互。在将分析模型转变为设计模型时，应该将分析模型中的边界类直接转换为客户端页面，而将控制对象转换为服务器页面。

图 16.3 所示是瘦客户端应用程序设计模型中的“结账”顺序图。顺序图起始于参与者 Customer（客户）发送消息“Calculate Cost”（结账）给客户端页面 ShoppingCart（购物手推车），实际上，这个消息是一个请求 Bill（账单）页的命令。

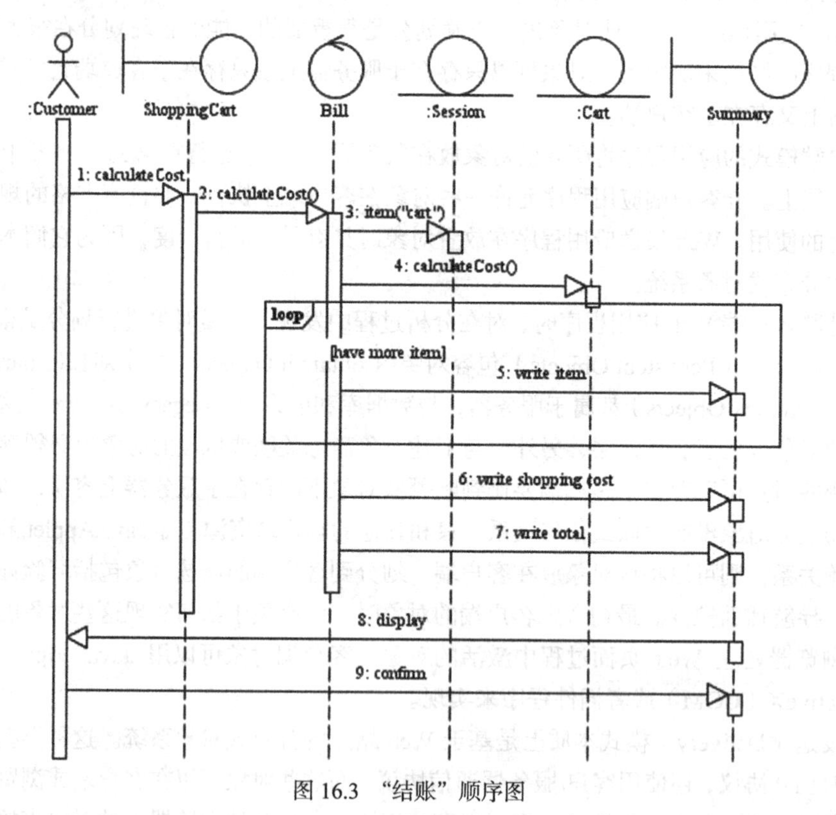

图 16.3 “结账”顺序图

服务器页面 Bill 由 Web 服务器载入，因为它是<<Server Page>>，因此可以由适当的脚本引擎进行处理。服务器页面获得 Customer 的 Cart 实例，将消息“calculateCost()”发送给 Cart 实例，将为顾客所购货物结账涉及到的所有商业逻辑或域逻辑都封装在对象 Cart 中。图 16.3 没有描述结账过程中的详细活动，但可以用另外的图进行详细描述，活动可能包括结账过程中所需要的事务或中间对象的创建。尽管服务器页面可以实现这种商业逻辑，但是将商业逻辑放置在服务器页面并不是最好的选择，因为它们需要被重用于 Web 页面的处理。因此，将商业逻辑放在编译过的服务器组件中，以使非 Web 应用程序系统也可以重用它们。

在瘦客户端应用程序中，服务器页面也常常是过载的，它们负责协调服务器端商业对象的活动，建立用户界面并将之发送回客户端。将商业逻辑与服务器页面进行分离也减少了服务器页面的责任，并使服务器页面易于维护。

将商业逻辑协作任务与用户界面建立任务分离可以进一步减少服务器页面的责任，这可以通过引入另一个页面“BuildSummary”来完成，这个页面的唯一任务是建立含有购物手推车中货物清单、运送价格和总金额等信息的页面 Summary。Bill 服务器页面通过“redirect”（重定向），将用户界面的建立委托给服务器页面 BuildSummary。修改后的顺序图如图 16.4 所示。

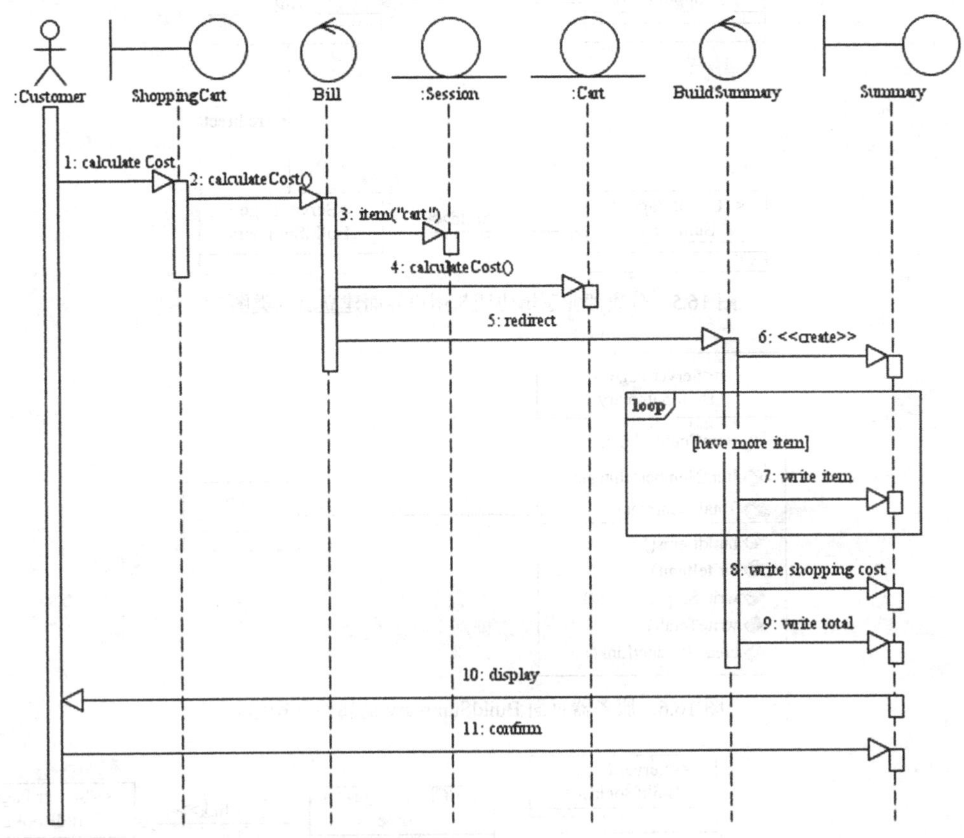

图 16.4　分离商业逻辑协调与用户界面建立后的顺序图

顺序图 16.4 中的“页面”对象的逻辑视如图 16.5 所示。图 16.5 中不但有页面还有商业对象，页面是“类似对象的”，因为逻辑上页面有单一的目的且与其他对象有关系，图 16.5 还描述了商业类、页面，以及它们之间的关系。

识别出页面、重要的协作和责任后，就可以开始逐一设计各个页面。

- 服务器页面。

假设采用微软的 ASP（Active Server Pages，活动服务器页面）技术来实现服务器页面。

图 16.6 所示的类图描述了服务器页面 BuildSummary 的属性和操作。

- 链接（Link）。

可以用几种方式来表达网页之间的链接关系。当客户端页面超链接到另一个页面时，本质上它是链接到网页组件，而不是链接到客户端页面或服务器页面抽象。所以，本质上从客户端页面到另一个客户端页面的链接与从客户端页面到<<build>>（建立）客户端页面的服务器页面的链接是一样的。图 16.7 与图 16.8 描述了这两种相当的关系。

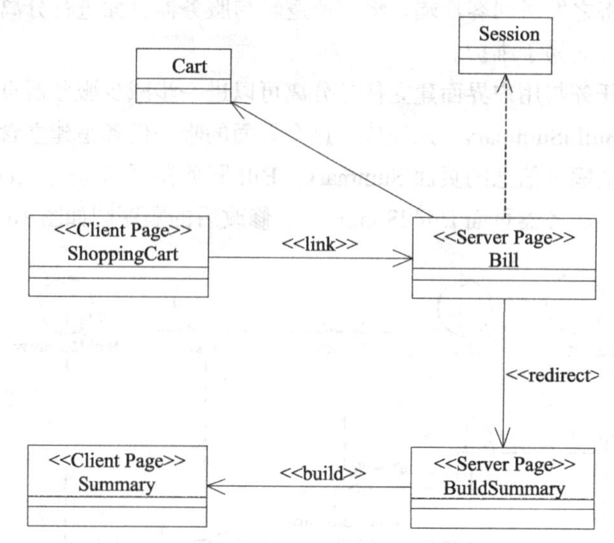

图 16.5　分离商业逻辑协调与用户界面建立后的类图

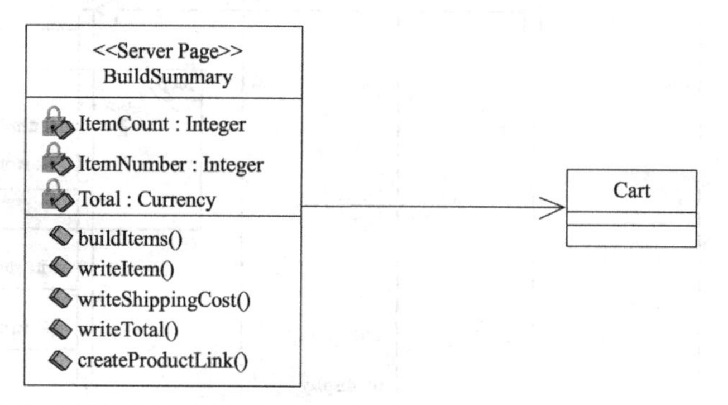

图 16.6　服务器页面 BuildSummary 的属性和操作

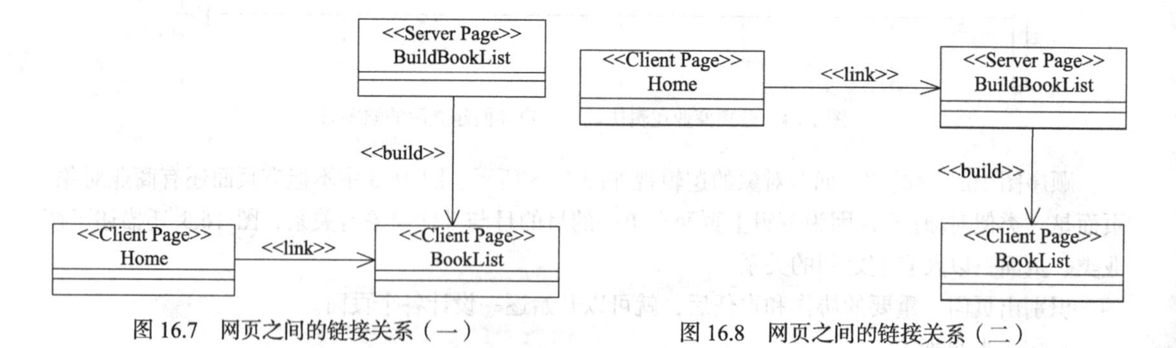

图 16.7　网页之间的链接关系（一）　　　　图 16.8　网页之间的链接关系（二）

“Link”既可以链接到客户端页，也可以链接到服务器页，这大大简化了图的组织。描述支持应用程序特定流的网页结构关系的图可能只包含客户端页，所以“Link”只能链接到客户端页（尽管大部分客户端页是动态的，由服务器页建立的）。图 16.9 中的客户端页都是由服务器页建立的，但是图中没有出现服务器页，图中的双向<<link>>关系表明了在“链接”两端的页面之间可以双向导航。

图 16.10 描述了 BuildBookDetail 服务器页如何和相关的商业对象协作以构建 BookDetail 客户端页。

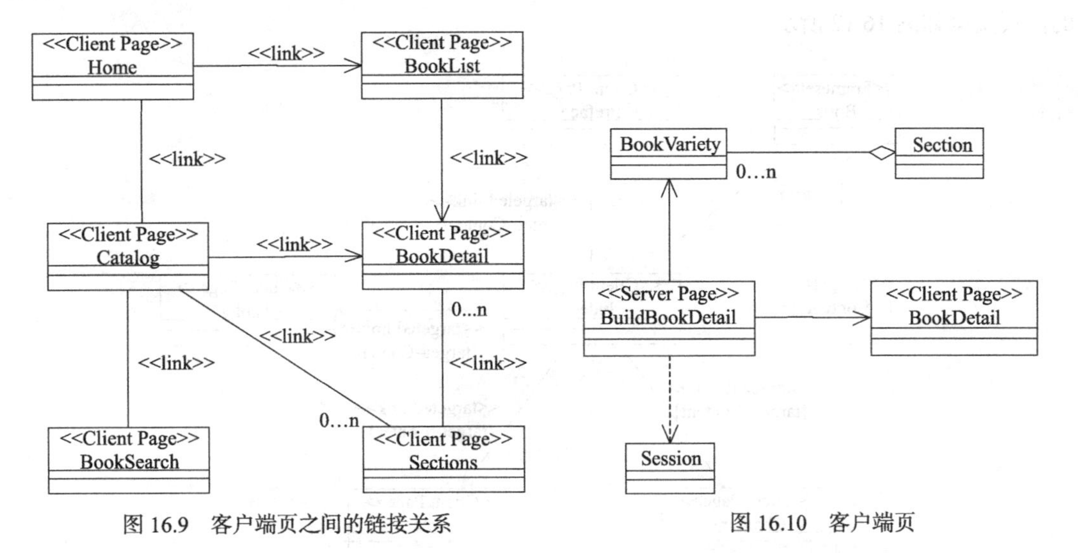

图 16.9　客户端页之间的链接关系　　　　图 16.10　客户端页

- 表格。

<<Form>>对象只存在于客户端页的上下文中，它是标准输入元素的集合，可以接受来自用户的输入并被提交给服务器页处理。图 16.11 所示的是收集客户基本信息（包括名字、E-mail、电话号码、街道、城市、国家、邮编）的一个简单表格。表格总是将它的信息提交给服务器页，服务器页可以是 ASP 页、CGI 脚本或者 ISAPI/NSAPI DLL。表格的属性是它的输入域，图中给出了表格的衍型。

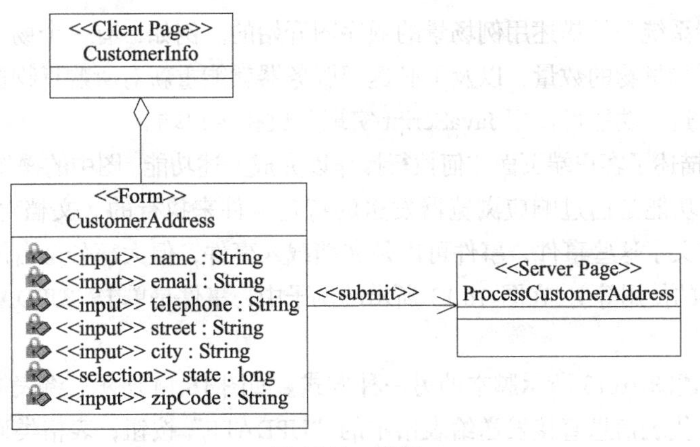

图 16.11　表格

- 框架。

最难建模的 Web 元素之一是框架（Frame）。框架使得 Web 设计者将浏览器窗口分成多个矩形子区域，这些矩形子区域可用来显示不同的 Web 页面。在 Internet 上，框架通常被用来将窗口分为导航格和内容格。导航格显示站点内所有网页的索引，索引中的每条内容都是一个网页的超级链接，当用户单击这些链接时，另一个格显示相应的网页。这种链接用来为另一个格甚至另一个浏览器窗口请求页面。框架集（Frameset）可以定义任意多行和列来分割它的显示区，每个格是一个目标（Target）。

框架可以用来在 Internet 上实现在线书籍阅览，书的目录通常放在左边的框架，书的内容则显示在剩下的空间中。当用户单击索引格中的链接时，所请求的页被载入到内容格中，在线书籍的网页安排如图 16.12 所示。

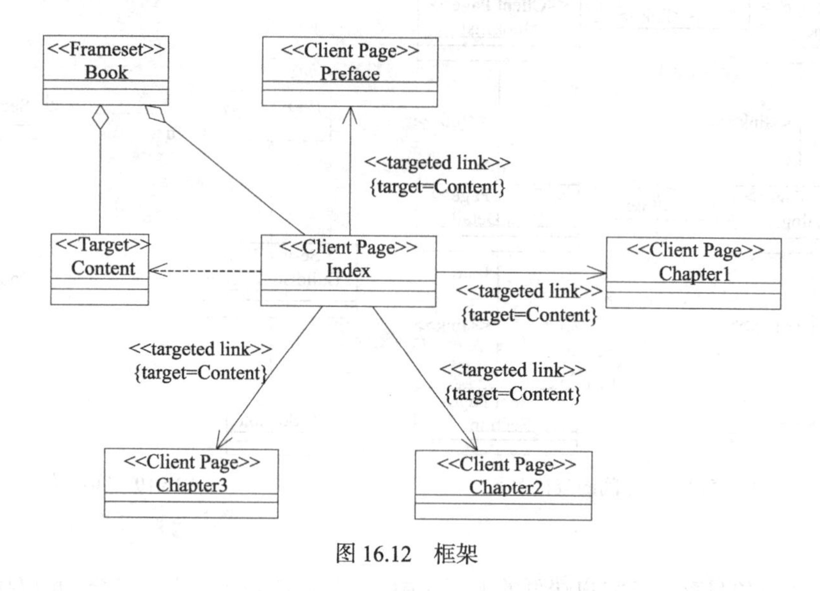

图 16.12　框架

16.2.2　胖客户端设计

设计具有动态客户端页面的 Web 应用程序时需要注意对象的划分，因为胖客户端应用程序的客户端可运行各种各样的对象和活动。

- 客户端脚本。

设计胖客户端系统是从描述用例场景的顺序图开始的。例如，有一个场景描述了在线客户查看购物车，改变所购货物的数量，以及不必返回服务器就能重新对所购货物进行结账等过程。对于胖客户端系统，这种功能可以用 JavaScript 实现并放在客户端。

顺序图 16.13 描述了客户端页面如何执行操作以完成上述功能。图中的操作是页中的 JavaScript 功能，JavaScript 功能是通过响应浏览器发送的特定事件来执行的。文档对象模型（Document Object Model）定义了这些事件，事件可以是文档载入事件，但大部分是由用户发起的事件（如鼠标移动、表元素的使用等），在图 16.13 所示的例子中，事件是单击“UPDATE”（更新）按钮所激发的事件。

图 16.14 是描述图 16.13 所示脚本的另一种方式。如图 16.14 所示，将表格类实例放在顺序图中，参与者将单击代表信息直接发送给表格中的“UPDATE”按钮，表格类通过调用客户端页中的适当的事件处理器而对事件进行反应。

- 客户端对象。

功能可以用脚本或对象（如 ActiveX 控件、Java Applet 和 JavaBeans）来实现，当客户端需要实现复杂的功能时，就使用这些组件，组件的使用使得 Web 应用程序可以像传统的客户/服务器用户界面系统一样提供复杂的功能。

当在客户端使用这些组件时，参与者或页面可以直接和这些组件交互（即调用它们的操作）。图 16.15 所示的类图包括框架集和含有两个 ActiveX 控件的客户端页面。在图中，两个控件用类或接口表示。用户通过 Calendar 对象选择一个日期，然后将日期变化事件的事件处理器通过链接到动态页 SeasonDescr 来更新 Target 的内容，并将所选的日期作为参数传递给它。

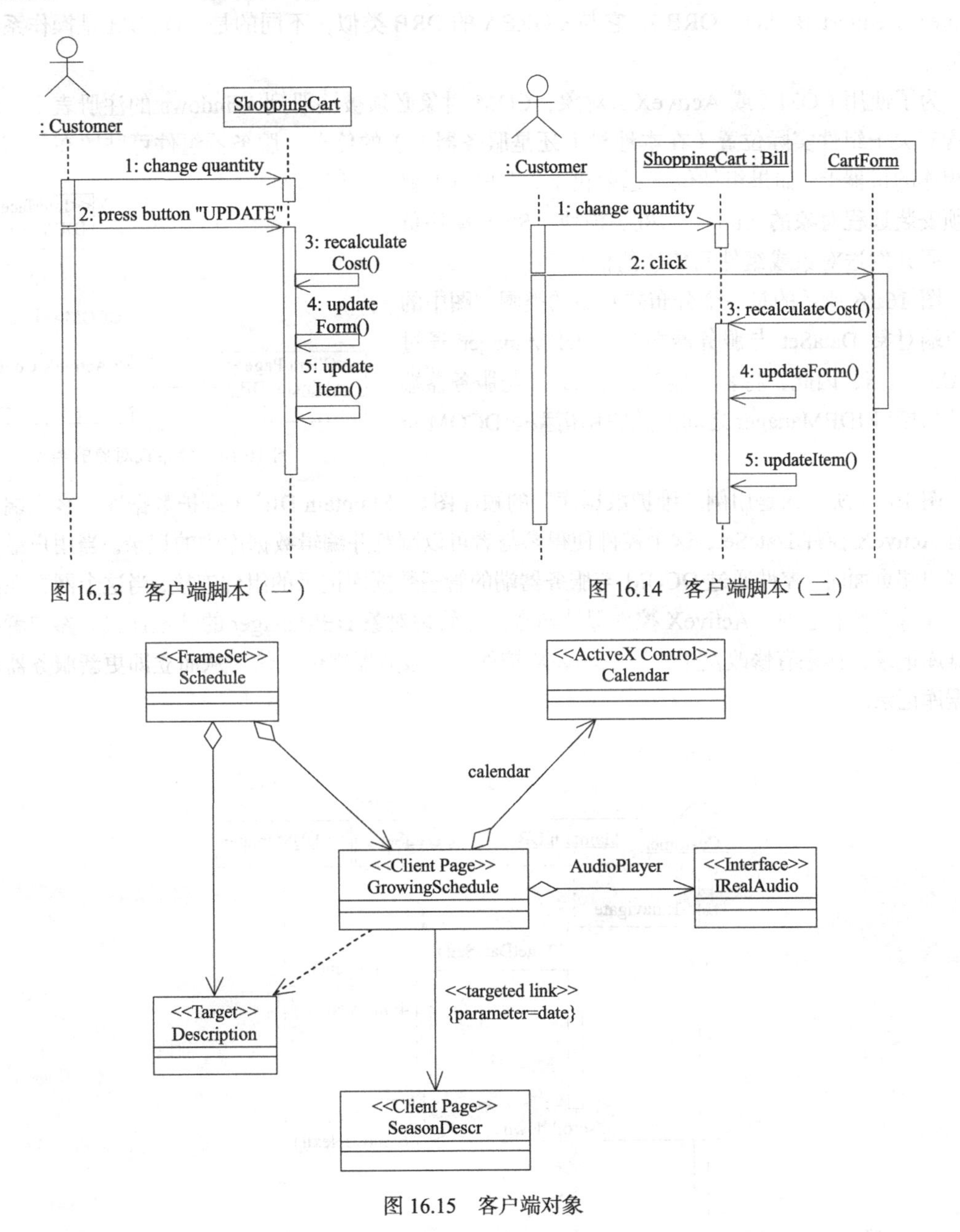

图 16.13　客户端脚本（一）　　图 16.14　客户端脚本（二）

图 16.15　客户端对象

16.2.3　Web 发送应用程序的设计

为了使系统更灵活，Web 应用程序还可以使用真正的分布式对象。目前，将 ActiveX 和 JavaBeans 对象应用到浏览器已经变得很容易，而对于什么时候使用 Java Applet 和 Java Beans、RMI/IIOP、ActiveX 或 DCOM 等技术则是由应用程序的需要和开发人员的经验所决定的。通常，当其他 Web 结构不能满足功能或性能要求时，就需要使用这些技术，因为客户端对象和服务器对象之间的直接通信往往更加有效。

- 分布式组件对象模型（Distributed Component Object Model，DCOM）

DCOM 是微软提供的分布式对象的通信方式。本质上，DCOM 是一个对象请求代理程序（Object Request Broker，ORB），它与 CORBA 的 ORB 类似，不同的是，DCOM 是操作系统的一部分。

为了使用 COM（或 ActiveX）对象，COM 对象必须被注册到 Windows 的注册表中，注册表含有关于组件实际位置（在本地机上还是服务器上）的信息，服务器组件可驻留在任何与网络相连的机器上。如果组件位于远程机上，客户机上就必须安装远程对象的 Stub（插桩）模块，Stub 模块负责编码并发送对象或组件间传递的信息。

图 16.16 所示的是一个分布式对象的类图，图中的客户端对象 DataSet 与服务器端对象 DBManager 通过 DCOM 通信，因此，将客户端对象 DataSet 与服务器端对象的接口 IDBManager 之间的关联用衍型<<DCOM>>表示。

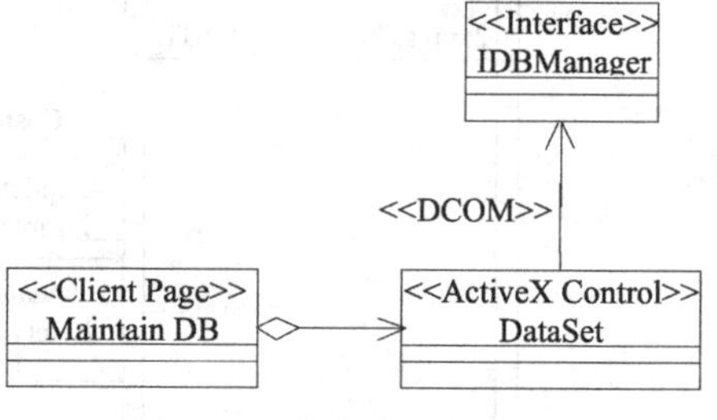

图 16.16　分布式对象的类图

图 16.17 所示的是用例“维护数据库”的顺序图。“Maintain DB”（维护数据库）客户端页面含有 ActiveX 控件 DataSet，这个控件使得参与者可以浏览并编辑数据库中的记录。当用户最初载入客户端页面时，控件通过 DCOM 与服务器端的管理数据库记录的组件连接，当这个网页在浏览器中保持打开状态时，ActiveX 控件保持与数据库管理对象 DBManager 的开放连接。参与者浏览数据库记录，如果有修改发生，则 ActiveX 控件便与服务器组件通信，从而立即更新服务器端的数据库记录。

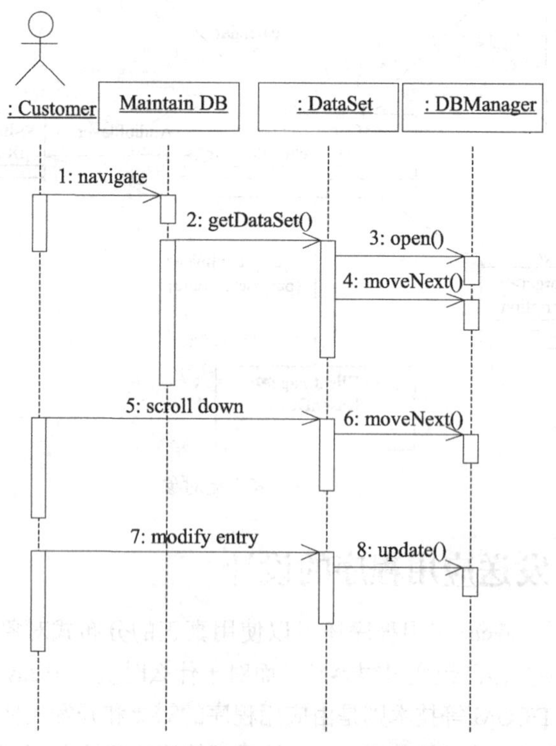

图 16.17　用例“维护数据库”的顺序图

在 Web 应用程序中使用 DCOM 会损失平台无关性，但如果应用程序是基于 Intranet 的，且企业内部网中的所有客户机和服务器都是基于 Windows 的，那么选择 DCOM 是明智的。

- RMI/IIOP。

尽管看起来 RMI 和 IIOP 在做同样的事，但实际上它们是彼此互补的。IIOP 是一个协议，是分布式对象之间通信的规范；RMI 则不仅仅是一个规范，它是一个具体的产品。RMI 是使服务器位置对客户端透明的高级编程接口，它是 Java 到 Java 的产品，它规定了两个 Java 组件如何通信。如果客户端的 Java 组件需要和服务器端的 C++、COBOL 或 Ada 组件交互，那么就要使用 IIOP；如果只有 Java 组件为客户端组件提供公共接口，那么选择 RMI 则是明智的。除了在实现和跨编程语言能力上的一些细微差别，RMI 和 IIOP 的建模和设计基本是相同的。

在类图中，根据通信机制描述客户端对象和服务器对象间的关系时，可使用衍型<<IIOP>>或<<RMI>>。

图 16.18 所示的是在线股票行情实时显示系统的一个顺序图，这个顺序图是简化了的顺序图，只描述了实例间重要的消息传递。

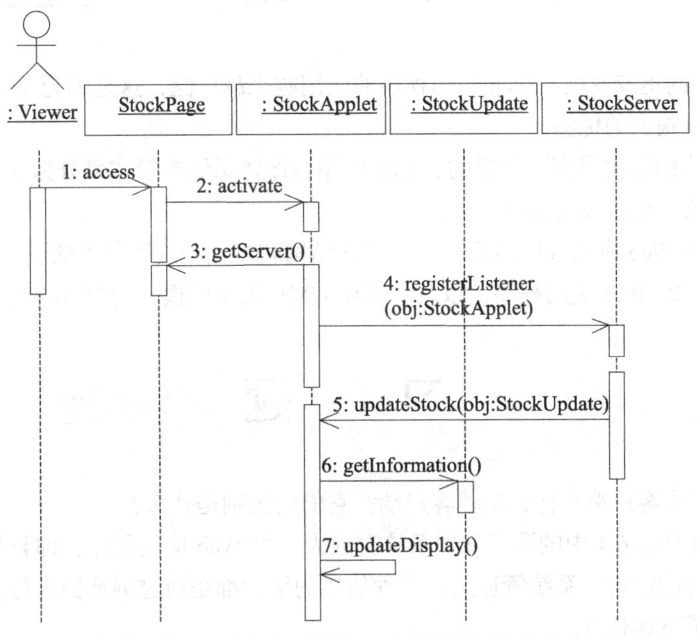

图 16.18　在线股票行情实时显示系统的顺序图

图 16.18 中，参与者 Viewer 载入了含有 Applet 的网页 StockPage，“StockApplet”也随之载入。StockApplet 被激活后，从客户端页面获得服务器的名字，“服务器名”这个信息嵌在客户端页中。然后 StockApplet 与服务器对象 StockServer 建立连接，并注册监视股票的行情变化，对象 StockServer 则负责将客户端感兴趣的股票的更新信息发送给 StockApplet，并将更新的股票详细信息封装在 StockUpdate 对象中。如图 16.18 所示，当 StockApplet 发现客户端感兴趣的股票的行情发生变化时，StockServer 发送封装股票更新信息的 StockUpdate 对象给 StockApplet，StockApplet 抽取 StockUpdate 对象中封装的信息，更新客户端的股票信息显示。

这些组件的结构视如图 16.19 所示，带有衍型<<RMI>>的关联表明了客户端对象和服务器对象之间通过 RMI 通信，对于类 StockUpdate 的依赖则表明了类 StockApplet 和类 StockServer 要使用 StockUpdate。

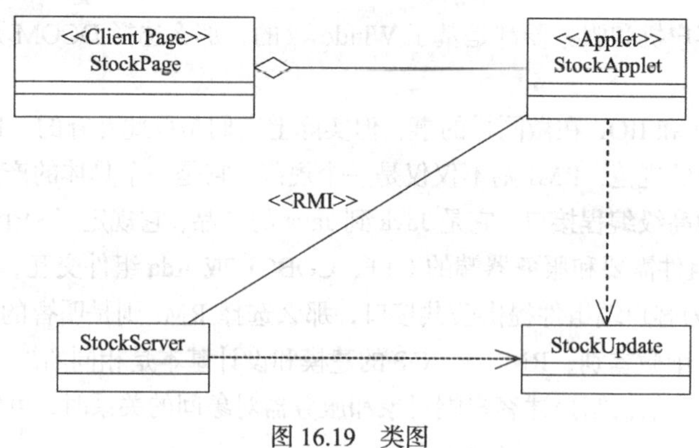

图 16.19　类图

小　结

随着 Internet 的迅速发展，Web 应用程序的应用越来越广泛，这是因为 Web 应用程序与传统应用程序相比具有很大的优势。

Web 应用程序的结构是多种多样的，Web 应用程序体系结构模式可分为 3 种，即瘦客户端模式、胖客户端模式、Web 发送模式。

本章对这 3 种 Web 应用程序体系结构模式的结构和特点分别进行了描述，然后介绍了如何设计这 3 种不同模式的 Web 应用程序，以及如何用 UML 为不同模式的 Web 应用程序建模。

习　题

16.1　什么叫瘦客户端？什么叫胖客户端？它们的区别是什么？

16.2　如果将习题 6.4 中的课程管理系统实现为一个 Web 应用程序，即教师对课程的查询和选择、学生对课程的注册、系统管理员对各种信息的维护都是通过浏览器进行，应该如何对系统进行设计？并完成下述任务。

A. 给出完整的系统设计方案。

B. 将基于 Web 的课程管理系统设计方案与前面完成的课程管理系统设计方案进行对比，指出它们之间的区别。

第 17 章 前向工程与逆向工程

UML 不是可视化的编程语言，但它的模型可以直接对应到各种各样的编程语言，也就是说，可以从 UML 的模型生成 Java、C++、Visual Basic 等编程语言的代码，甚至还可以生成关系数据库中的表。

从 UML 模型生成编程语言代码的过程被称为前向工程（Forward Engineering），从代码实现生成 UML 模型的过程被称为逆向工程（Reverse Engineering）。目前许多 CASE 工具，如 Rational Rose 和 Prosa 等，都既支持前向工程又支持逆向工程。

Rational Rose 是目前流行的 CASE 工具之一，它是 Rational 公司的产品，支持 UML 模型与 C++、Visual C++、Visual Basic、CORBA、Java、Ada95、Ada83 源代码之间的相互转换（即前向工程和逆向工程），还支持 UML 模型与 XML DTD、Oracle8 模式之间的前向工程和逆向工程。

本章介绍了 Rational Rose2000 中 UML 模型与 C++、VisualC++/VisualBasic、Java 语言之间的前向工程和逆向工程，即从 UML 模型生成 C++、VisualC++/VisualBasic、Java 源代码的过程，以及从 C++、VisualC++/VisualBasic、Java 源代码生成 UML 模型的过程。

17.1 C++的代码生成和逆向工程

本部分为使用 C++语言的代码生成和逆向过程提供了指导。

从 Rational Rose 中的 UML 模型生成 C++代码的步骤如下。

（1）创建所需要的特性集。

（2）在组件图中创建体组件。

（3）在 Rational Rose 中为组件指定编程语言。

（4）将类分配给组件。

（5）在 Rational Rose 中为所选的模型单元选用特性集。

（6）选择组件并生成代码。

（7）评价代码生成的错误。

在 Rational Rose 中，从 C++源代码生成 UML 模型或从 C++源代码更新 UML 模型的步骤如下。

（1）创建项目。

（2）添加项目标题。

（3）添加所引用的库和基项目。

（4）将文件添加到文件列表中。

（5）设置文件类型并分析文件。

（6）评价错误。

（7）选择输出项，并输出到 Rational Rose 中。

（8）更新 Rational Rose 模型。

下面对上述前向工程和逆向工程的步骤进行详解。

17.1.1　C++的代码生成

在 Rational Rose 中，从 UML 模型生成 C++代码的步骤如下。

步骤 1：创建所需要的特性集。

有许多与项目、类、角色、属性和操作有关的代码生成特性，这些特性作为一个整体应用于项目。类的特性集涉及构造函数、析构函数、get/set 方法等的产生；角色的特性集涉及 get/set 方法的构建、方法的可见性等；操作的特性集处理操作的种类（普通的、虚拟的、抽象的、静态的等）。这些特性集是可以修改的，用户可以为项目定制所需的 C++新特性集。对于每一个类，会产生两个文件：一个头文件（.h）和一个 C++文件（.cpp）。

在 Rational Rose 中创建特性集的步骤如下。

（1）在 Tools 菜单中选择 Options 菜单项，Options 窗口弹出。

（2）根据生成代码要使用的编程语言，选择窗口中相应的制表页。图 17.1 中所示的是 C++制表页。

（3）单击 Type 域的箭头，弹出下拉式菜单。

（4）选择想要修改的特性集的类型。

（5）单击“Clone”按钮，Clone Property Set 窗口弹出。

（6）输入新特性集的名字，如图 17.1 所示。

（7）单击“OK”按钮，Clone Property Set 窗口关闭。

（8）单击选择要更改的特性。

（9）单击所选择的特性的值。

（10）输入新值或从下拉菜单中（如果出现下拉菜单）选择新值。如图 17.2 所示。

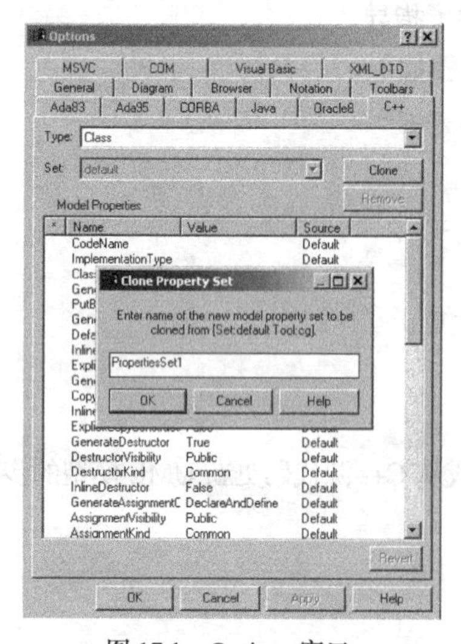

图 17.1　Options 窗口

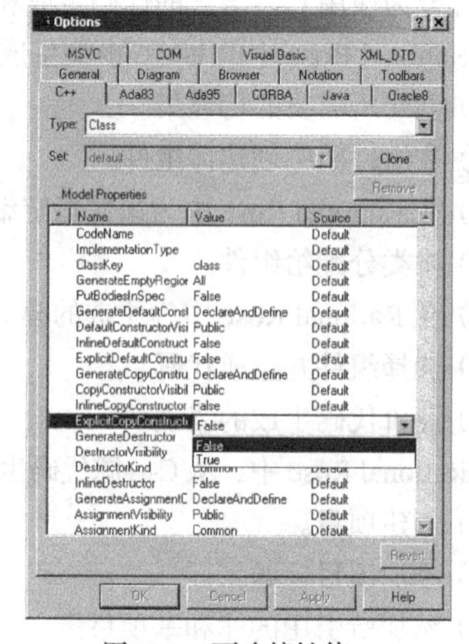

图 17.2　更改特性值

（11）重复步骤（8）~（10），修改需要修改的每个特性。

（12）单击“Apply”按钮使更改生效。

（13）对每一个新的特性集重复上述步骤。

（14）单击“OK”按钮，Options 窗口关闭。

步骤 2：在组件图中创建体组件

Rational Rose 生成代码是基于图中的组件和组件原型。对于没有原型的组件，Rational Rose 将生成一个含有类的定义和声明信息的.h 文件。对于具有 Package Specification 原型的组件，Rational Rose 将生成一个含有类的定义信息的.h 文件。如果有一个具有 Package Body 原型的相应的组件，Rational Rose 将生成一个含有类的声明信息的.cpp 文件。

为 Rational Rose 中的组件指定原型的步骤如下。

（1）双击组件图，组件图打开。

（2）在组件上单击鼠标右键，快捷菜单显现。

（3）选择 Open Standard Specification 项，Component Specification 窗口弹出。

（4）在窗口中的 Stereotype 域输入所想要的原型，或者单击 Stereotype 域的箭头，从弹出的下拉式菜单中选择所想要的原型。如图 17.3 所示。

（5）单击“OK”按钮，Component Specification 窗口关闭。

在 Rational Rose 中创建组件头和体的步骤如下。

（1）双击组件图，组件图打开。

（2）组件上单击鼠标右键，快捷菜单显现。

（3）选择 Open Standard Specification 项，Component Specification 窗口弹出。

（4）为给头文件创建原型，选择 Package Specification 原型。

（5）为给组件体创建原型，选择 Package Body 原型。

（6）单击“OK”按钮，Component Specification 窗口关闭。

图 17.4 所示的组件图中含有代表 C++的.h 文件和.cpp 文件的组件。

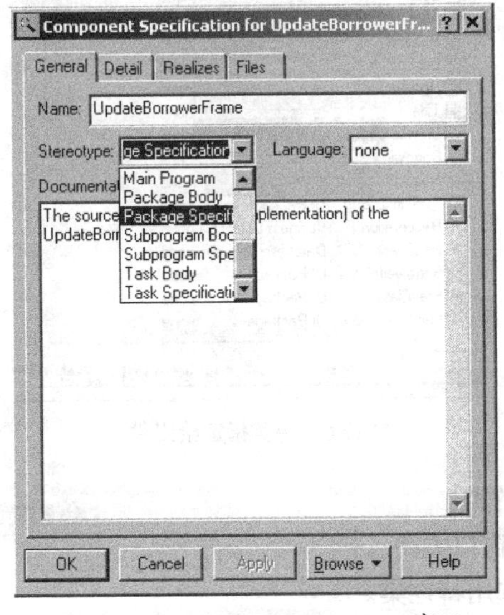

图 17.3　Component Specification 窗口

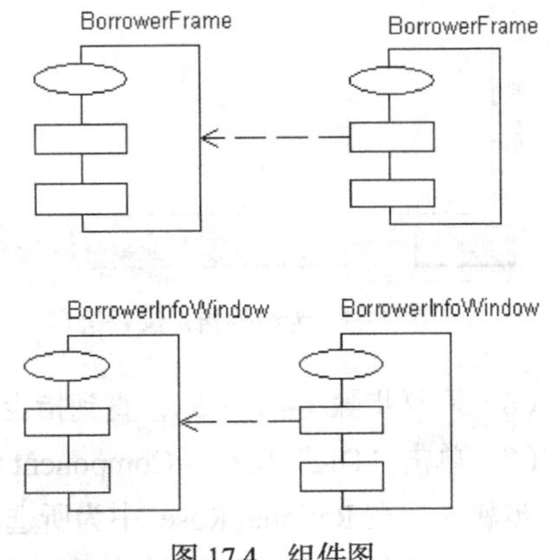

图 17.4　组件图

步骤 3：在 Rational Rose 中为组件指定编程语言。

如果模型的缺省编程语言被设置为 C++（选择 Tools：Options 菜单项，弹出 Options 窗口，选择制表页 Notation，为 Default Language 域设置值），则 Rational Rose 自动将 C++语言指定给模型中的组件。否则，需要通过下述步骤为组件指定编程语言。

（1）在组件上右击鼠标右键，快捷菜单显现。

（2）选择 Open Standard Specification 项，Component Specification 窗口弹出。

（3）单击窗口中 Language 域的箭头，下拉菜单显现。

（4）选择 C++。如图 17.5 所示。

（5）单击“OK”按钮，Component Specification 窗口关闭。

类 BrowseWindow 的组件规范定义（Component Specification）如图 17.5 所示。

步骤 4：将类分配给组件。

一旦组件被创建，就要将类分配给代表头文件的组件。

在 Rational Rose 中将类分配给组件的方法有两种，方法一的步骤如下。

（1）双击含有代表.h 文件和.cpp 文件的组件的组件图，组件图打开。

（2）单击选择浏览器中的类，将所选择的类拖放到代表.h 文件的组件上。

方法二的步骤如下。

（1）在代表.h 文件的组件上右击鼠标右键，快捷菜单显现。

（2）选择 Open Standard Specification 项，Component Specification 窗口弹出。

（3）选择窗口中的 Realizes 制表页。

（4）在制表页类列表中相应的类上单击鼠标右键，快捷菜单弹出。

（5）选择 Assign 项，如图 17.6 所示。

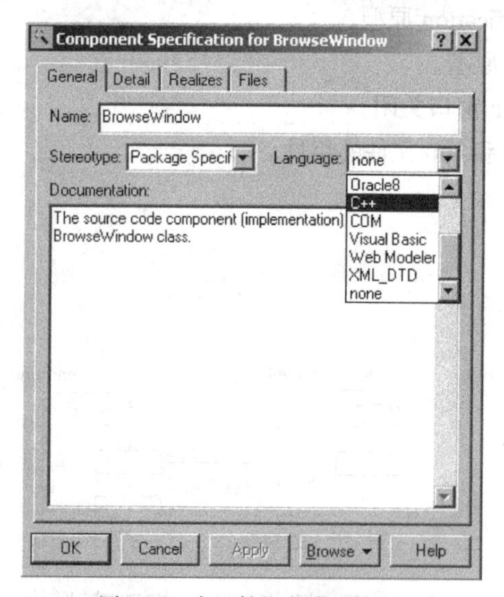

图 17.5　为组件指定编程语言

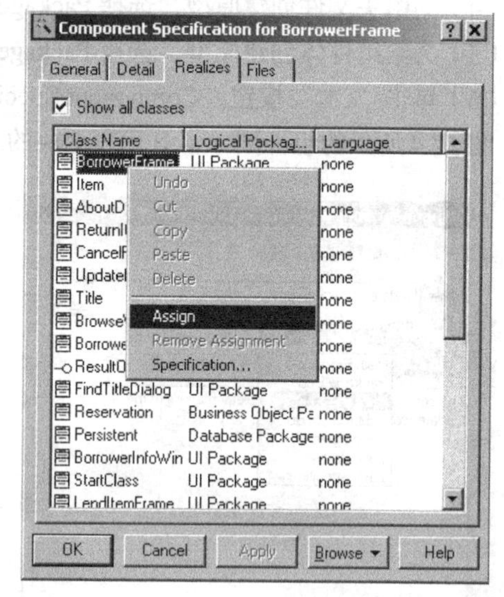

图 17.6　将类指定给组件

（6）重复步骤（4）、（5），直到指定完所有想要的类。

（7）单击“OK”按钮，Component Specification 窗口关闭。

步骤 5：在 Rational Rose 中为所选的模型单元选用特性集。

要检查每个模型单元以确定其代码需要，如果需要使用非缺省特性集，就要为该模型单元选用该特性集。

为 Rational Rose 中所选的模型单元选用特性集的步骤如下。

（1）在浏览器或图中所选的元素上单击鼠标右键，快捷菜单显现。

（2）选择 Open Standard Specification 项，Component Specification 窗口弹出。

（3）选择 C++制表页。

（4）单击 Set 域上的箭头，下拉式菜单弹出，如图 17.7 所示。

（5）选择所想要的特性集。

（6）单击“OK”按钮，Component Specification 窗口关闭。

特性集已经与类 BorrowerFrame 连上了。

步骤 6：选择组件并生成代码

可以为整个包生成代码，也可以为一个组件或组件集生成代码。组件的名字被用于生成含有代码的文件的名字，代码被放在对应于组件视中的包名的目录结构中。

在 Rational Rose 中生成代码的步骤如下。

（1）单击选择包、组件或组件集。

（2）选择 Tools：C++：Code Generation 菜单项。

（3）Code Generation Status 窗口弹出，显示代码生成状态，如图 17.8 所示。

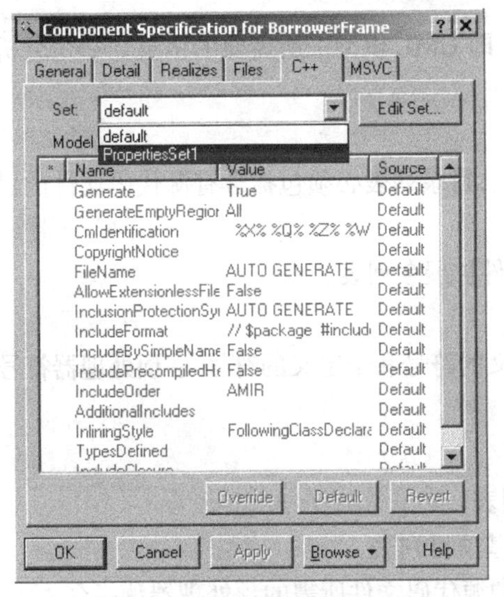

图 17.7　为模型单元选用特性集

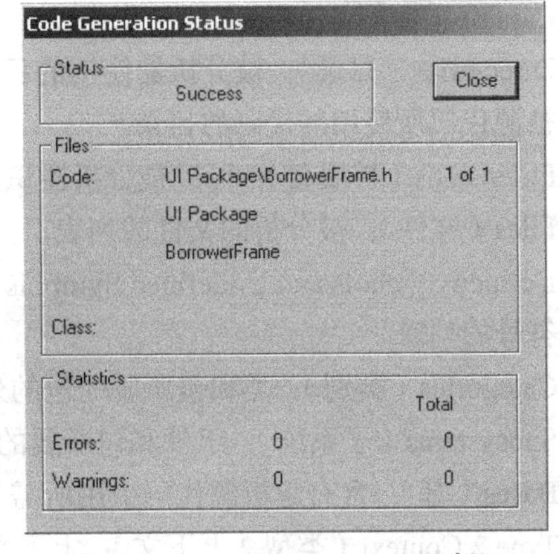

图 17.8　Code Generation Status 窗口

步骤 7：评价代码生成的错误。

所有的关于代码生成的警告和错误信息都显示在日志（Log）窗口中。如果类的部分设计不完整，Rational Rose 将在 Log 窗口中显示警告信息并使用缺省值。这个功能对于迭代式的开发是非常重要的，因为整个类不可能在一次迭代中实现。

代码产生器所产生的常见的警告、错误的例子如下。

错误：找不到属性的数据类型，假设数据类型为 Void。

警告：没有规定阶元（Multiplicity），假设阶元为 1。

警告：找不到操作的返回类型，假设返回类型为 Void。

如图 17.9 所示是生成代码过程中产生的信息，它们显示在日志窗口中。

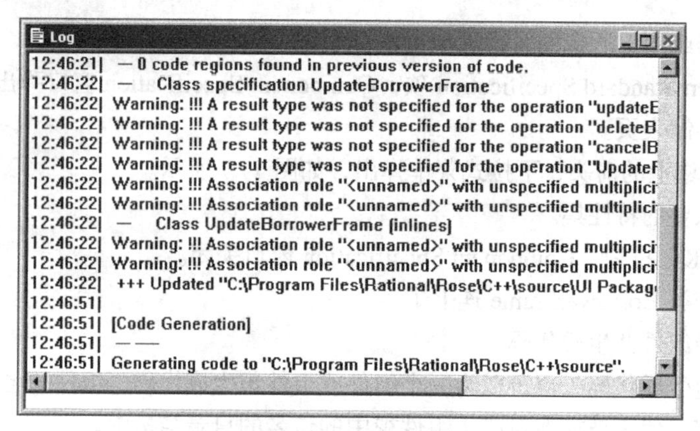

图 17.9　日志窗口

17.1.2　使用 C++分析器的逆向工程

在 Rational Rose 中，从 C++源代码生成 UML 模型或从 C++源代码更新 UML 模型的步骤如下。

步骤 1：创建项目。

C++分析器项目含有从源文件抽取 Rose 设计（即 UML 模型）所需要的信息。一个分析器项目含有下列信息。

Captain（标题）：项目的信息化描述。

Directories（目录）：被分析器使用的目录列表。目录列表必须包括含有源代码文件的目录和含有被源代码所使用的代码的目录。

Extensions（扩展名）：可以被分析器识别的文件扩展名列表。

Files（文件）：被分析的文件的列表。

Defined Symbols and Undefined Symbols（被定义的符号和未定义的符号）：预处理器符号及其扩充符号的列表。

Categories（类别）：类和包所属的包的列表。

Subsystems（子系统）：组件和包所属的包的列表。

Bases（基）：含有解析源代码引用所需信息的基项目列表。

Type 2 Context（类型 2 上下文）：上下文敏感的源代码文件所需的预处理器伪指令。

Export Options（输出选项）：为创建或更新一个 Rose 模型所输出的信息列表。

一旦项目被创建，可以用.jpt 扩展名存储它。

在 C++分析器中创建项目的步骤如下。

（1）选择 Tools：C++：Reverse Engineering 菜单项，C++ Analyzer（C++分析器）启动。

（2）选择 File：New 菜单项。

C++ Analyzer 项目窗口如图 17.10 所示。

步骤 2：添加项目标题。

每个项目都应该有一个标题。标题通常是关于项目的描述性信息，例如，项目的名称和目的。其他的项目组可以根据这个信息决定项目是否可以被作为一个独立的项目或基项目重用。

在 C++分析器中添加标题的步骤如下。

（1）单击“Caption”按钮，Caption 窗口弹出。

（2）在 Caption 窗口中输入信息。

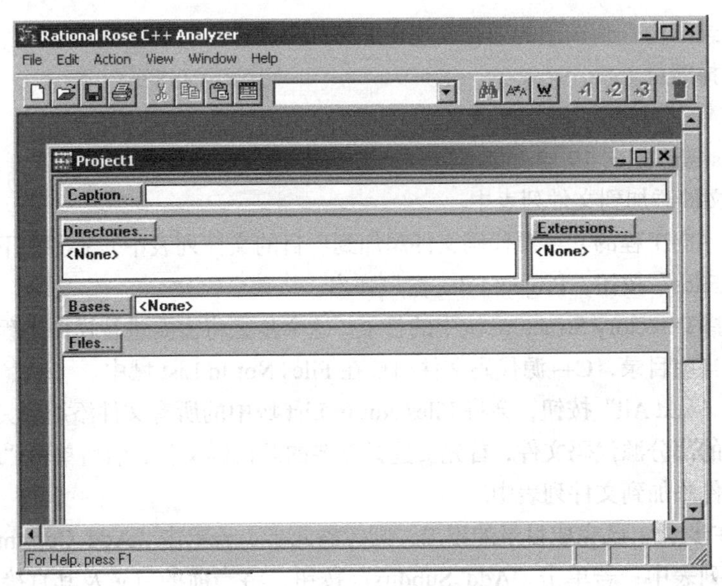

图 17.10　C++ Analyzer 项目窗口

（3）单击“OK”按钮，Caption 窗口关闭。

Caption（项目标题）窗口如图 17.11 所示。

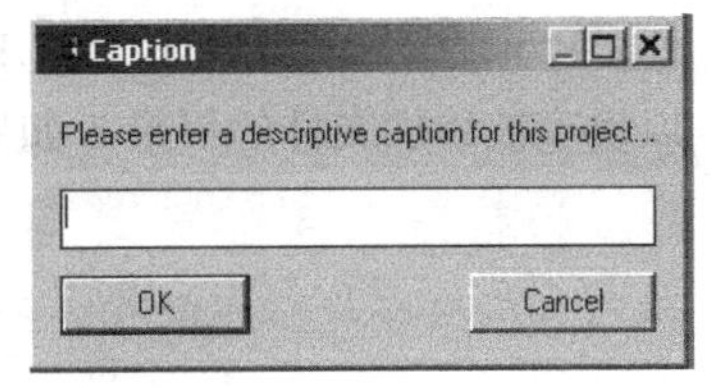

图 17.11　Caption 窗口

步骤 3：添加所引用的库和基项目。

目录列表含有 C++分析器所使用的目录列表。目录列表必须含有被分析的文件的目录，还必须含有被包含文件的目录。

在 C++分析器中添加目录的步骤如下（添加目录的动作也可通过步骤 4 的（4）来完成）。

（1）单击“Directories”按钮，Project Directory List 窗口弹出。

（2）单击选择 Directory Structure 域中的目录。这个步骤将该目录设置为当前目录。

（3）如若单击“Add Current”按钮，则将当前目录添加到目录列表中；如若单击“Add Subdirs”按钮，则将当前的目录及其直接子目录添加到目录列表中；如若单击“Add Hierarchy”按钮，则将当前的目录以及所嵌套的所有子目录添加到目录列表中。

Project Directory List 窗口如图 17.12 所示。

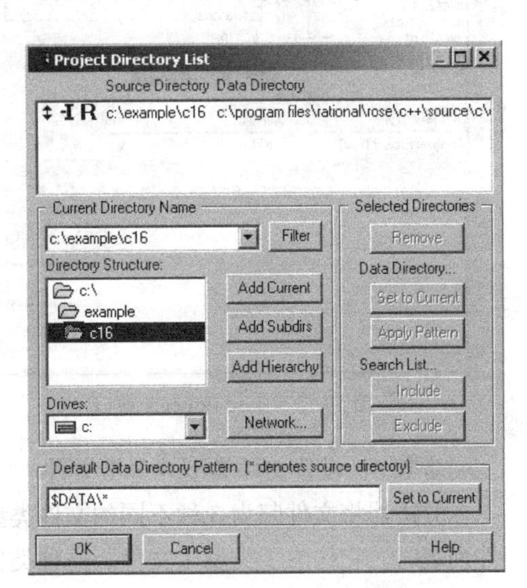

图 17.12　Project Directory List 窗口

一个分析器项目可以使用来自于其他项目的信息，提供信息的项目被称为基项目。典型的基项目含有关于程序所使用的类库的头文件。为了避免在每一个使用这些文件的项目中分析这个信息，基项目被创建。需要使用基项目中文件信息的其他项目可以使用基项目。基项目在基项目列表中标出。

如果分析器不能在项目目录列表中找到一个文件，分析器就会在基项目中寻找文件，搜索是根据基项目在基项目列表中的顺序进行的。

在 C++分析器中添加基项目的步骤如下。

（1）单击“Bases”按钮，Base Projects 窗口弹出。

（2）遍历目录结构直到期望的项目出现在 File Name 域中。

（3）单击选择项目。

（4）单击“Add”按钮，添加基项目。

Base Projects 窗口如图 17.13 所示。

步骤 4：将文件添加到文件列表中。

将需要进行逆向工程的 C++源代码文件添加到项目的文件列表中，步骤如下。

（1）单击“Files”按钮，Project Files 窗口弹出。

（2）单击选择 Directory Structure 域中的目录。这个步骤将需要进行逆向工程的 C++源代码文件的目录设置为当前目录，C++源代码文件出现在 Files Not In List 域中。

（3）若单击“Add All”按钮，会将 Files Not In List 域中的所有文件添加到文件列表中；如果只想添加目录下的部分源代码文件，首先要选择需要的源代码文件，然后单击“Add Selected”按钮，将所选的文件添加到文件列表中。

（4）（如果在步骤 3 已完成目录的添加，则忽略此步）若单击“Add Current”按钮，将当前目录添加到目录列表中；若单击“Add Subdirs”按钮，将当前的目录及其直接子目录添加到目录列表中；若单击“Add Hierarchy”按钮，将当前的目录以及所嵌套的所有子目录添加到目录列表中。

Project Files 窗口如图 17.14 所示。在完成上述步骤后，C++分析器自动更新项目的目录列表以反应被添加文件的目录（如果不执行（4）），以及新被添加的目录（如果执行（4））。

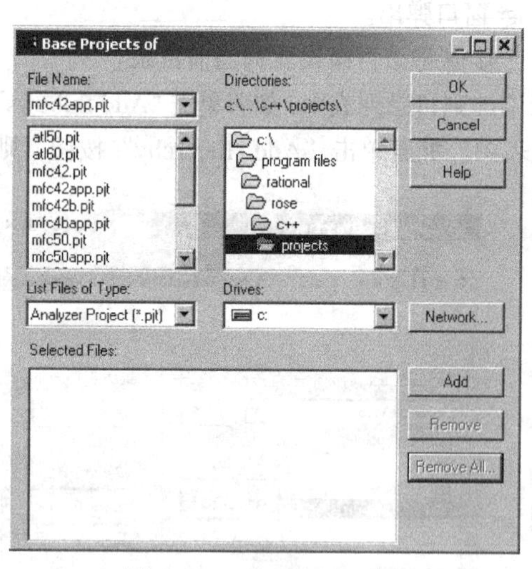

图 17.13　Base Projects 窗口

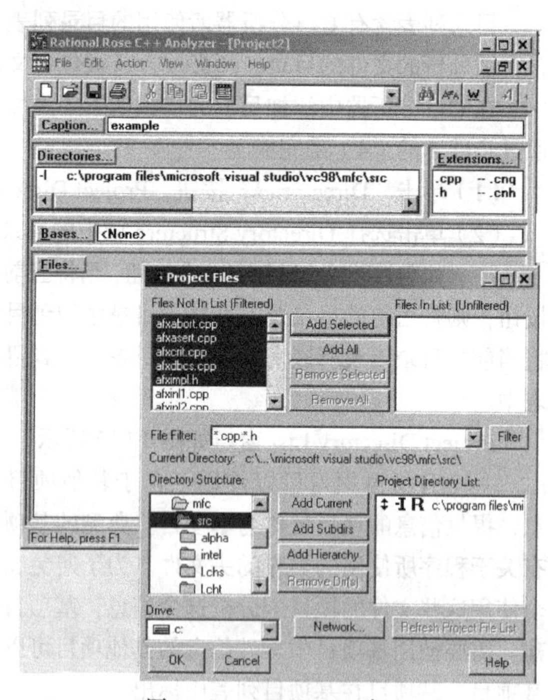

图 17.14　Project Files 窗口

步骤 5：设置文件类型并分析文件。

分析器将文件归为 3 种不同的文件类型——类型 1、类型 2 和类型 3。当一个文件被添加到文件列表时，它构成了类型 1 文件。这种类型的文件句法完整并且上下文无关，也就是说，这个文件在文件范围上是完整的 C++声明，包含该文件所需要的所有信息或可以从它的#include 伪指令中获得信息。一个类型 2 文件句法完整但上下文有关，也就是说文件在文件范围是完整的 C++声明，但文件中含有一些符号，这些符号的符号定义由包含该文件的上下文提供。类型 3 文件是句法不完整的，类型 3 文件总是在被遇到时才处理。

改变 C++分析器中的分析类型的步骤如下。

（1）选择文件列表中的文件。

（2）从 Action：Set Type 菜单项选择合适的类型。如图 17.15 所示。

C++处理器可以处理单个文件或一组文件。分析器为每一个被处理的文件创建信息，并将信息存储在一个数据文件中，这个数据可以在下次分析文件时使用。当文件被处理时，文件列表中每个文件的状态被更新。这个状态可以如下。

- Unknown ：文件还没有被分析。
- Stale Data：文件有潜在的过时的数据。
- Analysed：成功的分析。这个状态只应用于类型 1 和类型 2 的源代码文件。
- CodeCycled：成功的分析，文件中含有注释，该注释防止代码中现存的信息被重写。这个状态只应用于类型 1 和类型 2 的源代码文件。
- Excluded：这是类型 3 文件，每次在另一个文件中碰到它时都要进行分析。
- Has Errors：在分析文件时，在源代码文件中发现错误。
- No Source：在文件系统中找不到该文件。
- Unanalyzed：不能找到这个文件的数据文件。

在 C++分析器中分析文件的步骤如下。

（1）为每个被分析的文件设置分析类型。

（2）单击选择文件列表中的文件。

（3）选择 Action：Analyse 菜单项分析文件，或选择 Action：CodeCycle 菜单项分析文件，并保证 Rational Rose 所需要的注释出现。

如图 17.16 所示的分析器窗口显示了分析状态。

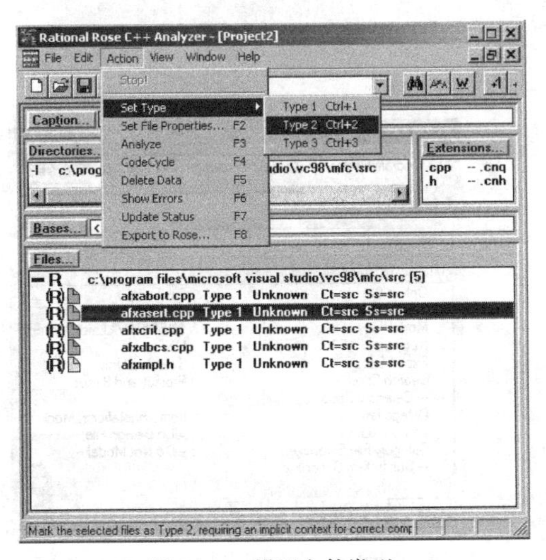

图 17.15 设置文件类型

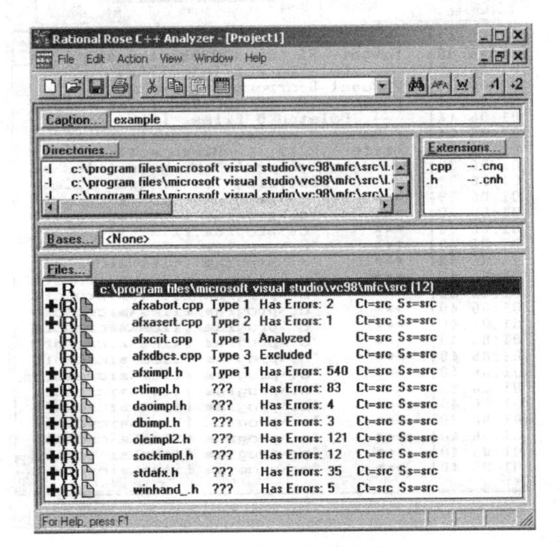

图 17.16 分析文件

步骤 6：评价错误。

分析器将所有的错误输出到日志（Log）窗口，另外也可以在文件列表中双击文件来显示错误。应该评价每个错误的严重性。一些常见的错误如下。

• 未解析的引用（Unresolved references）：分析器不能找到所引用的源文件。为了解决这种类型的错误，必须在目录列表中添加含有所引用的源文件的目录。

• 找不到的语言扩充（Missing language extensions）：分析器不能识别语言扩充。为了解决这种类型的错误，必须将语言扩充定义为符号。

• 上下文敏感的源文件（Context-sensitive source files）：另一个目录的代码被引用但没有被包含在文件中。为了解决这种类型的错误，将文件类型变为类型 2 或类型 3 文件。

图 17.17 所示的分析器的日志窗口显示了分析过程中遇到的错误。

步骤 7：选择输出项，并输出到 Rational Rose 中。

输出选项规定了应该为何种元素建模并添加到输出文件中，例如，可以为类建模，可以添加注释到输出文件中，可以为关联关系、依赖关系建模。如果一个元素被建模并被绘图，那么这个元素应该在所建立或更新的模型中可见。

C++分析器有如下多个输出选项集可供设置使用。

• RoundTrip（往返）：这个输出选项在前向和逆向的往返工程练习中很有用，会产生一个扩展名为.red 的文件。

• First Look（第一眼）：对于模型的高层次的观察，产生一个.mdl 文件。

• DetailedAnalysis（详细地分析）：对于模型的详细观察，产生一个.mdl 文件。

用户可以使用预先存在的输出选项集，也可以修改预先存在的输出选项集中的某个选项，还可以创建自己的输出选项集。

在 C++分析器中输出到 Rational Rose 的步骤如下。

（1）单击选择要输出的文件。

（2）选择 Action : Export to Rose 菜单项，Export to Rose 窗口弹出。如图 17.18 所示。

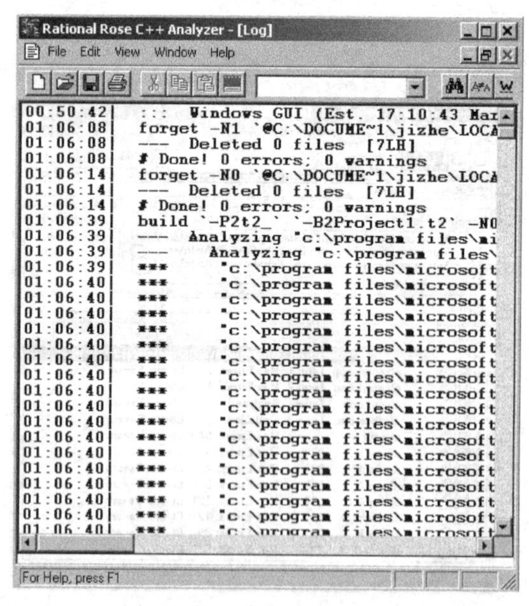

图 17.17　分析器的 Log 窗口

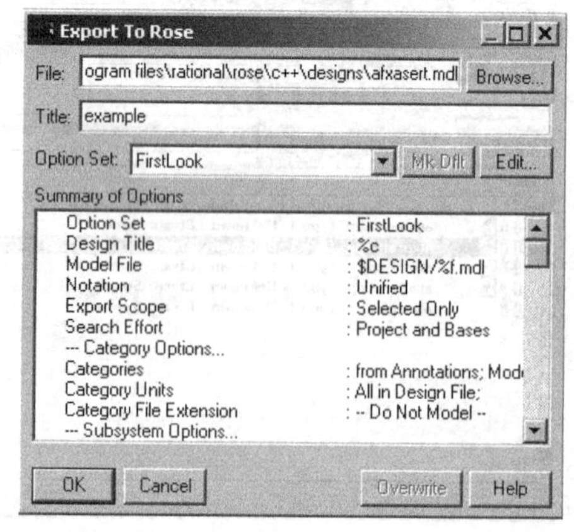

图 17.18　Export to Rose 窗口

（3）单击 Export to Rose 窗口中 Option Set 域的箭头，下拉菜单弹出。

（4）单击选择所期望的输出选项集。

（5）单击“OK”按钮或“Overwrite”按钮，输出到 Rational Rose 中。

步骤 8：更新 Rational Rose 模型。

一旦.red 文件被分析器创建，可将这个文件用于更新 Rational Rose 模型。用从源代码中抽取的元素代替 Rational Rose 模型中的元素，另外，对于那些从源代码中抽出但不存在于模型中的元素，将之添加到模型中。

更新 Rational Rose 模型的步骤如下。

（1）打开要更新的 Rational Rose 模型。

（2）选择 File : Update 菜单项。

（3）遍历目录结构，找到.red 文件。

（4）单击选择.red 文件。

（5）单击“OK”按钮，从窗口中关闭更新的模型。

17.2　Visual C++或 Visual Basic 的代码生成与逆向工程

本部分为使用 Visual C++和 Visual Basic 的代码生成（前向工程）和逆向工程提供了指导。

使用 Visual C++ 或 Visual Basic 的代码生成步骤如下。

1. 为组件指定 Visual C++或 Visual Basic 语言。
2. 将类分配给组件。
3. 使用 Model Assistant（模型辅助）工具设置生成代码的属性。
4. 选择组件，使用 Code Update Tool（代码更新工具）生成代码。
5. 评价代码生成的错误。

使用 Visual C++ 或 Visual Basic 的逆向过程步骤如下。

1. 使用 Model Update Tool（模型更新工具）对 Visual C++或 Visual Basic 代码进行逆向工程。
2. 评价错误。

下面对上述前向工程和逆向工程的步骤进行详解。

17.2.1　代码生成

代码生成过程如下。

步骤 1：为组件指定 Visual C++ 或 Visual Basic 语言。

必须为组件指定语言，组件的语言是为属于该组件的所有类设置的。

具体步骤如下。

（1）在浏览器或图中的组件上点击鼠标右键，快捷菜单弹出。

（2）选择 Open Specification 菜单项，Component Specification 窗口弹出。

（3）单击窗口中 Language 域中的箭头，下拉菜单弹出。

（4）选择想要的编程语言，如图 17.19 所示。

（5）单击“OK”按钮，Component Specification 窗口关闭。

步骤 2：将类分配给组件。

一旦组件被创建，就要将类分配给组件。

具体步骤如下。

（1）在浏览器或图中的组件上点击鼠标右键，快捷菜单弹出。

（2）选择 Open Specification 菜单项，Component Specification 窗口弹出。

（3）选择 Realizes 制表页。

（4）在要指定给组件的类上点击鼠标右键，快捷菜单弹出。

（5）选择 Assign 菜单项，如图 17.20 所示。

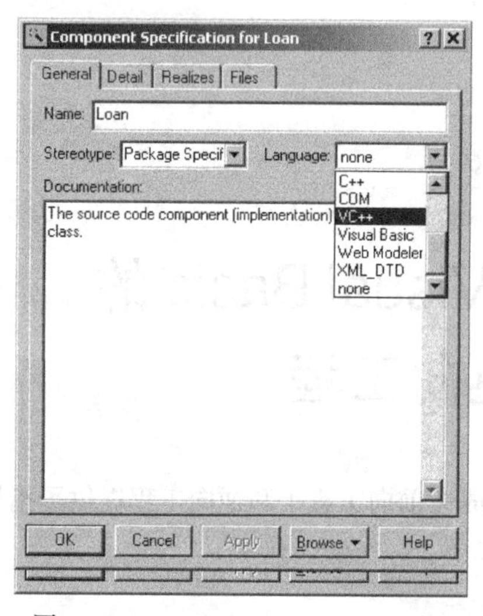

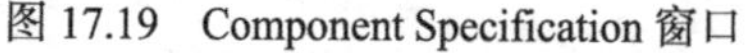

图 17.19　Component Specification 窗口

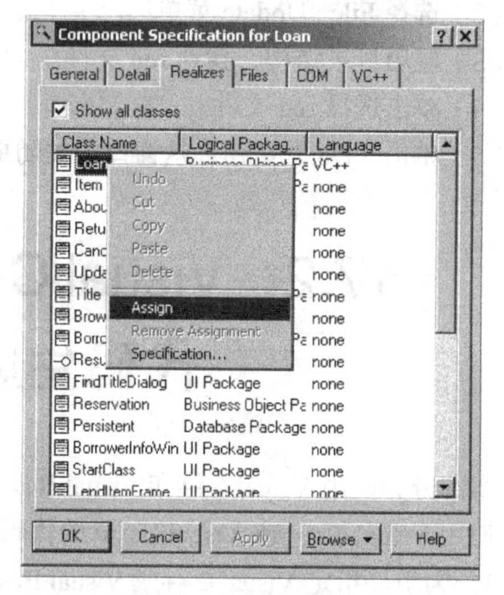

图 17.20　将类分配给组件

（6）重复步骤（4）和（5），直到将所有要指定给组件的类指定完毕。

步骤 3：使用 Model Assistant（模型辅助）工具设置生成代码的属性。

Model Assistant 工具将 Rational Rose 中的模型元素映射到 Visual C++或 Visual Basic 结构。在 Visual Basic 中，Model Assistant 工具可以被用来创建和规定常量、声明语句、事件语句、枚举和类型声明、属性、方法和方法参数；在 Visual C++中，Model Assistant 工具可以用来创建并规定类操作（象构造函数、析构函数、属性和关系的存取函数）。

Preview（预览）域显示了为所选成员生成的代码，用户可以看出怎样将代码生成设置应用于成员。

只有当下列两种情况之一发生时，Model Assistant 才有效。

- 模型的缺省语言被设置为 Visual C++或 Visual Basic。
- 类被分配给 Visual C++或 Visual Basic 组件。

关于 Model Assistant 工具的详细信息可以查阅 Rational Rose 的帮助文件。

有两种方式启动 Model Assistant 工具：方式 1，在类图中的类上点击鼠标右键，快捷菜单出现，选择 Model Assistant 菜单项；方式 2，选择 Tools：Visual C++：Model Assistant 或 Tools：Visual Basic：Model Assistant 菜单项。

Visual C++的 Model Assistant 工具如图 17.21 所示。Visual Basic 的 Model Assistant 工具如图 17.22 所示。

步骤 4：选择组件，使用 Code Update Tool（代码更新工具）生成代码。

Code Update Tool（代码更新工具）被用于产生 Visual C++或 Visual Basic 代码，可以为包中

的所有组件、单个组件或组件集生成代码。

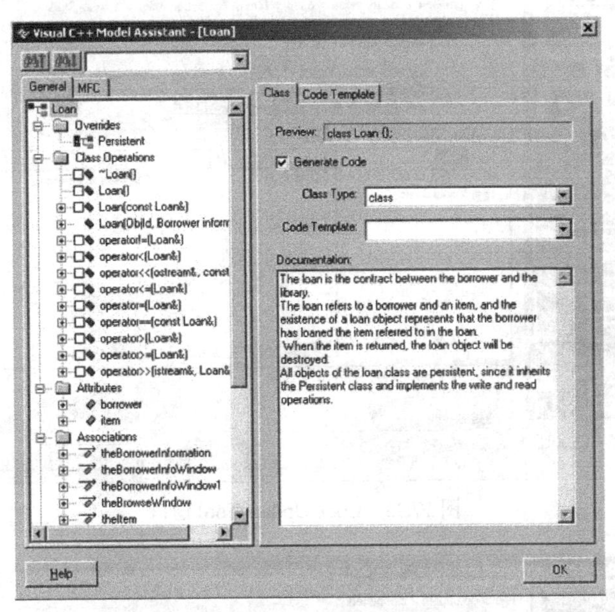

图 17.21　Visual C++的 Model Assistant 工具

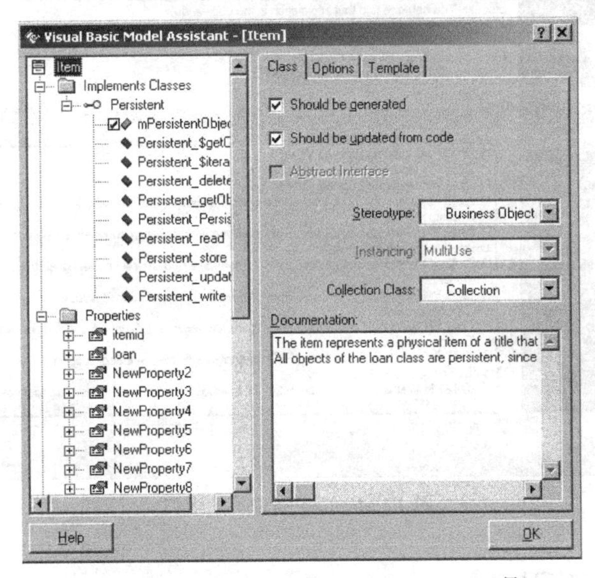

图 17.22　Visual Basic 的 Model Assistant 工具

启动 Code Update Tool 的步骤如下。

（1）在浏览器中或组件图中的组件上单击鼠标右键，快捷菜单弹出。

（2）选择菜单项 Update Code。

Code Update Tool 窗口如图 17.23 所示。

关于 Code Update Tool 的详细信息可以参考 Rational Rose 的帮助文件。

步骤 5：评价代码生成的错误。

当代码生成过程结束时，Code Update Tool 中显示 Summary 窗口。Summary 制表页含有关于生成代码的信息，代码生成错误则在 Log（日志）制表页的窗口中显示，如图 17.24 所示。

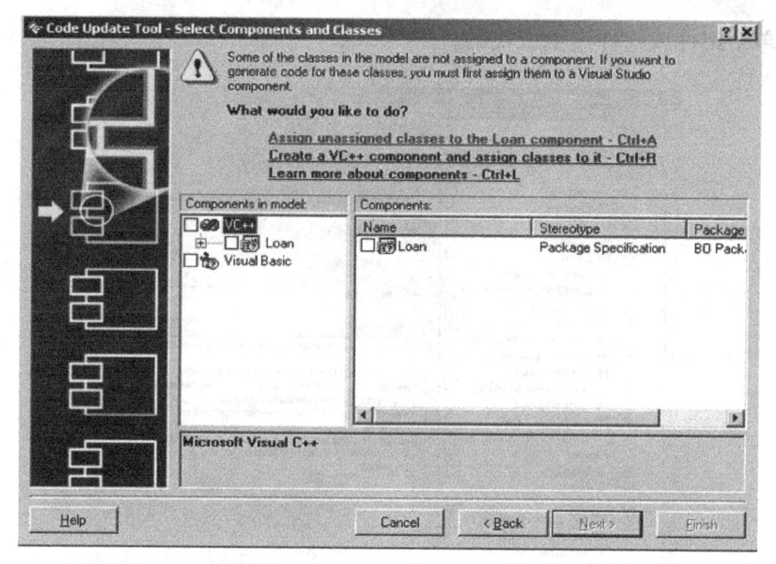

图 17.23　Code Update Tool 窗口

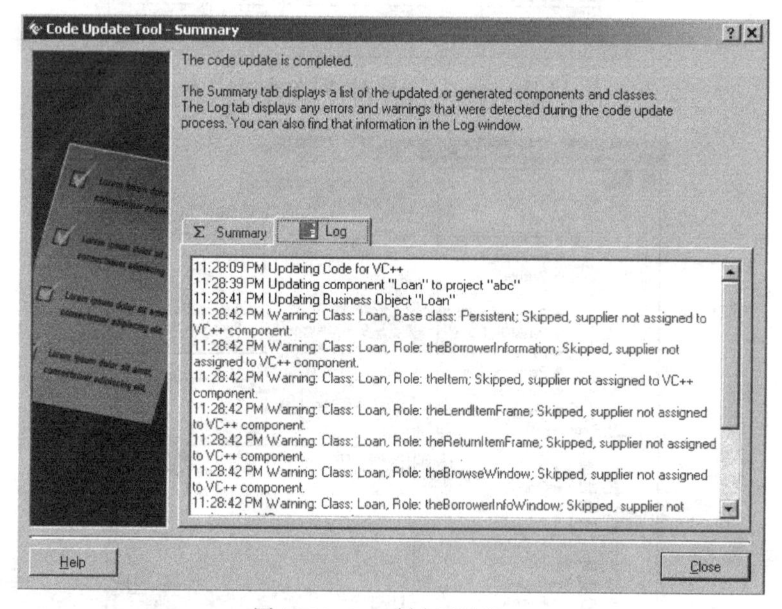

图 17.24　Log 制表页的窗口

17.2.2　逆向工程

步骤 1：使用 Model Update Tool（模型更新工具）对 Visual C++和 Visual Basic 代码进行逆向工程。

一旦完成 Visual C++代码，就需要更新模型以反映变化。这是通过使用 Model Update Tool 完成的。当然也可以使用这个工具为已经存在的代码创建模型。

使用 Model Update Tool 分析代码，从而更新或创建模型的步骤如下。

（1）选择 Tools：Visual C++：Update Model 或 Tools：Visual Basic：Update Model 菜单项。

（2）根据提示信息完成逆向工程。

Model Update Tool 窗口如图 17.25 所示。

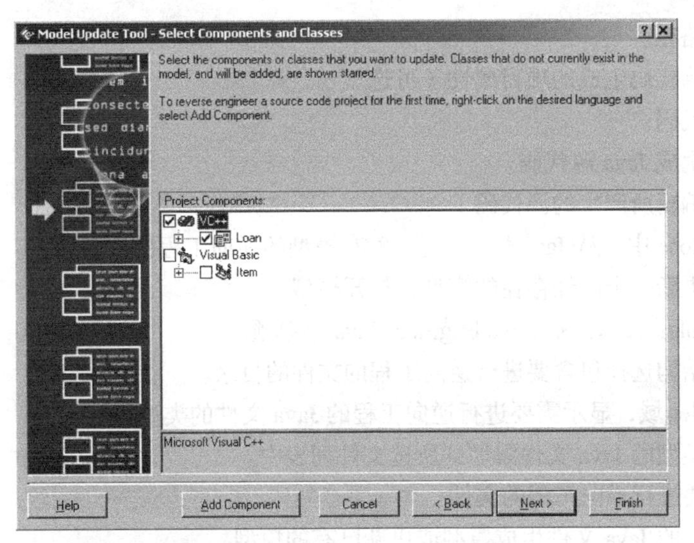

图 17.25　Model Update Tool 窗口

步骤 2：评价错误。

当逆向工程过程结束时，Model Update Tool 中显示 Summary 窗口。Summary 制表页含有关于生成模型的信息，Log 制表页含有生成模型或更新模型过程中的错误。

显示错误的 Log 制表页如图 17.26 所示。

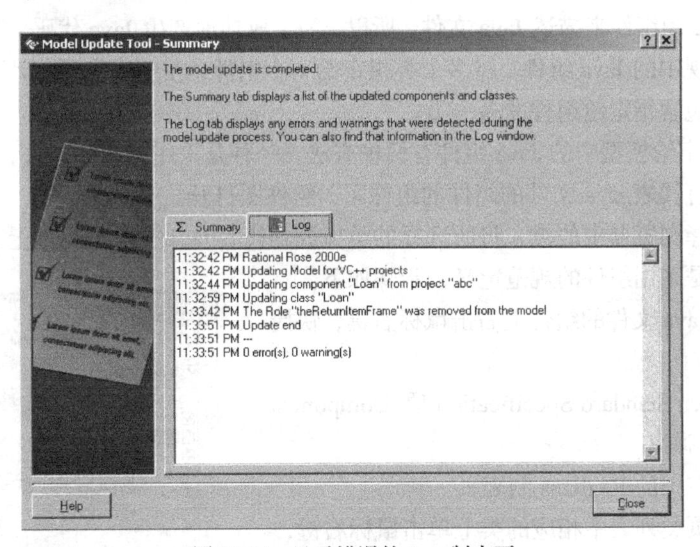

图 17.26　显示错误的 Log 制表页

17.3　应用 Java 语言的代码生成与逆向工程

本部分为使用 Java 语言的代码生成（前向工程）和逆向工程提供了指导。

在 Rational Rose 中，从 UML 模型生成 Java 源代码的步骤如下。

（1）将 Java 类分配给模型中的 Java 组件。

（2）检查语法（可选）。

（3）检查类路径。

（4）设置影响代码生成的项目属性（可选）。

（5）备份源代码。

（6）从模型生成 Java 源代码。

（7）查看并编辑所产生的源代码。

在 Rational Rose 中，从 Java 代码生成 UML 模型的逆向工程的步骤如下。

（1）如果是更新一个已经存在的模型，打开模型。

（2）选择 Tools：Java：Reverse Engineer Java 菜单项。

（3）从目录结构选择包含要进行逆向工程的文件的目录。

（4）设置 Filter 域，显示需要进行逆向工程的 Java 文件的类型。

（5）将所选类型的 Java 文件添加到所选文件列表中。

（6）确认需要进行逆向工程的文件。

（7）从所规定的 Java 文件生成模型或更新已有的模型。

（8）打开日志窗口检查发生的错误列表。

下面对上述前向工程和逆向工程的步骤进行详解。

17.3.1 代码生成

步骤 1：将 Java 类分配给模型中的 Java 组件。

Rational Rose 用组件来描述 Java 文件，所以，为了成功地产生 Java 代码，需要将模型中的类指定给模型组件视中的 Java 组件。将多个类指定给一个组件，在生成代码时就可以生成一个.java 文件，这个文件包含指定给组件的多个类。

将 Java 类指定给模型中的 Java 组件有两种方法，一种是采用拖放的方法，步骤如下。

（1）双击含有代表.java 文件的组件的组件图，组件图打开。

（2）单击选择浏览器中的类，将所选择的类拖放到代表.java 文件的组件上。

另一种方法是采用组件的规范定义，步骤如下。

（1）在代表.java 文件的组件上右击鼠标右键，快捷菜单显现。

（2）选择 Open Standard Specification 项，Component Specification 窗口弹出。

（3）选择窗口中的 Realizes 制表页。

（4）在制表页类列表中相应的类上单击鼠标右键，快捷菜单弹出。

（5）选择 Assign 项，如图 17.27 所示。

（6）重复步骤（4）、步骤（5），直到指定完所有想要的类。

（7）单击“OK”按钮，Component Specification 窗口关闭。

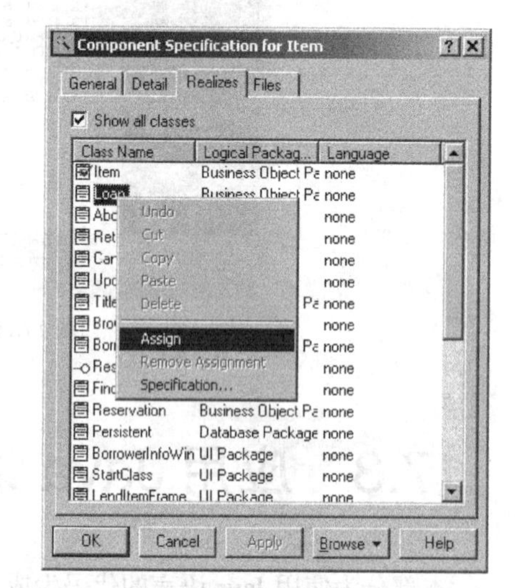

图 17.27 将 Java 类分配给模型中的 Java 组件

步骤 2：检查语法（可选）。

这个步骤是可选的。可以在生成代码前选择检查模型组件的语法，但实际上，语法检查会在生成代码时自动进行。语法检查是基于 Java 语言的语义。

检查组件语法错误的步骤如下。

（1）双击含有需要生成.java 文件的组件的组件图，组件图打开。

（2）选择图中的一个或多个包和组件。

（3）选择 Tools：Java：Syntax Check 菜单项，执行对组件规范定义的基本语法错误的检查。

（4）选择 Window：Log 菜单项，打开日志窗口浏览语法检查的结果，如图 17.28 所示。如果发现语法错误，可能不能编译产生的源代码。

（5）根据错误提示修改组件。

（6）重复步骤（3）~步骤（5），直到不再发现语法错误。

步骤 3：检查类路径。

Java Project Specification 中的类路径制表页可以用来为模型定制特定的 Java 类路径（Classpath）。当进行前向工程或进行逆向工程，Rational Rose 需要使用这个类路径信息解析文件位置和类库引用。

当需要动态地添加一些目录以扩充类路径时，可以使用 Java Project Specification 中 Class Path 制表页的 Directories 部分。在 Directories 部分添加的任何设置都和当前模型一起保存。

注意：Rational Rose 需要在类路径设置中设置 Java API 的路径和用户自己的类库的路径。Classpath 是系统环境变量，并不是特定于 Rational Rose 的。各种各样的 Java 工具和应用程序（如 Java 虚拟机）依赖于系统的类路径设置来解析引用，尤其是对包的引用。

为了成功地对 Java 源代码进行逆向工程，要在类路径中设置 Java API 的路径。例如，根据所使用的 JDK 版本的不同，需要设置 classes.zip 或 rt.jar 的类路径。对于 JDK1.4，Java API 的路径是 x:\jdk1.4\jre\lib\rt.jar。如果没有规定类路径环境变量，可以使用 Java Project Specification 的 Class Path 制表页动态地添加路径。

在 Java Project Specification 中 Class Path 制表页的 Directories 部分添加目录的步骤如下。

（1）选择 Tools：Java：Project Specification 菜单项，Project Specification 窗口弹出。

（2）选择 Class Path 制表页。

（3）先单击 Directories 部分中图标为方框的按钮，激活目录域，再单击图标为三点的按钮，目录浏览窗口 Select Directory 弹出，如图 17.29 所示。

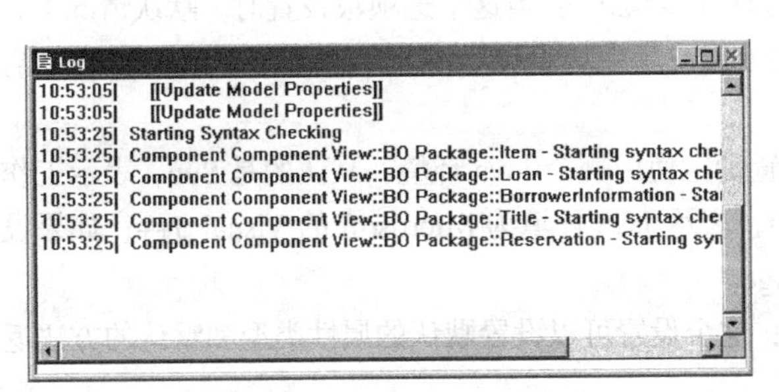

图 17.28　Log 窗口

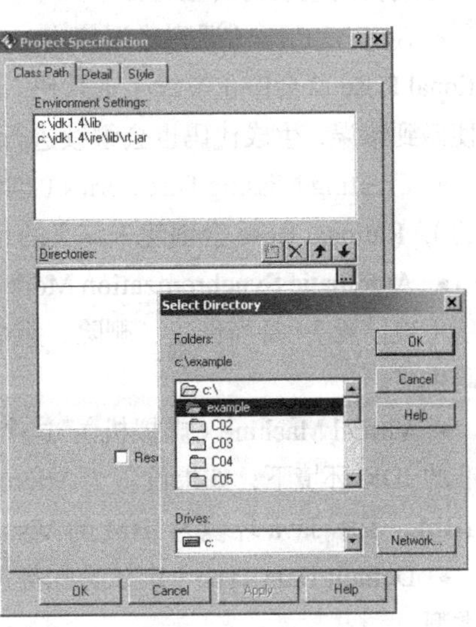

图 17.29　添加目录

（4）从窗口 Select Directory 中选择目录，单击“OK”按钮。

（5）一旦选择了目录，该目录就会出现在 Class Path 制表页的 Directories 部分。另外，也可以输入特定的文件名。

（6）重复步骤（3）和（4），直到添加了所有必要的目录。

步骤 4：设置影响代码生成的项目属性（可选）。

选择 Tools：Java：Project Specification 菜单项，Project Specification 窗口弹出，选择 Detail 制表页（见图 17.30）或 Style 制表页（见图 17.31），设置影响代码生成的项目属性，完成后，单击“OK”按钮，使设置生效。

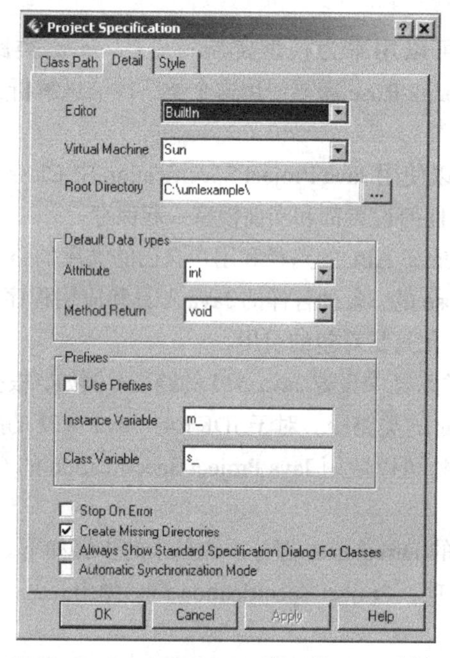

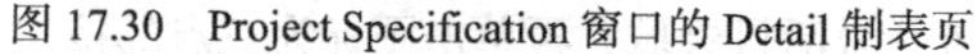
图 17.30 Project Specification 窗口的 Detail 制表页

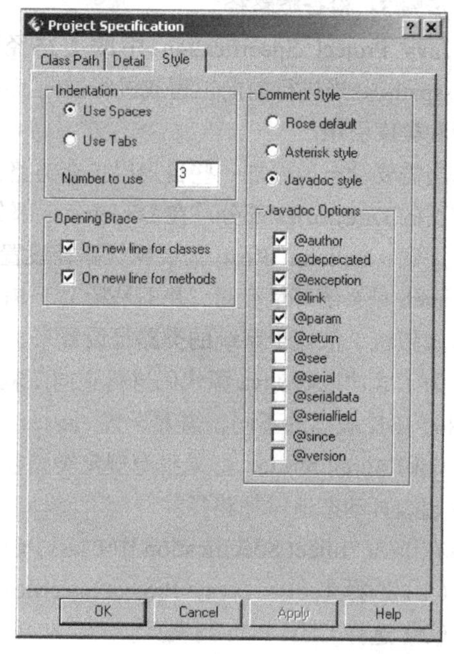

图 17.31 Project Specification 窗口的 Style 制表页

影响代码生成的属性有如下几个。

- Stop on Error（遇到错误停止）：如果这个选项被选，在生成代码过程中，碰到第一个错误，Rational Rose 就会停止继续生成代码。默认情况下，这个选项是不设置的，如果这个选项不设置，即使碰到错误，生成代码也会继续进行。可以从 Rational Rose Log Window 中浏览所产生的错误。
- Creating Missing Directories（创建丢失的目录）：当这个选项被设置时（默认情况下是被设置的），Rational Rose 会创建未定义的目录，而这些目录在模型中被引用为包。
- Automatic Synchronization Mode（自动同步模式）：当这个选项被设置时（默认情况下，该选项不被设置），每当创建、删除、重命名或修改库中的 Java 元素时，Rational Rose 都自动启动代码生成。
- Virtual Machine（虚拟机）：这个设置确定使用哪个 Java 环境，默认的是 Sun，表示工作在标准的 JDK 环境下；如果设置为 Microsoft，表示 Java 环境为 Microsoft 的 Visual J++；如果设置为 IBM，表示 Java 环境为 IBM 的 VisualAge。
- Default Data Type（默认数据类型）：这个设置可以设置默认的属性类型和默认的方法返回值类型。

- Editor（编辑器）：可以选择所用的编辑器。
- Root Directory（根目录）：用来设置项目的根目录。
- Prefixes（前缀）：用来为所生成的代码中的实例变量或类变量设置前缀。当然也可以选择不使用前缀。
- Indentation（缩进）：可以规定缩进是使用空格还是 Tab，以及使用空格或 Tab 的个数。缺省的设置是 3 个空格。
- Opening Brace（起始花括号）：缺省情况下，类或方法声明的花括号从新行开始。
- Comment style（注释格式）： Rational Rose 可以从模型的文档域生成注释，这个选项规定了注释的格式。有 3 种格式可供选择：Rose default、Asterisk style、Javadoc style。如果选择 Javadoc style，Rose 会生成所选择的 Javadoc 标记符。另外，也可以使用 Javadoc 编译器产生 HTML 文档。

步骤 5：备份源代码。

在为已存在的.java 文件生成代码时，Rational Rose 会为当前的源文件产生扩展名为“.~jav”的备份。但是，如果要进行多次前向工程和逆向工程，一定要注意备份，因为如果对模型多次产生代码，Rational Rose 创建的“.~jav”备份文件就不再是最初的源代码。

步骤 6：从模型生成 Java 源代码。

在 Rational Rose 中，既可以从组件图生成 Java 源代码，也可以从类图生成 Java 源代码。

从组件图生成 Java 源代码的步骤如下。

（1）打开模型，显示含有需要生成 Java 源代码的包、组件的组件图。

（2）选择组件图中的一个或多个包和组件。

（3）在生成 Java 源代码前，使用语法检查器检查错误（可选）。

（4）选择菜单项 Tools：Java：Generate Java。

（5）如果包或组件没有被映射到 classpath 中的任何目录（例如，这是第一次为该组件或包生成代码），Component Mapping 对话框会出现，从而可以建立合适的联系（关于 Component Mapping 对话框的详细信息，可以参考 Rational Rose 的帮助文件）。

（6）打开 Rose Log 日志窗口，查看 Java 代码生成的结果以及发生的错误。

（7）改正错误，重复步骤（4）直到没有错误产生。

在 Rational Rose 中，从类图生成 Java 源代码的步骤如下。

（1）打开模型，显示含有类和包的类图。

（2）选择类图中的一个或多个包和类。

（3）在生成 Java 源代码前，使用语法检查器检查错误。

（4）选择菜单项 Tools：Java：Generate Java。

（5）如果包或组件没有被映射到 classpath 中的任何目录（例如，这是第一次为类或包生成代码），Component Mapping 对话框会出现，从而可以建立合适的联系（关于 Component Mapping 对话框的详细信息，可以参考 Rational Rose 的帮助文件）。

（6）打开 Rose Log 日志窗口，查看 Java 代码生成的结果以及发生的错误。

（7）改正错误，重复步骤（4）直到没有错误产生。

步骤 7：查看并编辑所产生的源代码。

在生成代码后，通常希望浏览产生的代码。Rational Rose J 为浏览和编辑 Java 源代码文件提供了一个 BuiltIn Editor（内建编辑器），这个编辑器是缺省编辑器，用户可以通过设置 Java Project Specification 中 Detail 制表页的 Editor 属性来设置模型的缺省编辑器。如果希望使用别的编辑器，可以将 Editor 属性设置为 Windows Shell，同时要确定打开.java 文件所需的相关应用程序已经被设置。

用户可以在编辑器中修改产生的源代码，为了使模型与源代码保持一致，需要更新模型。更新模型时，需要使用逆向工程，将.java 文件的变化反馈到模型中。

显示与模型元素有关的 Java 源代码的步骤如下。

（1）选择需要显示源代码的类或组件。

（2）选择 Tools：Java：Browse Java Souce 的菜单项，源代码在 Rational Rose 的缺省编辑器中显示。

设置缺省的源编辑器的步骤如下。

（1）选择 Tools：Java：Project Soecification 菜单项。

（2）选择 Detail 制表页。

（3）在 Editor 列表中，选择 BuiltIn 或 WindowsShell，如图 17.32 所示。

（4）单击“OK”按钮，存储编辑器的属性值。

如果源文件没有出现，有如下两个原因。

（1）缺省编译器不是 Rational Rose BuiltIn 编辑器，而.java 文件没有与应用程序相连。在这种情况下，选择 Windows Explorer 的菜单项 Tools：Folder Options，选择 File Types 制表页，规定打开.java 文件所使用的应用程序。如果需要进一步的信息，可以查阅 Windows Help。

（2）模型是通过对.class 文件进行逆向工程得到的，这些文件不含有 Java 源文件。

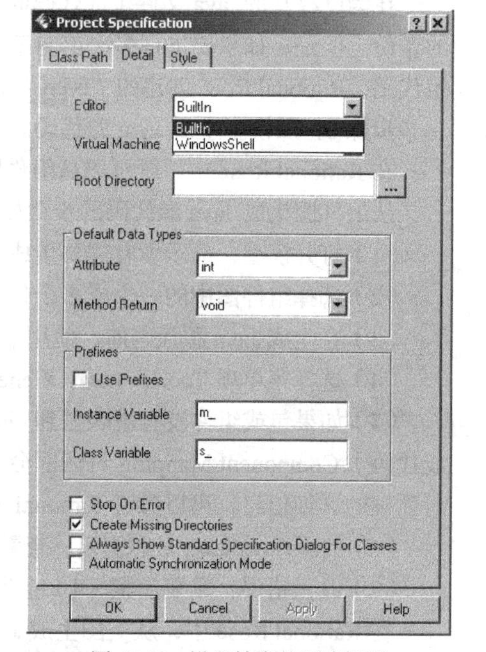

图 17.32　设置缺省的源编辑器

17.3.2　逆向工程

逆向工程是通过分析 Java 源代码创建或更新模型的过程。在逆向工程过程中，Rational Rose 分析.java 文件和.class 文件，将文件中的类和对象添加到模型中。

逆向工程的步骤如下。

（1）如果是更新一个已经存在的模型，打开模型。

（2）选择 Tools：Java：Reverse Engineer Java 菜单项。

（3）从目录结构选择包含要进行逆向工程的文件的目录。（如果列表为空，检查类路径。要注意的是必须设置指向 Java 类库的类路径。）如图 17.33 所示。

（4）设置 Filter 域，显示需要进行逆向工程的 Java 文件的类型（.java 或.class 文件）。

（5）采用下述方式之一将所选类型的 Java 文件添加到所选文件列表中。

- 在文件列表中，选择一个或多个文件，单击“Add”按钮。
- 单击“Add All”按钮。
- 单击“Add Rescursive”按钮。

（6）从所选文件列表中选择一个或多个文件，或者单击“SelectAll”按钮选择所有文件，确认需要进行逆向工程的文件。

（7）单击“Reverse”按钮，从所选的 Java 文件生成模型或更新已有的模型。如果逆向过程中有错误发生，会有错误对话框弹出。

（8）打开日志窗口检查发生的错误列表。

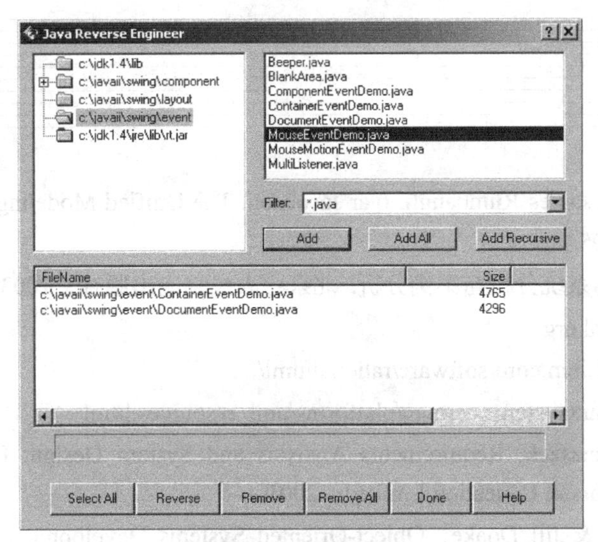

图 17.33　Java 的逆向工程

为了对“.zip”文件、“.cab”文件或“.jar”文件进行逆向工程，可以将文件从别的文件源（如 Microsoft Explorer）拖放到 Rational Rose 的组件图或类图中。拖放这些文件会自动地触发逆向工程。

逆向工程产生的类或组件可以通过 Rational Rose 的浏览器浏览，Rational Rose 不能自动创建基于逆向工程产生的类的类图或组件图，将类或组件添加到图中，有以下两种办法。

（1）将类或组件从浏览器中拖放到新的或已存在的图中。

（2）使用 Query：Add Classes 或 Query：Add Components 菜单项。

这样就产生了类图或组件图。

小　　结

Rational Rose 是目前流行的 CASE 工具之一，它是 Rational 公司的产品，支持 UML 模型与 C++、Visual C++、Visual Basic、CORBA、Java、Ada95、Ada83 源代码之间的相互转换（即前向工程和逆向工程），还支持 UML 模型与 XML DTD、Oracle8 模式之间的前向工程和逆向工程。

本章分为 3 部分，第 1 部分对 C++前向工程和逆向工程的步骤进行了详解，第 2 部分介绍了 VisualC++/VisualBasic 前向工程和逆向工程的步骤，第 3 部分则对 Java 代码的前向工程和逆向工程的步骤进行了详解。

习　　题

17.1　前向工程的定义是什么？

17.2　逆向工程的定义是什么？

17.3　根据习题 7.4 中画出的类图，利用 Rational Rose 的前向工程，生成 C++代码。

17.4　根据习题 7.4 中画出的类图，利用 Rational Rose 的前向工程，生成 Java 代码。

17.5　自选一个 Java 项目或 C++项目，利用 Rational Rose 的逆向工程，生成类图模型。

参考文献

[1] Grady Booch, James Rumbaugh, Ivar Jacobson. The Unified Modeling Language User Guide. Addison-Wesley， 2005.

[2] 冀振燕. UML 系统分析与案例分析. 北京：人民邮电出版社，2003.

[3] http://www.uml.org/

[4] http://www-01.ibm.com/software/rational/uml/

[5] http://www.sparxsystems.com.au/platforms/uml_resources.html

[6] Leszek A.Maciaszek, Requirements Analysis and System Design: Developing Information Systems with UML, Pearson Education Limited，2001.

[7] Carol Britton & Jill Doake，Object-Oriented Systems Development: A gentle introduction, McGraw-Hill International Limited，2000.

[8] Ramez Elmasri. Fundamentals of Database Systems. Addison-Wesley，2000.

[9] Mark Priestley. Practical Object-Oriented Design with UML. 2000.

[10] 北京超品计算机有限责任公司译. 微软新英汉双解计算机词典. 北京：人民邮电出版社，1999.

[11] Simon Bennett，Steve McRobb and Ray Farmer. Object-Oriented Systems Analysis and Design Using UML. McGraw-Hill International Limited，2002.

[12] Jim Conallen. Building Web Applications With UML. Addison Wesley Longman，2000.

[13] Klaus Bergner，Andreas Rausch，Marc Sihling. Using UML for Modeling a Distributed Java Application. 1997.

[14] Ivan Porres Paltor，Johan Lilius. Digital Sound Recorder. Turku Center for Computer Science，1999.

[15] A Rational Software Corporation White Paper. Rational Unified Process：Best Practices for Software Development Teams

[16] 白英彩，蒋思杰，章仁龙. 英汉计算机技术大词典. 上海：上海交通大学出版社，2001.

[17] Sjaak Brinkkemper, Shuguang Hong, Arjan Bulthuis, Geert van den Goor. Object-Oriented Analysis and Design Methods: a Comparative Review，1995.

[18] Craig Larman. Applying UML and Patterns: An Introduction to Object-Oriented Analysis and Design. Prentice Hall PTR, 1998.

[19] Meilir Page-Jones. Fundamentals of Object-Oriented Design in UML. Addison-Wesley, 2000.

[20] Philippe Kruchten. The Rational Unified Process: An Introduction. Addison-Wesley, 2000.

[21] http://www.umlchina.com/

[22] http://www.rational.com/uml/resources/whitepapers/index.jsp

[23] http://www.agilemodeling.com/essays/umlDiagrams.htm

[24] http://en.wikipedia.org/wiki/

[25] 邵维忠，麻志毅，马浩海，刘辉，译. UML 用户指南（第 2 版）. 北京：人民邮电出版社，2006.